BIBLIOTHÈQUE MORALE

DE

LA JEUNESSE

—

SÉRIE IN-4°

Le phare de Kannon-Saki, à l'entrée du golfe de Yedo.

PRINCIPALES
DÉCOUVERTES

ET INVENTIONS

DANS LES SCIENCES, LES ARTS ET L'INDUSTRIE

Par A. BITARD

Ouvrage revu par H. HARAUCOURT, professeur au Lycée Corneille

AVEC GRAVURES DANS LE TEXTE

ROUEN
MÉGARD ET Cie, LIBRAIRES-ÉDITEURS

1881

PREMIÈRE PARTIE.

LA VAPEUR ET SES APPLICATIONS.

I.

LA MACHINE A VAPEUR.

Le premier qui conçut de la puissance de la vapeur, comme agent moteur, une idée nette et pratique, est Denis Papin (1688).

C'est lui aussi qui, le premier, vraisemblablement du moins, l'employa comme force locomotrice. C'est cependant un point contesté ; car les Espagnols réclament ici la priorité en faveur de leur compatriote Blasco de Garay, qui aurait tenté, dès 1543, de faire manœuvrer un bateau à l'aide de la vapeur.

Depuis que l'application de la vapeur a ouvert au progrès une ère toute nouvelle, les nations se disputent l'honneur de compter parmi leurs membres l'auteur de la découverte, non de l'application moderne de la vapeur, mais de la force qui réside en elle, de l'utilisation de ce phénomène physique d'après lequel la vapeur, à la température de l'eau bouillante, occupe un espace 1,696 fois plus considérable que cette eau elle-même. A Denis Papin, l'Angleterre nous oppose le marquis de Worcester avec son *Century of inventions* (1663), à qui nous opposons nous-mêmes Salomon de Caus et son livre sur la *Raison des forces mouvantes, avec diverses machines tant utiles que plaisantes* (Francfort, 1615), contenant le théorème de l'expansion et de la condensation de la vapeur, ainsi que la description d'une machine à vapeur applicable aux épuisements, dont il serait bien étonnant que lord Worcester ne se fût pas quelque peu inspiré.

Avant ce dernier, pourtant, mais toujours après Salomon de Caus, un ingénieur italien, Giovanni Branca, dans un livre intitulé *la Machine* (Rome, 1629), donnait la description d'un appareil mû par la vapeur, dont un jet bien dirigé allait frapper les ailes d'une roue et la mettait en mouvement.

Ces divers appareils étaient de construction tout à fait primitive. Celui qu'avait imaginé de Caus n'était autre chose qu'un ballon de métal un peu plus d'à moitié rempli d'eau, dans lequel plongeait jusqu'à une petite distance du fond un tube vertical. En chauffant l'eau de manière à lui faire dégager de la vapeur en quantité, cette vapeur se répandait dans la partie supérieure du ballon, et, par sa pression sur l'eau du fond, contraignait celle-ci à monter dans le tube. C'est là du moins le principe. Les modifications qu'il pouvait subir dans l'état des connaissances peu étendues qui formaient alors le domaine des sciences physiques étaient bien peu de chose à côté des modifications qu'il a subies plus tard, et qui ont fait définitivement employer la force élastique de la vapeur comme la source de presque tous les moteurs.

La vapeur dans l'antiquité.

En dépit des déclarations péremptoires de quelques écrivains spéciaux, nous ne sommes pas du tout convaincu de l'ignorance prétendue complète des anciens en ce qui concerne la force expansive de la vapeur et l'application de cette force dans une certaine mesure. Il est au moins probable qu'Archimède, Héron d'Alexandrie, et sans doute quelques autres, connurent la vapeur et l'appliquèrent. On raconte d'ailleurs qu'Archimède, parmi les engins qu'il inventa pour la défense de Syracuse contre les Romains, imagina diverses machines à lancer des traits, et, de plus, un véritable *canon à vapeur*, lançant un boulet de pierre du poids d'un talent (environ 19 kilog. 1/2). Héron, à qui l'on attribue l'invention de l'*éolypile* ou boule d'Eole, aurait employé cet appareil, qui n'est autre qu'une boule de métal creuse, de la même manière exactement que Giovanni Branca, pour faire marcher les ailes d'un moulin par la pression d'un jet de vapeur conduit sur les vannes au moyen d'un tube ; il aurait également employé des machines d'épuisement ressemblant fort à celle de Salomon de Caus.

On raconte que Zénon d'Elée fut mystifié par un voisin avec lequel il était en mauvais termes. Ce voisin, qui était architecte, pratiqua dans le mur qui séparait sa maison de celle de Zénon, un passage suffisant pour y introduire un tube de cuir dont l'extrémité supérieure se perdait sous une maîtresse poutre du plafond. Par ce canal, l'architecte malicieux envoya un fort jet de vapeur, qui, ne trouvant plus d'issue, produisit une sorte d'explosion pour s'échapper, et secoua la maison avec une vigueur qui fit croire à un tremblement de terre local.

Enfin, un ancien obscur avait imaginé une espèce de petit bonhomme en métal, à la tête creuse, avec des trous percés aux endroits de la bouche et des yeux. Il remplissait cette tête d'eau, après avoir bouché les yeux et la bouche avec des chevilles de bois ; puis la plaçait sur des charbons ardents pour chauffer l'eau. Bientôt la vapeur se dégageait, chassait au loin les chevilles, et s'échappait avec bruit en formant un nuage épais par les trous débouchés.

Denis Papin et ses successeurs.

Y a-t-il dans tout cela quelque chose qui ressemble à la machine à vapeur moderne ?

Non certes, et il faut venir jusqu'à l'appareil inventé par Denis Papin pour trouver le véritable point de départ de toutes les découvertes modernes. Cet appareil se composait d'un cylindre ouvert par sa partie supérieure ; un piston s'y engageait et pouvait s'y mouvoir ; il était maintenu par une chaîne passant sur une poulie et mettait en mouvement une pompe aspirante. Dans le cylindre, sous le piston, on introduisait une certaine quantité d'eau qui, chauffée par-dessous, produisait de la vapeur et faisait monter le piston : la

Denis Papin, d'après la statue de Calmels.

maîtresse tige de la pompe descendait alors. On laissait refroidir le cylindre et l'on achevait son refroidissement par un jet d'eau froide : la vapeur répandue dans l'espace compris sous le piston se condensait et retombait en eau au fond du cylindre, puisque la vapeur, ayant chassé l'air pour occuper la place, était à son tour disparue. Dans cet état, le piston n'obéissait plus qu'à la pression de l'air extérieur qui le renfonçait avec force dans le cylindre, et la tige de la pompe, suivant le mouvement, se trouvait soulevée.

Il suffisait donc d'introduire dans le cylindre par un moyen quelconque, facile à trouver, de la vapeur, puis de condenser cette vapeur et produire le vide pour faire monter et descendre le piston alternativement. L'application de cette machine, type de toutes les machines dites atmosphériques, à toute sorte de travail mécanique, était aisée, et les nombreux avantages qui devaient en résulter faciles à saisir théoriquement. Papin ne put cependant réussir à faire passer cette conception dans la pratique. C'est du reste le sort commun de beaucoup d'inventeurs : ils sont parfois longtemps avant de trouver une réalisation vraiment pratique de l'idée qu'ils ont conçue.

Papin est l'auteur incontesté de beaucoup d'autres inventions. C'est à lui qu'est due notamment la soupape de sûreté, et voici dans quelles circonstances il en conçut l'idée : il avait découvert que la vapeur, à une très-haute température, amollissait et dissolvait les os, ce qui permettait d'en extraire la gélatine et d'en faire du bouillon, des gelées, de la colle, suivant le besoin, à un tiers moins cher que par le procédé usuel. Pour obtenir ce résultat, il mettait tout simplement les os dans une marmite de fonte à demi pleine d'eau, qu'il fermait hermétiquement et qu'il chauffait. Mais la force expansive de la vapeur ayant à plusieurs reprises fait éclater le récipient, il songea aux moyens de prévenir un accident qui pouvait être terrible ; c'est ainsi qu'il fut amené à percer le couvercle d'un trou, qu'il boucha ensuite d'une pièce de métal dont le poids était calculé de manière à ce que la vapeur, parvenue au degré extrême, pût le soulever et s'échapper par l'ouverture devenue libre. Cela fait, sa force expansive diminuée d'autant, la soupape se refermait naturellement, et ainsi de suite.

En 1696, le capitaine Thomas Savery inventa une nouvelle machine d'épuisement dans laquelle la pression de la vapeur était substituée à la pression atmosphérique pour provoquer l'élévation de la tige de la pompe, et qui fut employée avec un grand succès à extraire l'eau des mines. C'était d'ailleurs le besoin impérieux de se débarrasser de l'eau qui envahissait sans cesse les travaux dans les mines de Cornouailles, qui avait inspiré à Savery son invention, imitée, comme on peut le voir, de celles qui l'avaient précédée, mais surtout construite sur le principe de celle du marquis de Worcester.

Vers 1705, deux artisans de Darmouth, un vitrier et un forgeron-serrurier, Cawley et Newcomen, à la suite d'une visite aux mines de Cornouailles, où ils avaient vu fonctionner la machine de Savery, inventaient la machine atmosphérique qui, encore en usage aujourd'hui, après divers perfectionnements, est connue toujours sous le nom de Newcomen. La machine de Newcomen est proprement la machine de Papin. Seulement c'est, croyons-nous, dans cette machine qu'apparaît pour la première fois le système de condensation de la vapeur au moyen d'une injection d'eau froide à l'intérieur du cylindre. Cette machine ne tarda pas à remplacer partout, pour l'épuisement des mines, celle de Savery ; on l'employa ensuite à l'élévation de l'eau de la Tamise et à sa distribution dans Londres.

Les inventions de James Watt.

Les perfectionnements les plus heureux, les plus décisifs, que subit la machine à vapeur, lui furent apportés par l'illustre James Watt.

Watt, né à Greenock (Ecosse) en 1736 et mort à Heatfield en 1819, après avoir fait son apprentissage à Londres, était venu s'établir fabricant d'instruments de précision à Glasgow. Il ne tarda pas à jouir d'une grande réputation de science et d'habileté, et l'Université de Glasgow, à laquelle il avait déjà fourni nombre d'instruments de physique d'une exécution tout à fait supérieure, le nomma son ingénieur. C'est en cette qualité qu'un jour Watt fut appelé à mettre en état la petite machine de Newcomen faisant partie du cabinet de physique de l'Université, qu'il en constata les vices et conçut l'ambition d'y remédier.

Le vice capital de la machine atmosphérique, c'était le mode de condensation de la vapeur au moyen d'eau froide projetée à l'intérieur du cylindre. On obtenait bien le résultat cherché, mais le cylindre en même temps se refroidissait, et la vapeur qu'on y envoyait ensuite commençait à se condenser de telle sorte, qu'il en fallait produire, à grand renfort de combustion, deux ou trois fois plus pour soulever le piston qu'il n'aurait été nécessaire sans ce refroidissement du cylindre. Pour obvier à cet inconvénient coûteux, Watt chercha le moyen d'opérer isolément la condensation de la vapeur.

« En conséquence, dit M. Léon Brothier, Watt ajouta à la partie inférieure du cylindre de Newcomen un tuyau aboutissant à un autre cylindre sans piston et fermé des deux bouts, qu'il nomma *condenseur*. Ce condenseur était placé lui-même dans une cuve remplie d'eau froide, qu'on renouvelait à mesure qu'elle s'échauffait, et, au besoin, d'autre eau froide pouvait être injectée dans son intérieur. Lorsque le piston était arrivé au bout de sa course, le jeu de la machine ouvrait lui-même le robinet qui, jusque-là, tenait fermée la communication entre le cylindre et le condenseur. La vapeur pressée par le piston qui, sous la pression de l'atmosphère, tendait à descendre, se précipitait dans le condenseur, où elle se refroidissait rapidement et se convertissait en eau.

« Watt fit encore à la machine atmosphérique une foule d'améliorations de détail, qui presque toutes ont été conservées dans nos machines modernes. Ainsi, au lieu d'avoir à ouvrir et à fermer un robinet pour purger le condenseur de l'air et de l'eau qui s'y accumulaient, il chargea de ce soin une pompe spéciale, mise en mouvement par la machine elle-même et que l'on désigne aujourd'hui sous le nom de *pompe à air*. L'extrémité du balancer à laquelle était reliée la tige du piston décrivait un arc de cercle, comme le font les extrémités ou les côtés de tout corps qui oscille, pendant que cette tige devait simplement exécuter un mouvement en ligne droite. Il s'ensuivait des tiraillements auxquels Watt mit fin par de très-ingénieux assemblages. Souvent, dans l'industrie, il est nécessaire de convertir le mouvement de va-et-vient du piston en un mouvement de rotation. On n'y parvenait qu'au moyen d'appareils très-compliqués, donnant lieu à de nouveaux frottements. Watt en inventa de fort simples, qui supprimèrent une cause de détérioration qui rendait très-onéreux l'entretien des nouvelles machines. »

Les améliorations que nous venons d'indiquer, ainsi que celle qui consistait à envelopper de bois le cylindre pour qu'il se refroidisse le moins possible, n'eurent pas pour seul effet de faciliter et d'activer le travail ; il en résulta une économie de combustible des deux tiers. Cependant ce cylindre, parce qu'il était ouvert par le haut, se refroidissait sensiblement néanmoins. Il y avait donc autre chose à faire.

C'est alors que Watt créa la *machine à double effet*, la véritable machine à vapeur, dans laquelle aucune autre force que celle de la vapeur n'était mise à contribution. Le cylindre fut clos à son extrémité supérieure par une plaque de fonte percée au milieu pour laisser à la tige du piston le jeu nécessaire, et il mit, au moyen de deux tuyaux semblables à ceux adaptés à sa partie inférieure, la partie supérieure du cylindre en communication avec la chaudière d'une part et le condenseur de l'autre.

La vapeur était donc amenée alternativement au-dessus et au-dessous du piston. Elle arrivait d'abord au-dessous, faisant monter le piston qui chassait dans le condenseur la vapeur qu'il rencontrait sur son passage ; parvenu au terme de son ascension, le tuyau à vapeur du bas se fermait et celui du condenseur s'ouvrait. Quand la vapeur était amenée sur le piston qu'elle contraignait à descendre, le phénomène que nous avons vu se produire dans la partie supérieure du cylindre avait lieu dans la partie inférieure, et le vide se faisait derrière le piston, par l'intervention du condenseur. De sorte que la machine opérait aussi bien quand le piston montait que lorsqu'il descendait, d'où son nom de *machine à double effet*.

Les perfectionnements qu'il apporta dans la suite à sa machine sont encore nombreux et importants. Nous citerons le *parallélogramme articulé* qui porte son nom, la *manivelle*, le *régulateur à boules*, la *détente*.

« Il est, dit Arago, peu d'inventions, grandes ou petites, parmi celles dont les machines à vapeur offrent l'admirable réunion, qui ne soient le développement d'une des idées de Watt. Suivez ses travaux ; vous le verrez proposer des machines sans condensation, où la vapeur, après avoir agi, se perd dans l'atmosphère, pour les localités où l'on se procurerait difficilement de grandes quantités d'eau froide. La détente à opérer dans des machines à plusieurs cylindres figurera aussi parmi les projets de l'ingénieur de Soho. Il suggérera l'idée des pistons parfaitement étanches, quoique composés exclusivement de pièces métalliques. C'est encore Watt qui recourra le premier à des manomètres à mercure pour apprécier l'élasticité de la vapeur dans la chaudière et le condenseur ; qui imaginera une jauge simple et permanente, à l'aide de laquelle on connaîtra toujours et d'un coup d'œil le niveau de l'eau dans la chaudière ; qui, pour empêcher que ce niveau ne puisse varier d'une manière fâcheuse, liera les mouvements de la pompe alimentaire à ceux d'un flotteur ; qui, au besoin, établira sur une ouverture du couvercle du principal cylindre de la machine, un indicateur destiné à fournir la mesure du travail moteur transmis par la machine, etc.... »

Beaucoup d'améliorations de détail ont été apportées depuis à la machine de Watt, mais le principe n'a reçu jusqu'ici aucune modification. Nous devons pourtant indiquer l'emploi de la vapeur à haute pression fait pour la première fois par le célèbre inventeur américain Olivier Evans dans une machine dont les plans remontent à 1794. En 1825, les mécaniciens anglais Vivian et Trevithick construisirent des machines à haute pression dont ils passèrent pour les inventeurs, mais qui n'étaient que copiées sur celle d'Evans. Une des dernières et des plus importantes améliorations apportées à la machine à vapeur est due à un ingénieur français, M. Henri Giffard. De 1850 à 1858 cet ingénieur a inventé et perfectionné deux appareils d'alimentation des chaudières à vapeur. Le premier, basé sur l'action de la force centrifuge, a fonctionné convenablement pendant un certain temps ; il a été remplacé par un autre alimentateur beaucoup plus simple, d'un emploi universel aujourd'hui, et connu sous le nom d'*injecteur Giffard*.

Quant à donner une description minutieuse de la machine à vapeur actuelle, nous croyons qu'il suffit, pour que notre but soit atteint, d'indiquer que les divers systèmes peuvent se réduire à deux grandes divisions : les *machines à condenseur* et les *machines sans condenseur* qui laissent, après l'action, la vapeur s'échapper dans l'air. Nous nous occuperons maintenant de ses applications les plus importantes,

Un peu de statistique donnera la mesure du progrès des machines à vapeur en France depuis 1789, époque où la première fut installée pour la distribution des eaux de la ville de Paris.

De 1789 à 1815, quelques centaines de machines seulement furent installées, et ce ne fut que sous la Restauration que l'on vit s'élever nos grands ateliers de construction.

En 1852, nous possédions 6,000 machines représentant une force de 75,000 chevaux-vapeur; en 1863, le nombre s'élevait à 22,500, représentant la force de 618,000 chevaux.

Les machines à vapeur, en France, fournissent aujourd'hui 1,500,000 chevaux-vapeur, représentant une force de 4,500,000 chevaux de trait, ou mieux encore, l'emploi de 31,500,000 hommes.

Ajoutons à ceci que notre puissance industrielle a subi un accroissement proportionnel : sur un milliard de produits fabriqués en 1788, la main-d'œuvre entrait pour 60 pour 100; aujourd'hui, pour un milliard de produits, nous n'employons plus la force de l'homme que pour 40 pour 100.

Maintenant la statistique évalue le chiffre de notre travail à 12 milliards, dans lesquels la main-d'œuvre entre pour 5 milliards et la matière première pour 7 milliards.

II.

LA NAVIGATION A VAPEUR.

Depuis l'époque où, fuyant l'incendie de la forêt de Tyr, Ousous s'abandonnait aux hasards de la mer sans fin, à califourchon sur un arbre ébranché — ce qui, d'après Sanchoniathon, constitue la première tentative de navigation, — de grands progrès se sont accomplis dans cette branche des connaissances et de l'industrie humaines. Trois mille ans avant notre ère, les Chinois s'avisaient de creuser le tronc de l'arbre pour s'y installer commodément, au lieu de le chevaucher. C'était sous le règne si fécond de Hoang-Ti. On sait ce qu'était l'arche que Noé ne mit pas plus d'une centaine d'années à construire. Comme nous ne pouvons pas nous étendre sur les perfectionnements apportés dans les détails de la construction navale de siècle en siècle, nous nous bornerons à rappeler qu'Isis inventa la voile, à moins que ce ne soit Dédale, et que la roue à palettes étant d'invention romaine, il n'est pas vraisemblable que son application à la navigation remonte aussi loin qu'on veut bien le dire.

Certainement toutes ces améliorations graduelles produisirent des effets très-sensibles dans leur temps ; mais rien naturellement ne peut être comparé à la révolution produite par l'application de la vapeur.

Cette application d'un moteur nouveau ne s'effectua pas non plus sans une opposition acharnée ; ce ne fut qu'assez longtemps après que l'invention de la machine à double effet en assurait le succès, que l'énergie indomptable des inventeurs finit par triompher des obstacles. Watt lui-même n'avait aucune confiance dans une pareille innovation et ne dissimulait pas qu'à son avis, c'était vouloir perdre temps et argent que de l'essayer.

Les initiateurs.

Nous avons dit que, d'après les Espagnols, une tentative d'application de la vapeur à la propulsion des bateaux fut faite en 1543 par un de leurs compatriotes. Cette prétention a été combattue avec passion ; mais comme rien n'en prouve le mal fondé, nous ne pouvons en conscience la repousser. Il est certain, en effet, qu'en 1543, un capitaine de la marine espagnole, nommé don Blasco de Garay, présenta à Charles-Quint un appareil de son invention, avec lequel il déclara qu'il ferait manœuvrer aisément de grands navires sans le secours de la voile ni des rames. « L'inventeur, dit Navarrete, ne publia pas une description de son invention, mais les spectateurs virent qu'elle consistait principalement dans un appareil propre à faire bouillir une grande quantité d'eau, certaines roues agissant comme des rames, et une machine qui leur communiquait la vapeur produite par l'eau bouillante. »

L'écrivain ajoute qu'il a puisé ses renseignements dans le registre original des archives de Simancas, dans les papiers d'Etat de la Catalogne et dans le registre du Bureau de la Guerre de l'année 1543.

La machine de don Blasco fut montée sur un navire d'environ 200 tonneaux, appelé la *Santissima-Trinidad*, et l'expérience eut lieu dans le port de Barcelone, le 17 juin 1543, en présence de l'empereur Charles-Quint, de son fils, depuis Philippe II, et d'un grand nombre de personnages, parmi lesquels le trésorier Ravago, assez mal disposé, parait-il, pour cette innovation, mais qui a constaté que le navire ainsi manœuvré faisait trois lieues en deux heures (un peu plus de 21 kilom.) et se tournait aisément vers tous les points où l'on voulait le diriger.

L'expérience avait donc réussi ; mais elle n'eut pas de suite, tant parce que la guerre empêcha l'empereur de s'en occuper que par l'opposition de la cour, inspirée surtout par la crainte des explosions. Blasco de Garay fut remboursé des frais qu'il avait faits pour cet objet, et récompensé par une promotion et une somme de 200,000 maravédis. Une pareille conduite envers un pauvre inventeur éconduit est trop rare pour qu'on ne la relève pas.

Forcé ou non, don Blasco enleva sa machine du navire, la détruisit probablement, et en tout cas en garda le secret absolu.

Les arguments à l'aide desquels on veut faire passer pour mensonger le récit de cette expérience manquent de force. Il nous sera donc permis de regretter que le peu de disposition aux études historiques qui distingue en général les Espagnols ne nous permette pas, jusqu'à présent, d'en savoir plus long ; car il est clair que don Blasco ne conçut pas dans la même minute l'idée d'employer la vapeur comme force motrice et celle d'appliquer cette force motrice à la propulsion des navires.

Denis Papin, inventeur de la machine atmosphérique, comme nous l'avons dit, publiait dès 1690 son fameux mémoire ayant pour titre : *Nouvelle manière de produire à peu de frais des forces motrices immenses*, dans lequel, ayant décrit sa machine à vapeur, dont nous avons parlé, il ajoutait : « Cette invention se pourrait appliquer à tirer l'eau des mines, *à ramer contre le vent*, jeter des bombes, et à plusieurs autres usages. » L'application de cette force motrice nouvelle dont il était l'inventeur, car il est évident qu'il n'avait aucune idée qu'elle eût jamais été employée avant lui, s'empara dès lors presque exclusivement de son esprit. En 1698, il créait le modèle d'un chariot mû par la vapeur qui manœuvrait parfaitement dans l'aire étroite de sa propre chambre ;

de sorte que Papin en ceci est encore le véritable promoteur de l'emploi des locomotives sur les routes terrestres. Quelques années plus tard, à Cassel, il appliquait la vapeur à l'artillerie.

Mais, dès le début de sa découverte, Papin rêvait de l'appliquer à « ramer contre le vent, » et, pendant des années, il s'occupa seul, la plupart du temps, à construire un bateau convenable sur lequel sa machine devait être montée. Au commencement de 1704 le bateau était construit ; il était muni de rames, fixées aux deux extrémités d'un axe placé en travers du bateau et mises en mouvement par des roues au moyen de la vapeur. Ce ne fut qu'en 1707 qu'il en fit l'expérience.

Bien avant cette époque, avant même la publication de son mémoire, Denis Papin présentait à la Société Royale de Londres, dont il avait été nommé membre en 1680, un projet d'application de la vapeur à la propulsion des bateaux, proposant de mettre son plan à exécution moyennant la modeste avance de quinze livres (375 fr.). Cette avance lui fut refusée. Nous ignorons à quelle date exacte ce fait important se produisit ; mais comme c'est en Angleterre que nous en trouvons la trace, il ne nous est guère permis de douter de son authenticité.

Le 24 septembre 1707, Denis Papin, demeuré pendant vingt ans à la disposition des caprices du landgrave Robert de Hesse, quittait Cassel avec sa famille, à bord de son bateau à vapeur. Ce bateau fonctionna parfaitement, et ses passagers arrivèrent sans obstacle, ayant descendu la Fulda pour entrer dans les eaux du Weser, à Münden (Hanovre). Mais les membres de la corporation des mariniers du Weser s'opposèrent à son entrée dans ce fleuve, arguant, dit-on, d'un droit exclusif qu'ils possédaient légalement sur sa navigation. Que ce soit pour cette cause ou pour toute autre, le fait est que la corporation en question ne se contenta pas de barrer le passage au malheureux inventeur, mais qu'elle mit en pièces le premier bateau à vapeur qui eût jamais navigué.

Papin, tout à fait démoralisé par une succession de revers dont il est difficile de donner ici une juste idée, fut littéralement anéanti. Il put toutefois gagner l'Angleterre ; mais il y mourut quelques années plus tard, après avoir passé si misérablement, si obscurément, les derniers temps de sa vie, qu'on ignore jusqu'à la date exacte de sa fin et jusqu'au lieu où il s'éteignit.

Cependant les esprits étaient en travail. Après la mort de Papin, on vit naître de nombreux projets d'application de la vapeur à la propulsion des navires. Ce sont ceux de sir John Allen (1730), de Jonathan Hulls (1737), en Angleterre ; ceux de l'abbé Gauthier (1753), de l'abbé Génevois (1760), en France, etc. En 1773, le comte d'Auxiron et Perrier réussirent à faire naviguer en Seine, à Paris, un bateau à roues mues par la vapeur. En 1776, le marquis de Jouffroy manœuvrait, sur le Doubs, son premier *pyroscaphe*, et un deuxième en 1783, sur la Saône.

L'année précédente (1782), Desblancs, un fabricant de montres de Trévoux, avait envoyé au Conservatoire des arts et métiers, où il est encore, un modèle de bateau mû par la vapeur. La Révolution ayant chassé de France le marquis de Jouffroy, celui-ci ne fut pas peu désolé de voir, à son retour, en 1796, que Desblancs s'était approprié la part la plus importante de son invention, et s'était mis à l'abri de toute revendication en prenant un brevet. Il n'en fit pas moins une nouvelle tentative en Seine, en 1816 ; mais tout cela ne fit que hâter sa ruine.

Dans le temps où Desblancs se livrait à ses expériences, à Paris, en 1803,

Robert Fulton, l'illustre ingénieur américain dont nous aurons à nous occuper plus longuement tout à l'heure, faisait de son côté les premières tentatives de propulsion des bateaux par la vapeur. Ses essais furent même contrariés par les prétentions dudit Desblancs ; mais Fulton ayant offert à celui-ci de partager avec lui les frais, mais aussi les avantages, Desblancs, qui devait savoir déjà combien ces derniers étaient aléatoires, n'insista pas.

Tous ces essais, en somme, n'aboutirent à rien de pratique.

En Amérique, pendant ce temps, on ne restait pas complétement indifférent à la grande question. Dès 1778, Thomas Paine proposait l'application de la vapeur aux navires. John Fitch sur la Delaware, en 1781, et James Rumsey sur le Potomac, en 1784, avaient fait naviguer des bateaux mus par la vapeur, et le premier, présentant au Congrès, en 1785, le modèle de son appareil, n'hésitait pas à prédire qu'un jour viendrait où l'Amérique serait sillonnée par les steamers, prédiction qui le fit taxer de fou par les esprits les mieux équilibrés.

De 1788 à 1793, nous retrouvons Fitch et Rumsey faisant sur la Tamise des voyages avec un bâtiment construit par ce dernier, sollicitant vainement des passagers. Il paraît que, malgré leurs succès incontestables, dans leur pays, le crédit des gens raisonnables leur faisait défaut.

William Patrick Miller, de Dalswinton, dans le comté de Dumfries (Écosse), prenait un brevet pour un système de propulsion des bateaux au moyen de roues à aubes. Aidé dans ses expériences par James Taylor, tuteur de ses deux enfants, celui-ci lui suggéra l'idée de substituer la vapeur au travail manuel pour la mise en mouvement de ses roues, et, à cet effet, il le mit, en 1788, en rapport avec un ingénieur des mines, inventeur d'une « machine à vapeur construite sur des principes entièrement nouveaux, » pour laquelle il avait pris brevet l'année précédente. Cet ingénieur, dès lors en possession d'une grande réputation, s'appelait William Symington.

Symington ne fit pas de difficulté pour appliquer au bateau de Miller son système de machine. Il en construisit une exprès, de la force d'un cheval seulement. Le tout fut expérimenté sur un lac artificiel situé près de la demeure de Miller et réussit assez bien, car le bateau fit ses huit kilomètres à l'heure. Mais c'était plutôt un joujou qu'une machine sérieuse. Les deux cylindres n'avaient que 4 pouces de diamètre. On voit encore aujourd'hui cette miniature de machine à l'Andersonian Museum, de Glasgow. Miller fit encore d'autres expériences couronnées de succès, en remorquant, avec une machine de la force de douze chevaux, des charges assez considérables dans le canal de la Clyde. Mais ces expériences, et bien d'autres qui suivirent, ne purent faire passer dans la pratique cette innovation audacieuse, et par conséquent ardemment combattue.

De son côté pourtant, Symington poursuivait les siennes, et l'on peut dire qu'il les conduisit vraiment au point où l'adoption du système ne dépend plus que de la bonne volonté. Ce fut en effet la bonne volonté seule qui fit défaut, comme on va le voir.

En 1801, Symington fut appelé par lord Dundas, grand propriétaire des rives de la Clyde, à la direction d'expériences ayant pour objet de substituer à la traction des chevaux la propulsion de la vapeur aux bateaux chargés qui remontaient le canal. L'éminent ingénieur construisit un bateau spécial auquel il donna le nom de *Charlotte-Dundas*. Ce bateau terminé, l'essai en fut tenté en mars 1802. Il remorqua à travers le golfe et le canal de la Clyde, sur une distance de 31 kilomètres environ, deux bateaux portant une charge de

70 tonnes chacun, en six heures, « bien que, pendant tout ce temps, il soufflât une brise tellement forte, qu'aucun autre bateau ne put même tenter de faire tête au vent ce jour-là dans le canal. »

Mais les directeurs de la navigation s'étant formellement opposés au développement des bateaux à vapeur, dans la crainte, dirent-ils, que les rives souffrissent trop des vagues produites par les roues, l'expérience, couronnée d'un grand et incontestable succès, dut en rester là.

Fulton en Amérique.

Il était réservé à Fulton de réussir dans une voie où tant d'autres avaient échoué, comme on le voit, sans cependant s'être trompés. Mais il est juste d'ajouter que l'énergie et la persévérance de l'illustre Américain lui-même n'eussent servi de rien en Europe. Il avait déjà échoué d'ailleurs sur la Seine.

De France, Fulton se rendit en Angleterre, se mit en rapport avec tout ce qu'il y avait d'éminent parmi les mécaniciens inventeurs. Artiste, ancien élève, à Londres, du peintre Benjamin West, il avait d'ailleurs de nombreuses connaissances dans cette ville. Il vit le docteur Cartwright, l'inventeur de la machine à tisser, et surtout Symington, qui le promena sur ses bateaux et lui donna le plus libéralement du monde tous les détails qu'il réclamait de son obligeance, ne lui cachant pas qu'il comptait en tirer parti dans son pays.

De retour en Amérique, et grâce au concours de Chancellor Livingston, qui, ministre des États-Unis à Paris, l'avait déjà aidé à cette époque dans ses expériences de navigation à vapeur sur la Seine, Fulton construisit un bateau qu'il destinait à la navigation de l'Hudson, et qu'il baptisa le *Clermont*, du nom d'une propriété appartenant à son patron, mais que le public désignait sous celui de *Folie-Fulton*.

« Alors que j'étais occupé à construire mon premier bateau à vapeur, raconte Fulton, le public considérait mon projet soit avec indifférence, soit avec mépris, et comme la conception d'un visionnaire. Mes amis étaient polis, sans doute, mais réservés. Ils écoutaient mes démonstrations avec patience, mais avec un parti pris d'incrédulité que leur contenance trahissait assez. Jamais une remarque encourageante, une lueur d'espoir, un souhait chaleureux ne vinrent éclairer ma route. Le silence même n'était visiblement qu'un moyen poli de voiler ses défiances, de dissimuler ses reproches. »

Presqu'à bout de ressources avant d'avoir achevé l'œuvre, Fulton et son bienveillant associé C. Livingston offrirent un tiers dans les bénéfices de l'entreprise à qui leur apporterait la faible somme dont ils pensaient avoir besoin. Mais nul ne se présenta pour accepter des avantages si aléatoires. Et quand le bateau fut mis à l'eau, personne non plus ne voulut monter à son bord et braver le sort terrible qu'il lui prédisait. La foule saluait de ses huées l'homme de génie dont elle ne devait pas tarder à exalter la gloire.

Les cris et les lazzi redoublèrent quand on vit Fulton, monté seul sur le pont du *Clermont*, donner le signal du départ à quelques ouvriers dévoués et intrépides, qu'on n'apercevait pas, cachés qu'ils étaient par les flancs du navire.

Tout à coup un jet de fumée sortit de la cheminée du *Clermont* ; elle grossit rapidement et devint un nuage noir ; le long bâtiment s'ébranla, ses larges roues frappèrent l'eau qui rejaillit en écume, et sa proue, fendant l'Hudson, s'avança en glissant sur les flots.

Une commotion électrique secoua la foule, un murmure confus s'éleva, quelque chose d'étranglé et de formidable sortit de vingt mille poitrines haletantes..., puis les hourras et les cris se firent jour, un enthousiasme et un délire universel éclatèrent, portant au cœur de Fulton une minute d'indicible ivresse qui le payait de dix années de lutte et de souffrance.

La traversée s'accomplit régulièrement, comme l'avait annoncé le programme affiché la veille ; mais elle fut accompagnée d'incidents dont on se rendra facilement compte, en songeant au spectacle saisissant que devait présenter cet étrange navire pour les voyageurs et les matelots des bateaux qui passaient auprès de lui.... Quand la nuit vint et que le *Clermont* apparut de loin, avec sa cheminée lançant une fumée incandescente qui lui faisait un panache enflammé, et avec ses aubes dont les palettes, comme d'énormes nageoires de fer, soulevaient et faisaient tourbillonner les flots, les habitants du rivage fuyaient épouvantés, et les mariniers se cachaient au fond de leurs bateaux, qu'ils laissaient aller à la dérive.

A son retour d'Albany, Fulton fut plus heureux qu'à son départ de New-York : un voyageur se présenta. Ce passager était Français et s'appelait Andrieux.

Fulton n'avait naturellement ni employé pour donner des billets, ni receveur pour en toucher le prix, et ce fut à lui-même que le confiant passager paya les six dollars (30 fr.) demandés pour la traversée.

Fulton regardait les six dollars et paraissait absorbé dans cette contemplation. Andrieux en fit la remarque.

« Oh ! répondit le grand inventeur, en levant ses yeux dans lesquels brillait une larme, je songeais, en regardant cet argent, que c'est ma première recette, et j'aurais voulu, pour vous remercier, vous offrir un verre de vin de France, car j'ai reconnu en vous un habitant de ce pays que j'ai habité et que j'aime, mais je suis trop pauvre aujourd'hui pour me donner cette joie.... »

L'histoire ajoute que Fulton et son premier voyageur se rencontrèrent plus tard, et que ce dernier ne perdit rien pour avoir attendu.

Le *Clermont* était un bâtiment de 160 tonneaux, mesurant 130 pieds de longueur sur 18 de largeur. Il marchait avec une vitesse de 5 milles à l'heure, en remontant le courant.

Développement de la navigation à vapeur sur les fleuves en Europe.

En janvier 1812, M. Henry Bell, de Glasgow, qui avait été en relations avec Miller, Symington et autres, et leur avait présenté Fulton, établissait sur la Clyde le premier bateau à vapeur qui ait existé en Angleterre. Ce bateau s'appelait la *Comète*, en mémoire de l'année 1811, pendant laquelle il avait été construit. Deux ans plus tard, la Tamise était sillonnée de vapeurs de promenade ; mais il devait encore se passer des années avant que la crainte des explosions n'empêchât la clientèle d'y affluer. Cependant, en 1817, l'éditeur du *Monthly Magazine* ayant fait connaître au public qu'il avait fait personnellement un voyage dans un de ces bateaux effrayants, à Margate, et retour, et qu'il n'y avait pas plus de danger à passer quelques heures en compagnie d'une machine de la sorte qu'à rester assis auprès d'une théière ou d'une casserole en ébullition (ce qui était exagérer un peu), on commença à se risquer, non sans quelque émotion, mais du moins sans arrière-pensée.

L'opposition faite aux bateaux à vapeur de la Tamise par les mariniers du fleuve a d'ailleurs retardé beaucoup plus leur succès que les craintes des passagers, car c'était une corporation influente et aussi peu endurante que celle des mariniers du Weser qui ruinèrent à jamais le malheureux Papin. Ainsi, vers 1812 ou 1813, notre illustre compatriote, alors sir Isambart Marc Brunel, avait fait ce même voyage à Margate dont nous venons d'entendre vanter les agréments. C'était dans un bateau construit par lui-même et mû par une machine à double action. Arrivé à Margate, l'hôtelier chez qui il était descendu, homme lige des *watermen*, refusa à Brunel même un lit !

Nous n'insisterons pas sur les détails de l'introduction en Angleterre de la navigation à vapeur dans les fleuves et les rivières ; cette introduction était un fait accompli. D'Angleterre, le nouveau système se répandit sur tout le continent européen avec une rapidité prodigieuse, et bientôt tous les cours d'eau furent couverts de bateaux à vapeur, donnant aux transports par eau un développement qui causa une véritable révolution. On n'avait pas encore essayé d'employer les vapeurs à la mer avant 1815. Cette année-là vit créer la première ligne maritime régulière entre Glasgow et Belfast. Le premier navire qui y fut employé fut le *Rob-Roy*, de 90 tonneaux, pourvu d'une machine de la force de 30 chevaux.

L'introduction de la navigation à vapeur en France, où tant d'essais avaient été tentés, date seulement de 1816 ; encore mit-elle dix ans à se développer et à s'asseoir d'une manière sérieuse.

Les grandes lignes de steamers.

Malgré la prétention des Anglais à avoir inauguré les lignes des steamers transatlantiques, ils furent encore devancés en ceci par les Américains. Le premier navire à vapeur qui traversa l'Atlantique fut le *Savannah* ; c'était un voilier de 360 tonneaux, solide et bien gréé, à bord duquel on avait provisoirement monté une machine à vapeur. Avant de prendre la mer, le commandant avait fait publier qu'il recevrait des passagers ; mais aucun ne se présenta.

Le navire quitta Savannah (Géorgie) le 27 mai 1819, et arriva à Liverpool après trente et un jours de voyage, dont dix-huit à la vapeur et le reste à la voile, ayant bon vent. Lorsqu'il fut entré dans le canal de Saint-George, la fumée qui s'échappait de son tuyau fit supposer aux vaisseaux de l'escadre que le feu était à son bord, et, en conséquence, on lui envoya des secours en toute hâte. Seulement, nous avons dit que le *Savannah* était un voilier déguisé en vapeur, et c'est pourquoi, bien que sa traversée ait été considérée comme un acte d'audacieuse folie, on prétend qu'il ne doit pas compter.

Une compagnie se forma en Angleterre, en 1822, dans le but d'établir une ligne régulière de steamers pour faire le voyage de l'Inde. Le navire l'*Enterprise*, muni d'une machine de 120 chevaux, quitta Falmouth le 16 août 1825 pour Diamond-Harbour (Bengale). Il fit le voyage (13,700 milles) en 113 jours, dont 63 sous vapeur et 40 sous voiles, les 10 jours de surplus ayant été employés au nettoyage de la chaudière à Saint-Thomas et à renouveler la provision de charbon au Cap. Le capitaine de l'*Enterprise* reçut, en récompense de son succès, une somme de 250,000 fr.

En 1827, une ligne de vapeurs fut créée entre Falmouth et la Méditerranée ; puis, en 1830, une ligne de Bombay à Suez. En 1836, une société se formait à Bristol pour la création d'une ligne transatlantique ; mais, encore une fois, elle avait été prévenue sur cette route, bien que jusqu'ici, l'histoire du *Savannah* écartée, le fait soit peu connu.

Le 18 août 1833, le navire à vapeur *Royal-William* quittait Québec (Canada), et, après deux ou trois jours de relâche à Picton (Nouvelle-Ecosse), faisait route pour l'Angleterre. Il arrivait à Gravesend le 11 septembre. Le *Royal-William* avait été construit à Trois-Rivières et armé à la fonderie Sainte-Marie, à Montréal, avec des machines de construction canadienne.

Le 8 avril 1838, le *Sirius* et le *Great-Western* partaient, le premier de Cork, le second de Bristol, pour New-York. Ils effectuèrent le voyage presque simultanément, et jouissent toujours de la réputation usurpée d'être les deux premiers navires à vapeur qui aient traversé l'Océan. Le *Sirius* était un beau navire de 700 tonneaux, portant une machine de la force de 320 chevaux. Le *Great-Western* avait une machine de 420 chevaux. L'un et l'autre arrivaient à New-York, à quelques heures de distance, le 23 du même mois. Le *Great-Western*, qui avait fait le voyage en 15 jours et 10 heures, ne mettait que 14 jours à revenir le mois suivant. C'est encore loin toutefois de la traversée en 7 jours 15 heures 28 minutes, de New-York à Queenstown, accomplie par le *City of-Berlin*, en octobre 1875.

L'hélice.

Mais nous voici parvenu à l'époque où une nouvelle révolution devait se produire dans la navigation à vapeur, par l'application de l'hélice propulsive aux navires. L'hélice produit sur le bâtiment le même effet que la godille sur les embarcations, tandis que les roues à palettes agissent comme des rames ; de sorte que si l'hélice remplaça d'abord les roues, ce fut dans les vaisseaux de guerre ou dans les bâtiments marchands exposés à recevoir dans leurs tambours les projectiles ennemis. Dans beaucoup de navires, l'hélice ajoute sa force propulsive à celle des roues, pour augmenter la vitesse.

C'est à un Anglais, sir Francis Pettit Smith, qu'est due l'application en grand et définitive, en 1836, de l'hélice aux bâtiments à vapeur ; du moins 1836 est la date de son brevet ; mais ce ne fut qu'en 1839 qu'il construisit le bateau à hélice *l'Archimède*, qui obtint un véritable et légitime succès. A la fin de 1869, son invention se trouvait appliquée à 570 navires de toutes classes de la marine royale, et à 1,720 de la marine marchande.

En récompense de ses services, sir Francis avait obtenu de la reine Victoria le titre de chevalier, avec une somme de 500,000 fr. ; en 1858, dans un banquet qui lui fut offert à Saint-James's Hall, il dut accepter un service d'argenterie d'une valeur de 68,000 fr., acquis par voie de souscription publique. A la fin de sa vie, sir Francis Pettit était curateur du musée de South Kensington, où il est mort au mois d'avril 1874.

Mais sir Francis P. Smith n'est pas l'inventeur de l'hélice propulsive. Dès 1768, l'ingénieur français Paucton la proposait pour le même objet dans sa *Théorie de la vis d'Archimède* — particularité digne d'être notée. Le 29 mars 1803, Charles Dallery, facteur d'orgues d'Amiens, prenait un brevet pour « un mobile perfectionné, etc., » qui n'était autre que l'hélice, et il l'expérimenta sur la Seine, à Bercy, la même année. Dallery, entre autres inventions, proposait à la même époque l'emploi de chaudières à bouilleurs tubulaires verticaux. Le pauvre inventeur y dévora ses économies, et, aucun secours ne lui étant venu, il dut abandonner ses projets. Alors l'Américain John Stevens s'en empara; mais les résultats qu'il en obtint dans son pays (1804) ne parurent pas assez satisfaisants pour entrer dans la pratique. En 1823, le capitaine du génie Delisle proposa une vis évidée; mais on ne l'écouta pas, et ce fut un Suédois, John Ericsson, devenu citoyen américain, qui s'empara de l'idée. Ericsson proposa à l'Amirauté anglaise le nouvel engin propulseur, lui démontrant les avantages de son application à la marine de guerre, mais en vain; il ne put faire cette application que dix ans plus tard, aux Etats-Unis, sur le navire de guerre *Princeton*. Le nom d'Ericsson est devenu illustre aux Etats-Unis depuis cette époque.

Enfin, en 1832, un constructeur de Boulogne-sur-Mer, Frédéric Sauvage, se ruina à essayer l'application de l'hélice simple. Au lieu de l'aider, on le laissa enfermer dans la prison pour dettes, au Havre, où il s'était rendu pour faire ses expériences, et le malheureux mourait en 1857 dans une maison de fous.

On voit par cet exposé que sir Francis Pettit Smith n'avait plus qu'à marcher tranquillement dans un sentier battu, et que c'est ici le cas, ou nulle part, d'appliquer l'adage populaire : « Ce n'est pas toujours celui qui gagne l'avoine qui la mange. »

Le premier bâtiment à hélice français a été construit au Havre et lancé en 1843. C'était alors le *Napoléon*, aviso à vapeur de 220 chevaux. Il a plusieurs fois changé de nom depuis.

La pièce principale de tout steamer à hélice est l'arbre de couche. C'est un énorme cylindre plein, en acier, porté sur des coussinets, couché sur l'axe longitudinal du navire et qui va des machines motrices à l'arrière du steamer, où est noyée l'hélice. Cette espèce de vis à ailettes donne la propulsion au navire, qu'elle ébranle de ses trépidations. Elle se visse en quelque sorte dans l'eau et fait marcher le steamer par suite précisément de la réaction, de la résistance qu'oppose l'eau à se laisser entamer par cette formidable vis.

Comme dans la rame, l'eau sert ici de point d'appui, mobile, il est vrai, et la théorie de l'hélice, comme celle de toute machine simple, se ramène à la théorie du levier.

Il est indispensable d'apporter le plus grand soin à la confection des arbres de couche, et l'on n'a garde d'y manquer. L'acier doit, de toute nécessité, être des plus résistants et des plus homogènes. Une simple fissure, une paille, comme disent les métallurgistes, peut amener une rupture de l'arbre tournant, et alors, si la réparation ne peut pas être faite en mer, l'accident devient des plus graves. C'est le cas de l'*Amérique*, un des plus beaux steamers de la Compagnie transatlantique française. Ce navire, à la fin de l'année 1875, revenant des Etats-Unis en France, et sur le point d'atteindre le port de Brest, est resté quarante jours en mer, par suite de la rupture de son arbre de couche. Il a fallu marcher à la voile, le vent était contraire, et l'on n'était pas du reste outillé pour cela.

Les navires monstres.

Pour ne pas suivre pas à pas le progrès de la navigation à vapeur dans ses manifestation incessantes, mais bien moins décisives désormais qu'à l'heure interminable de l'enfantement — car nous ne pouvons nous occuper ici de

L'arbre de couche d'un navire à vapeur.

blindage, de cuirasses, d'éperons, en un mot, d'aucun des perfectionnements apportés surtout à la marine de guerre et un peu à la marine marchande, — nous aborderons immédiatement le chapitre des bateaux gigantesques ou étranges, dont le *Great-Eastern* est d'ailleurs resté le type embarrassant et ruineux, malgré les grands services qu'il a rendus dans l'immersion des câbles sous-marins.

En 1854, l'ingénieur I. K. Brunel, fils du célèbre constructeur du tunnel de

Coupe, plan et ensemble du *Great-Eastern*.

la Tamise, conçut l'idée d'un navire ayant des proportions telles, qu'il pourrait emporter la quantité de charbon dont il aurait besoin pour le plus long voyage, aller et retour. Une compagnie se forma pour l'exécution du projet de M. Brunel, et la construction fut commencée, sous la direction de cet ingénieur, par M. John Scott Russell.

Près d'un million de livres avaient déjà été dévorées par ce colosse, et il n'était pas encore prêt à prendre la mer ; des difficultés financières surgirent, la société abandonna la partie, et une société nouvelle, au capital de 330,000 livres (8,250,000 fr.), se forma pour achever l'œuvre. Enfin, dans l'automne de 1859, le *Leviathan* (tel était d'abord son nom) était lancé.

Le *Leviathan*, devenu le *Great-Eastern*, a 210 mètres de longueur sur 37 mètres de largeur d'un tambour à l'autre et 25 m. 30 au maître-bau, 17 m. 65 de profondeur. Il jauge 25,500 tonneaux. Son tirant d'eau moyen est de 7 m. 63. Construit d'après le système à cellules, il est divisé en douze compartiments étanches. Il est entré 8,000 tonnes de fer dans la construction de sa coque.

Le *Great-Eastern* réunit les deux systèmes de propulsion : les roues à aubes et l'hélice. Sa machine à roues est d'une force nominale de 1,000 chevaux ; elle a quatre chaudières, quarante feux et deux cheminées. Sa machine à hélice, d'une force de 1,600 chevaux, a six chaudières, soixante-deux feux et trois cheminées. Chacune de ces chaudières ne pèse pas moins de 50 tonnes. En outre, il y a de puissantes machines auxiliaires destinées à lever l'hélice quand le bâtiment marche sous voiles, ce qui est rare, car ses sept mâts ne portent qu'une voilure insignifiante.

Le salon principal du *Great-Eastern* a 11 mètres de largeur et 4 mètres d'élévation. Le navire navigue avec une vitesse de 8 nœuds avec les roues seules, de 9 nœuds avec l'hélice, et de 14 nœuds avec les deux forces propulsives réunies. Il consomme 12 tonnes 1/4 de charbon par jour. Il peut porter 18,000 tonnes de marchandises et 10,000 passagers.

Le grand inconvénient de ce géant des mers est, on le comprend assez, son énorme tirant d'eau, qui lui interdit la plupart des ports et lui fait aller trouver le danger à une profondeur où il n'existe pour aucun autre navire. A peine en mer, à son premier voyage, il éprouvait, au large de Hastings, un accident, peu terrible à la vérité. A New-York, dans une autre occasion, il donnait sur un écueil qui lui causait d'assez graves avaries, en lui enlevant toute son enveloppe de fer sur une étendue de 80 pieds. Enfin, il essuya dans l'Atlantique une tempête terrible qui démonta son gouvernail, brisa ses roues et le mit à la dérive pendant trois ou quatre jours.

En somme, les trois voyages qu'il put faire avant de devenir la propriété de l'*International Telegraph construction and maintenance Company*, nécessitèrent des réparations si coûteuses, que ses propriétaires résolurent de l'abandonner. C'est alors qu'il fut vendu pour la somme de 25,000 livres (625,000 fr.), somme qu'on a estimée au tiers à peu près de sa valeur, en considérant toutes ses parties comme vieux matériaux.

Le *Great-Eastern* fut employé, comme on sait, à la pose du câble transatlantique et de divers autres câbles sous-marins, et peut-être eût-il fallu renoncer, sans lui, aux succès si complets et si décisifs qui ont couronné tant d'efforts et de persévérance. Mais depuis 1875, date à laquelle la pose des deux câbles reliant Valentia et Terre-Neuve a été achevée, le *Great-Eastern* est demeuré sans emploi.

La traversée de la Manche.

En 1874-75, la question de la traversée rapide et commode de la Manche mit ou remit au jour quantité de projets divers, ponts ou tunnels, chemins de fer ou paquebots. Les projets de traversée en bateau, qui seuls doivent nous occuper ici, ont produit quelques inventions ingénieuses que nous ne saurions passer sous silence.

Nous parlerons d'abord du navire *Bessemer*, construit à Hull, par MM. Bessemer et Reed. C'est un immense steamer ayant 350 pieds anglais de longueur, large de 40 pieds, muni de quatre roues à aubes, placées à l'extérieur et actionnées par une machine de 4,600 chevaux de force effective. La vitesse serait, dit-on, de 20 nœuds, ce qui réduirait la durée de la traversée entre Calais et Douvres à cinquante minutes.

Au centre du navire, il y a un immense rouf, des salons, des cabines, un restaurant, etc., et, tout au milieu, un vaste salon suspendu de 70 pieds de long sur 35 de large et haut de 20 pieds. Sauf le tangage, dont la longueur du bâtiment amende d'ailleurs considérablement l'effet désagréable, en réduisant l'angle de déplacement, les oscillations du navire sous l'influence du roulis n'ont aucun effet sur ce salon. Ces mouvements sont compensés par un système hydraulique qu'un homme dirige en ayant l'œil ouvert sur un niveau d'eau. Ce salon est surmonté d'une terrasse, d'où l'on peut suivre toutes les oscillations du reste du navire et de la mer, sans que ces oscillations soient sensibles pour le passager.

Il y a encore le *Castalia*, du capitaine Dicey, ancien officier du port de Calcutta. Le *Castalia* a 290 pieds de long et 60 pieds de large ; sa coque est double, c'est-à-dire divisée longitudinalement en deux, à fond plat, et les roues se trouvent entre les deux coques ou demi-coques. Le fond plat a été adopté afin de permettre aisément l'entrée du navire dans les ports peu profonds, comme celui de Calais, qui n'a, à marée basse, que 2 mètres 50 de profondeur : le *Castalia* n'a pas plus de 2 mètres de tirant d'eau.

Enfin, M. Dupuy de Lôme proposait dans le même temps un plan qui comportait : Construction ou aménagement d'un port spécial profond sur chacune des deux rives du canal, avec jetées à pont-levis et à dispositions particulières, et construction d'un navire porte-train ainsi conçu : le navire de M. Dupuy de Lôme est à aubes, ce qui indique qu'il n'a aucun autre moyen de compenser le mouvement de roulis ; il a 150 mètres de longueur et 25 mètres de largeur ; et il est aménagé intérieurement de manière à recevoir dans ses flancs un train de marchandises d'un côté, et un train de voyageurs de l'autre.

Ainsi, un train arrivant à Calais, après s'être engagé sur les rails de la jetée, aiguillerait pour passer sur ceux qui mènent à la crique où le *ferryboat* serait embossé et franchirait le pont-levis. Les sabords du navire s'ouvrent alors, le train s'y engage, s'arrête, et les voyageurs n'ont plus qu'à ouvrir les portières pour se trouver, comme par enchantement, dans un brillant salon où ils font la traversée presque sans s'en douter. Le reste se devine, puisqu'à Douvres le port serait la copie exacte du port de Calais.

Toutes ces inventions sont fort ingénieuses assurément, et loin d'être indifférentes au bien-être général et aux progrès de la science, même en restant inappliquées. On s'en tient toutefois pour le moment au projet de tunnel.

Devons-nous nous étendre sur l'aspect grandiose et le confort poussé à ses limites extrêmes qu'ont atteints les steamers des grandes lignes, et particulièrement ceux de notre Compagnie transatlantique, qui ne le cèdent plus en rien maintenant aux navires américains ou anglais qu'on nous opposait si souvent naguère encore ? Ce serait, croyons-nous, du temps perdu. Ce ne sont plus des bateaux, mais des hôtels flottants de premier ordre, et leurs ponts sembleraient plutôt l'immense parloir ambulant d'un savant nomade. Tout le monde sait cela.

Salle à manger d'un paquebot transatlantique français.

Les dessins que nous donnons, dont l'un représente la salle à manger, et l'autre une vue générale du pont d'un steamer de la Compagnie générale transatlantique française, valent en ce point toutes les descriptions. Nous y ajoutons le dessin d'un de ces magnifiques navires en marche (p. 31).

Les navires cuirassés.

Obligé de négliger beaucoup de choses importantes pour nous en tenir, autant que possible, au sujet restreint de la vapeur appliquée à la navigation, nous avons à peine touché à la construction navale et pas du tout à la marine de guerre : on comprend que notre cadre ne s'étend pas jusque-là. Cependant, quelques lignes ayant pour objet de démontrer que les navires cuirassés ne sont pas une invention d'hier, et que cette invention est française, peuvent encore trouver place ici sans trop jurer avec le reste.

L'invention des cuirasses en fer destinées à protéger les navires est bien plus ancienne qu'on ne le pense généralement. Au XIIᵉ siècle, les Normands recouvrirent leurs vaisseaux d'une enveloppe de fer qui s'étendait depuis la ligne de flottaison et se terminait à l'avant en forme de bélier. Déjà auparavant ils avaient imaginé de protéger les navires de guerre avec des boucliers en fer. En 1534, Pierre d'Aragon ordonna de cuirasser ses navires, afin de les protéger contre l'atteinte des traits incendiaires, alors fort en usage. A la bataille de Lépante, plusieurs vaisseaux avaient leurs batteries protégées par de fortes armures de fer.

Vue générale du pont du paquebot transatlantique *le Canada.*

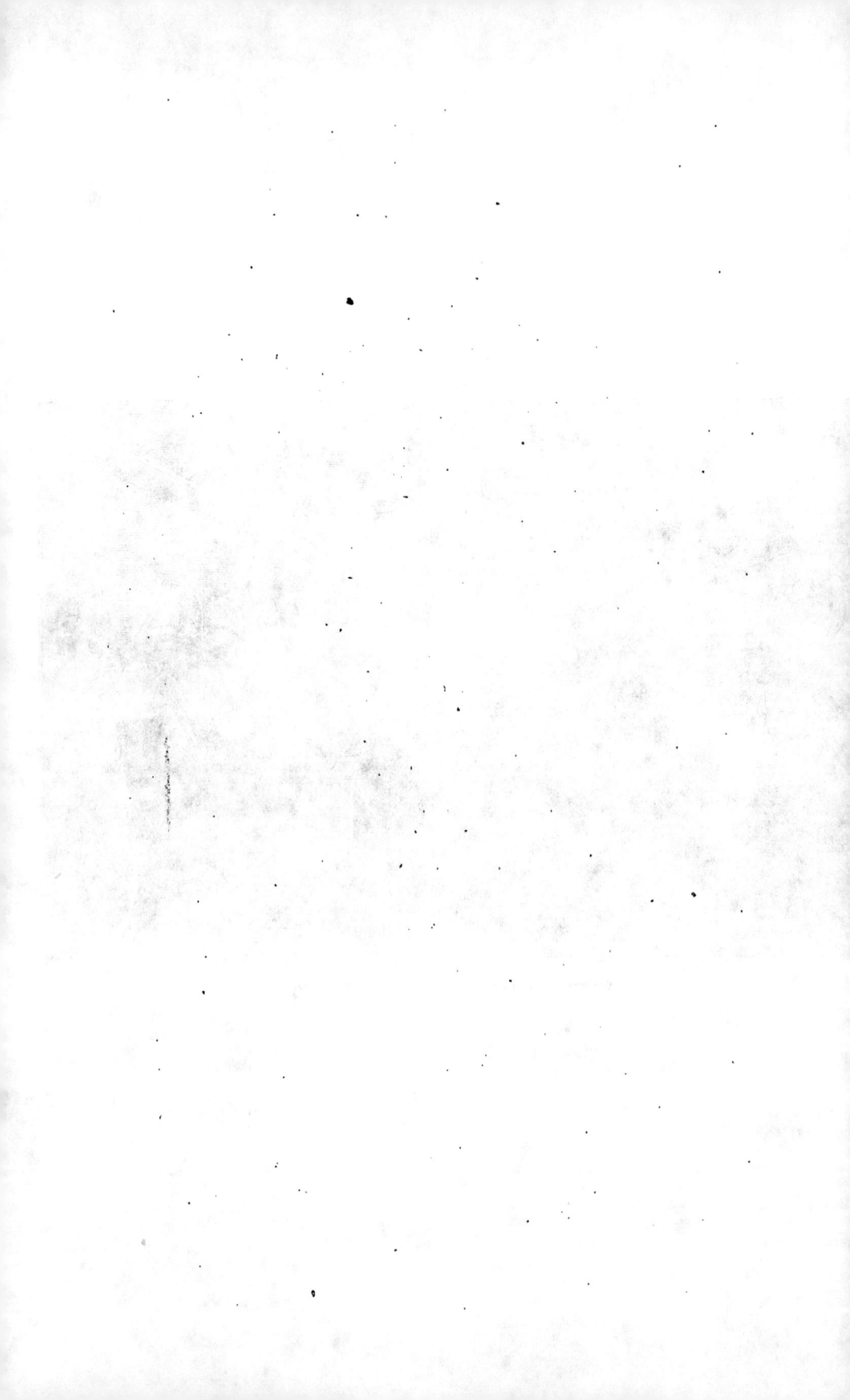

Pendant les deux siècles qui suivirent, aucun progrès n'eut lieu dans ce sens ; mais en 1782, pendant le siége de Gibraltar, plusieurs navires cuirassés furent construits sur un modèle qui est encore suivi de nos jours. Ces navires avaient une cuirasse de bois durci ; puis, par-dessus celle-ci, un blindage en fer ; la seule différence entre eux et les navires de construction récente, c'est

Paquebot de la Compagnie générale transatlantique.

que la cuirasse de bois durci et le blindage étaient séparés par une sorte de matelas de peaux. Ces bâtiments résistèrent, paraît-il, fort longtemps au feu des forts, mais finirent cependant par être coulés à fond par les boulets rouges de l'ennemi.

III.

LA LOCOMOTIVE ET LES CHEMINS DE FER.

L'application de la vapeur à la propulsion des voitures et l'établissement de *rails* sur les chemins pour diminuer le frottement des roues, sont deux objets distincts, poursuivis d'abord, et pendant assez longtemps, indépendamment l'un de l'autre, mais qui devaient fatalement se perfectionner et se développer de conserve.

C'est encore à Denis Papin qu'est due la première idée des voitures à vapeur, idée suivie d'exécution, quoique dans une mesure très-restreinte. En effet, dans sa correspondance avec Leibnitz, déposée à la Bibliothèque royale de Hanovre, se trouve un passage dans lequel Papin raconte (1698) qu'il a construit le modèle d'un « petit chariot qui s'avançait par cette force » (la vapeur), qu'il l'a expérimenté dans sa chambre et en a obtenu le résultat qu'il en attendait.

Watt, en 1759, c'est-à-dire à une époque où il ne s'était occupé que théoriquement de la vapeur, proposait de son côté au docteur Robinson, du collége de Glasgow, d'employer cette force à la traction des voitures sur les routes ordinaires, sans aucune idée de l'utilisation des chemins à rails.

Dix ans plus tard, Martin de Planta, physicien suisse, soumettait un projet semblable à l'Académie des sciences de Paris, qui vanta fort l'ingéniosité théorique du plan, mais le déclara irréalisable.

Joseph Cugnot, ingénieur français, fit mieux : il construisit, en 1771, un chariot ayant un peu la forme d'un haquet de brasseur, qu'on peut d'ailleurs voir au Conservatoire des arts et métiers, et muni à son extrémité antérieure d'une machine à vapeur agissant sur les roues. L'expérience, sans donner d'autres mauvais résultats que le renversement d'un mur, dévoila bien des inconvénients dont le moindre n'était pas la difficulté d'alimenter la chaudière à mesure du besoin. L'invention fut considérée comme dangereuse et mise de côté.

En 1784, William Murdoch, ami et collaborateur de Watt, construisit un modèle de voiture à vapeur dans des proportions très-réduites ; et vers 1789, Watt lui-même et Robinson reprirent leur idée abandonnée depuis trente ans ; mais de toutes ces tentatives plus ou moins persévérantes rien de pratique ne résulta. Il en fut de même de la voiture à vapeur à haute pression inventée par le constructeur américain Olivier Evans, en 1802; elle lui rendit à lui-même quelques services, du moins la machine à haute pression employée au transport et à la locomotion de ses autres machines, mais ce fut là tout.

La première voiture à vapeur qui présenta de véritables avantages dans la pratique est celle de Richard Trevithick, ingénieur anglais employé dans les mines de Cornouailles, pour laquelle il prit un brevet, en 1802, et qu'il exhiba ensuite près de Londres, traînant une voiture chargée de voyageurs, à une foule de curieux sans cesse renouvelée.

Coleridge rapporte que, comme Trevithick et son cousin Vivian conduisaient l'étrange véhicule du lieu où il avait été construit, en Cornouailles, au port où il devait être embarqué pour Londres, on arriva à une barrière de péage fermée que le gardien, malgré une frayeur terrible, s'empressa toutefois d'ouvrir juste à temps.

— Qu'avons-nous à payer ici ? demanda Vivian.

Le malheureux péager ne put que balbutier quelques mots inintelligibles, tant il tremblait et claquait des dents.

— Je vous demande ce qu'il y a à payer, insista l'ingénieur.

— R..., rien du tout, parvint à répondre le pauvre homme. Rien à payer, mon bon monsieur le Diable. Vous pouvez passer et courir aussi vite que vous voudrez.

On ne put en tirer rien de plus ; et le monstre passa, geignant, pouffant, faisant un bruit vraiment infernal.

Cependant ces sortes de machines (il était facile de s'en rendre compte) ne pouvaient donner tous les avantages qu'on espérait de leur emploi, si l'on se bornait à les faire manœuvrer sur des routes ordinaires, où le frottement des roues sur le sol, augmenté de leur poids, opposait une grande résistance. Trevithick le comprit. Il construisit une nouvelle machine, qui fut employée, en 1804, sur le tramway de Merthyr Tydvil, dans le sud du pays de Galles ; cette machine faisait 5 milles (environ 8 kilomètres) à l'heure, traînant une charge du poids de dix tonnes.

C'est ici le lieu d'examiner quels étaient ces systèmes de viabilité, tramways ou railways, et de faire un retour rapide vers leur origine.

C'est dans le nord de l'Angleterre, aux mines de Newcastle-sur-Tyne et de Durham, que la première idée d'un chemin à rails fut conçue et exécutée. Il s'agissait tout bonnement d'une double ligne parallèle de madriers fixés au sol et garnis de bords intérieurs et extérieurs formant ornière, pour empêcher de glisser les roues des chariots employés au transport du charbon des fosses au bord du fleuve. Cette invention date de 1630, et elle est attribuée au propriétaire des mines de Newcastle, Beaumont. Le frottement était assez diminué, par le moyen de ces voies de bois, pour permettre à un cheval de traîner sans peine plus du double de la charge ordinaire. On voit d'ici l'économie. Le railway passait à travers champs, autre avantage, avec le consentement des propriétaires, auxquels on payait un droit annuel en conséquence : cette coutume est encore en usage sur bien des points des districts miniers.

Aucun progrès ne se manifesta jusqu'en 1738, époque où les rails de bois furent doublés de plaques de fer, pour remédier à une usure excessive. Cette amélioration se produisit à Whitehaven. En 1767, les rails en fonte de fer, posés sur des madriers en bois, furent substitués aux précédents pour le service de l'usine métallurgique de Colebrook Dale. Ces sortes de rails étaient devenus communs dans tous les districts miniers d'Angleterre dès 1775.

L'adoption des rails en fonte amena une amélioration nouvelle dans la méthode de traction. Au lieu d'un grand chariot unique, on accrocha les uns aux autres toute une série de petits chariots, formant comme le prototype du *train* actuel. Cependant le rail creux s'emplissait parfois de poussière et de cailloux, causant un frottement pénible et désagréable et une perte de force. Pour obvier à cet inconvénient, Jessop, en 1789, établit à Loughborough des rails de fonte auxquels il enleva les rebords pour en flanquer les jantes de ses roues, les rails étant suffisamment élevés du sol pour que ces rebords en restent dégagés.

Diverses modifications, d'une importance généralement peu considérable, se produisirent successivement à cette époque, comme la substitution de dalles de pierre aux madriers, à Little-Eton, en 1800, par Outram, que quelques écrivains considèrent comme le parrain des tramways (*Outramways*), quand d'autres assurent que le mot tramways avait été employé dès le début de ces sortes de chemins et tire son étymologie du mot *trammels* (entraves), parce que les tramways (*trammels-ways*) étaient en effet des chemins entravés pour prévenir l'écart des roues. Le lecteur choisira. Jusque-là, après tout, les chevaux seuls avaient été employés à la traction des voitures sur tramways. Mais les perfectionnements successifs de ces chemins les avaient amenés à l'état convenable pour que la traction à vapeur, dont les progrès concordaient justement avec les leurs, pût leur être appliquée. C'est ainsi que Trevithick en faisait la première application, en 1804, sur le tramway de Merthyr Tydvil.

La machine de Trevithick n'allait pas mal, mais elle avait une déplorable tendance à dérailler. Pour prévenir ce défaut, Blenkinsop imagina, en 1811, un rail à crémaillère et une large roue dentée : augmentation nécessaire de frottement. La machine de Blenkinsop était en outre d'une construction assez grossière. Elle n'avait qu'un cylindre, mais en revanche une quantité de pompes, de robinets, etc., la plupart inutiles ou condamnés par l'expérience. Cette machine, appelée *Puffing Billy*, fut employée à Middleton, près de Leeds, en 1812; elle remorqua trente-trois wagons avec une vitesse d'environ 6 kilomètres à l'heure. Enfin, en 1814, George Stephenson montait sa première locomotive sur rails à Killingworth.

Né en 1781, près de Newcastle, George Stephenson était fils d'un chauffeur de machine de houillère, emploi qu'il occupa à son tour, l'âge venu, après une enfance laborieuse et misérable. Il avait ajouté autant qu'il avait pu à l'instruction élémentaire qu'il avait reçue d'une école de village, tournant à peu près exclusivement son attention vers les mathématiques. Devenu surveillant de la mine en 1810, les connaissances qu'il avait acquises dans la mécanique lui permirent de réparer une machine de Newcomen qui ne fonctionnait plus, de la modifier même heureusement, et de prévenir ainsi l'inondation imminente. Il reçut une prime en argent et fut nommé mécanicien. Enfin, ses études constantes l'ayant évidemment mis en état d'occuper avec honneur cet emploi de confiance, il fut nommé ingénieur de la mine de Willington en 1812. Il débuta dans cette mine par y introduire les rails en

fer, et, au moyen de plans inclinés, réduire considérablement la force nécessaire à la traction des wagons.

Ce fut à cette époque que George Stephenson s'occupa des moyens d'appliquer la vapeur à la traction des voitures, toujours dans le but d'apporter un nouvel avantage à l'industrie minière. Il suivit toutes les expériences faites alors, étudia la question avec ardeur, et, grâce à l'aide de lord Ravensworth, il put enfin construire sa première machine, celle dont nous venons de parler.

Ce n'est pas sa machine de Killingworth qui devait faire la gloire de Stephenson. Elle traînait après elle 8 wagons pesant 38 tonnes, avec une vitesse de 4 milles à l'heure : le progrès était nul. Mais l'ingénieur avait une machine ; il ne lui restait qu'à l'étudier, qu'à corriger les défauts qu'il y découvrirait, et il n'était pas homme à demeurer en repos tant qu'il n'aurait pas atteint le but. Il fit passer le tuyau d'échappement de la vapeur dans la cheminée, augmentant ainsi le tirage, et parvint à doubler la puissance de la machine. Il prit un brevet pour ce perfectionnement en 1815, et un autre brevet l'année suivante pour une locomotive à ressorts et un nouveau système de rails et de coussinets.

Quelques années plus tôt, un M. Blackett, propriétaire de mines, avait reconnu, contrairement à l'opinion reçue, que l'adhérence des surfaces unies des roues et des rails suffisait, pourvu que la machine fût assez pesante, à lui permettre de gravir les côtes et de tourner les courbes sans le secours des systèmes divers d'engrenages qu'on avait adoptés. De même Stephenson avait repoussé l'engrenage comme une complication, non-seulement inutile, mais nuisible.

En 1821, Edward Pease ayant obtenu du Parlement l'autorisation de construire un railway de Darlington à Stockton, simplement pour transporter économiquement le charbon aux rives de la Tees, George Stephenson fut chargé de la direction des travaux. Pease, dans le principe, entendait employer sur ce chemin de fer la traction de chevaux ; mais Stephenson insista pour l'emploi d'une machine, comme sa machine perfectionnée, qui, disait-il, ferait le travail de cinquante chevaux. Sa proposition fut adoptée, et sa machine perfectionnée, baptisée *Locomotion*, fut définitivement choisie pour cet objet.

Mais ce ne fut pas sans opposition, de la part des particuliers comme de celle des sociétés de transports, canaux, etc., que la ligne de Darlington-Stockton put être établie, car il semble que le projet se soit modifié dans l'intervalle, et qu'au lieu de se borner au transport des charbons, on eût de bonne heure caressé le projet audacieux de faire concurrence à la malle-poste. Le duc de Cleveland s'opposa énergiquement à ce que la ligne passât trop près de ses terriers à renard. Mais, en Angleterre, où l'aristocratie est encore toute-puissante et respectée jusque dans ses plus ridicules manies, l'intérêt public a toujours, heureusement, primé l'intérêt individuel, si respectable qu'il fût.

Bref, après bien des tracas, le chemin de fer de Darlington à Stockton était ouvert au public le 27 septembre 1825.

A cette occasion, une foule immense s'était réunie à Busselton, près de Darlington, point culminant d'un plan incliné qui devait être franchi par les wagons chargés, avec le secours de machines fixes. Arrivée au pied de la pente orientale, la locomotive, conduite par G. Stephenson lui-même, était attachée au train. Outre treize wagons chargés de marchandises, charbon, farine, etc., il y avait une voiture pour les directeurs et leurs amis, et d'autres pourvues sommairement de siéges pour les passagers, qui n'étaient pas moins de 450. En tout, le train se composait de 38 voitures.

A un signal donné, la machine s'élança, entraînant cette longue file de wagons. Ce voyage de 9 milles (14 kil. 1/2) s'effectua en 65 minutes. La vitesse du train avait atteint, à certains endroits, 12 milles à l'heure. De retour à Stockton, avec 600 voyageurs, il fut salué avec un enthousiasme frénétique, comme nos voisins, ordinairement graves et froids, savent seuls en donner le spectacle.

Le 27 septembre 1875, le jubilé des chemins de fer fut célébré à Darlington avec une pompe éclatante, à laquelle prirent part plus de cent mille personnes. *Locomotion* fut à cette occasion exposée solennellement, couronnée de fleurs et pavoisée de bouquets et de drapeaux.

Cependant une ligne de railways avait été projetée entre Liverpool et Manchester, et le tracé en avait été commencé en 1824. Là encore avait été débattue la question de savoir si on emploierait les chevaux ou la vapeur. On voulait obtenir la plus grande vitesse qu'il fût possible d'atteindre. Dans ce cas, la traction par chevaux aurait été extrêmement coûteuse ; quant à la vapeur, comme on croyait être forcé, à cause des inclinaisons répétées du terrain, d'employer fréquemment des machines fixes pour tirer les trains à l'aide de câbles d'une station à l'autre, son emploi ne paraissait pas non plus bien satisfaisant. Ajoutons qu'à cette époque, on considérait comme ridicule la prétention de traîner un certain nombre de wagons chargés avec une locomotive, à la vitesse de 8 à 9 milles à l'heure. L'expérience de Darlington-Stockton fit pencher la balance en faveur de la vapeur ; cependant le résultat paraissait encore insuffisant.

C'est alors que G. Stephenson parut, s'offrant à construire une machine capable de faire 20 milles à l'heure. On accueillit la proposition avec une méfiance peu dissimulée, et il fut établi en petit comité que ce pauvre Stephenson était évidemment devenu fou. Un rédacteur de la *Quaterly Review* n'hésita pas un seul instant à démontrer que rien n'était plus absurde que de prétendre faire aller une locomotive deux fois aussi rapidement que la malle-poste, et que d'ailleurs les voyageurs risqueraient aussi volontiers d'être projetés à travers l'espace au moyen d'une fusée de Congrève que de s'abandonner à la merci d'une machine qui atteindrait une pareille vélocité.

On prenait pourtant la chose plus au sérieux qu'on ne voulait le laisser croire. Une commission parlementaire se forma, devant laquelle ce fou de Stephenson comparut. Et voici, entre autres non moins dignes d'être rappelés, un passage curieux de l'interrogatoire qu'il y eut à subir :

— Supposez maintenant, lui dit un des commissaires, une de ces machines roulant sur une voie ferrée avec la vitesse de 9 à 10 milles à l'heure, et qu'une vache, venant à errer par là, s'engage précisément sur la voie de la locomotive. Est-ce que vous ne pensez pas qu'il y aurait là une circonstance fort périlleuse ?

— *Yes*, répondit le témoin, avec un éclair de malice dans les yeux, très-périlleuse en vérité.... pour la vache.

L'honorable commissaire, collé au mur, ne poussa pas plus loin l'interrogatoire.

En 1827, une invention importante, décisive, quant à son application à l'objet qui nous occupe surtout, était faite par l'ingénieur français Marc Séguin, mort en 1875. Nous voulons parler de la chaudière tubulaire dans laquelle, au lieu d'agir seulement sur les surfaces extérieures, le feu est conduit par des tubes à travers la masse d'eau à vaporiser. Jusque-là, le grand obstacle à l'augmentation de force, et par conséquent de vitesse dans les locomotives, c'était le peu de vapeur produite par le système de chaudière employé. Séguin n'appliqua sa chaudière tubulaire à ces sortes de machines que vers 1829, et Stephenson s'empressa de profiter de cette invention, à moins pourtant qu'elle n'ait été faite simultanément par Séguin et par lui, ce qui paraît assez probable.

Cette même année 1829, les directeurs de la ligne de Liverpool-Manchester ouvrirent un concours de locomotives à Liverpool, offrant à la meilleure qui y prendrait part un prix de 500 livres (12,500 fr.). Les conditions principales étaient celles-ci : la locomotive serait à ressorts, elle ne devrait pas peser plus de 6 tonnes, pourrait traîner le triple de son poids à la vitesse de 10 milles à l'heure, et ne devrait pas coûter plus de 550 livres.

Le concours s'ouvrit le 6 octobre 1829. Quatre locomotives y prirent part. C'étaient la *Persévérance*, de Burstall ; la *Novelty*, de Braithwaite et Ericsson ; le *Sans-Pareil*, de Hackworth ; le *Rocket* (la *Fusée*), de George et Robert Stephenson, baptisée ainsi sans doute en souvenir du défi porté à l'auteur par la *Quaterly Review*. La première ne put faire que 5 à 6 milles à l'heure ; la seconde ne put même démarrer, par suite d'accident ; la troisième atteignit la vitesse de 14 milles à l'heure, mais un accident l'arrêta au huitième tour. Le *Rocket* poursuivit seul l'expérience pendant toute la durée du concours, faisant en moyenne 12 milles à l'heure. Mais le concours définitif, suivi de l'arrêt du jury, fut fixé au 8 octobre. Cette fois, la machine de Stephenson fit jusqu'à 29 milles à l'heure, soit près de trois fois la vitesse demandée, et que l'un des membres du jury avait déclarée l'extrême limite du possible. Au total, le *Rocket* avait obtenu une moyenne de 15 milles à l'heure : la cause était gagnée aussi bien pour les directeurs de la ligne, qui n'avaient pas grande confiance dans le résultat, que pour les chemins de fer en général.

Cette machine figure encore aujourd'hui au Musée des Brevets de South-Kensington.

La Compagnie du chemin de fer de Liverpool à Manchester commanda aussitôt des machines *système Stephenson*, et le 15 septembre 1830, cette ligne était inaugurée en présence du duc de Wellington, de sir Robert Peel, et d'une assistance nombreuse et enthousiaste.

Ainsi se trouva désormais établi un système de locomotion dépassant en rapidité tous les systèmes connus, et qui, par son extension énorme, devait exercer une influence si extraordinaire et si bienfaisante sur les affaires humaines. L'Amérique, la Belgique, l'Allemagne, la France, la Russie et les autres nations européennes se couvrirent rapidement de voies ferrées, et l'on a pu dire avec beaucoup de raison que, depuis l'invention de l'imprimerie, aucune autre n'avait produit dans les relations sociales une pareille révolution.

Les chemins de fer dans l'Inde.

C'est en 1852 que l'Angleterre entreprit d'employer dans ses colonies indiennes ce grand agent de la civilisation, ce grand entremetteur dans les relations sociales : le chemin de fer. La rébellion de 1857 suspendit naturellement tous travaux, et ceux qui avaient déjà été exécutés furent compromis. Mais, la paix rétablie, on s'y remit avec plus d'ardeur que jamais, d'autant plus qu'on avait été contraint par la guerre à des études topographiques devenues d'un grand secours.

Aujourd'hui, le système indien est complet. Il compte des lignes remarquables par leur étendue, comme celle de Calcutta à Delhi et Lahore, qui n'a pas moins de 2,100 kilomètres, et d'autres, comme celle de Bombay à Madras, par la hauteur vertigineuse à laquelle elles s'élèvent pour contourner, sur une rampe étroite, les *ghâts* ou montagnes escarpées qui se dressent çà et là dans le pays, offrant des obstacles qu'on pourrait croire insurmontables, et que l'on franchit en chemin de fer.

A la station de Lanowlec ; le chemin de fer de Bombay à Madras atteint le point culminant du Bhatgung, montagne élevée à 600 mètres au-dessus du niveau de la mer, et qui se dresse presque perpendiculairement à la plaine. Avant d'y parvenir, il a dû traverser toute une série de travaux gigantesques : tranchées, tunnels, viaducs. Il court alors sur une rampe étroite de plus de 24 kilomètres de longueur, taillée dans le flanc du rocher. On jouit de là, par exemple, d'une vue très-étendue; on peut aussi faire des réflexions satisfaisantes sur l'énergie indomptable de l'homme. Mais il convient de n'avoir pas le vertige.

Les chemins de fer en France.

Si l'on veut bien se rappeler la date de la création, ou du moins des premiers perfectionnements importants des chemins à rails, on s'expliquera aisément pourquoi la France s'est laissé devancer en ce point par l'Angleterre et n'a profité qu'un peu tard de son exemple.

« Lorsque, à la suite des événements politiques de 1814 et de 1815, dit M. Cotelle, l'Europe commençait à goûter les fruits de la paix générale, l'esprit public fut frappé des heureux effets de l'application des rails en bois ou en fer aux voies de transport pour les produits des extractions de houille et des autres substances encombrantes.

« L'idée importée chez nous de rails établis sur un niveau parfait et de wagons à traction de chevaux sur ces rails, a donné lieu à la création des chemins de Saint-Etienne à Andrézieux (1823), de Saint-Etienne à Lyon (1826), d'Andrézieux à Roanne (1828), d'Epinac au canal de Bourgogne (1830), d'Alais à Beaucaire (1833). Ces premiers essais étaient dus à l'initiative de l'industrie privée. »

Tels furent, en effet, à leurs dates respectives, les premiers essais de cette sorte en France. Mais le succès de la ligne de Liverpool à Manchester nous frappa plus directement et plus tôt que les autres inventions d'outre-Manche, car nous nous trouvions en pleine paix, au lendemain d'une révolution qui amenait au pouvoir précisément des industriels, des économistes, des gens d'affaires. C'est ainsi que furent successivement créées la ligne de Paris à Saint-Germain, en 1835 ; les deux lignes de Versailles et celle de Montpellier à Cette, en 1836 ; puis celle d'Alais à Beaucaire, et les grandes lignes de Paris à Rouen et de Paris à Orléans ; celles de Mulhouse à Thann, de Strasbourg à Bâle, etc. En 1840, le gouvernement se charge lui-même de rattacher la France au chemin de fer belge, par les deux lignes de Lille et de Valenciennes à la frontière. Une certaine extension est ensuite donnée aux chemins du Midi par la création de la ligne de Nîmes à Montpellier, reliant Montpellier, Cette et Alais-Beaucaire.

Chemin de fer de Bombay à Madras. Le passage des ghâts.

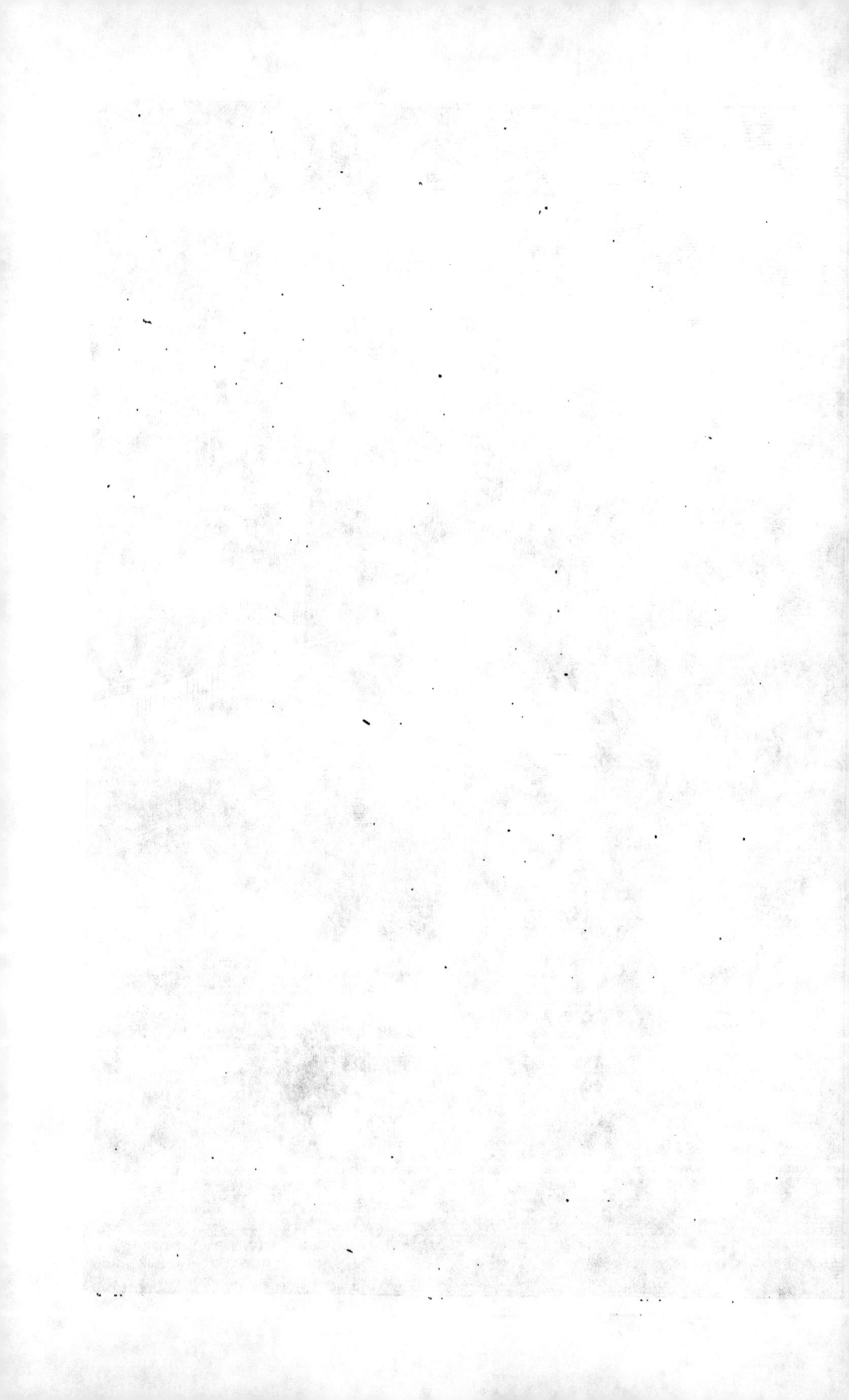

Enfin, la loi de 1842 ordonnait la création d'un système de chemins de fer ayant Paris pour tête de lignes, et se dirigeant : sur la frontière belge, par Lille et Valenciennes ; sur l'Angleterre, « par un point du littoral qui sera ultérieurement déterminé ; » sur la frontière d'Allemagne, par Nancy · et Strasbourg ; sur la Méditerranée, par Lyon, Marseille et Cette ; sur la frontière d'Espagne, par Tours, Poitiers, Angoulême, Bordeaux et Bayonne ; sur l'Océan, par Tours et Nantes ; sur le centre de la France, par Bourges, Nevers et Clermont ; et de la Méditerranée sur le Rhin, par Lyon, Dijon et Mulhouse.

L'exécution de cette loi, qu'on a appelée la charte des *chemins de fer*, fut abordée sans retard ; et bientôt, avec une rapidité prodigieuse, la France se sillonna de lignes ferrées crevant les montagnes, franchissant précipices et rivières, rapprochant les distances à un point qu'on n'imaginait pas possible, allant porter la lumière — avec un peu de fumée — jusque dans les plus obscures bourgades.

Cette constatation suffit à notre gloire.

Les chemins de fer en Amérique.

On ne s'était pas endormi en Amérique, et, bien qu'on fût peut-être autorisé à plus attendre de la patrie de Fulton, on y suivait de près les progrès de l'Angleterre.

Les Etats-Unis ne manquent pas de richesses minérales ; mais, en ce temps-là surtout, elles étaient à peu près inexploitées. C'est ce qui explique que le premier chemin à rails, établi pour le transport du granit des carrières d'Erving au port de Boston, ne date que de 1827.

Dès l'année précédente, le 17 avril 1826, une compagnie obtenait cependant une charte d'autorisation pour la construction du premier chemin de fer américain projeté avec l'intention d'y employer la vapeur comme force motrice. Cette ligne, appelée la Mohauk-and-Hudson Railroad, n'était pas longue, ayant pour objet de relier Albany, capitale de l'Etat de New-York, et Schenectady : elle ne fut pourtant terminée qu'en 1831, et deux locomotives américaines avaient déjà roulé sur d'autres voies quand sa première locomotive, de fabrique anglaise, entra en action.

La première locomotive construite en Amérique le fut en 1830 par Peter Cooper, de New-York, et fut employée sur la ligne de Baltimore-and-Ohio. Cette ligne est la première de quelque étendue qui ait été projetée aux Etats-Unis, par une compagnie organisée en février 1827, dans le but de relier les eaux de l'est à celles de l'ouest par une route à rails, mais à traction de chevaux. La première pierre en fut posée le 4 juillet 1828, par le vénérable Charles Caroll, l'un des signataires de la Déclaration d'indépendance, alors âgé de quatre-vingt-dix ans.

Après de nombreux et malheureux essais de machines étranges, à traction de chevaux, *à voile*, etc., Peter Cooper, qui avait acquis dans le voisinage de Baltimore d'immenses terrains dont le succès du chemin de fer devait centupler la valeur, se vit, à force d'insistance, autorisé à essayer de la vapeur. Il construisit une locomotive de la force d'un cheval seulement, pesant une tonne, un joujou, que pour la peine il baptisa *Tom Thumb* (Tom Pouce), et qu'il essaya en 1829 avec l'insuccès le plus complet. Mais, grâce à divers remaniements, il réussit, le 28 août 1830, à la faire manœuvrer sur la portion

de ligne dès lors ouverte de Baltimore à Ellicott's Mills, traînant une charge
de 4 tonnes 1/2, à raison de 12 milles à l'heure, et, malgré toutes les asser-
tions contraires à priori, tournant facilement les courbes les plus rapides. Le
procès était gagné.

La *South-Carolina Railroad Company*, formée le 12 mai 1828, dans le but
de réunir Charleston et Hamburg, dans l'ouest de l'Etat, par une ligne ferrée
d'environ 140 milles, n'était pas non plus bien décidée à employer la vapeur ;
mais son ingénieur en chef, Horatio Allen, sut l'y déterminer ; et cette ligne,
la première de cette étendue en Amérique, est aussi la première qui vit cir-
culer sur ses rails un train de voyageurs. La locomotive de la ligne de la
Caroline du Sud fut construite à New-York, West-Point Foundry, sous la
direction de David Matthew. Elle reçut le nom de *Best Friend of Charleston*
(le meilleur ami de Charleston). Transportée de New-York à Charleston, sur le
Niagara, en octobre 1830, elle était montée sur les rails et prête à partir en
décembre suivant, époque de l'ouverture de la ligne.

. En juin 1831, la machine du *Best Friend* faisait explosion par la maladresse
d'un pauvre diable de chauffeur nègre, qui n'avait pas trouvé de meilleur siége
que la soupape de sûreté. Nous n'avons pas besoin de dire ce que devint le
malheureux, grâce auquel les Américains se vantent à présent que la première
explosion de locomotive s'est produite chez eux.

La machine fut envoyée en réparation et revint sous le nom de *Phœnix*,
mais elle avait été remplacée par le *West-Point*, machine construite par Horatio
Allen, qui, en 1831, introduisait aux Etats-Unis la première locomotive à huit
roues, à destination de la même ligne.

Les progrès accomplis par les Américains, en matière de chemins de fer,
tiennent du merveilleux. Dès 1836, un ingénieur, nommé John Plumbe, proposait audacieusement de relier l'Atlantique au Pacifique par un chemin de
fer. Il fut traité de fou, bien entendu. Cependant, le 1er juillet 1862, un acte
du Congrès ordonnait la construction d'une voie ferrée s'étendant de Omaka,
la dernière station vers l'ouest, à Ogden, près du Grand Lac salé, sous la
dénomination de *Central Pacifique Railroad*. Or, dès novembre 1865, la Compagnie de l'*Union Pacific* travaillait à une autre ligne partant de San-Francisco
pour aboutir à Ogden, de sorte que le rêve du fou de 1836 se trouva réalisé, et
que l'Atlantique est relié aujourd'hui au Pacifique, traversant rivières et
fleuves, ravins et précipices, montagnes et forêts vierges jusque-là.

La réunion des deux voies eut lieu le 10 mai 1869, sept mois avant le terme
officiellement fixé. De sorte que New-York est en communication directe
avec San-Francisco par une voie ferrée de 3,212 milles, soit près de
5,200 kilomètres.

Un pareil trajet, malgré la rapidité de l'allure, aurait pu être fatigant pour
les voyageurs. On ne pouvait manquer d'y songer, et le souci de donner au
passager tout le confort possible ne fut pas pour peu de chose dans les résultats obtenus partout en Amérique en ce point. Les voitures Pullman sont
aujourd'hui la dernière expression du confortable, et à juste titre, car il y a
tout : chambre à coucher, salon, salle à manger, cabinet de toilette, bibliothèque, etc. Nous n'insisterons pas sur ces perfectionnements, qui commencent
à se répandre, quoique lentement, même en France, où les compagnies ne
paraissent pas les croire indispensables.

A l'Amérique encore appartient la ligne non moins prodigieuse, mais d'une
autre manière, qui traverse la chaîne des Andes péruviennes. Cette ligne a été
construite en 1874. C'est une entreprise du gouvernement du Pérou, ayant

pour but l'ouverture des communications directes pour les produits de la
région agricole qui s'étend du versant des Andes jusqu'aux villes maritimes
de la République, et ceux des mines existant entre Matteo et le sommet des
Andes, restées inexploitées à cause de leur isolement. Cette ligne commence
à Callao, sur la côte du Pacifique, et, après avoir parcouru 105 milles jus-

LE CHEMIN DE FER DU PACIFIQUE. — Le passage d'un ravin.

qu'au Summit Tunnel, qui est à 15,000 pieds au-dessus du niveau de la mer,
elle descend jusqu'à 31 milles plus loin, à la Oroya, sur le versant oriental,
d'où elle continue jusqu'au point où la navigation commence sur l'Amazone
ou même jusqu'à la côte de l'Atlantique.

En quittant Callao, le chemin de fer suit la fertile vallée du Rimac, petit
cours d'eau qui descend des montagnes. A 30 milles plus loin les montagnes
se rejoignent ; sur leurs pentes on voit les ruines de terrasses et de murailles
du temps des Incas, marquant la place d'antiques et populeuses cités.

Un peu après, la voie ferrée passe à San-Bartholomé, à 47 milles de Callao
à près de 5,000 pieds au-dessus du niveau de la mer. De là, elle traverse le

viaduc de Verrugas, puis arrive à Lurco, à 56 milles de Callao, et à 5,665 pieds
d'élévation, à travers une grande variété de paysages grandioses et terribles.

La voie traverse sur un pont de 324 pieds de long et de 120 pieds de haut le
ravin de Challapa. Ce chemin de fer débouche ensuite dans la vallée de la
Matucana. Ici la vallée se rétrécit jusqu'à devenir une gorge. Les ingénieurs
ont eu à tracer leur voie à travers un labyrinthe de précipices, de ravins, de
pics rocheux, qui semblaient infranchissables.

On atteint enfin San-Matteo, puis on arrive à une élévation de 5,645 pieds,
et l'on traverse le sommet de la montagne par un tunnel de 3 milles de long;
on débouche sur l'autre versant de la Cordillère, et l'on descend vers la
Oroya. Dans ce grand travail, la science de l'ingénieur a triomphé de tous les
obstacles que lui présentait la nature.

Les chemins de fer dans l'extrême Orient.

Les chemins de fer ont pu s'étendre jusque dans l'extrême Orient depuis peu
d'années; mais ils n'y ont pas eu partout la même fortune. Au Japon, la première ligne reliant Yokohama à Tokio, capitale de l'empire, ouverte en 1873, a
été suivie d'autres, et le succès paraît couronner ces entreprises, de manière
à justifier l'espoir que bientôt un véritable réseau de voies ferrées sillonnera le
sol accidenté de l'empire du Mikado. En Chine, il en est tout autrement.

En avril 1876, la courte ligne ferrée de Shang-Haï à Woosung, sur le

Première locomotive importée en Chine.

Hwangpoo, construite presque clandestinement, était ouverte au trafic, des-
servie par la machine le *Pionnier*, qui s'était faite bien modeste pour ne pas
froisser les susceptibilités des *celestials*. Mais ceux-ci accueillirent avec de
grandes acclamations, plutôt de surprise que de joie véritable peut-être,
le « cheval de fer et de feu » qui leur apparaissait pour la première fois.

Tout allait donc bien. Les entrepreneurs eurent lieu de s'applaudir de leur idée, car l'exploitation donnait des bénéfices ; ils étaient Anglais, comme de raison, et, résolus de battre le fer au moment où ils le sentaient chaud, ils commandèrent une nouvelle locomotive, d'une force plus grande et de plus imposantes proportions. Celle-là fut baptisée *Celestial Empire*.

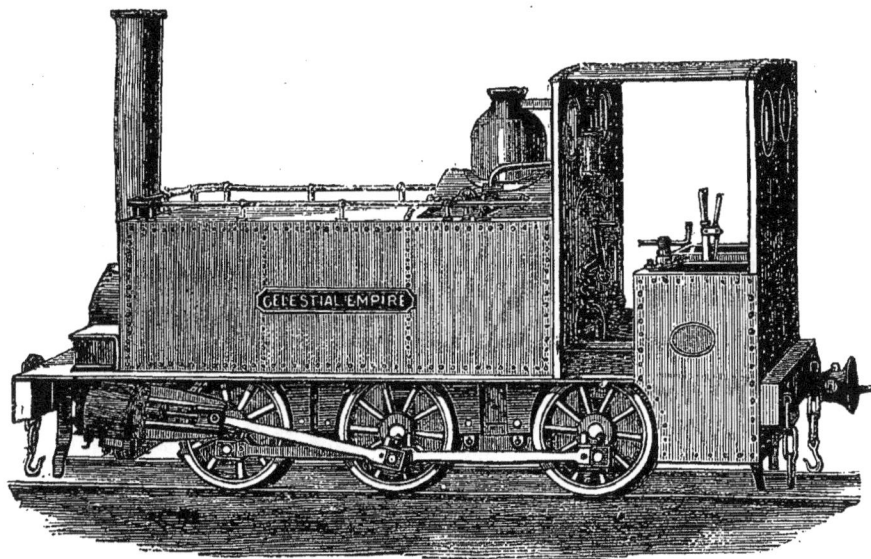

Seconde locomotive mise en circulation entre Shang-Haï et Woosung.

Les « lettrés » ne virent pas l'innovation d'un bon œil. Il y eut bientôt des écrasés — volontaires, dit-on. — Enfin, le 24 mai, le service était interrompu sous la menace d'un soulèvement populaire. Il fut repris après plusieurs mois de suspension et des démarches sans fin. Dire les obstacles sans cesse renaissants opposés à l'exploitation de cette pauvre petite ligne, serait impossible. Pourtant la population *saine*, pratique, du littoral, était extrêmement sympathique à cette importation des *barbares* dont ils profitaient ; et tout paraissait aller le mieux du monde, quand la brillante et surtout puissante cohorte des mandarins fanatiques de l'immobilisme finit par l'emporter.

Le 29 octobre 1877, par ordre suprême, le chemin de fer de Shang-Haï à Woosung cessait de fonctionner ; et de peur qu'on ne cherchât tôt ou tard à éluder cet ordre péremptoire, les locomotives furent démontées et embarquées par morceaux avec les rails arrachés de la voie, pour l'île de Formose ; enfin, les ingénieurs et les employés reçurent leurs passe-ports pour l'Europe. Il n'y a donc plus de chemin de fer en Chine.

Le chemin de fer du Righi.

Le chemin de fer du lac de Zug au sommet du Righi, montagne suisse élevée à 1,850 mètres au-dessus du niveau de la mer, construit en 1875, offre des particularités intéressantes à plus d'un titre. La ligne a une longueur totale de 11 kilomètres. Jusqu'à la station de Obér-Arth, environ 1,500 mètres, on y emploie des machines ordinaires roulant sur des rails ordinaires ; mais à partir de cette station, l'invention de Blenkinsop en 1811, les rails à crémaillère et les roues dentées, est mise en réquisition sur un chemin dont l'inclinaison est en moyenne de 20 0/0 sur une longueur de 2,500 mètres, avec une courbure de 180 mètres.

Les machines employées sur cette ligne ont des tuyaux à fumée horizontaux ; les chaudières sont également horizontales, avec une inclinaison de 10 0/0 qui les fait pencher en avant sur niveau et en arrière sur la rampe en descendant. Nous avons dit que les roues étaient dentées pour engrener sur la crémaillère des rails.

Avec ces locomotives, le trajet du lac de Zug au sommet du Righi se fait en une heure, temps de beaucoup moins long que celui qu'aurait demandé le même trajet, si on avait voulu l'exécuter avec le secours des machines employées ordinairement à gravir les pentes.

Ce système a été appliqué depuis à plusieurs autres lignes de montagne, à celle de Rosbach à Heider notamment, quoique la pente y soit bien moins rapide que sur le flanc du Righi.

Les chemins de fer souterrains de Londres et les chemins de fer suspendus de New-York.

Les rues de Londres étant devenues insuffisantes pour le trafic énorme qui s'y faisait, la populeuse cité imagina d'y suppléer par un chemin de fer souterrain. Ce ne fut pas une petite affaire que de creuser un pareil tunnel et de le conduire au milieu d'un véritable dédale de tuyaux à gaz ou à eau potable et de tuyaux d'égouts, sans que le moindre accident vînt interrompre le service pendant tout le temps que durèrent les travaux ; aussi la ligne n'est-elle rien moins que régulière. En certains endroits, le sommet de la voûte affleure presque le sol de la rue ; dans d'autres, il s'enfonce à plusieurs mètres et passe sous les fondations des maisons et autres édifices.

Sauf les stations des rues Baker et Gower, qui sont proprement des stations souterraines, couvertes d'épaisses voûtes de briques, les autres stations du *Metropolitan Railway* sont à ciel ouvert. Elles sont, les unes et les autres, confortablement aménagées ; partout des marchands de journaux et de livres, souvent un buffet. Du matin au soir, la ligne est traversée par un va-et-vient presque incessant de trains. Le nombre des trains circulant chaque jour sous les rues populeuses et agitées de Londres est énorme. La station de Moorgate street, terminus vers lequel convergent plusieurs lignes, voit arriver et partir 800 trains dans une seule journée.

Une des grandes difficultés présentées par ce système de communication souterraine, c'était la fumée dégagée par les machines ; car nous ne sommes plus au temps où l'on pouvait discuter la question de savoir si la traction se ferait par des chevaux ou par la vapeur. L'ingénieur en chef, M. Fowler, parvint à surmonter cette difficulté. Il inventa une machine qui, agissant à ciel ouvert comme les autres locomotives, consomme sa fumée lorsqu'elle passe sous un tunnel et condense sa propre vapeur. Malgré cela, nous ne saurions dire qu'un voyage en chemin de fer souterrain est absolument agréable ; il s'en faut bien. Mais, si les compagnies qui le dirigent ne peuvent nourrir la

Coupe figurée de Londres souterrain à l'endroit où se trouve situé le tunnel de la Tamise.
1. Tuyaux des eaux et du gaz. — 2. Égouts. — 3. Chemin de fer métropolitain. — 4. Tunnel de la Tamise.

prétention de créer des trains de plaisir, il est certain qu'elles rendent de très-grands services à la population.

Coupe de l'une des galeries souterraines de Londres
montrant les tuyaux des eaux et du gaz, ainsi que les rails
d'un chemin de fer souterrain.

Le *Metropolitan Railway* a été ouvert au public, après trois ans de travaux, en 1863.

Depuis, une nouvelle ligne a été créée sous le nom de *Metropolitan district Railway*. On désigne aussi cette dernière sous le nom d'*Inner circle*, bien que ce cercle intérieur ne soit pas complet, étant brisé, à l'est, entre les stations de Mansion House et de Moorgate street qui ne communiquent pas entre elles. L'achèvement de ce réseau et son extension aux quartiers non encore desservis est toujours à l'étude, et nul doute qu'on le verra entreprendre avant qu'il soit longtemps.

Les bienfaits apportés à la population londonienne par la création des chemins de fer métropolitains ne pouvaient laisser indifférentes les autres grandes cités privées jusqu'ici de communications intérieures rapides. Paris et New-York s'émurent, envoyèrent des agents et des commissaires. En mai 1877, quarante membres du conseil municipal de Paris se rendaient à Londres dans le but d'étudier la question de près. Cette dernière commission parisienne est revenue enchantée des résultats qu'elle a constatés, et peut-être Paris sera-t-il doté à son tour d'un réseau de chemins de fer souterrains, car la question est toujours à l'étude et plusieurs plans proposés.

A New-York, l'idée n'en est pas complétement abandonnée. Une compagnie anglaise est même toute formée, prête à prendre en main l'affaire. Cependant, nous ne croyons pas que New-York ait jamais de chemins de fer souterrains.

La dépense énorme qu'exigerait une pareille entreprise a fait reculer jusqu'ici les plus entreprenants et augmenté dans une proportion considérable les partisans d'un système tout différent, bien moins coûteux et rendant au moins les mêmes services. En conséquence, deux compagnies se sont formées : la *New York elevated Railroad* et la *Gilbert elevated Railway*, pour la construction de deux lignes de chemins de fer aériens traversant, avec quelques embranchements intérieurs à tracer, New-York dans toute sa longueur, de l'est à l'ouest. On sait que la cité «impériale» est toute en longueur.

De ces deux lignes parfaitement distinctes, sauf pour une petite distance, de la neuvième avenue à Pearl street, où elles font usage de la même voie, la première était presque achevée en mars 1878, et l'autre en bon chemin.

Il a fallu lutter, par exemple, pour établir, à la hauteur d'un deuxième étage, des voies ferrées sur lesquelles passent tout le jour, à cinq minutes d'intervalle, des trains bruyants et enfumés ; lutter avec les compagnies de tramways à traction de chevaux, avec les propriétaires, etc. Ajoutons à cela qu'un chemin de fer suspendu, suivant une rue, franchissant une place publique, écornant un square, n'offre pas à la vue une perspective bien séduisante, si élégantes que soient les colonnes de fonte qui le supportent. Mais, pour les voyageurs, c'est un grand avantage que de pouvoir franchir ainsi une grande distance à travers la ville, en plein air, et pour un prix minime, la construction de ce chemin de fer coûtant relativement peu. C'est bien quelque chose.

Mais Paris n'adoptera pas le système newyorkais, on pourrait en répondre.

Les tramways.

Nous avons raconté l'origine des tramways, qui est la même que celle des chemins de fer ; nous n'y reviendrons pas. Mais le développement des tramways pour le transport des voyageurs à l'intérieur des villes a pris une trop grande importance pour que nous n'en tenions aucun compte.

C'est aux Etats-Unis que ce mode de transport prit d'abord faveur, non sans une vive résistance de la part des compagnies d'omnibus et de voitures de place, résistance que les compagnies de tramways devaient à leur tour opposer à la création des chemins de fer suspendus ou souterrains dans les villes. D'Amérique, les tramways se répandirent dans la plupart des pays d'Europe, en Angleterre, en Belgique, en Autriche, en Allemagne, et même en France ; et à Paris, aujourd'hui, les derniers omnibus des grandes lignes se transforment pour rouler sur des rails.

Nous avions déjà depuis quelque temps un *chemin de fer américain* allant du

Louvre à Versailles, lorsque M. Malézieux, ingénieur en chef, fut envoyé en mission aux États-Unis, en 1870, pour étudier les travaux publics d'exécution récente dans ce pays, et notamment l'établissement des lignes de tramways dans les villes. M. Malézieux publia à son retour un rapport extrêmement intéressant (2 vol. in-fol., 1873). On s'occupait justement beaucoup de la

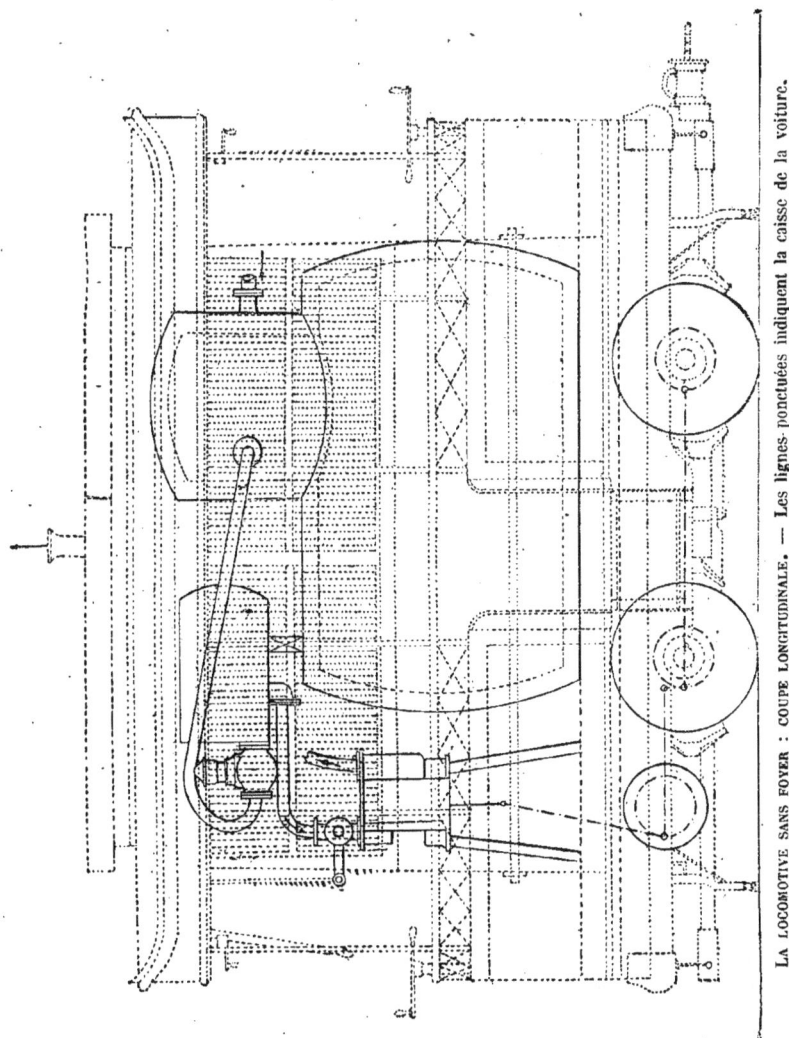

LA LOCOMOTIVE SANS FOYER : COUPE LONGITUDINALE. — Les lignes ponctuées indiquent la caisse de la voiture.

question des tramways dans Paris, et, pour tout dire, une commission spéciale, instituée à la fin de 1871 par le préfet de la Seine, s'était déjà prononcée contre le système, par des considérations qui sont communes à toutes les commissions spéciales, contre le gré desquelles presque tout ce qui est raisonnable se fait.

Ainsi, pour la question qui nous occupe, une ligne de tramways à traction de chevaux était établie, dès le printemps de 1875, de la Villette à l'arc de triomphe de l'Etoile. Déjà quelques lignes avaient été créées pour desservir les communes suburbaines, sans pénétrer dans l'intérieur assez avant pour faire concurrence aux omnibus ordinaires. Le développement de ces lignes extérieures fut très-rapide, et bientôt diverses méthodes de traction plus économiques que les chevaux furent proposées.

Ces méthodes sont : la vapeur produite par une machine ordinaire, enfermée dans une espèce de boîte d'où le tuyau de tirage seul se dégage par le toit ; la vapeur, ou plutôt l'eau bouillante emmagasinée dans un réservoir placé sur une *locomotive sans foyer*, et se vaporisant au fur et à mesure des besoins ; enfin l'air comprimé. La première était proposée par M. Harding, la deuxième par M. Léon Franck, la troisième par M. Mekarski.

Les méthodes où la vapeur est employée comme moteur n'ont pas besoin d'explications détaillées. Nons nous bornons donc à donner la coupe longitudinale de la locomotive de M. Franck, qui est d'importation américaine, afin qu'on puisse se rendre compte du mécanisme et des moyens d'action. Cette machine a été employée avec succès sur le tramway de Neuilly à l'église Saint-Augustin. (*Fig. précéd.*)

La machine Harding a été également employée avec avantage, et nous're-grettons qu'on ait cru devoir l'interdire sur la ligne de la gare de l'Ouest (Montparnasse) à la Bastille, vers le commencement de 1878.

Quant à la machine de M. Mekarski, elle est basée sur l'emploi de la force élastique de l'air comprimé, au lieu de celle de la vapeur. Cette machine, dans son ensemble, présente l'aspect d'une voiture ordinaire, sans impériale. A l'avant est la plate-forme sur laquelle se place le conducteur de la voiture.

Sous le châssis de support de la caisse sont disposés transversalement des cylindres de tôle, éprouvés à trente atmosphères, dans lesquels on fait affluer l'air que chasse une pompe de compression actionnée par une machine à vapeur. Mais quoique emmagasiné à l'énorme pression de 25 atmosphères, afin de n'occuper qu'un volume des plus restreints, par conséquent des plus portatifs, l'air comprimé ne doit être employé que sous la pression beaucoup moindre de 3, 4 ou 5 atmosphères, suivant les poids à entraîner ou les difficultés que présente la route. Il a donc fallu imaginer un système particulier de détente ne devant laisser passer dans le mécanisme moteur que la quantité exacte de fluide nécessaire pour produire l'effort exigé. Ce mécanisme, disposé sur la plate-forme d'avant, se trouve manœuvré à la main, au moyen d'une roue, par le conducteur, qui peut, en suivant des yeux les indications de pression de deux manomètres, régler l'affluence plus ou moins grande de l'air dans les cylindres moteurs, de façon à ralentir ou augmenter la vitesse, quand besoin est.

Mais l'air échauffé par la compression se refroidit proportionnellement par la dilatation. Pour parer aux inconvénients que pourrait produire un refroidissement excessif, on fait passer l'air dans un réservoir d'eau à 180°. Ainsi réchauffé et chargé d'humidité, l'air pénètre dans les cylindres moteurs placés sous la voiture et enveloppés, pour les garantir de la boue et de la poussière, de telle sorte que du dehors ils sont à peu près invisibles, quoiqu'on s'aperçoive très-bien qu'il y a quelque chose d'extraordinaire.

Ce système a été expérimenté sur la ligne du rond-point de l'Etoile à Courbevoie, et a donné de bons résultats.

Remarquons toutefois que la méthode vulgaire de traction par les chevaux est exclusivement adoptée maintenant dans l'intérieur de Paris. Quelques

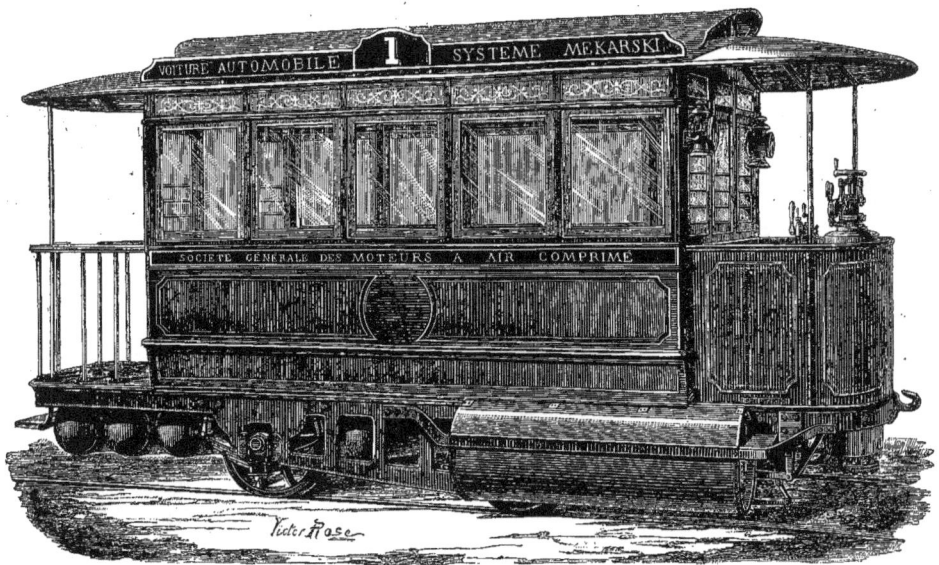

Voiture automobile à air comprimé, système Mekarski.

accidents se seraient produits. Dans une ville où la population est très-dense et passablement têtue, à ce point qu'on y pose en principe que céder le pas à un misérable fiacre c'est donner raison à la force contre le droit, il n'y a pas besoin de vapeur pour causer des accidents. Quelques chevaux sont effrayés, non pas seulement par la vapeur, mais par toute voiture qu'ils ne voient pas trainée par un de leurs semblables. Pour eux, il semble que ce soit un monstre. Mais on ne renonce pas, en Afrique, à l'emploi du chameau, parce que sa seule vue fait cabrer le cheval ; c'est d'ailleurs affaire de temps pour l'y habituer, et il nous semble qu'on a proscrit la vapeur des voies intérieures, mais excentriques après tout, au moment précis où tout le monde y était accoutumé.

Nous nous expliquons encore moins que les voitures à air comprimé n'aient même pas trouvé grâce à Paris. New-York, plus pratique, vient de les adopter.

DEUXIÈME PARTIE.

SCIENCES, ARTS, INDUSTRIE.

IV.

LES PHARES.

Les tours à feux de l'antiquité.

On a peu de notions certaines sur l'origine des phares ou tours à feux de l'antiquité. Leur existence à une époque reculée est certaine ; mais il ne nous en reste aucune trace, si ce n'est quelques vagues allusions des auteurs, et notamment d'Homère, comparant l'éclat du bouclier d'Achille à celui du feu brillant dans un lieu solitaire pour guider les marins vers le port, en termes qui prouvent que, de son temps (de 776 à 1000 ans avant J.-C., suivant les différentes traditions), la prévoyance avait fait une habitude de l'entretien de tels feux.

On croit que ces phares primitifs, ou tours sacrées, étaient en même temps des temples, et qu'on y faisait de fréquents sacrifices dans le but d'apaiser la colère des dieux lorsqu'elle se traduisait par d'effroyables tempêtes, et de les intéresser au sort des marins en péril. Elles servaient aussi d'écoles navales, et l'on y enseignait l'astronomie et la navigation. Ces tours étaient bâties en pierres, atteignaient parfois d'énormes dimensions, et avaient à l'intérieur une sorte d'autel pour les sacrifices. Elles semblent avoir été fort nombreuses. Chaque promontoire avait la sienne. Sur les côtes d'Italie, de semblables tours étaient érigées, dont les feux étaient contenus dans des sortes de grilles métalliques assez semblables, à ce qu'il faut croire, aux grilles de foyer pour la combustion de la houille ou du coke, et s'inclinant dans la direction de la mer. Les gardiens de ces tours étaient, en outre, munis, dans le jour, de grandes conques marines dans lesquelles ils sonnaient à intervalles rapprochés pour informer les navigateurs de leur situation réelle, ou, à l'occasion, pour donner l'alarme dans le pays.

Le phare le plus ancien sur lequel nous ayons des renseignements exacts est le célèbre *Pharos*, l'une des sept merveilles du monde, qui donna son nom, emprunté de l'ilot sur lequel il fut bâti, à toutes les tours à feux qui se succédèrent depuis.

L'île de Pharos, au temps d'Homère, était éloignée d'un jour de traversée du Delta du Nil ; mais à l'époque où la célèbre tour y fut érigée (environ 300 ans avant J.-C.), ou plutôt. à l'époque de la fondation d'Alexandrie, quelques années plus tôt, elle n'était éloignée de cette ville que de sept stades (environ 1 kilomètre 300 mètres), et était reliée à la terre ferme au moyen d'une chaussée de cette étendue ayant un pont à chaque extrémité.

Les côtes d'Egypte étant très-basses et fort exposées aux vents d'ouest soufflant de la Méditerranée, sans parler des écueils à fleur d'eau qui en rendaient l'approche fort dangereuse, Ptolémée Philadelphe, dès la première année de son règne, décida l'érection de cette tour superbe, qui avait, assurent les historiens, 550 pieds de hauteur et coûta 800 talents, ou environ 4,450,000 fr. de notre monnaie. Il chargea de cette mission l'architecte Sostrate, de Cnide, qui avait bâti beaucoup des principaux édifices de la ville nouvelle.

Le *Pharos* se composait de plusieurs étages, ou plutôt de plusieurs tours superposées, ornées de balustrades et de galeries taillées dans le plus beau marbre et d'un travail exquis. Il était pourvu de verres télescopiques permettant de distinguer les vaisseaux à une grande distance. Enfin, suivant l'historien Josèphe, le feu qui brûlait constamment à son sommet était aperçu à la distance de 300 stades (55 kilomètres).

A une époque plus récente, les Turcs érigèrent deux forts à l'endroit où existait ce phare, — et qui n'est plus l'île de Pharos, mais une simple petite péninsule. L'un de ces forts était situé exactement sur l'emplacement de cette merveille du monde dont on ignore la fin.

Parmi les monuments de l'antiquité que certains auteurs, mais seulement des auteurs modernes, nous signalent comme des phares, nous ne pouvons nous dispenser de citer le fameux colosse de Rhodes; mais nous n'irons pas plus loin que cette citation, attendu qu'il est au moins fort douteux que cette colossale statue d'Apollon, dont nous ne connaissons qu'une image absolument fantaisiste, ait tenu la position qu'on lui prête à l'entrée du port de Rhodes, et qu'il est plus que probable qu'elle n'a jamais servi de phare.

Les Romains construisirent de nombreux phares dont les modèles ne manquent point. Tels sont le phare d'Ostie, bâti par Claude; ceux de Messine, de Ravenne, de Pouzzoles, etc. En 1643, les ruines de la célèbre tour d'Ordre, bâtie aux portes de Boulogne par Caligula, étaient encore visibles. C'était une tour octogone à douze étages, s'élevant à près de deux cents pieds au-dessus de la falaise, qui elle-même s'élevait à cent pieds au-dessus du niveau de la haute mer.

De l'autre côté de la Manche, près de Douvres, existait un phare semblable dont on voit encore aujourd'hui les ruines. Ces ruines représentent un important tronçon de tour octogone, comme était la tour d'Ordre de Boulogne, mesurant tel quel trente à quarante pieds de hauteur. Les murs ont au moins dix pieds d'épaisseur.

On croit que cette tour fut érigée sous le gouvernement d'Aulius Plautius ou sous celui d'Ostorius Scapula, son successeur, qui quitta l'Angleterre en l'an 53 de notre ère ; mais, à dire vrai, on n'a aucune preuve de cette origine, qui en ferait un monument à peu près contemporain de la tour d'Ordre, c'est-à-dire de quelques années seulement plus récent.

Il n'y a pas, que nous sachions, de restes des phares latins sur aucun point de nos côtes ; l'Angleterre, plus riche que nous, en possède plusieurs. Mais la tour de Douvres est la seule qui mérite une mention spéciale.

La tour de Cordouan. — Les phares de la Hève et de Gatteville.

Le premier phare digne de ce nom, des temps modernes, qui fut élevé en France, est la tour de Cordouan, bâtie en 1584 par Louis de Foix, l'architecte de l'Escurial, sur une île — qui n'est plus aujourd'hui qu'un bloc de rochers recouvert par la haute mer, — à l'embouchure de la Gironde. La tradition veut que deux autres phares se soient précédemment succédé en cette même place, dont le premier aurait été bâti par Louis le Débonnaire et le second en 1362 par le Prince Noir.

Quoi qu'il en soit, le phare actuel, « lequel, dit un écrivain anglais que nous avons sous les yeux, au point de vue architectural, est le plus noble édifice du monde, » ne fut terminé qu'en 1610, sous le règne de Henri IV. Il ne mesure pas moins de 97 pieds de hauteur, et se compose d'un massif de maçonnerie entouré d'une plate-forme circulaire et surmonté d'une tour conique à quatre étages formant des galeries successives, au sommet desquelles est placée la lanterne.

Le phare de Cordouan a subi bien des restaurations depuis son érection, mais la partie supérieure seule de l'édifice en a été modifiée, et la plus grande partie de l'œuvre de Louis de Foix est presque intacte.

Ce qui nous paraît important de constater, c'est que, malgré leur constante pratique de la mer, nos voisins d'outre-Manche ont été, en ceci, notablement devancés par nous. Il est avéré que le phare actuel de Cordouan a été construit non au-dessus, mais près des ruines d'un phare antérieurement élevé dans cet endroit ; et cependant le phare actuel est encore considéré aujourd'hui comme le premier qui fut construit en Europe, — le premier phare d'Eddystone ne datant que de 1696.

« Avant le règne d'Edouard III, dit lord Coke, on n'avait que des tas de bois placés sur les points élevés et auxquels on mettait le feu ; mais, sous son règne (1326-1377), on se servit de caisses de poix au lieu de bois. » Ce serait donc sous ce même règne d'Edouard III qu'aurait été érigé le second phare de Cordouan (1362 à 1370), remplacé par le phare actuel.

Les phares de la Hève, situés sur la pointe du cap de ce nom, à l'embouchure de la Seine, viennent, par rang d'ancienneté, après la tour de Cordouan ; ils ont tous deux été construits en 1774 ; mais, d'après une tradition, ils remplaceraient une tour unique qui aurait été bâtie à la fin du règne du roi Jean. Ce sont deux tours quadrangulaires de vingt mètres de hauteur ; la lumière électrique, qui les éclaire aujourd'hui, est visible, par un temps serein, à vingt milles au large. Ce sont les premiers phares auxquels on ait fait l'application de cette lumière.

Le phare de Gatteville, près de Barfleur, colonne de granit de 75 mètres de hauteur, élevée sur un banc de récifs très-dangereux, a été construit de 1830 à 1835. Son feu tournant se voit à vingt-deux milles en mer.

Le phare des Héaux de Bréhat, etc.

La construction des phares sur des rochers isolés et recouverts par la marée présente des difficultés inouïes, que l'ingénieur anglais Smeaton, le premier,

Phare de l'Enfant-Perdu, près de Cayenne.

eut le courage de braver dans l'édification du célèbre phare d'Eddystone, dont nous parlerons plus loin, et qui a servi de modèle à tous les phares isolés bâtis depuis (1759).

C'est dans de telles conditions qu'a été construit, de 1836 à 1840, le phare des Héaux de Bréhat, par M. Léonce Reynaud, et, orgueil national à part, nous pouvons ajouter, avec un tel succès, qu'il en a fait un monument incomparable. La grande difficulté des constructions de ce genre réside, on le comprend, dans la partie des travaux à exécuter sous l'eau, c'est-à-dire à un niveau inférieur à celui des hautes eaux. Ces difficultés furent vaincues dès l'abord, grâce à une sage méthode combinant les heures de travail avec celles de la marée basse, et par la précaution qui fut prise de recouvrir de ciment, chaque fois que l'approche de la marée s'annonçait, les travaux qu'on allait abandonner à sa merci.

Les assises du phare des Héaux sont enfoncées dans le roc creusé en anneau à une profondeur de 50 centimètres sur un diamètre de 11 mètres 70 centimètres, le centre du rocher étant laissé intact, c'est-à-dire recouvert de béton tout simplement. L'édifice a 48 mètres d'élévation ; il est divisé en deux parties distinctes dans sa hauteur : la base, qui est en maçonnerie pleine et ne s'élève à guère plus d'un mètre au-dessus du niveau des hautes eaux, et la partie supérieure qui est une tour ordinaire.

Isolé au milieu de la mer et battu par les vagues furieuse, lançant quelquefois jusqu'à la coupole qui surmonte sa lanterne, des jets de blanche écume, en se brisant impuissantes contre sa base inébranlable, le phare des Héaux apparaît avec ce caractère de grandeur calme et sereine qui est l'attribut de la force. Sous la pression des vagues puissantes, il s'incline cependant, et M. de Quatrefages rapporte, d'après les gardiens du phare, que, « lors d'une violente tempête, les vases à l'huile, placés dans une des chambres les plus élevées, présentent une variation de niveau de plus d'un pouce, ce qui suppose que le sommet de la tour décrit un arc d'un mètre d'étendue. » Mais la tour des Héaux partage cette propriété, qui semble une garantie de durée, avec beaucoup d'autres édifices qui s'inclinent ainsi sous les efforts des vagues ou du vent depuis des siècles.

Beaucoup d'autres phares mériteraient mieux qu'une mention toute sèche ; tels sont, par exemple, le phare des Triagos, le phare de la Joliette, à Marseille ; celui de Walde et celui de l'Enfant-Perdu, sur la côte de la Guyane, à six milles au nord-ouest de Cayenne, tous deux construits en fer. Mais on comprend que nous ne puissions avoir l'ambition d'écrire ici l'histoire complète des phares, de ces sentinelles de la mer chargées d'une mission de salut, et dont le marin bénit la brillante apparition dans les ténèbres d'une nuit profonde et pleine de dangers.

Le phare d'Ar-Men.

Nous ne pouvons nous dispenser pourtant de parler avec quelque détail du phare d'Ar-Men, construit à l'extrémité de la chaussée du Sein. La première idée de ce travail gigantesque appartient à M. Léonce Reynaud, directeur du service des phares ; il a été construit, sous la direction de l'ingénieur en chef M. Planchat, par MM. Joly et Paul Cahen, ingénieurs, Lacroix et Probesteau, conducteurs ; nous dirons tout à l'heure dans quelles conditions et avec quels auxiliaires.

Le modèle de ce phare obtint une médaille à l'Exposition universelle de Vienne, en 1873 ; mais l'œuvre était loin d'être terminée alors, quoique toute crainte d'insuccès fut écartée. Le même modèle a figuré à l'Exposition univer-selle de 1878.

A l'occasion de la publication des récompenses accordées aux exposants français à Vienne, et en particulier aux « marins du phare d'Ar-Men, » un rédacteur du *Bien public*, M. R. Delorme, donnait sur les difficultés inouïes surmontées dans l'érection de ce phare des renseignements pleins d'intérêt, dont nous lui emprunterons une partie. Disons d'abord que le phare d'Ar-Men est de premier ordre, à sept étages et à feu scintillant, dont le foyer dépasse de plus de trente mètres le niveau des plus hautes mers. A l'un des étages est montée une trompette à vapeur, destinée à suppléer le feu en temps de brouillards.

« On sait, dit M. Delorme, que le système de montagnes qui forment le corps de la Bretagne se prolonge sous les eaux au delà de la côte occidentale du Finistère. Il forme, dans la direction de l'ouest, une ligne de récifs tristement célèbres parmi les navigateurs. Suivant les caprices géologiques, cette barre de rochers s'élève ou s'abaisse, offrant tantôt une profondeur d'eau considérable, et tantôt dressant au-dessus du niveau des plus hautes mers des masses de granit plus ou moins larges. L'une de ces cimes, qui a la dimension d'un plateau, forme l'île de Sein. Au delà de l'île, les récifs continuent encore pen-dant plusieurs milles ; cachés sous la vague, ils sont particulièrement dange-reux. On les désigne sous le nom de la Chaussée du Sein. Les phares construits dans l'île et sur la pointe de Raz sont insuffisants pour signaler l'écueil aux navires qui se rendent à Brest, et chaque année de nouveaux sinistres se produisent dans ces parages.

« En 1860, la commission des phares décida qu'on étudierait le moyen de construire un phare de premier ordre sur l'une des roches les plus rapprochées de l'extrémité de la barre. On procéda à une reconnaissance hydrographique des récifs. M. Ploix, ingénieur, après avoir exploré la chaussée, désigna la roche d'Ar-Men comme étant la seule susceptible de servir de base à une construction aussi importante.

« M. Ploix ne se dissimulait pas du reste les difficultés d'une pareille entre-prise : « C'est une œuvre excessivement difficile, presque impossible, disait il ; « mais peut-être faut-il tenter l'impossible, eu égard à l'importance capitale de « l'éclairage de la chaussée. »

« Les courants qui passent sur l'Ar-Men sont en effet des plus violents ; même par les temps les plus calmes, ils donnent naissance à un fort clapotis. Une brise contraire à leur direction vient-elle à souffler, la mer grossit immé-diatement et devient impraticable. Du reste, il est si difficile d'accoster l'Ar-Men, que ni M. Ploix, ni les ingénieurs hydrographes, ni le directeur du service des phares, n'avaient pu encore s'en approcher à moins de quinze mètres. On savait seulement que la roche, formée d'un gneiss assez dur, avait environ sept à huit mètres de largeur et douze mètres de longueur au niveau des plus basses mers, et qu'elle était sous l'eau tout le reste de l'année.

« Ces obstacles ne découragèrent pas le service des phares, qui commença son devis. Il fut reconnu qu'avant toute chose, il fallait percer dans la roche des trous de fleuret de trente centimètres de profondeur destinés à recevoir des goujons en fer. Ces goujons, une fois scellés, serviraient à fixer la maçonnerie dans laquelle on introduirait de fortes chaînes en fer, afin de lui donner plus de cohésion. En même temps, et par le même moyen, on arriverait à relier entre elles les diverses parties de la roche, qui est divisée par de profondes fissures, et l'on composerait ainsi une base pour les constructions projetées.

« Le plan était fait ; il ne s'agissait plus que de le mettre en œuvre. Employer des ouvriers ordinaires eût été déraisonnable et inutile. On s'adressa donc aux pêcheurs de homards de l'île de Sein, habitués à parcourir les passes de la chaussée, et familiarisés avec les dangers qu'elle présente.

« Ils acceptèrent ce travail surhumain et se mirent courageusement à l'œuvre en 1867.

« C'est ici que commence le drame.

« Munis de ceinture de sauvetage, portant leurs outils, les pêcheurs guettaient sans cesse les occasions d'accoster. Dès qu'une circonstance favorable se présentait, ils descendaient sur la roche, se couchaient sur elle, s'y cramponnant d'une main et travaillant de l'autre avec le fleuret ou le marteau. A chaque minute la lame déferlait par-dessus leurs têtes, et les couvrait d'eau et d'écume ; souvent même elle arrachait l'homme au récif et l'entraînait au large avec toute la violence du courant. Une barque allait aussitôt chercher le malheureux ouvrier et le ramenait au travail.

« A la fin de la campagne de 1867, on avait pu accoster sept fois. On avait eu, en tout, huit heures de travail, et quinze trous étaient percés sur les points les plus élevés.

« L'année suivante, la saison fut meilleure. Les pêcheurs plus aguerris eurent seize accostages et dix-huit heures de travail. Quarante nouveaux trous furent percés, dont quelques-uns dans la partie basse de la roche, absolument sous l'eau.

« Ce ne fut qu'en 1869 qu'on put commencer le scellement des fers. Des goujons d'un mètre de longueur furent plantés dans les trous et continrent la maçonnerie, qui fut faite en moellons et en ciment de Parker-Medina.

« A la fin de la campagne de 1869, on était parvenu à construire vingt-cinq mètres cubes de maçonnerie (on avait pu travailler douze heures dix minutes). La mer eut beau s'acharner sur l'Ar-Men pendant tout l'hiver, elle ne parvint pas à détruire ce qui avait été fait.

« En 1870, on accosta huit fois ; on travailla pendant dix-huit heures cinquante minutes, et l'on fit onze mètres cubes de maçonnerie.

« L'année 1871 fut plus heureuse : douze accostages, vingt-deux heures dix minutes de travail, vingt-trois mètres cubes de maçonnerie. »

Enfin, les conditions du travail s'améliorant à mesure qu'il avançait, on put faire, en 1872, trente-quatre heures vingt minutes de travail ; en 1873, quarante-cinq heures vingt-cinq minutes ; en 1874, soixante heures dix minutes ; en 1875, cent dix heures cinquante-cinq minutes.

En 1877, on avait fait, en tout, 180 accostages, pendant lesquels on avait pu travailler 733 heures.

Aucun autre phare au monde, pas même celui d'Eddystone, dont nous allons parler, n'a offert dans sa construction des difficultés comparables à celles du phare d'Ar-Men.

Les trois phares d'Eddystone.

Si nous avons dû faire un choix parmi les phares les plus remarquables de nos propres côtes, à quel choix plus restreint encore ne sommes-nous pas forcé maintenant qu'il s'agit des phares de l'Angleterre, dont les côtes, hérissées d'écueils et semées de bas-fonds périlleux, ont une étendue bien autrement considérable ! L'embarras n'est pas toujours aussi grand qu'il paraît ;

il suffit que le choix porte sur les chefs-d'œuvre du genre, les types véritables qu'on n'a eu que la peine de copier, si grande qu'elle puisse être, dans

Le phare d'Eddystone pendant une tempête.

l'édification des autres phares. C'est bien ainsi que nous l'avons entendu.

Nous avons fait allusion, en passant, au célèbre phare bâti sur le dangereux rocher d'Eddystone (de *eddy*, tourbillon, et *stone*, pierre, roche), par Smeaton, en 1759. Cet édifice, qui élève encore aujourd'hui sa haute tour sur le terrible écueil, y avait été précédé par deux autres phares, qui finirent l'un et l'autre d'une manière tragique.

Le premier phare d'Eddystone était l'œuvre d'un certain Henri Winstanley, gentleman extrêmement ingénieux, mais pas le moins du monde ingénieur. La construction en fut commencée en 1696, et on y alluma le premier feu le 14 novembre 1698. C'était une construction absolument fantastique, ayant l'apparence d'une gigantesque pagode chinoise, et dans laquelle l'esprit bizarre de l'architecte s'était donné la plus large carrière. Après différentes additions, l'édifice s'élevait à cent pieds au-dessus du niveau de la mer; malgré cela, pendant la tempête, il n'était pas rare que la mer couvrît entièrement tout un côté du phare, passant à une hauteur prodigieuse par-dessus la girouette qui surmontait la lanterne.

Personne ne pouvait croire à la solidité de cette singulière construction, tant elle avait de légèreté apparente — personne, excepté l'architecte lui-même, qui n'en doutait point. Il était si profondément convaincu, qu'il disait à qui voulait l'entendre, que son plus grand désir était de se trouver dans sa tour par la plus effroyable tempête qui pût arriver. Son souhait fut enfin exaucé. En novembre 1703, Winstanley se trouvait au phare, qui avait besoin de quelques réparations. Une effroyable tempête s'éleva pendant la nuit : la tour tint bon ; mais, le jour suivant, l'ouragan augmenta de puissance, à tel point qu'il enleva comme un fétu le phare d'Eddystone et tous ses habitants.

Trois ans s'écoulèrent avant qu'une nouvelle tentative se produisît pour élever sur le fatal rocher un phare pourtant bien nécessaire. Ce fut encore un homme étranger à l'art de construire qui en prit cette fois l'initiative, John Rudyard, marchand de soieries. On commença les travaux en 1706, et deux ans après le premier feu brillait au sommet de la nouvelle tour.

L'œuvre de Rudyard, dont Smeaton fit d'ailleurs plus tard l'éloge, resta trente-huit ans intact. Mais vers la fin de 1744, une épouvantable tempête eut lieu, dans laquelle le navire *Victory* se perdit au pied de l'édifice, qui essuya lui-même de très-graves avaries et eut sa soute défoncée. Il fut toutefois réparé ; et peut-être existerait-il encore, sans la catastrophe qui le détruisit en 1755.

Le 2 décembre de cette année-là, vers deux heures du matin, le gardien de service se rendit à la lanterne pour moucher les chandelles. Il constata avec effroi que le feu s'était déclaré dans cette partie de la tour. Il appela ses camarades à l'aide ; mais ceux-ci étant endormis, ne l'entendirent point sans doute ; alors le pauvre diable essaya, mais vainement, d'éteindre lui-même l'incendie. A un moment où, le visage levé en l'air, il cherchait encore un moyen d'arrêter les progrès du fléau, une quantité de plomb fondu se détacha soudain du sommet et, coulant du toit comme un torrent, lui tomba sur les épaules, la tête et le visage, en le brûlant horriblement. Ses compagnons, enfin éveillés, au lieu d'aller à son secours, cherchèrent leur propre salut dans la fuite, quoique leur carrière fût nécessairement très-bornée. Ils descendirent sur le rocher ; et la flamme de l'incendie ayant été vue par des pêcheurs de Cawsand, ceux-ci arrivèrent en hâte, huit heures après toutefois que le feu s'était déclaré, et recueillirent à bord les gardiens qu'ils trouvèrent tapis dans une sorte de caverne et plus morts que vifs.

Le malheureux gardien qui avait été si cruellement brûlé par la pluie de

plomb fondu, était un vieillard de quatre-vingt-quatorze ans, nommé Henri
Hall. Il mourut des suites de ce terrible accident, et, après sa mort, un morceau
de plomb pesant 167 gr. 1/2 fut extrait de son corps.

Après la catastrophe du 2 décembre 1755, il fut résolu en principe qu'on
bâtirait le troisième en pierre, et John Smeaton, membre de la Société Royale
de Londres, le plus célèbre ingénieur de l'époque, fut chargé de l'exécution de
ce projet.

La première pierre de l'édifice fut posée le 12 juin 1757, et il fut achevé
dans l'espace d'un peu moins de trois ans, sans perte de vie ni accident grave.
Ce fut pourtant une époque pleine d'anxiété et de périls pour Smeaton et les
hommes qui lui prêtaient leur concours dans cette dangereuse entreprise ; par
le mauvais temps, le rocher était absolument inaccessible, les vagues
balayaient tout. Mais l'architecte et les ouvriers du phare des Héaux de Bréhat
et surtout ceux du phare d'Ar-Men eurent, plus tard, à lutter contre des difficultés et des périls identiques, sinon plus grands, et les surmontèrent également, comme nous l'avons vu.

Le phare actuel d'Eddystone est une tour circulaire se projetant en une
légère courbe, partant de la base, et diminuant graduellement jusqu'au sommet. L'extrémité supérieure est ornée d'une sorte de corniche et surmontée
d'une lanterne, entourée d'une galerie à balustrade de fer. La maçonnerie est
faite de blocs de granit assemblés à queues d'aronde et, dans les assises infé-
rieures, solidement boulonnés. Sur la partie supérieure de la tour, on lit cette
inscription : *Except the lord build the housse, they labour in vain that build it.*
(Psalm. CXXVII.) (A moins que le Seigneur ne bâtisse la maison, ceux qui
bâtissent travaillent en vain.) Et sur chaque côté de la lanterne, la date à
laquelle elle fut posée, et ces mots : « Louange à Dieu ! » (*August 24 th.* 1759.
— *Laus Deo.*)

Le phare de Bell-Rock.

Par rang d'importance, après le phare d'Eddystone, c'est certainement le
phare de Bell-Rock, en Ecosse, qui vient immédiatement ; et le nom de Robert
Stephenson vient tout naturellement se placer à côté de celui de John Smeaton,
où il fait la meilleure figure.

Ce phare est bâti sur un dangereux récif submergé, situé à onze milles
d'Abroath, sur la rive nord de l'entrée du grand estuaire ou bras de mer
appelé le *Firth of Forth*, et affectant directement la navigation dans le *Firth of
Tay*. Ce rocher avait toujours été un point extrêmement périlleux pour les
navires, et les moines de l'abbaye d'Alberbrothock, aujourd'hui Abroath, y
avaient placé une cloche destinée à être mise en mouvement par les vagues et
à signaler ainsi le fatal écueil — d'où le nom de Bell-Rock (Rocher de la
Cloche) conservé à cet écueil et au phare qui le surmonte aujourd'hui. D'après
une ancienne tradition, des pirates s'étant emparés de cette cloche, se perdirent à un voyage suivant dans ces parages, sur le Bell-Rock ou *Inchcape*.
Dans un poëme intitulé : *The Inchcape Bell*, Southey s'est chargé de transmettre
cette légende écossaise à la postérité.

La construction de cet édifice fut commencée le 18 août 1807, sous la direction de Robert Stephenson, ingénieur officiel du *Lighthousse Board*, dont le
plan, inspiré de celui de Smeaton, avait été adopté. Une relation de ses travaux, écrite par l'éminent ingénieur lui-même, nous apprend les difficultés et

les périls de tout genre qu'il eut à combattre pour mener à bien son audacieuse entreprise, le rocher restant seulement quelques heures à sec pendant les grandes marées et ne laissant par conséquent que fort peu de temps pour établir les fondations de l'édifice avec toute la sécurité exigée. Malgré tout, il y parvint, et la première pierre du phare fut posée le 10 juillet 1808, à la profondeur de seize pieds au-dessous du niveau des hautes eaux. Toute la maçonnerie, à la hauteur de trente pieds, fut achevée en 1810, et la lumière apparut pour la première fois au sommet du phare le 1er février 1811.

Le 14 novembre 1812, à la marée haute du soir, une mer furieuse battait le phare, qui, à un certain moment, en fut si vigoureusement secoué, que les ferrures des portes résonnèrent bruyamment, et que les gardiens effrayés sortirent sur la galerie, malgré le temps, pensant que c'était un bâtiment qui venait de donner sur le phare. L'édifice, pourtant, résista bravement au choc, et a si bien soutenu sa réputation de solidité, qu'il en est encore à avoir besoin de réparations de quelque importance.

Le phare de Skerryvore.

Un autre phare de la côte écossaise, non moins célèbre que celui-ci, s'élève sur les récifs de *Skerryvore*, situés à environ douze milles au large de l'île de Tyree, dans le comté d'Argyll. Ces récifs avaient été, pendant une longue suite d'années, la terreur des marins, et un grand nombre de naufrages avaient eu lieu dans leurs parages. En présence de la difficulté d'aborder sur ces rochers, dont l'action des vagues qui les battaient sans cesse avait rendu la surface polie et glissante comme un banc de glace, la seule idée d'élever un phare ou une construction quelconque aurait été repoussée comme entachée de folie. Cependant cette idée avait été émise déjà par quelqu'un, dont l'avis était d'un certain poids dans une pareille question, par l'architecte de Bell-Rock, Robert Stephenson lui-même.

Ce ne fut toutefois qu'en 1834 que l'érection d'un phare sur les rochers de Skerryvore fut résolue sérieusement, et ce fut au fils de l'ingénieur désormais illustre qui avait si bien réussi l'édification de la tour de Bell-Rock, à Alan Stephenson, que le plan du nouvel édifice, et ensuite sa construction, furent confiés.

Les travaux du phare même, tant étaient énormes les travaux préparatoires, ne commencèrent qu'en août 1838, et la lumière brilla, pour la première fois, à 150 pieds au-dessus des hautes eaux recouvrant les terribles récifs de Skerryvore, le 1er février 1844.

L'Angleterre a, comme nous, ses phares bâtis en fer. Comme nos phares de Walde et de l'Enfant-Perdu, le *Northfleet* et la plupart des phares des colonies anglaises présentent l'aspect fantastique d'un gigantesque squelette portant sur sa tête le feu sauveur.

Les feux flottants.

Disons, en terminant, un mot des feux flottants, ces utiles auxiliaires des phares, là où l'érection d'un édifice quelconque est impossible. Ce sont des navires spéciaux, à première vue assez peu différents des autres, quoique organisés pour donner prise au vent le moins possible. Attachés par d'énormes chaînes. ces bateaux-phares ne bougent pas par les plus fortes marées, par les plus violentes tempêtes. Il est du moins peu d'exemples qu'un tel bateau ait rompu ses amarres, et il n'en est pas un qui ait coulé.

Ponton-phare.

Lorsque l'accident de la rupture des amarres se produit toutefois, ou que, secoué par les vagues, le bâtiment prend une position qui donne à son fanal une direction capable d'induire le marin en erreur, vite un signal est arboré, et l'on tire le canon pour avertir ceux qui pourraient se trouver à portée et être trompés par le déplacement de la lumière.

V.

L'HORLOGERIE.

———

La mesure du temps dans l'antiquité.

Les grandes divisions du temps, celles des révolutions annuelle et diurne de la terre, ne semblent s'être imposées à l'homme comme une nécessité que dans un état de civilisation déjà avancé. Longtemps il se contenta d'une mesure courte et approximative opérée au moment même du besoin, sans inquiétude de la mesure générale et sans notion qui pût la lui faire établir.

Les besoins étaient bornés, dans les temps primitifs ; celui de la mesure du temps se faisait, en conséquence, peu sentir. Il s'agissait tout au plus de se rendre à un endroit désigné à tel moment du jour ou de la nuit, ou d'accomplir une action quelconque à ce moment-là. L'observation des planètes par les nuits claires et de l'ombre des arbres, des murailles, des rochers, projetée par le soleil, fournissait l'indication demandée.

Beaucoup de nos paysans, encore aujourd'hui, ne déterminent pas l'heure de la journée autrement. Tout le monde ne peut pas avoir un chronomètre dans son gousset, un pauvre diable de journalier moins que personne. Cependant, isolé qu'il est au milieu des champs, il sait toujours, à quelques minutes près, l'heure exacte du déjeuner et celle du retour au logis ; il n'a pas été un seul instant de la journée à l'ignorer.

Le premier pas fait dans la voie du perfectionnement fut de reproduire artificiellement le phénomène de l'ombre indicatrice. Telle est l'origine du cadran solaire ; telle est aussi, croit-on, l'origine des obélisques, en Egypte.

L'invention du cadran solaire remonte à l'antiquité la plus reculée. On sait qu'au temps d'Achaz, vers 740 avant J.-C., les Hébreux s'en servaient déjà. Il était également répandu chez les Egyptiens, les Brahmanes et les Chinois. On a de ce dernier peuple des notions très-exactes sur les longueurs méridiennes du *gnomon* qui remontent à 1094 avant J.-C. Enfin les Grecs, puis les Romains l'empruntèrent à leurs voisins orientaux. Le premier cadran solaire fut érigé à Rome par Papirius Cursor, environ 300 ans avant J.-C.

Il y en eut bientôt des formes les plus diverses, et le goût des Romains pour le luxe s'y exerça en toute liberté, sans qu'aucun perfectionnement utile important y fût apporté. Nous citerons quelques-uns des noms donnés aux *solaria* romains, lesquels indiquent clairement la multitude de formes affectées par cet instrument.

Il y avait le *Lacunar*, le *Discus*, le *Pelecinon* (en queue d'aronde), le *Pharetron*, l'*Hemisphœrium*, l'*Hemicyclium*, le *Plinthium*, l'*Arachne*, invention d'Eudoxe de Cnide; empruntant son nom de la figure, assez semblable à une toile d'araignée, que lui donnait la rencontre des lignes horaires avec les cercles de l'équateur et des tropiques, le *Conus*, etc. Plusieurs de ces cadrans solaires avaient été importés, comme leurs noms l'indiquent, de Grèce, tels quels.

Il n'est pas utile de décrire la figure du cadran solaire; la nomenclature que nous venons de donner suffit amplement, avec ce que nous savons des cadrans solaires modernes, à donner une idée exacte de l'instrument.

Cependant ce procédé de mesurer le temps, pour si commode qu'il fût, moyennant toutefois la collaboration du soleil, avait le désagrément de n'être plus praticable dès qu'un nuage interceptait les rayons de celui-ci. Cet inconvénient fit rechercher un moyen d'un emploi constant, une horloge, en un mot, — puisque *horloge* est le nom générique, — qui pût être consultée par tous les temps et dans toutes les situations. C'est à ces recherches qu'est due l'invention de la *clepsydre* (horloge d'eau) et celle de la *clepsammie* (sablier).

L'invention de la clepsydre est attribuée aux Egyptiens, sans qu'il soit possible d'en déterminer l'époque, et bien que le nom de l'inventeur soit demeuré inconnu. D'après quelques écrivains, Bérose, philosophe chaldéen, l'introduisit en Grèce vers le milieu du VIIe siècle avant J.-C.; suivant d'autres, cette introduction serait due à Platon, et aurait eu lieu 400 ans avant J.-C. Enfin Scipion l'Africain l'importa directement d'Asie à Rome, vers l'an 190.

On croit que le sablier fut inventé en Grèce vers 240 avant J.-C.

On sait ce qu'est le sablier, dont on se sert encore aujourd'hui en de certaines circonstances. Ce sablier ne diffère en rien de la *clepsammie* des anciens. Qu'on remplace le sable par de l'eau, et l'on aura la *clepsydre* primitive.

La clepsydre variait peu de formes, mais beaucoup de dimensions, suivant l'objet pour lequel on l'employait. L'usage auquel Pompée imagina de l'employer, par exemple, n'exigeait pas de cet instrument des dimensions gigantesques; autrement il n'aurait pas rempli le but que le grand homme se proposait évidemment, et qui était de borner à des proportions modestes les discours des orateurs du Sénat romain. Nous sommes d'autant plus fondé à croire que la clepsydre sénatoriale était de taille assez exiguë, qu'un écrivain contemporain constate que Pompée fut « le premier qui sut mettre une bride à l'éloquence. »

Un semblable emploi avait d'ailleurs été fait de la clepsydre avant Pompée, d'abord en Grèce, ensuite à Rome même, mais dans les cours de justice seulement.

Aristote décrit une clepsydre dont la forme ne diffère de celle de nos sabliers qu'en ceci, qu'il existait une espèce d'entonnoir à sa partie supérieure, au moyen duquel on versait l'eau qui tombait goutte à goutte, par plusieurs petits trous, dans la partie inférieure ; en sorte qu'on ne pouvait retourner l'instrument : ce n'est donc pas là une amélioration. Pline parle d'une autre, de dimension assez considérable pour permettre de s'en servir pendant plusieurs heures consécutives. Les heures étaient indiquées par des lignes tracées sur les deux globes coniques, celui d'où s'échappait l'eau et celui qui la recevait.

Ce fut à l'aide d'une clepsydre construite de cette manière, et d'une taille évidemment raisonnable, que Jules César découvrit que les nuits d'été étaient plus courtes en Angleterre qu'en Italie. Il faut remarquer, en outre, que l'instrument en question ne venait point de Rome, mais avait été trouvé en Angleterre même par Jules César ; ce qui prouve que la clepsydre était connue dans ce pays avant l'invasion romaine.

Vers l'an 500 de notre ère, Théodoric, roi des Goths, faisait présent à Gondebaud, roi des Bourguignons, de deux *horloges*, dont l'une était une clepsydre de forme ordinaire, et l'autre un cadran solaire « où l'aiguille marque l'espace du jour et où les heures sont indiquées par une ombre légère, » suivant les propres expressions du roi goth pieusement conservées par son secrétaire d'État, Cassiodore, grand fabricant d'horloges lui-même à ses moments perdus.

Les horloges.

Les horloges à roues, mais à moteur hydraulique, furent inventées vers le milieu du VIIe siècle. C'est une horloge de cette espèce, une clepsydre perfectionnée par conséquent, que l'empereur Paul Ier envoya en présent à Pepin le Bref en 760 ; et celle que Charlemagne reçut d'Haroun-al-Raschid en 807 était de la même famille. Ces horloges portaient déjà toutefois les divisions actuelles de la journée en 24 heures, divisions d'origine asiatique.

On ne sait pas exactement à qui faire honneur de l'invention des horloges à contre-poids ; mais on s'accorde pour attribuer à Gerbert d'Auvergne l'invention de l'horloge à balancier qui est à peu près de la même époque. Gerbert inventa cette horloge peu de temps avant son élévation au pontificat, sous le nom de Sylvestre II, laquelle eut lieu le 2 avril 999.

Ces horloges demeurèrent longtemps confinées dans les monastères où elles étaient nées, et où elles servaient surtout à fixer les heures des prières et des offices. Au XIIe siècle, il n'y avait pas un seul monastère en Europe qui n'en fût pourvu.

Malgré l'opinion de quelques écrivains que ces premiers perfectionnements de l'horlogerie sont dus aux Sarrasins, de qui les croisés les auraient empruntés, nous croyons, de préférence, à la tradition qui les fait originaires d'un monastère français, et les attribue à Gerbert, c'est-à-dire au plus savant homme de son siècle incontestablement et au plus ingénieux, — si ingénieux et si savant, qu'il ne laissa pas que d'être quelque peu soupçonné de magie par ses contemporains.

Peu après l'invention de l'horloge à balancier, parut l'horloge à sonnerie, et l'abbaye de Cîteaux en posséda une de cette espèce dès la fin du XIe siècle. On fait toutefois remonter cette invention beaucoup plus haut, car on l'attribue au

Chinois Hy-Hang, à la date de 721. Les horloges monumentales, à sonnerie naturellement, n'apparurent qu'au XIVᵉ siècle. Ce fut Londres qui posséda la première, en 1326. Cette horloge, œuvre de Richard, abbé de Saint-Alban, indiquait, outre le cours du soleil et de la lune, celui des marées.

Jacopo Dondi en construisit une à peu près semblable à Padoue, en 1339. Bologne eut la sienne en 1356.

Sous Charles V, en 1364, Henri de Wyck, mécanicien allemand, construisit la fameuse horloge du Palais-de-Justice de Paris, alors palais des rois de France.

Le *Jacquemart* qui orne encore aujourd'hui l'église Notre-Dame de Dijon fut enlevé à Courtrai par Philippe le Hardi, duc de Bourgogne, en 1382, après la victoire de Rosebecque, avec l'intention bien évidente d'en doter sa capitale. Courtrai possédait depuis longtemps déjà cette magnifique horloge.

Séville en 1400, Moscou en 1404, Lubeck en 1405, furent dotées d'horloges monumentales.

La cathédrale de Strasbourg eut une première horloge monumentale dès 1352 ; elle était adossée au mur qui fait face à celle d'aujourd'hui. Cette horloge fut remplacée en 1574 par l'horloge construite par Isaac Habrech sur

Horloge astronomique de la cathédrale de Strasbourg.

les plans du mathématicien Conrad Dasypodius. Mais l'horloge actuelle, qui, par un hasard providentiel, n'a pas souffert du bombardement de 1870, a été construite par Schwilgué, de 1838 à 1842. Elle renferme un comput ecclésias-tique, un calendrier perpétuel avec l'indication des fêtes mobiles, un planétaire présentant les révolutions moyennes de chacune des planètes visibles, les phases de la lune, les éclipses, le temps apparent et le temps sidéral, une

Horloge de Gaston, duc d'Orléans.

sphère céleste avec la précession des équinoxes, les équations solaires et lunaires, etc., etc. Chef-d'œuvre de mécanique d'autre part, les heures, les demies, les quarts sont frappés par divers personnages représentés par des statuettes bien faites et agissant avec ensemble et précision : notamment les douze apôtres sonnant l'heure de midi.

L'application du pendule à l'horloge à roues fut tentée d'abord, mais sans succès, à ce qu'il semble, en 1649, par Vincenzo Galilée, fils du grand Galilée, à qui l'on doit la découverte des lois de l'oscillation pendulaire. Christian Huyghens renouvela l'expérience en 1656, et réussit complétement. Pour régler efficacement les oscillations du pendule, sur lesquelles les variations de température ont une grande influence, Huyghens avait eu l'idée d'y appliquer la *cycloïde*, que le P. Mersenne venait de découvrir. Le résultat fut excellent.

Les horloges publiques ne commencèrent à être éclairées le soir que vers 1810, bien que l'idée en eût été émise dès 1760.

Pendule de Marie-Antoinette.

Mais avant d'aller plus loin dans une voie où l'importance de perfectionnements qui se succèdent nous entraîne malgré nous, il nous faut parler des modifications dans le volume de l'horloge, modifications qui ont aussi leur importance et qui commencèrent de bonne heure.

Les horloges monumentales, seulement destinées aux édifices publics, existèrent exclusivement jusqu'au xv⁵ siècle. Mais peu après l'idée vint d'en construire de dimensions convenables pour pouvoir être placées dans les appartements, et même qui pussent être portées avec soi.

On les portait attachées à une chaîne ou à un cordon passé autour du cou ; elles étaient de forme ovale, comme les premières montres proprement dites qui firent leur apparition un peu plus tard, et qui, grâce à cette forme et au lieu où elles furent d'abord fabriquées sur une très-grande échelle, reçurent le nom d'*œufs de Nuremberg*.

Les horloges portatives parurent en France au xv⁵ siècle. On rapporte que Louis XI se laissa voler la sienne par un gentilhomme de sa suite, et qu'il reconnut le voleur à la sonnerie de son horloge que le malheureux avait innocemment cachée dans sa manche. D'où il suit que, pour portatives qu'elles étaient, ces petites horloges possédaient d'assez puissantes sonneries.

Les montres.

On croit que la première montre fut construite en 1510 par Peter Hele. Sa forme différait peu, nous l'avons dit, des horloges portatives dont on se servait depuis près d'un siècle. Peu de temps après les montres étaient d'un usage vulgaire en France : les statuts de la corporation des horlogers et fabricants de montres datent de 1544.

L'application du ressort en spirale aux montres date de 1657 ; on en doit l'invention à Huyghens. Les Anglais attribuent ce perfectionnement à leur compatriote Nathaniel Hooke ; les Français, à l'abbé Hautefeuille. Il n'est pas impossible que la découverte ait été faite simultanément par les trois savants, depuis longtemps engagés isolément dans les mêmes recherches. Le fait n'est pas rare.

Avant cette dernière amélioration, d'où qu'elle vienne, les montres opéraient d'une manière très-défectueuse. Il était absolument impossible de se fier aux indications données par la plus exacte pendant le court espace d'une heure. Mais à dater de l'application de la spirale, elles présentèrent une exactitude qui n'a pas été surpassée depuis. Ce fut alors qu'on adopta des mesures plus rigoureuses, et que l'heure fut divisée en 60 minutes et la minute en 60 secondes — ce qui représente une division de la révolution diurne de la terre en 86,400 parties !

En 1674, Thuret inventait l'horloge à libre échappement. Deux années plus tard, Barlow, horloger anglais, inventait le système de sonnerie à répétition.

Un autre Anglais, George Graham, trouvait l'échappement à cylindre en 1715.

Le pendule *compensateur*, qui remplaça la cycloïde par un système de tringles formé de métaux inégalement dilatables, tels que le fer et le cuivre, pour régler la longueur des oscillations, fut appliqué aux horloges par John Harrisson, en 1726. — On doit au même l'invention du chronomètre, auquel il donna le nom de garde-temps (*time-keeper*), laquelle lui valut, en 1749, un prix de 500,000 fr.

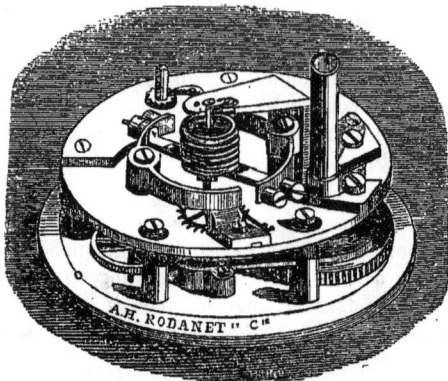

Chronomètre de marine.

Après tous ces perfectionnements de l'horlogerie, et en particulier des montres, un certain Facio, horloger allemand, imagina d'employer les pierres précieuses, le rubis surtout, pour prévenir l'action du frottement.

Le réveille-matin.

Les réveille-matin ne sont pas une invention si récente qu'on le pense généralement. Ce fut un de ces instruments, dont il se servait pour la première fois, qui réveilla Henri III, le matin de l'assassinat du duc de Guise (23 décembre 1588).

Il paraît même que le savant jurisconsulte milanais André Alciàt possédait, depuis 1530, un réveille-matin qui, à l'heure fixée la veille, faisait entendre une bruyante sonnerie, battait le briquet et allumait la chandelle.

L'invention des réveille-matin paraît remonter, en effet, à la seconde moitié du XVe siècle.

L'horloge électrique.

En 1831, un artiste véronais, Blanchi, apporta à l'horlogerie un perfectionnement inattendu. Il construisit une horloge qui marquait exactement les divisions du temps sans moteur visible, sans contre-poids ni ressort d'aucune sorte. Les oscillations du pendule étaient provoquées et réglées par le moyen de deux piles galvaniques entre lesquelles il évoluait, repoussé alternativement de l'une à l'autre par la décharge électrique. Ce fut la première application de l'électricité à l'horlogerie.

On a construit depuis un grand nombre d'horloges électriques, portatives ou monumentales. Le palais Ferroni, à Florence, en possède une, œuvre d'Hipp. de Neufchâtel, qui a été, vers la fin de 1873, l'objet d'améliorations importantes.

Ce système ne semble pas, toutefois, devoir prendre avant longtemps une grande extension.

L'horlogerie, de nos jours, a atteint une perfection qui semblerait son dernier mot, si un regard jeté sur le chemin parcouru ne nous rappelait ce que peut l'étude constante servie par le temps.

Sans doute, la clepsydre d'Aristote parut en son temps un instrument incomparable; et il n'est pas moins certain que la première montre fut considérée comme un parfait chef-d'œuvre. Cependant le progrès a relégué la clepsydre — ou plutôt la clepsammie — à la cuisine, et les « œufs de Nuremberg » sont dépassés de fort loin.

N'a-t-on pas vu à l'Exposition de Vienne une montre dont toutes les pièces, jusqu'aux plus petites vis, étaient, aussi bien que la boîte, en cristal de roche? Cette œuvre de patience, due à un Français, élève de Bréguet, lui aurait pris, dit-on, trente années de sa vie. C'est beaucoup trop; et ce qui est le plus fâcheux, c'est que ces trente années ont été des années perdues pour le malheureux, mort sans avoir tiré ni profit ni gloire de son chef-d'œuvre, vendu au premier venu comme un bijou *courant*, et pour son pays qui n'a pas su l'apprécier.

Quoi qu'il en soit, nous pouvons, sans craindre le démenti de personne, nous dire à la tête de l'industrie horlogère. L'Angleterre et l'Italie sont les deux nations qui s'y distinguent le plus après la France. La Suisse, on le sait, à part les fabriques de Genève, ne produit guère plus que ses *coucous* de la Forêt-Noire.

L'horlogerie en Amérique.

Aux Etats-Unis, l'horlogerie est une industrie encore toute nouvelle, quoique déjà florissante. Il y a trente ans, on ne fabriquait encore aux Etats-Unis que de grossières horloges de bois; aujourd'hui on y fabrique les montres à la vapeur !

La plus importante fabrique de montres est la *Waltham Wacth Company*, qui occupe 900 ouvriers et confectionne 425 mouvements par jour. L'Elgin, qui vient ensuite, produit quotidiennement 300 mouvements.

M. Favre-Perret, qui a visité dans tous ses détails l'usine de Waltham, affirme que, contrairement à une opinion très-répandue, mais erronée, les Américains ne sont nullement tributaires de la Suisse pour plusieurs parties du mouvement des montres, mais les fabriquent toutes eux-mêmes et à la machine. Ils arrivent à régler une montre, pour ainsi dire, sans l'avoir vue. Quand la montre est remise au régleur, le contre-maître délivre le spirale correspondant, et la montre est réglée.

« Voici, dit-il, ce que j'ai vu. J'ai demandé au directeur de la Waltham une montre de la cinquième qualité. On a ouvert devant moi un grand coffre; j'ai pris, au hasard, une montre, et je l'ai mise à ma chaîne.

« Le directeur m'ayant prié de lui laisser cette montre deux ou trois jours pour qu'on pût vérifier sa marche : « Au contraire, lui dis-je, je tiens à la « conserver telle qu'elle est, pour avoir une idée exacte de votre fabrication. » A Paris, je mis ma montre à l'heure sur un régulateur du boulevard, et le sixième jour je constatai qu'elle avait varié de 32 secondes. Et elle vaut 75 fr. (mouvement sans boîte).

« En arrivant au Locle, je fis voir cette montre à un de nos premiers régleurs, qui me demanda l'autorisation de la démonter. Je voulus d'abord l'observer, et voici les résultats que je constatai :

« Pendue : variation diurne 1 seconde 1/2. Variations dans différentes positions, de 4 à 8 secondes. Dans l'étuve, la variation a été très-faible.

«Après l'avoir ainsi observée, je remis la montre au régleur, qui la démonta. Au bout de quelques jours, il revint et me dit textuellement : « Je suis ren- « versé ! le résultat est incroyable ! On ne trouverait pas une pareille montre « dans cinquante mille de notre fabrique. »

Comme cette appréciation, avec preuves, de la perfection des produits de fabrication américaine vient d'un homme tout à fait compétent, et non d'un simple et enthousiaste amateur, elle peut se passer de commentaire.

————————————

VI.

L'AÉRONAUTIQUE.

Expériences de vol mécanique.

L'aéronautique est une science éminemment française. L'inventeur triomphant du premier ballon à air chaud (la *montgolfière*) est Français ; Français, l'inventeur du ballon à gaz hydrogène ; Français, celui qui, le premier, *voyagea* dans l'air à la grâce de Dieu, et traîné par son aérostat ; Français aussi, le premier qui s'y éleva à des hauteurs inconnues et y éprouva les effets de la dépression atmosphérique ; Français, celui qui découvrit, en traversant les régions élevées, les *cirrhus* ou nuages de glace ; Français, le physiologiste éminent qui a trouvé le moyen de combattre avec succès l'influence de la dépression sur l'organisme humain ; Français enfin sont les premières victimes de l'aéronautique, par suite de l'accident prévu d'une chute et par défaut d'oxygène, brisés sur le sol et asphyxiés dans les hautes régions : Pilâtre de Rozier et Romain (1785), Sivel et Crocé-Spinelli (1875).

Pour avoir réussi les premiers à s'élever dans les airs à la remorque de la fumée, les frères Montgolfier ne sont pas les premiers qui aient été frappés du phénomène présenté par les nuages et en aient imaginé cette application. De plus, dans un temps où le défaut de notions exactes sur la nature de l'air s'opposait à la recherche d'un fluide plus léger, puisqu'avant Galilée on ne soupçonnait pas que l'air eût un poids quelconque, l'esprit d'imitation conduisit indubitablement l'homme à chercher les moyens de voler comme l'oiseau ; et en ceci, la première tentative peut assurément être très-ancienne.

Cependant, dans l'histoire du poëte scythe Abaris, fils d'Apollon, comme de juste, et la flèche qui lui permettait de s'élever dans l'air pour franchir les fleuves, les précipices, les lieux les plus inaccessibles, il ne faut évidemment voir qu'une aimable et poétique allégorie ; on sait que les poëtes ont accoutumé de franchir les lieux inaccessibles, avec ou sans flèche, sans la moindre difficulté.

Pour ce qui est des ailes de Dédale et d'Icare, il ne faut pas s'en inquiéter davantage. Dédale, architecte et sculpteur de génie, qui rompit avec la tradition des statues en forme de parapluies à tête soigneusement enveloppés de leur fourreau, était en même temps un habile mécanicien, un inventeur infatigable ; on lui doit, assure-t-on, la scie, le fil à plomb, la hache, la tarière et..... les ailes en question ; mais ces ailes qui l'aidèrent à fuir le sol inhospitalier de la Crète ne sont pas autre chose que des voiles, qu'il attacha pour la première fois au navire qui l'emportait vers le rivage de Cumes. Son fils Icare ne fut pas précipité du haut des airs pour s'être trop rapproché du soleil, qui fondit la cire fixant des plumes à ses épaules, et quelles plumes ! mais il périt noyé, après que son navire, mal conduit, se fut ouvert sur un écueil (vers 1350 avant J.-C.).

Le pigeon d'Archytas de Tarente nous parait plus sérieux. Ce savant disciple de Pythagore, habile mécanicien, avait fabriqué un pigeon de bois qu'il faisait voler en l'air au bout d'une corde. Sans doute, il était trop avisé pour se risquer lui-même, fût-ce au bout d'une corde, à imiter ou à suivre son pigeon, quoique le destin lui réservât une fin tragique ; mais c'est là un commencement d'aérostation. — Ceci se passait au IVe siècle avant notre ère. Nous nous en tiendrons là pour cette période vraiment trop obscure.

J.-B. Dante, mathématicien italien, surnommé le *Nouveau Dédale*, inventa, vers 1475, des ailes à l'aide desquelles il réussit à s'élever dans l'air. Après plusieurs expériences heureuses, dit-on, au-dessus du lac de Trasimène, il voulut s'élever en public à l'occasion d'une fête qui avait lieu à Pérouse, sa ville natale ; mais le fer avec lequel il dirigeait sa machine s'étant brisé, il tomba sur le toit de l'église Notre-Dame. Il en fut quitte pour une cuisse cassée, et jura, encore assez tôt, qu'on ne l'y prendrait plus.

Vers le même temps plusieurs autres tentatives furent faites en Italie, notamment par Léonard de Vinci, mais sans succès.

Déjà au XIIe siècle, le bénédictin Guillaume de Malmesbury avait décrit une machine de ce genre. Plus tard, en France, nous voyons se succéder toute une série d'audacieux émules de Dédale, ou soi-disant tels : Alard, Bernoin, Bacqueville, Le Besnier (1768) ; l'abbé Desforges, chanoine d'Etampes, avec son cabriolet volant qui s'entêta à ne point bouger ; le marquis de Causans, qui se jeta à la Seine du haut du Pont-Neuf, muni d'un appareil avec lequel il y parvint sans autre accident, etc.

Blanchard, le célèbre aéronaute, tenta d'abord de s'élever dans l'air à l'aide d'une machine ayant la forme d'un oiseau énorme pourvu de six ailes qu'un mécanisme intérieur mettait en mouvement ; il en fit publiquement l'expérience le 27 août 1782, mais ne réussit à s'élever qu'à sept mètres du sol, ce qui n'était déjà pas un échec si complet.

Plus récemment ont eu lieu des expériences de même nature qu'un dénoûment tragique terminait. Le 7 juin 1853, Leturr tentait de s'élever de l'Hippodrome dans une machine à ailes d'une immense envergure, pendue à un parachute ordinaire, lequel parachute se trouvait lui-même attaché à un ballon par un long câble. Ce jour-là, si on se le rappelle, est précisément celui du fameux complot de l'Hippodrome. Peut-être l'émotion générale se communiquat-elle au ballon : le fait est qu'il fut impossible de le faire quitter terre, ni à l'appareil de Leturr par conséquent. Le dimanche suivant, l'expérience fut renouvelée et réussit, en ce sens que Leturr descendit d'une certaine hauteur sur l'esplanade des Invalides, exactement comme il eût fait s'il n'y avait pas eu d'ailes sous son parachute. Il crut de bonne foi, cependant, avoir atteint le but, et, plein d'espérance, se rendit en Angleterre pour poursuivre ses expériences. Le 27 juin 1854, le malheureux aéronaute s'enlevait, à la remorque d'un ballon, des jardins de Cremorne. Il faisait un vent terrible. Après le premier élan, le ballon descendit avec rapidité, et avant que son conducteur fût parvenu à s'en rendre maître, Leturr, pendu à son câble de 80 pieds de longueur, s'était brisé le crâne sur les toits.

Au mois de mai 1873, un nouvel *homme volant* s'annonçait bruyamment à Bruxelles, son pays. Comme c'est le dernier de la liste, il nous paraît intéressant de donner une description détaillée de l'appareil imaginé par De Groof et d'insister un peu sur la fin tragique de cet infortuné. Quant à l'appareil, voici en quels termes le lieutenant Vangerimée, répétiteur de mécanique à l'école militaire de Bruxelles, en parlait dans son rapport concluant à l'autorisation des expériences :

« L'appareil se compose de deux ailes articulées à un essieu et se manœuvrant au moyen de leviers. De plus, une queue, semblable à une queue d'oiseau, sert de plan directeur et de balancier. L'ensemble de la surface des ailes et de la queue est d'environ 15 mètres 80 cent. carrés. Or, un parachute de 4 mètres de diamètre suffit pour assurer la sécurité d'une descente, et la surface d'un tel appareil n'est que de 12 mètres 55 cent. carrés. En outre, le vide laissé entre les ailes et la queue suffit au passage de l'air comprimé et remplace l'ouverture supérieure indispensable pour qu'un parachute descende sans oscillations brusques.

« Je crois que l'appareil, abandonné à lui-même et portant un homme, descendrait avec une vitesse très-modérée et sans se retourner ; car le centre de gravité de tout le système est à peu près à deux mètres en dessous des ailes, lorsque l'opérateur est placé. Mais comme les ailes peuvent battre l'air avec une extrême énergie, et par conséquent augmenter considérablement la résistance du milieu où elles sont placées, le danger résultant d'une descente peut être considéré comme nul, l'appareil restant intact.

« Restent donc les chances de rupture. Or, un examen minutieux de tous les matériaux employés par M. De Groof nous a prouvé qu'il a largement pris toutes les précautions nécessaires pour que son appareil soit d'une extrême solidité.

« Chacune des cordes, des ficelles et des lames élastiques qui y entrent, a été soumise devant nous à un effort beaucoup plus considérable que celui qu'elle doit supporter.

« Quant aux ailes, elles sont en soie, et, le poids total qu'elles auront à soutenir étant de 113 kilogrammes, il n'y aura qu'une réaction d'environ 70 grammes par décimètre carré de surface, effort qu'on pourrait décupler. Leur squelette en jonc et en ficelle est également très-solide. »

Malgré la confiance exprimée dans ce rapport, la première tentative de De Groof, qui eut lieu le 9 juin, dans la plaine des manœuvres, échoua complétement. Annoncée pour trois heures, l'expérience ne put avoir lieu qu'à quatre heures et demie, à cause du retard occasionné par l'ajustement des innombrables cordes de l'appareil. De Groof se plaça alors au milieu, sur une espèce de trépied ; mais lorsqu'il s'agit d'approcher de la machine le ballon qui devait l'enlever, un coup de vent jeta brusquement celui-ci contre l'oiseau mécanique, qu'il renversa en lui endommageant une aile et un bout de la queue. Cependant il fut relevé, réparé à la hâte et attaché au ballon, qui commença à s'élever; à quelques mètres du sol à peine, le câble de remorque se rompit, et De Groof fut précipité à terre avec sa machine, qui, cette fois, se trouva hors d'état de recommencer.

Le ballon, étant lui-même retenu captif, n'alla pas très-loin, et cette circonstance permit au public, qui venait de laisser échapper De Groof, de mettre l'innocent aérostat en morceaux. — Douce consolation !...

Comme Leturr, De Groof quitta son ingrate patrie et alla poursuivre en Angleterre ses dangereux essais de vol aérien. Le 28 juin 1874, De Groof avait fait à Londres, sous un ballon libre, une première expérience qu'on avait représentée comme couronnée de succès; mais il semble que ce soit un genre de succès de l'espèce menaçante, et présentant un terme moyen assez exact entre celui de la première tentative, à Bruxelles, et celui de la dernière, à Londres. Celle-ci eut lieu le 9 juillet 1874. Elle devait être fatale au malheureux inventeur. Le départ eut lieu dans les deux cas des jardins de Cremorne.

Les récits de la catastrophe qui couronna cette déplorable tentative envahirent bientôt la presse. Comme ils étaient plus ou moins inexacts, l'aéronaute qui dirigeait le ballon auquel était attaché l'appareil de De Groof, M. Simmons, crut devoir les rectifier dans une lettre qu'il adressa au *Daily Telegraph*. L'exactitude de la version de M. Simmons ayant été reconnue dans l'enquête, nous en traduisons la partie essentielle, qui constitue le plus clair et le plus succinct des récits de cet événement mémorable :

« M. De Groof, dit l'aéronaute anglais, n'a jamais dit : « Je réussirai ou je « périrai. » Il n'a pas dit non plus : « Lâchez-moi au-dessus du cimetière. » Il était seul avec moi dans la nacelle. A l'heure convenue, il y attacha son appareil, et l'ascension commença, très-lentement d'abord, jusqu'à ce que nous ayons atteint une hauteur de 4,000 pieds.

« Pendant quelque temps, nous ne bougeâmes pas; mais, ayant promis à M. De Groof de me diriger autant que possible vers la Tamise (il était excellent nageur), nous fîmes nos efforts pour prendre cette direction. Un vent contraire s'éleva et nous mit hors de notre route.

« Je reconnus alors que nous prenions la direction de Hyde-Park, et je fis descendre le ballon, afin de permettre à M. De Groof de profiter, pour descendre à terre, d'un espace libre et découvert. Nous étions convenus du signal : « Lâchez tout. » Mais il ne le donna pas; il s'élança sans me prévenir, et je m'en aperçus au mouvement subit et violent qu'en reçut mon aérostat et à son allégement qui le fit tout à coup s'élever avec une grande rapidité. Je regardai au-dessous de moi et je vis tournoyer M. De Groof dans l'air, les ailes de son appareil ne gouvernaient pas et sa queue était dressée vers le zénith. Je compris qu'il était perdu.

« Durant l'ascension, nous n'avions parlé que des différentes altitudes où nous nous trouvions et que lui indiquait l'instrument qu'il avait avec lui. Nous étions à trois cents pieds au-dessus du sol lorsqu'il s'élança. Je pense qu'en voulant détacher la corde qui l'amarrait au ballon, il perdit le centre de gravité, et que la catastrophe n'a pas eu d'autre cause.

« Je me trouvai mal. Lorsque je revins à moi, j'étais au-dessus de Victoria-Park; quelques gouttes d'eau-de-vie me remirent promptement, et je pus effectuer ma descente à Clingford. Je pris terre sur la ligne même du chemin de fer au moment où un train arrivait directement sur moi. Il eut le temps de ralentir sa marche et s'arrêta à cinq yards seulement de mon ancre, près de laquelle je me trouvais avec mon ballon. »

A la suite de cette catastrophe, le jury du coroner chargé de l'enquête émit le vœu que la police prenne désormais des mesures pour prévenir le retour de pareils faits, en d'autres termes pour empêcher qu'il ne soit fait de nouvelles tentatives du même genre. Malgré cela, le compagnon de l'infortuné De Groof dans cette aventure, M. Simmons lui-même, méditait un moyen de planer dans l'air sans son ballon, mais attaché tout bonnement à la corde d'un immense cerf-volant. L'expérience, il est vrai, ne présentait pas d'aussi terribles dangers que celle de De Groof, car, avant de descendre des hautes régions à l'aide de cet engin rudimentaire, il fallait le persuader d'y monter. Cela fait, s'il était possible, M. Simmons s'engageait à se mouvoir horizontalement avec une vitesse de dix lieues à l'heure.

C'est à Bruxelles toutefois qu'eut lieu l'expérience, le 1er octobre 1876. Le journal l'Aéronaute en rend compte dans les termes suivants :

« Deux fortes perches en roseau, disposées en quadrilatère, sont pour ainsi dire l'âme de tout le système. Une forte toile est fixée aux extrémités des perches, de manière que le centre forme une concavité, afin que l'air s'y engouffre plus aisément. Le point d'attache du système est exactement le même que celui des cerfs-volants, et pour contre-poids est fixée, à une distance d'une vingtaine de mètres, une nacelle pouvant contenir l'aéronaute. Comme on le voit, ce n'est qu'un immense cerf-volant dont les dimensions sont de quinze mètres sur toutes les faces.

« Il s'agit de faire prendre le vent à toute cette surface de toile ; une fois à une dizaine de mètres du sol, l'aéronaute doit se placer dans la nacelle, et on doit le laisser s'élever jusqu'à une altitude de 200 ou 300 mètres.

« Lorsque l'on croit le moment propice, on ordonne aux hommes de lâcher le câble, on fait prendre à l'appareil une position horizontale par le moyen d'un jeu de cordes. Le cerf-volant opère alors une descente relativement douce, car la concavité qui se forme au centre tient lieu de parachute. Pour se diriger, comme il peut changer son centre de gravité à volonté en carguant ou en larguant certaines cordes, il glisse dans l'air avec une grande vitesse ; c'est ainsi qu'il prétend atteindre des points désignés d'avance. Le dimanche 8 octobre, tout fut disposé selon les ordres de l'inventeur. Dix soldats saisirent le câble et se mirent en devoir de lui faire prendre vent, comme le font les enfants pour faire quitter le sol à leur cerf-volant. L'appareil s'éleva à une dizaine de mètres, puis retomba assez lourdement sur le sol. Une seconde et une troisième tentative eurent lieu sans plus de succès, au milieu des lazzi et des applaudissements ironiques du public. Chaque fois l'appareil se souleva avec peine pour retomber aussitôt. »

Emploi de fluides plus légers que l'air. — Ballons.

Avant d'en venir à l'invention du ballon, diverses machines furent décrites ou essayées avec le but de s'élever et de se soutenir dans l'air, non plus en imitant mécaniquement le vol de l'oiseau ou de l'insecte, mais en se rendant plus léger que l'air même, de manière ou d'autre.

En 1670, Lana Terzi, jésuite italien, proposait une sorte de nacelle aérienne, pourvue d'un mât et d'une voile et soutenue dans l'air par quatre globes de cuivre fort minces dans lesquels le vide aurait été produit, ce qui les aurait rendus plus légers que le volume d'air déplacé. J.-A. Borelli, mathématicien italien, proposait, en 1679, une machine du même genre ; et le P. Gallien, en 1755, parlait de faire naviguer dans l'atmosphère un vaisseau « plus long et plus large que la ville d'Avignon, » et pouvant transporter au besoin « une armée avec tout un matériel de guerre. »

Dès 1736, à Lisbonne, le P. Barthélemy Laurent de Gusmâo s'était élevé dans les airs, en présence du roi de Portugal (Jean V), de la cour et d'un grand nombre de spectateurs, à l'aide d'un immense panier d'osier recouvert de papier et sous lequel un brasier était allumé. Gusmâo, surnommé par ses compatriotes l'*Homme volant* (Ovoador), fut considéré par le vulgaire comme un habile physicien et un inventeur intrépide ; par l'Inquisition, alors florissante en Portugal, il fut accusé de sorcellerie et plongé dans un cachot. On comprend que l'affaire n'ait pas eu de suite, pour ce qui concerne le progrès de la science aérostatique.

La découverte du gaz hydrogène, quatorze fois plus léger que l'air, par Cavendish, en 1766, vint donner une autre tournure à la question et beaucoup d'espérance aux inventeurs. Dès 1767, le docteur Black, d'Edimbourg, professait dans ses cours qu'une vessie remplie de ce gaz formerait une masse plus légère que l'air atmosphérique, et par conséquent s'élèverait dans l'espace. Mais il ne paraît pas que Black ait tenté l'expérience, ou, s'il le fit, ce fut évidemment sans succès. Mais le physicien anglais Tibère Cavallo, après avoir fait sans succès de nombreuses expériences à l'aide de vessies ou de ballons faits de membranes fort minces remplies d'air inflammable, réussit pourtant à gonfler de ce gaz des bulles de savon qui s'élevèrent aussitôt et se perdirent dans l'espace. Une note adressée à la Société Royale de Londres, le 20 juin 1782, donne les détails les plus complets et les plus intéressants sur les expériences diverses de T. Cavallo.

Ces expériences, quoique restées sans résultat, n'en avaient pas moins assez vivement frappé tous les esprits chercheurs. Les frères Etienne et Joseph Montgolfier, propriétaires de la papeterie de Vidalon-les-Annonay (Ardèche), cherchèrent à leur tour à s'emparer d'un gaz plus léger que l'air et à l'enfermer dans une enveloppe également très-légère avec laquelle il pût s'élever dans l'espace comme il le fait à l'état de liberté. Après de nombreuses expériences, tant sur la substance du contenant que sur celle du contenu, ils se décidèrent à donner à Annonay, le 5 juin 1783, une expérience publique, à laquelle assistèrent les états du Vivarais, alors rassemblés. Une grande enveloppe en toile recouverte de papier, maintenue ouverte dans sa partie inférieure par un châssis en bois : telle était la machine que les frères Montgolfier se proposaient de gonfler, en brûlant sous son orifice de la laine et de la paille humide ; dans cet état, sa forme serait à peu près sphérique et elle s'élèverait d'elle-même jusqu'aux nuages.

Une fois gonflé, l'appareil mesurait 110 pieds de circonférence ; il pesait 500 livres. En dix minutes, il parvint à 1,000 toises d'élévation, aux applaudissements frénétiques de l'assistance. Les membres des états du Vivarais adressèrent aussitôt à l'Académie des sciences un rapport sur cette expérience, et le nom des frères Montgolfier fut bientôt dans toutes les bouches. On les manda à Paris en toute hâte, afin de pouvoir jouir du spectacle qu'ils avaient donné à Annonay. Mais comme ils tardaient à répondre à l'appel de Paris, Paris décida qu'il fallait à tout prix, et tout de suite, qu'il eût son ballon, et chercha en conséquence à tirer parti de ses propres ressources.

Faujas de Saint-Fond, professeur au Jardin des Plantes, recueillit, par voie de souscription, la somme nécessaire à la construction de l'appareil, dont il chargea les frères Robert, constructeurs d'instruments de physique d'une grande réputation. Mais ceux-ci étaient pris au dépourvu, ignorant de quelle substance il fallait le faire, de quelle le remplir, et surtout quelle capacité il devait avoir. Ce fut sur ces entrefaites qu'un jeune physicien, Charles, professeur et surtout conférencier célèbre, intervint. Il fit confectionner un ballon en taffetas recouvert d'un enduit de caoutchouc dissous dans l'essence de térébenthine, et, comme il ignorait quel était le gaz « moitié moins pesant que l'air » employé par les Montgolfier, Charles eut recours au gaz hydrogène pour emplir son ballon.

Ce ballon, le premier ballon à gaz hydrogène, partit du Champ de Mars le 27 août 1783, s'éleva avec rapidité, traversa visiblement plusieurs couches de nuages et reçut la pluie sans être arrêté dans son ascension. C'était un succès plus beau, plus complet que celui des Montgolfier ; mais il faut reconnaître que, sans leur initiative, sans l'émulation causée par leur propre succès, Charles et bien d'autres ne se seraient vraisemblablement pas occupés de cette question.

Cependant Etienne Montgolfier était arrivé à Paris pour renouveler son expérience d'Annonay. Il la renouvela à Versailles, en présence du roi et de toute la cour, le 19 septembre 1783, avec un ballon d'environ 14 mètres de diamètre, semblable, quant à la construction, au premier ballon à feu enlevé l'année précédente à Annonay, excepté que, dans une espèce de cage d'osier suspendue au-dessous du ballon, on avait enfermé un mouton, un canard et un coq, qui furent les premiers voyageurs aériens, — car il est probable que le Portugais Gusmão ne passe pour s'être enlevé à l'aide de son informe aérostat que par suite d'une erreur de copiste.

Il importe d'ajouter que ces voyageurs, dans leur innocente intrépidité, atterrirent sans accident dans le bois de Vaucresson.

Le bon résultat d'une entreprise qui avait, comme on le pense, un autre but que celui de mystifier de pauvres bêtes, conduisit Montgolfier à la construction d'un nouveau ballon à air chaud, d'une capacité plus grande et portant, autour de l'orifice inférieur, une galerie circulaire en osier, à hauteur d'appui. Après plusieurs ascensions captives qui ne faisaient qu'exciter le désir des aéronautes de s'élancer dans l'espace, désir à la satisfaction duquel le roi s'opposait toujours, Pilâtre de Rozier et le marquis d'Arlanges, l'autorisation royale accordée, s'enlevaient du château de la Muette, avec cet aérostat, le 21 novembre 1783. Ce premier voyage aérien fut heureux ; le ballon descendit sans accident sur la Butte-aux-Cailles, après avoir traversé Paris, enfiévré par un tel spectacle, et les voyageurs furent accueillis à leur atterrissement par une foule enthousiaste.

De leur côté, Charles et les frères Robert préparaient une ascension avec un ballon à gaz hydrogène. Outre l'avantage incontestable de ce gaz sur l'air chauffé à l'aide d'un réchaud suspendu au-dessous de l'orifice du ballon, Charles avait apporté diverses améliorations, entre autres la nacelle, la soupape ménagée dans l'enveloppe, de manière à pouvoir dégonfler en partie l'aérostat et diriger la descente, et l'emploi du lest. L'ascension eut lieu le 1er décembre 1783. Charles et Robert placés dans la nacelle, le ballon partit des Tuileries en présence d'une foule énorme. Deux heures après, il descendait dans la prairie de Nesles, en présence de plusieurs personnes, parmi lesquelles le duc de Chartres. Robert ayant alors quitté la nacelle, Charles disparut de nouveau dans les airs, après avoir promis au duc de n'y pas demeurer plus d'une demi-heure. Ce temps écoulé, et après avoir atteint une hauteur de 1,524 toises, Charles descendait à son tour le plus tranquillement du monde auprès du bois de la Tour-du-Lay.

Désormais les voyages aériens ne devaient plus s'arrêter. Le défilé des principales expériences qui succédèrent à celle dont nous venons de parler peut encore être suivi, mais ce sera bientôt impossible.

C'est d'abord l'ascension de Lyon (19 janvier 1784), dirigée par Joseph Montgolfier; celle de Milan, par le chevalier Paolo Andreani (25 février 1784), toutes deux à l'aide d'un ballon à air chaud; celle de Blanchard, avec un ballon à gaz muni d'ailes inutiles, à Paris (2 mars); celle de Guyton de Morveau et Virly, à Dijon (12 juin), autre tentative de direction, avec rames et gouvernail; celle des frères Robert et du duc de Chartres, à Saint-Cloud (15 juillet). Un Américain, nommé Wilcox, exécuta également à Philadelphie, puis à Londres, plusieurs ascensions qui paraissent avoir eu assez peu de succès. Vint ensuite l'ascension de V. Lunardi, à Londres, le 14 septembre 1784.

Blanchard, que nous avons vu s'exercer au vol mécanique, s'était jeté avec passion, depuis l'invention des ballons, dans l'étude de ce moyen de locomotion aérienne. Après plusieurs ascensions, tant en France qu'en Angleterre, en Belgique et ailleurs, Blanchard, accompagné du docteur Jeffries, entreprit le passage de la Manche en ballon, le 7 janvier 1785. La traversée faillit être fatale aux deux voyageurs : pour n'être pas engloutis dans la mer, ils furent obligés de jeter jusqu'à leurs vêtements, après quoi le docteur Jeffries offrit à Blanchard de se précipiter lui-même par-dessus bord, s'il jugeait la chose indispensable à son propre salut. Après toutes ces terribles péripéties, ils purent enfin atterrir dans la forêt de Guines. Calais leur fit une réception magnifique, et le maire de la ville présenta à Blanchard des lettres lui conférant le titre de citoyen de cette ville, titre dont il se para avec un orgueil bien justifié dans les affiches annonçant ses ascensions subséquentes.

Par imitation de l'audacieuse tentative qui avait valu à Blanchard le surnom de *Don Quichotte de la Manche*, Pilâtre de Rozier tentait de traverser le canal, à son tour, de Boulogne à la côte anglaise. Il avait avec lui un jeune physicien de Boulogne, nommé Romain. Si Pilâtre s'était contenté de suivre l'exemple de Blanchard, sans doute il y fût parvenu; mais il eut la malencontreuse idée de se servir d'un appareil combiné, désigné sous le nom d'*aéro-montgolfière*, c'est-à-dire que, sous un ballon gonflé de gaz hydrogène, il avait placé un ballon à air chaud avec son foyer. C'était, suivant l'expression de Biot, mettre un fourneau allumé sous un magasin de poudre. Parvenu à une hauteur d'environ 500 mètres, l'appareil prit feu, et les deux malheureux et imprudents voyageurs vinrent se briser sur les rochers du cap Gris-Nez.

Dans cette même année 1785, nous voyons, outre quelques tentatives de direction insignifiantes, le docteur Potain traverser en ballon le canal Saint-George, d'Angleterre en Irlande, Testu-Brissy inaugurer à Paris les ascensions *équestres*, et Blanchard inventer le parachute (25 août) à Lille.

Dès lors les expériences se multiplient; peu ont un but scientifique, et aucune ne présente des particularités dignes d'être relevées, sauf les catastrophes. Blanchard, après soixante ascensions exécutées dans les deux mondes, était saisi, croit-on, par une attaque d'apoplexie, à une hauteur relativement élevée, dans celle qu'il exécuta devant le roi de Hollande, en février 1808. Il se servait ce jour-là d'une montgolfière, contre son habitude, et, apoplexie ou non, le fait est que, n'ayant pu renouveler à temps le feu de

Ascension de M. Blanchard, citoyen de Calais par adoption. — Fac-simile de la gravure
ornant une affiche du temps.

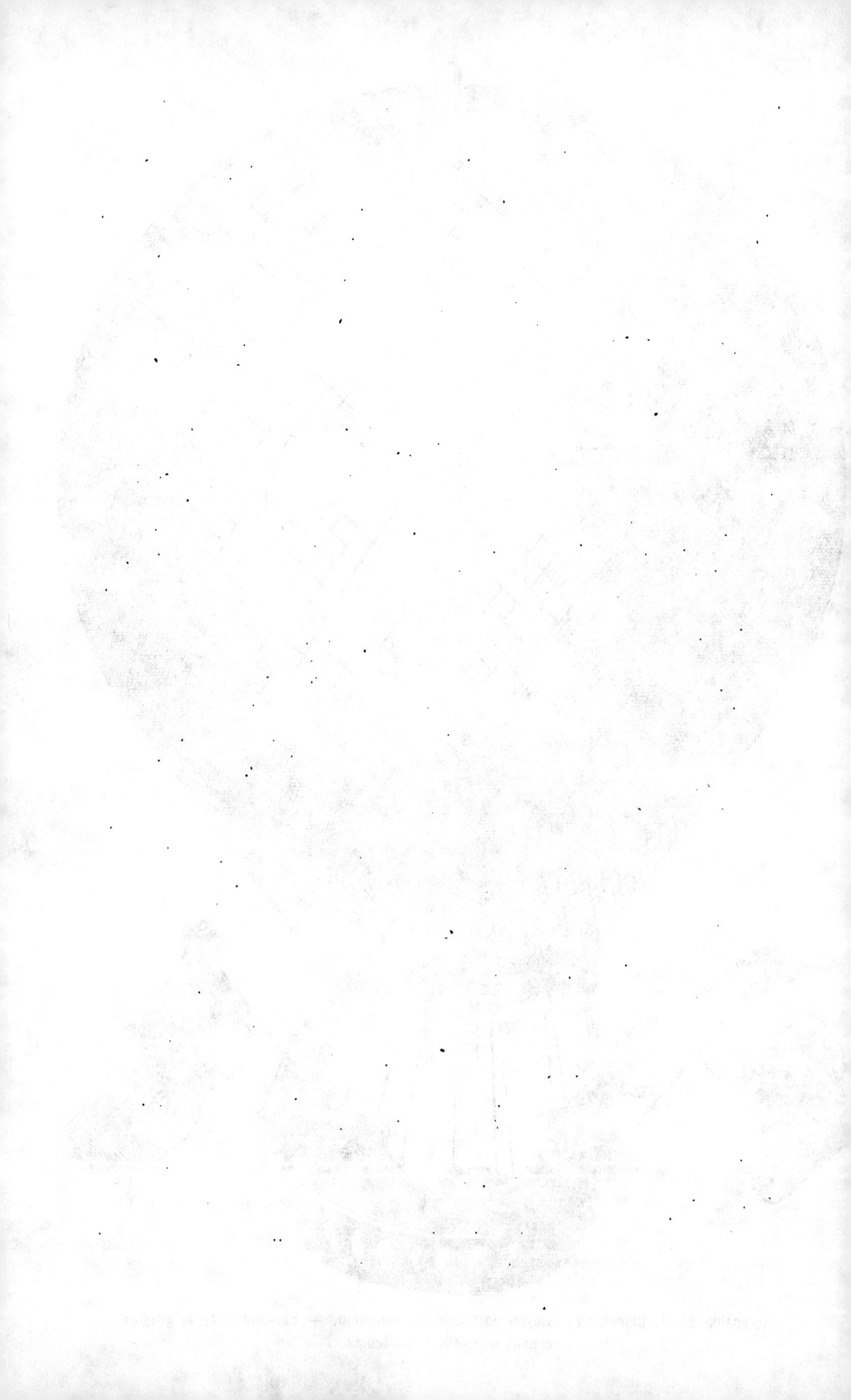

son foyer, il fit une descente si violente, qu'il en mourut paralytique plus d'une année après (7 mars 1809). Blanchard ne laissait que des dettes, de sorte que sa femme, qui d'ailleurs l'avait accompagné dans plusieurs de ses voyages aériens, poursuivit cette carrière dangereuse, qui devait lui être également fatale. Le 6 juillet 1819, elle s'élevait des jardins de Tivoli, que les constructions de la gare de l'Ouest ont fait disparaître depuis, avec accompagnement de feu d'artifice. Le feu prit à l'aérostat, et la malheureuse vint se briser sur le pavé de la rue de Provence, précipitée hors de sa nacelle, qui avait heurté le toit d'une maison voisine : c'était sa soixante-septième ascension, et elle n'avait que quarante et un ans.

Une des carrières aéronautiques les plus terribles par leurs péripéties, et dont les prémisses faisaient assez pressentir la tragique conclusion pour en éloigner à tout jamais celui qui l'avait choisie, c'est assurément celle du comte Francesco Zambeccari, de Bologne, Ce que cherchait Zambeccari, c'était la direction des aérostats à l'aide de rames et autres engins en usage dans la marine, où il avait d'abord servi. Ses expériences ne réussirent point quant à cet objet spécial ; et quant au reste, elles furent la cause de tous ses malheurs. Il employait la *montgolfière*, et, pour en chauffer l'air intérieur, se servait d'esprit-de-vin. Une première fois, il mit le feu à son appareil, planant déjà à une certaine hauteur ; mais il en fut quitte pour de cruelles brûlures.

C'était en 1804, à Bologne. Plusieurs tentatives qu'il fit ensuite, à titre d'expériences publiques, ayant échoué, les grossières injures et les menaces de la foule le contraignirent à s'élever enfin, en dépit du temps, le 7 septembre de cette même année. L'infortuné, après des retards dans le gonflement, ne put quitter la terre avant minuit. « Exténué de fatigue, raconte Zambeccari, n'ayant rien pris dans la journée, le fiel sur les lèvres, le désespoir dans l'âme, je m'enlevai à minuit, sans autre espoir que la persuasion où j'étais que mon globe, qui avait beaucoup souffert dans ses différents transports, ne pourrait me porter bien loin. »

Zambeccari était accompagné par deux de ses amis, Andreoli et Grassetti. Ils passèrent la nuit entière dans leur nacelle, ayant à souffrir des plus cruelles morsures du froid.

A deux heures du matin, les voyageurs crurent entendre le mugissement de la mer. La nuit était si obscure, qu'ils ne pouvaient même pas observer le baromètre. Une heure après, ils se virent suspendus à quelques mètres seulement des vagues mugissantes de l'Adriatique. Zambeccari et ses compagnons, saisis d'épouvante, jettent par-dessus bord leur lest, leurs instruments et une partie de leurs vêtements. Le ballon remonte dans l'atmosphère, mais il ne tarde pas à être ramené par sa pesanteur à la surface de l'Océan. La nacelle s'enfonce dans l'eau ; les malheureux voyageurs ont la moitié du corps plongé dans la mer, quand les vagues ne les submergent pas entièrement ; le ballon, dégonflé en partie, forme comme une voile qui les traîne de vague en vague, en dépit de tous leurs efforts, pendant toute la nuit.

Enfin, voici l'aurore, et, spectacle plus rassurant, la terre surgit à peu de distance. Mais le vent tourne subitement et les rejette vers la haute mer. Plus loin, des navires se présentent à leurs regards ; mais alors le ballon, peu connu, était un sujet d'effroi ; les navires s'éloignent en toute hâte. Le capitaine de l'un d'eux eut cependant pitié des naufragés. A huit heures du matin, les aéronautes furent hissés à bord du vaisseau ; Grassetti donnait à peine signe de vie, Zambeccari et Andreoli étaient presque évanouis.

Tous ces contre-temps ne devaient avoir aucune influence sur l'étonnante vocation de l'aéronaute bolonais. Le 12 mai 1812, enfin, après s'être péniblement élevé de Bologne, l'aérostat de Zambeccari prenait feu au milieu des airs, et le malheureux, affreusement brûlé, venait se briser sur le sol.

Un assez grand nombre d'accidents, causés le plus souvent par des imprudences, ont coûté la vie à de malheureux aéronautes qui n'avaient d'autre but à leurs exercices périlleux que de gagner le pain quotidien : fin d'autant plus lamentable. Dans beaucoup de cas aussi, les exigences insensées d'une foule stupide, ayant pour complice l'amour-propre excessif de l'expérimentateur lui-même, ont causé de plus ou moins terribles catastrophes.

C'est ainsi qu'en 1845, l'aéronaute français Arban exécutait à Trieste une des plus audacieuses ascensions qu'on ait jamais vues. C'était le 8 septembre 1845 ; un accident arrivé aux tuyaux du gaz retardant outre mesure le gonflement de l'appareil, la foule vocifère, siffle, insulte, rompt les barrières, menaçant de faire un mauvais parti à l'aéronaute, qui n'en peut mais. L'ascension est annoncée pour quatre heures ; il en est six, et le ballon n'est encore qu'à demi gonflé. Donc....

Arban, impatienté, essaie de partir néanmoins ; il fixe la nacelle ; mais l'aérostat refuse de s'élever. Les huées redoublent. Alors l'aéronaute n'hésite plus. Il détache sa nacelle trop lourde, se cramponne comme il peut au cercle, et s'élève dans les airs, sans ancre, sans guide-rope, assis sur une corde mal assujettie au filet, et saluant de la main qu'il a conservée libre cette foule qui maintenant l'acclame. Malheureusement, à une certaine hauteur, le singulier équipage aéronautique est saisi par un courant aérien qui le jette sur l'Adriatique. On le suit longtemps avec des lunettes ; on lance des barques et des canots à sa poursuite. Tout est inutile. L'aérostat se perd bientôt dans les brumes de l'horizon. La femme du malheureux Arban, en proie à la plus terrible des angoisses, passe la nuit entière à l'extrémité de la jetée de Trieste. Personne ne l'en peut détacher. L'œil hagard, elle fixe sans cesse le point du ciel où son mari a disparu

. Cependant Arban, toujours accroché à sa corde, plane pendant deux heures au-dessus de l'Adriatique. Il ne tarde pas à tomber dans la mer ; à huit heures du soir, l'aéronaute est presque entièrement englouti, la sphère de gaz le soulève de vague en vague. A onze heures, il est à bout de force, la lutte a trop longtemps duré. Il va périr, quand tout à coup une barque apparaît ; elle est montée par un brave pêcheur de Trieste et son fils. Les deux pêcheurs font force de rames et recueillent à bord le naufragé, plus mort que vif.

Quelques années après ce terrible drame, Arban fit une ascension à Barcelone. Il se dirigea vers la Méditerranée. Plus jamais on n'entendit parler de lui.

L'histoire du malheureux Arban nous conduit d'une manière toute naturelle aux aventures, semées de péripéties dramatiques, de M. Jules Duruof. Le 16 août 1868, M. Duruof, avec MM. G. Barrett et Gaston Tissandier, s'élevait de Calais dans la nacelle du *Neptune*, malgré le vent qui soufflait vers la mer ; mais, arrivé à une certaine distance au large, l'habile aéronaute découvre un contre-courant aérien qui le ramène à la côte, faisant traverser au *Neptune* toute la ville de Calais, aux applaudissements de la foule. Le ballon, abandonné à lui-même, bientôt enveloppé de nuages, se trouve rejeté vers la mer, sans que les voyageurs qu'il porte s'en doutent, au large du cap Gris-Nez. Pour parer au danger qui leur est dévoilé tout à coup par une éclaircie, les aéronautes cherchent à nouveau le courant sauveur, le retrouvent et sont

Descente du ballon *le Neptune* au cap Gris-Nez.

jetés avec violence sur le cap, où la descente put s'effectuer, mais avec les plus grandes difficultés.

Plusieurs fois depuis, M. Duruof a su profiter avec un rare bonheur des courants aériens superposés. Mais nous laisserons de côté ces exemples, malgré leur intérêt, pour rappeler le voyage dramatique du *Tricolore* et son émouvant naufrage dans la mer du Nord. C'était le 31 août 1874, à Calais encore. Le vent soufflait avec violence vers la mer, et quelques personnes engagent vivement M. Duruof, que sa jeune femme doit accompagner, à ajourner son ascension. Mais la foule est là qui attend son spectacle, et il le lui faut. Voici les protestations, les insultes, les hurlements qui commencent. Les aéronautes n'y tiennent plus; ils aiment mieux affronter les périls du voyage que les humiliations du public.

« Le petit aérostat *le Tricolore*, dit M. Tissandier, qui cube huit cents mètres, est tout frais verni; il traverse la ville de Calais, la jetée, et se perd bientôt dans la brume, déjà sombre, de l'horizon. Après une longue nuit passée à une faible hauteur au-dessus du niveau de l'Océan, Duruof, au lever du jour, aperçoit quelques navires. Il prend la résolution de ramener le *Tricolore* à la surface de l'Océan. Alors commence un naufrage terrible. La nacelle est baignée au sein des flots. Mme Duruof, épuisée d'émotion, de fatigue, reste assise au milieu de la nacelle, où des vagues immenses l'engloutissent parfois complétement.

« Des flots se heurtent sur l'enveloppe du ballon, qu'ils menacent de mettre en pièces. Cependant Duruof ne perd pas courage; il soutient sa compagne, il la console et lui montre un navire qui s'approche, un canot qui est mis à la mer, et où des marins font force de rames. Mais la malheureuse jeune femme n'entend plus rien; elle est presque évanouie, elle n'a plus conscience de ce qui se passe. Encore quelques minutes, et le dernier souffle qui l'anime va s'éteindre. Grâce au ciel, cette barque est conduite par deux robustes marins anglais, le capitaine Oxley et son second, Bascombe; ils approchent enfin du ballon *le Tricolore*, et ils en saisissent la corde d'ancre, qui est restée à la surface des flots. Ils se mettent en mesure de la tirer. Mais l'aérostat est soulevé par le vent; il entraîne la chaloupe et menace de la faire chavirer. Moment terrible! Les sauveteurs vont-ils périr avec les naufragés? L'énergie, l'audace trouvent leur récompense. Duruof et sa femme sont sauvés et conduits à bord du navire anglais *le Grand-Charge*. »

Le 21 août 1876, la *Ville-de-Calais*, dirigée par le même aéronaute, faillit recommencer l'odyssée du *Tricolore*. L'ascension eut lieu cette fois à Cherbourg. Après avoir plané près de trois heures au-dessus de l'Océan, et jusqu'à l'altitude de 1,700 mètres, l'aérostat put être secouru au bon moment par une des chaloupes armées à cette intention.

« A sept heures précises, le *Haleur*, dit M. Duruof, et la chaloupe *la Seine* étant près de nous, je laisse tomber à la mer le frein aquatique (grand cornet en toile à voiles retenu ouvert au bout d'une longue corde); l'équipage de la *Seine* saisit les cordages et nous attire à l'arrière de la chaloupe; la nacelle est fortement assujettie au-dessus de la barre. Le *Haleur* nous prend à la remorque. Nous sortons de la nacelle et prenons place sur la *Seine*. Notre dessein était de ramener à Cherbourg le ballon tout gonflé, afin de tenter une nouvelle excursion, en partant cette fois de la rade.

« Nous pouvons, pendant plusieurs heures, croire à ce rêve, car le ballon se comporte très-bien.

« A dix heures, nous passons en vue du cap Lévy ; la chaloupe est fortement soulevée plusieurs fois par la houle qui est très-forte en cet endroit et qui est encore accrue par le remous des aubes du *Haleur* ; l'air aussi est plus vif, et l'aérostat, trop violemment secoué, se déchire dans la partie inférieure. Un coup de vent fait filer la déchirure, le ballon tombe à la mer et le gaz est remplacé par l'eau ; la résistance qui se produit alors fait rompre les amarres, et l'aérostat s'en va à la dérive. Le *Haleur* stoppe alors, et la chaloupe repart pour repêcher le ballon qui, en lambeaux, est ramené à bord.

« A deux heures et demie du matin, nous mettions pied à terre dans le port de commerce. »

On se rappelle les ascensions du *Géant*, en 1863 et 1867, et son naufrage en terre ferme, près de Nieubourg (Hanovre), le 13 octobre 1863. Ce ballon n'avait été construit dans des dimensions colossales que pour frapper l'imagination du public, attirer une grande foule à ses ascensions et en tirer une souscription volontaire considérable qui permit alors des tentatives de navigation aérienne d'après les principes du « plus lourd que l'air. » Le but était des plus louables, mais les résultats furent malheureux, tant au point de vue financier qu'à celui des obstacles périlleux que sa puissance d'ascension permettait mal de combattre.

Le *Géant* cubait 6,000 mètres. Le ballon captif de Londres, construit par M. Henri Giffard, et qui, sous le nom de *Pôle-Nord*, servit, en juin 1869, à une ascension au profit du voyage arctique projeté par le regretté Gustave Lambert, cubait 11,000 mètres. Le *Pôle-Nord* s'éleva du Champ de Mars le 29 juin, avec dix voyageurs : MM. G. et A. Tissandier, W. de Fonvielle, Amédée Tardieu, Sonrel, Menu, Tournier, Moreau, et les aéronautes Gabriel Mangin et Yon. A la grande colère du public, l'ascension s'effectua à sept heures au lieu de cinq. Elle fut magnifique ; la descente ne fut guère que laborieuse ; mais, financièrement, l'entreprise fut un échec.

On sait que, malheureusement, le succès n'aurait pas servi au but qu'on se proposait, Gustave Lambert ayant été tué par une balle prussienne pendant le siége de Paris, ainsi que l'un des passagers du *Pôle-Nord*, si nous nous rappelons bien, l'astronome Sonrel.

Les ballons constituent depuis trop longtemps un des spectacles les plus aimés du public pour que, le nombre des ascensions ayant atteint un chiffre énorme, celui des catastrophes ne se soit pas élevé dans la même proportion. Nous ne pouvons les décrire toutes : elles ne se ressemblent que trop, d'ailleurs, et la seule liste des victimes exigerait un espace considérable. Nous rappellerons les noms de : Harris, Sadler, Mosment, Olivari, Emile Deschamps, George Gale ; du professeur La Mountain, de Brooklyn (Etats-Unis), tué dans une ascension exécutée le jour de la fête de l'Indépendance, à Jonia, dans l'Etat de Michigan, le 4 juillet 1873 ; de Braquet, tué à Royan pendant sa 331e ascension (10 août 1874) ; de Triquet fils, jeune homme de dix-sept ans, qui accompagnait son père dans la nacelle du ballon *le Norvégien*, tué à Issy, près de Paris, le 13 août 1876, etc.

Enfin, si d'autres ascensions mémorables, sur lesquelles nous ne pouvons malheureusement nous étendre, comme celle du *Great Nassau* qui, monté par MM. Charles Green, Robert Hollond et Monck Mason, faisait, en novembre 1836, la traversée de Londres à Weilburg (duché de Nassau), c'est-à-dire 850 kilomètres environ, manquent à notre description, trop de catastrophes y feront également défaut sans que l'intérêt du récit en souffre beaucoup.

Le ballon *la Ville-de-Calais*, au large de Cherbourg.

On trouvera toutefois un peu plus loin la relation des ascensions scientifiques et celle des ascensions des ballons éclaireurs ou messagers de l'armée,

Ascension du ballon *le Pôle-Nord* le 26 juin 1869.

lesquelles ont un intérêt particulier et un martyrologe assez plantureux déjà.

Les ascensions scientifiques à grande hauteur.

Blanchard est le premier qui, en novembre 1783, atteignit en ballon une hauteur assez considérable pour ressentir les effets de la dépression atmosphérique. Mais on ne saurait fixer exactement l'altitude à laquelle il s'éleva. Manquant, sinon d'énergie et de sincérité, d'instruction scientifique et d'ailleurs d'instruments de mesure convenables, sa prétention d'avoir atteint une hauteur de 32,000 pieds ne saurait être admise.

Le 18 juillet 1803, Robertson et Lhoëst partaient de Hambourg pour les hautes régions atmosphériques, avec l'intention de s'y livrer à une série d'expériences sur le magnétisme, l'électricité, la météorologie, etc. Ils atteignirent 7,350 mètres, et voici comment Robertson rend compte des effets de la dépression dont son compagnon et lui souffrirent à cette hauteur : « Nous éprouvions une anxiété, un malaise général : le bourdonnement d'oreilles dont nous souffrions depuis longtemps augmentait d'autant plus que le baromètre dépassait 13 pouces. La douleur que nous éprouvions avait quelque chose de semblable à celle que l'on ressent lorsque l'on plonge la tête dans l'eau. Nos poitrines paraissaient dilatées ; mon pouls était précipité ; celui de mon compagnon, M. Lhoëst, l'était moins : il avait, ainsi que moi, les lèvres grosses, les yeux saignants ; toutes les veines étaient arrondies et se dessinaient en relief sur mes mains.... J'étais dans une apathie morale et physique ; nous pouvions à peine nous défendre du sommeil, que nous redoutions comme la mort.... J'avais emporté deux oiseaux : l'un mourut, l'autre était assoupi. »

Vient ensuite la magnifique ascension de Gay-Lussac, qui s'élevait de Paris, le 16 septembre 1804, à une altitude de 7,016 mètres au-dessus du niveau de la mer. Les effets de dépression n'eurent qu'une faible influence sur l'organisme de l'intrépide savant à cette hauteur. « Ma respiration était, dit-il, sensiblement gênée, mais j'étais encore bien loin d'éprouver un malaise assez désagréable pour m'engager à descendre. »

Il n'y eut pas d'autre ascension à grande hauteur jusqu'en 1850. Le 27 juillet 1850, MM. Barral et Bixio, partis de l'Observatoire avec un ballon gonflé à l'hydrogène pur, s'élevaient à 7,039 mètres, sans éprouver un malaise extraordinaire, sauf un froid intense. A 7,004 mètres, ils avaient rencontré un nuage formé de paillettes de glace (cirrhus), découverte qui leur est entièrement due, car aucun aéronaute n'avait été jusque-là à même de signaler la présence de nuages glacés dans les plus hautes régions de l'atmosphère.

En 1852, MM. Welsh et Green atteignirent 6,990 mètres sans autre résultat bien important, et là se termine cette nouvelle série de tentatives de découvertes dans les régions élevées.

En 1862, MM. Henry T. Coxwel et James Glaisher, aéronautes anglais, ce dernier directeur du service météorologique à l'Observatoire de Greenwich, exécutèrent trois ascensions mémorables, sous le patronage de l'Association Britannique. Ces trois ascensions eurent lieu les 30 juin, 18 août et 5 septembre. Dans les deux premières, où ils avaient dépassé l'altitude de 7,000 mètres, les aéronautes éprouvèrent les effets déjà décrits par leurs prédécesseurs dans cette voie peu fréquentée. Dans la troisième, M. Glaisher croit, d'après des calculs dont les résultats sont évidemment contestables, mais dont il n'a d'ailleurs jamais entendu soutenir la scrupuleuse exactitude, que le ballon a dû atteindre la hauteur de 7 milles (plus de 11,000 mètres). En tout cas il perdit le sentiment, et par conséquent cessa ses observations, à 8,838 mètres.

C'est à 1 heure 3 minutes que l'aérostat avait quitté terre, à Wolverhampton, par une température de 15° au-dessus de zéro. A 1 heure 39 minutes, il planait à 6,437 mètres, et le thermomètre marquait à cette altitude 13° au-dessous de

zéro. M. Coxwell ayant jeté du lest, le ballon s'éleva avec rapidité. A 1 heure
51 minutes, M. Glaisher interrogeait le baromètre.

« Il marquait, dit-il, 10 pouces 8.... Bientôt il me fut impossible d'apercevoir la colonne de mercure dans le thermomètre, ni les aiguilles d'une montre,
ni les divisions fines d'aucun de mes instruments.... Je tournai de nouveau
mon attention vers le baromètre ; je vis qu'il marquait 9 pouces trois quarts,
ce qui indiquait une hauteur de 29,000 pieds. Peu après, je m'appuyai sur la
table avec le bras droit, qui jouissait de toute sa vigueur un instant auparavant ; mais quand je voulus m'en servir, je m'aperçus qu'il n'était plus en
état de me rendre aucun service. Il doit avoir perdu sa puissance instantanément. J'essayai de me servir du bras gauche, et je vis qu'il était également
paralysé. Alors je cherchai à remuer le corps, et je réussis jusqu'à un certain
point ; mais il me sembla que je n'avais plus de membres ; j'essayai encore une
fois de lire le baromètre, et pendant que je me livrais à cette tentative, ma
tête tomba sur mon épaule gauche. Je remuai et j'agitai de nouveau mon
corps ; mais je ne pus parvenir à soulever mes bras. Je relevai ma tête, mais
ce fut seulement pour un instant : elle retomba de nouveau.

« Mon dos était appuyé sur le bordage de la nacelle et ma tête sur un des
angles. Dans cette position, j'avais les yeux fixés sur M. Coxwell, qui se trouvait dans le cercle. Quand je parvins à me soulever sur mon siége, j'étais tout
à fait maître des mouvements de l'épine dorsale, et je possédais incontestablement encore un grand pouvoir sur ceux du cou, quoique j'eusse perdu le
contrôle de mes bras et de mes jambes ; mais la paralysie avait fait de nouveaux progrès. Tout à coup, je me sentis incapable de faire aucun mouvement.
Je voyais vaguement M. Coxwell dans le cercle, et j'essayais de lui parler, mais
sans parvenir à remuer ma langue impuissante. En un instant, des ténèbres
épaisses m'envahirent ; le nerf optique avait subitement perdu sa puissance.
J'avais encore toute ma connaissance, et mon cerveau était aussi actif qu'en
écrivant ces lignes. Je pensai que j'étais asphyxié, que je ne ferais plus d'expériences, et que la mort allait me saisir, à moins que nous ne descendions
rapidement. D'autres pensées se précipitaient dans mon esprit, quand je perdis
soudainement toute connaissance, comme lorsque l'on s'endort....

« Ma dernière observation eut lieu à 1 heure 54 minutes, à 29,000 pieds. Je
suppose que 1 ou 2 minutes s'écoulèrent avant que mes yeux cessassent de voir
les petites divisions des thermomètres, et qu'un même laps de temps se passa
encore avant mon évanouissement. Tout porte à croire que je m'endormis à
1 heure 57 minutes d'un sommeil qui pouvait être éternel. Je ne pouvais pas
bouger, quand j'entendis les mots *température* et *observation*. Je sentis que
M. Coxwell me parlait et qu'il essayait de me réveiller ; l'ouïe et la conscience
m'étaient donc revenues. Je l'entendis alors parler plus fort, mais je ne pouvais le voir ; il m'était bien plus impossible de lui répondre que de me mouvoir.
Il me disait : « Essayez maintenant, essayez. » Alors je vis vaguement les
instruments, et bientôt après les objets environnants. Je me levai et regardai
autour de moi, dans l'état où je serais en sortant d'un sommeil fiévreux, qui
épuise au lieu de reposer. « Je me suis évanoui, » dis-je à M. Coxwell.
« Certainement, me répondit-il, et il s'en est peu fallu que je ne m'évanouisse
« aussi. » Je ramenai alors mes jambes, qui étaient étendues droites, et je
repris un crayon pour continuer mes observations. M. Coxwell me raconta
qu'il avait perdu l'usage de ses mains, qui étaient devenues noires et sur
lesquelles je versai de l'eau-de-vie.

« Il ajouta que, pendant qu'il avait été dans le cercle, il avait été saisi par un froid extrême, et que des glaçons étaient suspendus autour de l'orifice du ballon, comme une effrayante girandole, digne des mers polaires. En essayant de descendre du cercle, il ne pouvait plus se servir de ses mains, et il fut obligé de se laisser glisser sur ses coudes pour revenir dans la nacelle, où j'étais étendu. Il pensa, en me voyant sur le dos, que je me reposais, et il me parla sans obtenir de réponse. Ma contenance était sereine et tranquille, sans cette anxiété qu'il avait remarquée avant de monter dans le cercle.

« Voyant que mes bras et ma tête pendaient, M. Coxwell comprit que j'étais évanoui. Il chercha à m'approcher, mais ne put y parvenir, sentant que l'insensibilité le gagnait lui-même. Alors il voulut ouvrir la soupape, mais, ayant perdu l'usage de ses mains, il ne put y réussir. Il ne serait point parvenu à tempérer notre course, s'il n'avait eu l'idée de saisir la corde entre ses dents et de lui imprimer deux ou trois mouvements en secouant violemment la tête.

« Je repris mes observations à 2 heures 5 minutes, et les premiers chiffres que j'enregistrai furent 292 millim. pour le baromètre et 18 degrés pour le thermomètre. Je suppose que trois ou quatre minutes s'écoulèrent depuis le moment où j'entendis les premiers mots de M. Coxwell jusqu'au moment où je recommençai à lire mon chronomètre et mes autres instruments. S'il en est ainsi, je revins à la vie à 2 heures 4 minutes, et je suis resté tout à fait évanoui pendant sept minutes. »

La descente fut d'abord très-rapide : on franchit trois milles (4 kilom. 830 m.) en 9 minutes. L'insensibilité des aéronautes se dissipa, et dès lors la descente, régularisée, s'effectua sans accident au milieu des champs, à Cold Weston, à 7 milles 1/2 de Ludlow.

En 1874, pour mettre en pratique les doctrines de M. le docteur Paul Bert relatives aux effets des faibles pressions barométriques sur l'organisme humain et aux moyens d'y remédier par des inspirations d'oxygène, doctrines dont ils avaient préalablement fait l'épreuve en se plaçant dans une cloche métallique où une pompe aspirante faisait le vide, deux aéronautes dont le nom est désormais impérissable, Sivel et Crocé-Spinelli, tentèrent leur première ascension à grande hauteur. Cette entreprise eut lieu sous les auspices du ministère de l'instruction publique. Le 22 mars 1874, les deux aéronautes s'élevaient de l'usine à gaz de la Villette, avec le ballon l'*Étoile polaire*, à 11 heures 34 minutes, emportant des ballonnets remplis d'air suroxygéné dans des proportions différentes pour être employé suivant la hauteur, c'est-à-dire l'importance de la dépression.

Les aéronautes atteignirent 7,400 mètres. Ils constatèrent que les effets de la dépression commençaient à 4,000 mètres ; passé 4,600, ils durent recourir à leur provision d'air suroxygéné. Pour nous occuper seulement de cette partie des observations faites pendant cette intéressante ascension, la théorie de M. Paul Bert se trouva pleinement confirmée. Ce résultat fit naître les plus grandes espérances dans l'avenir de l'aéronautique. La Société française de la navigation aérienne, avec le concours de l'Académie des sciences et d'autres sociétés savantes, organisa pour 1875 deux grands voyages aériens pour lesquels Sivel construisit le ballon *le Zénith*. L'un de ces voyages devait être de longue durée, l'autre serait une ascension à grande hauteur.

L'ascension de longue durée s'effectua les 23 et 24 mars 1875, de Paris à Arcachon, avec le plus grand succès. Les voyageurs étaient : Sivel et Crocé-Spinelli, d'abord, puis MM. Jobert, Gaston et Albert Tissandier. L'excursion dura vingt trois heures ; elle fut très-féconde en observations de toute nature, sur lesquelles nous passerons cependant pour arriver au second voyage du *Zénith*, qui devait être fatal aux deux infortunés Crocé-Spinelli et Sivel, bien qu'ils n'eussent négligé aucune des précautions indiquées. On sait que le troisième passager du *Zénith*, en cette trop mémorable occasion, était M. Gaston Tissandier, qui, par une fortune inouïe, survécut à la catastrophe.

M. GASTON TISSANDIER.

Nous empruntons à l'ouvrage récemment publié par M. Gaston Tissandier : *Histoire de mes Ascensions aérostatiques*, la part la plus importante de la relation de ce voyage aérien au tragique dénoûment ; la description la plus brillante ou la plus émue ne saurait rivaliser d'intérêt avec ce récit personnel.

« Le jeudi 15 avril 1875, à 11 heures 35 minutes du matin, l'aérostat *le Zénith* s'élevait de terre à l'usine à gaz de la Villette. Crocé-Spinelli, Sivel et moi avions pris place dans la nacelle. Trois ballonnets remplis d'un mélange d'air à 70 pour 100 d'oxygène étaient attachés au cercle. A la partie inférieure de chacun d'eux, un tube de caoutchouc traversait un flacon laveur rempli d'un liquide aromatique. Cet appareil, dans les hautes régions de l'atmosphère, devait fournir aux voyageurs le gaz comburant nécessaire à l'entretien de la vie. Un aspirateur à retournement, rempli d'essence de pétrole, que l'abaissement de température ne peut solidifier, était suspendu en dehors de la nacelle ; il allait être arrimé verticalement à 3,000 mètres d'altitude pour faire passer l'air dans les tubes à potasse destinés aux dosages de l'acide carbonique. Sivel avait attaché à portée de sa main quelques sacs de lest, qui se vidaient d'eux-mêmes en coupant la mince cordelette qui les retenait. Il y avait sous la nacelle un épais matelas de paille pour amortir le choc à la descente. Crocé-Spinelli avait emporté son beau spectroscope si fréquemment employé dans le précédent voyage du ballon *le Zénith*. On avait suspendu aux cordes de la nacelle deux baromètres anéroïdes, vérifiés le matin sous la machine pneumatique, et donnant, le premier, les pressions correspondant aux altitudes de 0 à 4,000 mètres, le second indiquant celle de 4,000 à 9,000 mètres. A côté de ces instruments, pendaient : un thermomètre à alcool rougi, donnant la mesure de basses températures jusqu'à — 30° ; un thermomètre à minima et à maxima, qu'une cordelette sans fin, fixée à la soupape dans l'axe vertical de l'aérostat, pouvait faire monter et descendre au milieu de la masse de gaz. Au-dessus, dans une boîte scellée, étaient enfermés les huit tubes barométriques témoins, bien emballés dans de la sciure de bois, et destinés à fournir au retour des indications précises sur le maximum de hauteur atteint par les voyageurs. L'instrument à faire le point de M. A. Pénaud, des cartes, des boussoles, des questionnaires imprimés destinés à être lancés de la nacelle, des jumelles, etc., complétaient le matériel scientifique de l'expédition.

« On part, on s'élève au milieu d'un flot de lumière, emblème de la joie, de l'espérance !...

« Dès les premiers moments de l'ascension, qui s'exécuta d'abord avec une vitesse de 2 mètres environ à la seconde, et se ralentit légèrement à 3,500 mètres pour augmenter à 5,000 mètres, sous la chute constante de lest et sous l'action d'un soleil brûlant, Sivel prend le soin prudent de descendre la corde d'ancre et de tout préparer pour l'atterrissage....

« A l'altitude de 3,300 mètres, le gaz s'échappait avec force de l'appendice béant au-dessus de nos têtes. L'odeur était prononcée, et sans que Sivel et moi nous ayons été incommodés, je dois signaler les lignes suivantes, que je trouve écrites sur le carnet de Crocé-Spinelli :

« 11 h. 57. H. 500. — *Température* + 1° — *Légère douleur dans les oreilles. Un peu oppressé. C'est le gaz.*

« J'ajouterai que le *Zénith* n'avait pas été entièrement gonflé, pour laisser une large place à la dilatation.

« Quelques personnes ont pensé que le gaz de l'éclairage s'échappant de l'appendice de l'aérostat au-dessus de la tête des voyageurs a dû exercer une action délétère assez considérable pour causer la mort de Crocé-Spinelli et de Sivel. J'ai la persuasion que cette cause doit être éliminée. Dans plusieurs ascensions précédentes, il m'est arrivé de sentir l'odeur du gaz de l'éclairage, bien plus vivement et pendant un temps de plus longue durée, sans que ni moi ni mes compagnons d'ascension en ayons été sérieusement incommodés. L'appendice est assez loin de la nacelle pour que le gaz se trouve mélangé à un très-grand volume d'air qui atténue singulièrement ses effets. Je ferai observer que, comme on le verra tout à l'heure, Crocé-Spinelli et Sivel vivaient encore après avoir atteint l'altitude de 8,600 mètres ; qu'ils ont trouvé la mort, lors du retour de l'aérostat dans les hautes régions, et que, pendant cette deuxième ascension, le ballon avait à peu près perdu tout le gaz qu'il pouvait laisser échapper par son ouverture inférieure.

« A 4,000 mètres le soleil est ardent, le ciel est resplendissant, de nombreux cirrhus s'étendent à l'horizon, dominant une buée opaline, qui forme un cercle immense autour de la nacelle.

« A 4,300 mètres, nous commençons à respirer de l'oxygène, non pas parce que nous sentions encore le besoin d'avoir recours au mélange gazeux, mais uniquement parce que nous voulons nous convaincre que nos appareils, si bien disposés par M. Limousin, d'après les proportions indiquées par M. P. Bert, fonctionnent convenablement.

« C'est à l'altitude de 7,000 mètres, à 1 heure 20 minutes, que j'ai respiré le mélange d'air et d'oxygène, et que j'ai senti, en effet, tout mon être, déjà oppressé, se ranimer sous l'action de ce cordial ; à 7,000 mètres, j'ai tracé sur mon carnet de bord les lignes suivantes : *Je respire oxygène. Excellent effet.*

« A cette hauteur, Sivel, qui était d'une force physique peu commune et d'un tempérament sanguin, commençait à fermer les yeux par moments, à s'assoupir même et à devenir un peu pâle. Mais cette âme vaillante ne s'abandonnait pas longtemps aux mouvements de la faiblesse : il se redressait avec l'expression de la fermeté ; il me faisait vider le liquide contenu dans mon aspirateur après mon expérience, et il jetait le lest par-dessus bord pour atteindre des régions plus élevées....

« Crocé-Spinelli avait depuis longtemps l'œil fixé au spectroscope. Il paraissait rayonnant de joie, et s'était écrié déjà : « Il y a absence complète des raies de la vapeur d'eau. » Puis, après avoir fait entendre ces paroles, il s'était mis à continuer ses observations avec une telle ardeur, qu'il m'avait prié d'inscrire sur mon carnet le résultat des lectures du thermomètre et du baromètre.

« Pendant le cours de cette ascension rapide, au milieu d'occupations multiples, il nous a été difficile d'apporter aux observations physiologiques l'attention qu'elles nécessitent. Nous réservions nos forces à cet égard pour le moment où nous serions plongés dans l'air des régions supérieures, sans soupçonner le dénoûment funeste qui allait paralyser nos efforts....

« Pendant la durée de l'ascension jusqu'à 7,000 mètres, les observations thermométriques ont été observées régulièrement. Elles indiquent une diminution progressive de température jusqu'à 3,200 mètres ; une augmentation de 3,200 à 3,700, et enfin une diminution graduelle de 4,000 mètres jusqu'à 7,000 et au delà....

« Pour la première fois nous avons déterminé, d'une façon précise, la température intérieure du ballon, et les résultats que nous avons obtenus nous semblent offrir un grand intérêt. Sivel avait parfaitement organisé la cordelette destinée à l'ascension d'un thermométrographe dans l'aérostat, et Crocé-Spinelli fit l'expérience à deux reprises différentes à l'aide de l'appareil que je m'étais procuré. Le thermomètre, à tube courbe, contenait de l'alcool et du mercure qui s'élevait dans une des branches du tube, soulevant un indice de fer ; on ramenait préalablement l'indice à la surface du liquide à l'aide d'un aimant. Le thermométrographe nous indiqua que la température du gaz du ballon était de 19° au centre, de 22° près de la soupape, alors que nous planions l'altitude de 4,600 à 5,000 mètres, et que la température de l'air ambiant était de 0°. A 5,300 mètres la température intérieure du ballon, au centre, atteignait 23°, tandis que l'air extérieur était à — 5°. Enfin, le thermométrographe resta dans le ballon au moment de notre anéantissement. Nous l'avons retrouvé intact après la descente ; il s'était élevé à la température de 23°. Ces faits nouveaux expliquent, par cette différence considérable de température du gaz du ballon et de l'air où il est immergé, l'ascension rapide du navire aérien dans les hautes régions et sa descente précipitée à des niveaux inférieurs.

« J'arrive à l'heure fatale où nous allions être saisis par la terrible influence de la dépression atmosphérique. A 7,000 mètres, nous sommes tous debout dans la nacelle ; Sivel, un moment engourdi, s'est ranimé ; Crocé-Spinelli est immobile en face de moi. « Voyez, me dit ce dernier, comme ces « cirrhus sont beaux ! » C'était beau en effet, ce spectacle sublime qui s'offrait

à nos yeux. Des cirrhus, de formes diverses, les uns allongés, les autres légèrement mamelonnés, formaient autour de nous un cercle d'un blanc d'argent. En se penchant au dehors de la nacelle, on apercevait, comme au fond
d'un puits, dont les cirrhus et la buée inférieure eussent formé les parois, la
surface terrestre qui apparaissait dans les abîmes de l'atmosphère. Le ciel,
loin d'être noir et foncé, était d'un bleu clair et limpide ; le soleil ardent nous
brûlait le visage. Cependant le froid commençait à faire sentir son influence,
et nous avions, antérieurement déjà, placé nos couvertures sur nos épaules.
L'engourdissement m'avait saisi, mes mains étaient froides, glacées. Je vou-
lais mettre mes gants de fourrure ; mais, sans en avoir conscience, l'action de
les prendre dans ma poche nécessitait de ma part un effort que je ne pouvais
plus faire.

« A cette hauteur de 7,000 mètres, j'écrivais cependant presque machinalement sur mon carnet :

« *J'ai les mains gelées. Je vais bien. Nous allons bien. Brume à l'horizon avec
petits cirrhus arrondis. Nous montons. Crocé souffle. Nous respirons oxygène.
Sivel ferme les yeux. Crocé aussi ferme les yeux. Je vide aspirateur. Temp. —*
10° 1 h. 20, H = 320. Sivel est assoupi.... 1 h. 25, temp. — 11°. H = 300. Sivel
jette lest. Sivel jette lest. » (Ces mots sont à peine lisibles.)

« Sivel, en effet, qui était resté quelques instants comme pensif et immobile, fermant parfois les yeux, venait de se rappeler sans doute qu'il voulait
dépasser les limites où planait encore le *Zénith*. Il se redresse, sa figure
énergique s'éclaire subitement d'un éclat inaccoutumé ; il se tourne vers moi
et me dit : « Quelle est la pression ? — 300 (7,540 mètres d'altitude environ).
— Nous avons beaucoup de lest, faut-il en jeter ? » Je lui réponds : « Faites
ce que vous voudrez. » Il se tourne vers Crocé et lui fait la même question.
Crocé baisse la tête en signe d'affirmation très-énergique.

« Il y avait dans la nacelle au moins cinq sacs de lest ; il y en avait encore à
peu près autant, pendus au dehors par leurs cordelettes. Ceux-ci, nous devons
l'ajouter, n'étaient plus entièrement remplis ; Sivel avait certainement su
estimer leur poids, mais il nous est impossible de rien fixer à cet égard.

« Sivel saisit son couteau et coupe successivement trois cordes ; les trois sacs
se vident, et nous montons rapidement. Le dernier souvenir bien net qui me
soit resté de l'ascension remonte à un moment un peu antérieur. Crocé-Spinelli
était assis, tenant à la main le flacon laveur du gaz oxygène ; il avait la tête
légèrement inclinée et semblait oppressé. J'avais encore la force de frapper du
doigt le baromètre anéroïde pour faciliter le mouvement de son aiguille ; Sivel
venait de lever la main vers le ciel, comme pour montrer du doigt les régions
supérieures de l'atmosphère.

« Mais je n'avais pas tardé à garder l'immobilité absolue, sans me douter
que j'avais déjà peut-être perdu l'usage de mes mouvements. Vers 7,500 mètres,
l'état d'engourdissement où l'on se trouve est extraordinaire. Le corps et
l'esprit s'affaiblissent peu à peu, graduellement, insensiblement, sans qu'on en
ait conscience. On ne souffre en aucune façon ; au contraire. On éprouve une
joie intérieure et comme un effet de ce rayonnement de lumière qui vous
inonde. On devient indifférent ; on ne pense plus ni à la situation périlleuse ni
au danger ; on monte, et on est heureux de monter. Le vertige des hautes
régions n'est pas un vain mot. Mais, autant que je puis en juger par mes
impressions personnelles, ce vertige apparaît au dernier moment ; il précède
immédiatement l'anéantissement subit, inattendu, irrésistible.

« Lorsque Sivel eut coupé les trois sacs de lest, à l'altitude de 7,540 mètres environ, c'est-à-dire sous la pression 300 (c'est le dernier chiffre que j'aie écrit alors sur mon carnet), je crois me rappeler qu'il s'assit alors au fond de la nacelle et prit à peu près la même position qu'avait Crocé-Spinelli. Quant à moi, j'étais appuyé dans l'angle de la nacelle où je me soutenais, grâce à cet appui. Je ne tardai pas à me sentir si faible, que je ne pus même pas tourner la tête pour regarder mes compagnons.

« Bientôt je veux saisir le tube à oxygène, mais il m'est impossible de lever le bras. Mon esprit cependant est encore très-lucide. Je considère toujours le baromètre ; j'ai les yeux fixés sur l'aiguille, qui arrive bientôt au chiffre de la pression 200, puis 180 qu'elle dépasse.

« Je veux m'écrier : « Nous sommes à 8,000 mètres ! » Mais ma langue est comme paralysée. Tout à coup, je ferme les yeux et je tombe inerte, perdant absolument le souvenir. Il était environ 1 h. 30 m.

« A 2 h. 8 m. je me réveille un moment. Le ballon descendait rapidement. J'ai pu couper un sac de lest pour arrêter la vitesse, et écrire sur mon registre de bord les lignes suivantes que je recopie :

« *Nous descendons ; température — 8° ; je jette lest. H. = 315. Nous descendons. Sivel et Crocé encore évanouis au fond de la nacelle. Descendons très-fort.* »

« A peine ai-je écrit ces lignes, qu'une sorte de tremblement me saisit, et je retombe affaibli encore une fois. Le vent était violent de bas en haut et dénotait une descente très-rapide. Quelques moments après, je me sens secoué par le bras, et je reconnais Crocé, qui s'est ranimé. « Jetez du lest, me dit-il, nous « descendons. » Mais c'est à peine si je peux ouvrir les yeux, et je n'ai pas vu si Sivel était réveillé.

« Je me rappelle que Crocé a décroché l'aspirateur, qu'il a lancé par-dessus bord, et qu'il a jeté du lest, des couvertures, etc. Tout cela est un souvenir extrêmement confus qui s'éteint vite, car je retombe dans mon inertie plus complétement encore qu'auparavant, et il me semble que je m'endors d'un sommeil éternel.

« Que s'est-il passé ? Il est certain que le ballon délesté, imperméable comme il l'était, et très-chaud, est remonté encore une fois dans les hautes régions.

« A 3 h. 30 m. environ, je rouve les yeux, je me sens étourdi, affaissé, mais mon esprit se ranime. Le ballon descend avec une vitesse effrayante ; la nacelle est balancée fortement et décrit de grandes oscillations. Je me traîne sur les genoux et je tire Sivel par le bras, ainsi que Crocé.

« Sivel ! Crocé ! m'écriai-je, réveillez-vous ! »

« Mes deux compagnons étaient accroupis dans la nacelle, la tête cachée sous leurs couvertures de voyage. Je rassemble mes forces et j'essaie de les soulever. Sivel avait la figure noire, les yeux ternes, la bouche béante et remplie de sang. Crocé avait les yeux à demi fermés et la bouche ensanglantée.

« Raconter en détail ce qui se passa alors m'est impossible. Je ressentais un vent effroyable de bas en haut. Nous étions encore à 6,000 mètres d'altitude. Il y avait dans la nacelle deux sacs de lest que j'ai jetés. Bientôt la terre se rapproche, je veux saisir mon couteau pour couper la cordelette de l'ancre : impossible de le trouver. J'étais comme fou, je continuais à appeler : Sivel ! Sivel !

« Par bonheur, j'ai pu mettre la main sur un couteau et détacher l'ancre au moment voulu. Le ballon sembla s'aplatir, et je crus qu'il allait rester en place, mais le vent était rapide et l'entraîna. L'ancre ne mordait pas et la nacelle glissait à plat sur les champs ; les corps de mes malheureux amis étaient

cahotés çà et là, et je croyais à tout moment qu'ils allaient sortir de l'esquif.
Cependant j'ai pu saisir la corde de soupape, et le ballon n'a pas tardé à se
vider, puis à s'éventrer contre un arbre. Il était quatre heures.

« En mettant pied à terre, j'ai été pris d'une surexcitation fébrile, et je me
suis affaissé en devenant livide. J'ai cru que j'allais rejoindre mes amis dans
l'autre monde.

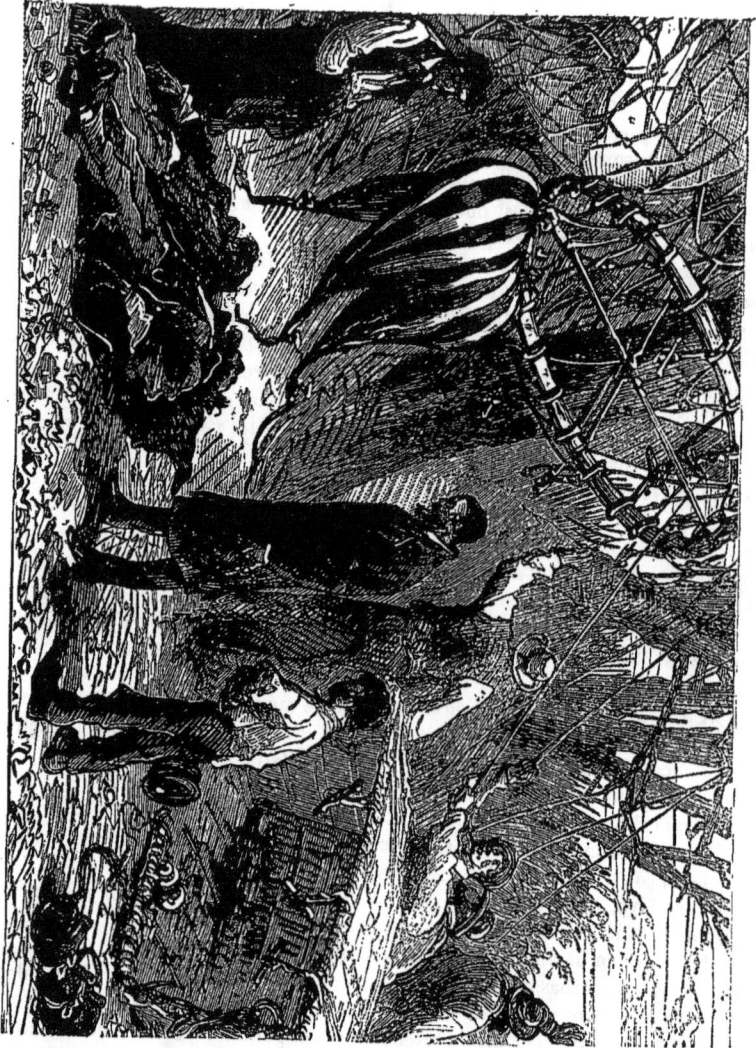

M. Gaston Tissandier devant les cadavres de Crocé-Spinelli et de Sivel.

« Cependant je me remis peu à peu. Je suis allé auprès de mes malheureux
compagnons, qui étaient déjà froids et crispés. J'ai fait porter leurs corps à
l'abri dans une grange voisine.

« La descente du *Zénith* a eu lieu dans les plaines qui avoisinent Ciron
(Indre), à 250 kilomètres de Paris à vol d'oiseau.... »

Les aérostats militaires.

Dès 1784, dans son *Art de voyager dans les airs*, Charles, l'inventeur du ballon à gaz hydrogène, disait : « N'oublions pas que les aérostats donnent la possibilité de transporter des lettres et des effets par-dessus une armée ennemie ; celle de demander des secours, et peut-être même, quand les neiges séparent les pays, de profiter des vents convenables, d'enjamber les plus hautes chaînes de montagne, pour se communiquer les nouvelles pressées. » C'était prévoir avec une rare justesse tout ce qu'on tenterait, au moins, d'obtenir de l'invention nouvelle, dès que l'occasion se présenterait, ce qui ne tarda guère.

Dans la première moitié de l'année 1793, le Comité de salut public reçoit de divers citoyens des mémoires relatifs à l'emploi des aérostats comme éclaireurs de l'armée. Ces mémoires sont soumis à l'examen d'une commission de savants que préside Monge et dont font partie Berthollet, Fourcroy et Guyton de Morveau. Sur le rapport de cette commission, l'aérostation militaire est créée.

Mais la République a besoin de soufre pour faire de la poudre ; il doit être bien entendu que l'hydrogène destiné au gonflement des ballons ne sera pas préparé avec de l'acide sulfurique extrait du soufre. Guyton de Morveau se charge de l'opération. Lavoisier vient de découvrir le moyen de préparer l'hydrogène par l'action du fer chauffé au rouge sur la vapeur d'eau : l'acide sulfurique n'est donc pas nécessaire. Ses essais en grand réussissent parfaitement ; il n'y a plus qu'à en soigner l'application.

Guyton s'était adjoint, pour ses expériences préliminaires, le physicien Coutelle. Le 26 octobre 1793, le Comité de salut public décide la construction d'un ballon pouvant porter deux hommes et destiné à exécuter des ascensions captives, permettant des observations, à l'armée du Nord. Une somme de 50,000 livres est affectée à cet objet, et les citoyens Coutelle, Conté et Lhomond sont chargés de l'exécution.

L'arrêté est signé Robespierre, Carnot, C.-A. Prieur, Collot-d'Herbois, Billaud-Varennes, Barrère. Tout d'ailleurs doit être prêt sous huitaine, et ainsi fut fait.

« Quatre jours après, dit M. G. Pouchet, Coutelle va préparer d'avance les réquisitions de tournures de fer, de tuyaux, etc. Le 14 brumaire, l'administration des charrois reçoit l'ordre d'emporter le ballon, qui part le 17 avec Lhomond.

« Les républicains venaient d'être vainqueurs à Wattignies, et le Comité de salut public méditait une campagne d'hiver où devait sans doute servir le ballon. Qu'arriva t-il ? L'aérostation militaire traversa à ce moment une crise sur laquelle nous n'avons pas de renseignements. Toujours est-il que, moins de trois décades après son départ, Coutelle était de retour à Paris pour demander de nouvelles instructions.

« C'est ici qu'il faut admirer l'esprit profondément scientifique du grand Comité. Il a échoué, mais il *sait* qu'il doit réussir. Il ajourne simplement l'usage des ballons à la prochaine campagne avec ce remarquable considérant, « que « les obstacles apportés par la saison pourraient faire prendre des accidents « pour des difficultés insurmontables. » On transportera le ballon à Meudon pour y faire des essais de signaux et de levers de plan. Coutelle et Lhomond sont chargés de présider à tous ces travaux, qui doivent rester secrets : ils prépareront un matériel et dresseront un personnel. Le Comité donne en même temps les ordres pour toutes les réquisitions nécessaires, et, afin d'éviter un nouvel échec, il cherche de tous côtés les renseignements. Il apprend qu'il doit exister à l'académie de Dijon deux nacelles qui ont servi à des ascensions antérieures, il les fait quérir par l'agent national du district....

Le ballon de Coutelle à l'armée du Nord.

« D'ailleurs, on poussait activement les travaux à Meudon ; on préparait déjà la construction de plusieurs aérostats. Un horloger, dont nous trouvons le nom écrit Vagener, probablement un ancêtre du Wagner actuel, faisait les ferrures délicates. On mit en réquisition toutes les baudruches, et même le Comité fit publier à ce sujet des instructions spéciales adressées aux « citoyens bouchers. » Cette baudruche devait servir provisoirement, sur cinq ou six doubles, à fabriquer l'enveloppe des ballons. Le Comité avait bien commandé à Commune-Affranchie (Lyon) cinq cents aunes de taffetas de soie de qualité supérieure ; mais il fallait monter les métiers, ce qui demanderait du temps, tandis qu'on pouvait trouver de la baudruche en abondance. Les consommateurs ordinaires étaient des batteurs d'or, dont le métier, comme on pense, n'allait plus guère ; il y en eut bientôt une telle provision à Meudon, qu'il fut inutile de continuer la mise en préhension déjà ordonnée.

« Dès le 13 germinal, un arrêté du Comité de salut public organise un corps régulier d'aérostiers. Coutelle est nommé capitaine et Lhomond lieutenant. Les aérostiers portaient à peu près le costume du génie ; ils étaient armés d'un sabre court et de pistolets. En même temps, le Comité fait préparer une instruction sur le service des campagnes. « Les essais de Meudon ont montré « que chaque fois qu'il ne fait pas grand vent l'aérostat peut être lancé à « 250 toises d'élévation et y être maintenu plus d'une demi-heure. Dans cette « position, les observateurs peuvent étendre leur vue jusqu'à quatre ou cinq « lieues, à l'aide de bonnes lorgnettes, et plonger derrière les rideaux et hau- « teurs qui masquent les mouvements. De cette élévation, ils peuvent donner « facilement les signaux relatifs tant à la manœuvre de l'aérostat qu'aux opé- « rations militaires, etc. »

« Au milieu de floréal, tout est prêt ; Coutelle part en poste, avec sa compagnie et un matériel complet, pour aller rejoindre à Maubeuge l'état-major de l'armée du Nord et des Ardennes, alors commandée par Pichegru. Pendant que les républicains disputent le territoire pied à pied aux ennemis, de Dunkerque à Mayence, Coutelle fait de nouveaux essais, dont le succès paraît si décisif, que, dès le 5 messidor, avant la bataille de Fleurus par conséquent, le Comité de salut public nomme Conté pour remplacer Coutelle à Meudon, avec mission de former une nouvelle compagnie d'aérostiers, de faire exécuter six aérostats d'une forme nouvelle (cylindrique) qu'il a imaginée. Quelques jours après, le représentant Batelier est chargé de la surveillance de l'établissement de Meudon, à la place de Guyton, envoyé depuis longtemps déjà en mission à l'armée du Nord, où il travaille de son côté avec Coutelle.

« Enfin, le 8 messidor, l'aérostat s'éleva sur le champ de bataille de Fleurus. Il est assez difficile de savoir qui le montait ce jour-là.

« Le succès fut complet. Coutelle, à la tête de sa compagnie d'aérostiers, resta jusqu'en pluviôse de l'année suivante associé à la glorieuse fortune de l'armée de Sambre-et-Meuse.

« La révolution du 9 thermidor ne ralentit point l'activité qu'on déployait à Paris pour les aérostats. Le 15, Conté envoie à Coutelle un second ballon qui est prêt ; le 18, Vandermonde, un autre physicien célèbre du temps, est délégué à Commune-Affranchie pour voir où en est la fabrication des 500 aunes de taffetas, ordonnée le 6 floréal. Lui-même va bientôt en commander 5,000 aunes à nouveau. Au commencement de l'an III, l'établissement de Meudon reçoit son organisation définitive sous le nom d'*Ecole nationale d'aérostiers*. Un an après, en l'an IV, un des nombreux ballons de taffetas qui sont alors prêts est mis à la disposition du conseil de l'Ecole polytechnique pour servir aux exercices de levers de plans. En l'an VI, à Wurzburg, un de nos ballons, tombé au pouvoir de l'archiduc Charles, devient un trophée que l'on conserve à l'arsenal de Vienne. Enfin, en l'an IX, l'*Annuaire de la République française, calculé pour le méridien du Caire*, donne les noms de Conté et de Coutelle, chefs de brigade, et le nom de Lhomond, chef de bataillon au corps des aérostiers de l'armée d'Egypte.... »

Le corps d'aérostiers de l'armée d'Egypte ne put être employé, le bâtiment qui portait les instruments et le matériel ayant été capturé par les Anglais. En France, les aérostiers avaient été licenciés sur la demande de Hoche. Enfin, à son retour d'Egypte, Bonaparte fit fermer l'école de Meudon.

Au moment où l'usage des ballons militaires était abandonné chez nous, il prenait faveur au dehors; mais pas toujours avec le même objet. Ainsi, en 1812, les Russes faisaient pleuvoir sur l'armée française des bombes tombées de ballons libres. Ils eurent un moment l'intention d'embarquer dans la nacelle d'un énorme ballon cinquante guerriers, mais ils y renoncèrent.

Le ballon captif fut toutefois encore employé pour les observations militaires par Carnot, à Anvers, en 1815.

Au siége de Venise, en 1849, les Autrichiens cherchèrent à incendier la ville au moyen de ballons en papier pourvus de bombes. L'essai fut malheureux : saisi par un contre-courant avant d'avoir atteint Venise, les ballons incendiaires sont ramenés au-dessus du camp autrichien et y laissent tomber leurs bombes.

Pendant la guerre de sécession américaine (1861-1865), il fut fait un grand et utile emploi de l'aérostation pour la reconnaissance des positions de l'ennemi, surtout par le corps de Mac-Clellan. Le professeur La Mountain, qui fut tué dans une ascension malheureuse le 4 juillet 1873, à Jonia (Michigan), se distingua tout particulièrement dans les occasions qui lui furent offertes par cette longue lutte fratricide. On fit plus en Amérique, dans la voie de l'application des aérostats à l'art de la guerre, qu'on n'avait encore fait jusque-là : on employa l'objectif photographique au relevé des positions de l'ennemi du haut des airs.

Mais c'est surtout pendant le siége de Paris que les ballons rendirent aux assiégés les plus grands services, emportant au loin des lettres privées aussi bien que des dépêches officielles et des passagers, dont la présence ailleurs était d'une importance plus ou moins considérable. Soixante-quatre ballons enlevés de Paris franchirent les lignes ennemies pendant cette période néfaste ; sur ce chiffre, cinq furent faits prisonniers et deux se perdirent sans qu'on pût jamais retrouver leurs traces. Ces ballons ont enlevé 64 aéronautes, 91 passagers, 363 pigeons voyageurs et 3,000,000 de lettres pesant chacune 3 grammes, soit 9,000 kilogrammes.

Voici quelques renseignements sur les deux malheureux aéronautes disparus :

Le premier se nommait Alexandre Prince, né en 1843, à Jurançon (Basses-Pyrénées). Il quitta la gare d'Orléans le 28 novembre 1870, à minuit, à bord du *Jacquard*.

Matelot des équipages de ligne du port de Toulon, Prince avait été détaché à la gare d'Orléans depuis la création du service des ballons. Les dépêches qu'il portait étaient pressantes ; elles contenaient un duplicata de l'ordre de marche en avant expédié déjà à l'armée de la Loire, trois jours auparavant, par la *Ville-d'Orléans*, qui, malheureusement pour la défense nationale, alla s'égarer en Norwége, comme nous le verrons plus loin.

Le vent était si terrible, qu'on ne donna point à Prince les deux compagnons de voyage déjà désignés pour partir. Comme la lune n'était encore arrivée qu'au commencement de son premier quartier, et que le ciel était chargé de nuages, le malheureux, égaré au milieu des ténèbres, ne put apprécier le moment où il fallait descendre.

Lorsque les premières teintes de l'aurore se montrèrent, des pêcheurs aperçurent un ballon flottant au-dessus du cap Lizard (Angleterre). C'est tout ce que l'on sait sur le sort de Prince.

Le second s'appelait Emile Lacaze. Né en 1840, à Paris, où il exerçait la profession de photographe, il s'était engagé pour la durée de la guerre dans le corps des infirmiers militaires, et avait été détaché à la station de la gare du Nord.

Son ascension eut lieu le 25 janvier 1871, à quatre heures du matin, avec le ballon *Richard-Wallace*. Lacaze était porteur de la capitulation de Paris ; il avait l'ordre d'atterrir le plus près possible de Bordeaux, où se trouvait la Délégation du gouvernement.

Il s'approcha de terre lorsqu'il fut arrivé à 5 ou 600 kilomètres de Paris, et put échanger quelques paroles avec des paysans qui cultivaient leurs champs dans les environs d'Angoulême.

Apprenant qu'il ne se trouvait encore que dans le département de la Charente, Emile Lacaze s'imagina qu'il pourrait s'approcher davantage du but qui lui avait été assigné, et, jetant un sac de lest, il disparut dans les nuages. Des pêcheurs qui traînaient leurs filets au large de la Rochelle l'aperçurent, essayant sans doute, mais trop tard, d'effectuer sa descente. On suppose qu'il n'a pas été englouti loin des côtes de France.

Un autre de ces hommes courageux, improvisés aéronautes par les malheurs de la patrie, qui échappa comme par miracle au sort de Prince et de Lacaze, c'est M. Paul Rolier, ingénieur, dont le voyage aérien offre les péripéties les plus dramatiques que le cerveau d'un romancier puisse imaginer.

Nous ne pouvons mieux faire, croyons-nous, pour donner une juste idée des périls affrontés par cet homme courageux, que d'emprunter l'essentiel à une relation étendue publiée, presqu'au lendemain de l'événement, et sur les notes mêmes de M. Rolier, par un journal de Paris. C'est une des pages les plus émouvantes, non-seulement de l'histoire du siége, mais aussi de l'histoire de l'aéronautique.

Le 24 novembre 1870, le gouverneur de Paris, ayant à faire parvenir au gouvernement de Tours une dépêche relative au plan de réunion de l'armée de Paris avec celle de la Loire, donna l'ordre de tenir prêt pour dix heures un ballon en partance. Vu l'importance de ces dépêches, M. Rolier eut le périlleux honneur de se les voir confier.

Le ballon qui devait l'emporter avait 22 mètres de hauteur et 18 mètres de diamètre ; il cubait 2,000 mètres de gaz et avait été construit sous la direction de M. Gabriel Yon, l'un des hommes les plus compétents en fait de navigation aérienne. A onze heures tout était prêt pour l'ascension. Il faisait nuit noire ; une petite pluie fine tombait, et le vent paraissait assez favorable. M. Rolier monta dans sa nacelle avec un franc-tireur, M. Léon Bézier, et ordonna le « lâchez tout ! » traditionnel.

Le ballon emportait 300 kilogrammes de lettres, une cage contenant six pigeons voyageurs et un paquet de dépêches du gouvernement. Il atteignit en quelques minutes une hauteur de 800 mètres, d'où l'on apercevait encore Paris à l'aspect étrange de ses innombrables lumières. Mais la grande ville fut bientôt hors de vue, et, comme l'aérostat éprouvait quelque difficulté à traverser une couche d'air plus dense qu'il avait rencontrée, le jet de quelques sacs de lest devint nécessaire. Ces sacs tombèrent sans doute dans le camp prussien, car il fut répondu à ces projectiles d'un nouveau genre par quelques coups de feu ; mais le ballon était déjà hors de portée et atteignit

8

promptement la hauteur de 2,700 mètres, qui fut conservée toute la nuit.

Les villes et les villages, semblables à des agglomérations de points lumineux, se succédaient rapidement dans les intervalles des nuages. Vers trois
heures et demie, un bruit sourd et prolongé se fit entendre, que les voyageurs
prirent d'abord pour celui de quelque train de chemin de fer parcourant les

M. Paul Rolier, ingénieur, aéronaute du ballon *la Ville-d'Orléans.*

lignes du nord de la France. Cependant ce bruit augmentait d'intensité, et ils
s'étonnaient de ne pas entendre le sifflet des locomotives, qui d'ordinaire
précèdent le bruit des trains à une grande distance.

Les étoiles pâlissaient déjà, diminuaient en nombre, et le jour commençait

à poindre. Un léger brouillard couvrait la terre, qui s'éclairait des mille lueurs
de l'aurore.

M. Rolier résolut de se laisser descendre naturellement sans ouvrir la soupape, afin de se rendre compte de la situation et des causes du bruit qu'il
continuait à entendre. Au fur et à mesure qu'il se rapprochait de la terre, il
aperçut d'abord un fond noir, qui lui donna à penser qu'il se trouvait au-

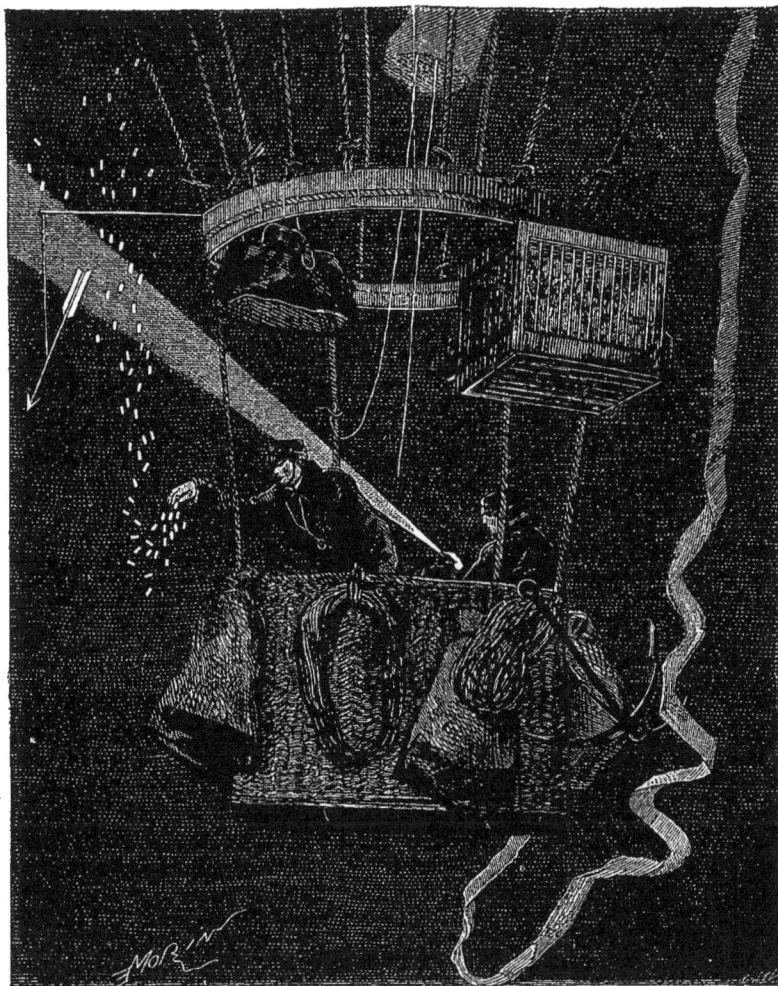

Le ballon *la Ville-d'Orléans*, pendant la nuit du 24 novembre 1870.

dessus d'une grande forêt ; puis la couleur devint bleuâtre. En l'examinant
avec attention, il y distingua de petites taches blanches, répandues sur toute
la surface, et pensa que le sol était couvert de neige en partie fondue. Tout
cela n'expliquait pas le bourdonnement de plus en plus fort qui frappait ses
oreilles et qui l'intriguait beaucoup.

Le ballon descendait majestueusement avec une lenteur énervante, sans
que rien au monde vînt apprendre au voyageur la cause de ce grondement
menaçant et continuel, qui commençait à lui causer quelque anxiété. En
fixant machinalement une de ces taches blanches, il crut s'apercevoir qu'elle
se mouvait ; son attention s'y porta tout entière, et il acquit l'effrayante certitude que toutes ces taches se formaient et disparaissaient tour à tour comme
l'écume des vagues : le ballon planait au-dessus de la mer !

Le brouillard, se dissipant aux premiers rayons du soleil, permit aux
aéronautes de se confirmer dans cette conviction et d'apercevoir, à une très-
grande distance, une terre à peine indiquée, à l'occident. Calmé de sa première émotion, et ayant rassuré son compagnon de route, M. Rolier examina
la question avec sang-froid : elle était terrible. Le baromètre n'indiquait que
500 mètres de hauteur, et l'aérostat, ayant perdu une partie de son gaz,
dilaté par la chaleur solaire, avait sa partie inférieure flasque et flottante.
Au-dessous, dans toutes les directions, l'Océan. Pour avoir quelque chance
de salut, il fallait avant tout arrêter la déperdition du gaz. M. Rolier, grim-
pant sur les épaules du franc tireur, se hissa dans les cordages pour fermer
l'appendice au moyen d'une corde soigneusement serrée. Comme le ballon
descendait encore, et qu'il y avait urgence à économiser le lest en sable,
M. Rolier jeta un paquet de « Proclamations aux Allemands » en pâture aux
poissons de la mer du Nord. Apercevant quelques navires à l'horizon, il eut
l'idée de profiter de l'approche éventuelle de l'un d'eux pour se laisser tomber
à proximité et être secouru. Un coup de canon, tiré par un navire à vapeur,
avait même signalé le ballon ; mais celui-ci, qui, tout en descendant, marchait avec une rapidité vertigineuse, avait dépassé le navire de plusieurs
kilomètres, lorsque le *guide-rope* commença à s'enfoncer dans l'eau.

La *Ville-d'Orléans* fendait l'espace avec une rapidité qui dépassait quarante
lieues à l'heure. Sa nacelle ne se trouvait plus qu'à quelques mètres de la
mer ; un instant après, une secousse énergique, produite par une vague, faillit
la renverser.

Prompts comme la pensée, les voyageurs essaient de ramener le guide-
rope, mais en vain. Un vent furieux tourmente le ballon et le fait incliner ;
l'écume des vagues couvre les aéronautes, qui jettent alors plusieurs sacs de
lest et tranchent la corde fixant à la nacelle un paquet de 65 kilogrammes de
lettres privées. Le salut était à ce prix.... Le ballon, soulagé d'un poids considérable, s'élança dans l'air avec une rapidité inquiétante, car la dilatation
du gaz aurait pu déterminer une explosion. M. Rolier se hâta de parer au
danger en ouvrant l'appendice pour laisser échapper l'excès du gaz. Cette
précaution était indispensable, car le ballon atteignit en moins d'un quart
d'heure une altitude de 5,200 mètres.

Disons en passant que le sac de dépêches jeté à la mer ne fut pas perdu. On
lut bientôt dans le *Times* : « Le 30 novembre 1870 au matin, le *Dantzic* de
Christiansand est arrivé à Leith (Ecosse) avec une boîte contenant 65 kilos de
lettres, ramassée par des pêcheurs. »

Cependant, le ballon s'enfonçait dans des brouillards d'une intensité crois-
sante, et la boussole indiquait un léger changement de direction : il inclinait
vers l'est, tout en se maintenant à une hauteur constante. Un appareil inventé par MM. Léon et Guichard, appliqué pour la première fois sur la *Ville-
d'Orléans*, permettait d'ailleurs à M. Rolier de s'assurer, à chaque instant, si
son ballon descendait, montait ou suivait une direction horizontale.

Cet appareil consiste en une flèche de métal suspendue horizontalement au-

La nacelle de *la Ville-d'Orléans* était sur le point de toucher à la mer, et les aéronautes allaient être engloutis.

dessus de la nacelle, et ayant pour barbelures une grande feuille de carton mince. Au repos, et pendant la marche horizontale de l'aérostat, l'équilibre de la flèche est parfait ; si le ballon s'élève, la résistance de l'air agit sur la feuille et détermine l'élévation de la pointe de la flèche ; le contraire a lieu lorsque le ballon descend et que l'air pousse la feuille de bas en haut. (Pour cette indication, M. Rolier fit en outre usage de banderoles en papier très-mince dont on devine l'usage, ainsi que de feuilles de papier à cigarettes abandonnées dans l'espace.)

Nos voyageurs, ayant reconnu par ces divers moyens que le ballon, perdant du gaz, s'abaissait lentement, résolurent de fermer encore une fois l'appendice, et M. Rolier monta dans les cordes pour exécuter cette manœuvre, rendue très-difficile par le froid intense qui avait raidi et congelé l'étoffe du ballon. Le thermomètre marquait 39° centigrades au-dessous de zéro ; la nacelle se remplissait de givre, le ballon et les cordages en étaient littéralement couverts. Les vêtements des malheureux voyageurs étaient gelés ; ils avaient le visage et les cheveux couverts de givre, et souffraient d'une soif intense, due à la raréfaction de l'air.

Malgré leurs efforts pour arrêter la fuite du gaz, le ballon descendait toujours. Le brouillard s'étant dissipé, ils furent frappés du spectacle magique qu'offrait le ballon, couvert d'innombrables aiguilles de glace, semblable à un globe immense étincelant de mille feux aux rayons du soleil et comme constellé de diamants.

A cette éclaircie, succéda un nouveau brouillard accompagné d'un son étrange que M. Rolier attribuait au tourbillon du Maëlstrom, et d'une odeur sulfureuse suffocante qui lui causait un violent mal de tête et rendait la respiration très-difficile. Ce phénomène était dû aux nuages électrisés que traversait le ballon.

A mesure que l'aérostat s'abaissait, on apercevait au-dessous des taches grisâtres semblables à des flaques d'eau bourbeuse. Ce pouvaient être des bancs de sable, et l'espérance revenait au cœur des voyageurs, lorsque des craquements sinistres, se produisant dans l'enveloppe du ballon, vinrent leur signaler un nouveau danger. Cette enveloppe, gelée par le froid des hautes régions de l'atmosphère, menaçait de céder à la tension considérable causée par la dilatation du gaz à mesure que le ballon s'abaissait. M. Rolier se hisse sur le cercle et modère la sortie du gaz, qui s'échappait violemment par l'appendice. Il fallait se résigner à en perdre assez pour éviter une explosion immédiate, et cependant économiser le plus possible le précieux fluide.

Pendant qu'il était dans les cordes, son compagnon lui signala quelques ondulations du guide-rope, dont le brouillard ne leur permit pas tout d'abord de reconnaître la cause. Mais, en examinant avec une attention et une émotion fiévreuses que chacun comprendra, leurs regards, fatigués par la blancheur monotone du brouillard, crurent distinguer un point noir. En moins de temps qu'il n'en faut pour le dire, M. Rolier saisit la corde de la soupape et fit préparer à son compagnon un sac de lest pour parer à toute éventualité.

Cependant le point noir devenait de plus en plus foncé, se colorait en vert, et, il n'y avait plus à en douter, n'était autre chose que la cime d'un sapin. Ce que durent éprouver alors les malheureux qui, depuis plus de huit heures, se croyaient voués à une mort certaine, est plus facile à concevoir qu'à décrire. Ils ouvrent complètement la soupape, jettent l'ancre, et, le ballon choquant le sol, sa nacelle s'enfonce dans la neige.

M. Rolier saute à terre, mais M. Bézier, dont la jambe s'est embarrassée dans le cordage de l'ancre, ne peut se dégager, et le ballon, soulagé du poids d'un des voyageurs, entraîne l'autre en reprenant sa course. M. Rolier se cramponne à un des sacs de dépêches suspendus autour de la nacelle, mais ne réussit qu'à ralentir l'ascension du monstre, qui rend des craquements furieux et brise comme des fétus de paille plusieurs sapins qu'il rencontre sur sa route. Enfin, le franc-tireur réussit à dégager sa jambe, et les deux voyageurs se laissent tomber d'une hauteur de quinze à dix-huit mètres. Heureusement, une épaisse couche de neige est là pour les recevoir et amortir leur chute, qui ne leur fait aucun mal. M. Rolier se relève, et, saisissant le guide-rope, il essaie d'arrêter l'aérostat ; mais la corde glisse entre ses doigts meurtris, et le ballon disparaît dans les airs, avec tout son contenu, y compris la cage de pigeons voyageurs, les lettres, et.... les vivres....

Nos voyageurs étaient tombés en Norwége. La *Ville d'Orléans* avait parcouru 650 lieues en moins de quinze heures, et avait déposé M. Rolier sur le Mont-Lid, au pied d'un des plus hauts pics de la cordillère scandinave, situé dans la province de Thilemarken. Puis elle avait repris sa course fantastique et était allée atterrir définitivement à 100 kilomètres nord-ouest du Mond-Lid, à Krœdshered.

Recueillis dans une misérable cabane, au milieu des neiges, où leur seule qualité de Français leur ménageait la plus cordiale réception qui pût être faite dans de telles conditions, nos voyageurs se rendirent le plus rapidement possible à Christiania, d'où M. Rolier expédia, trop tard malheureusement, sa dépêche au gouvernement de Tours.

L'extrait suivant d'une dépêche adressée à M. de Chaudordy, délégué aux affaires étrangères, par M. Albert Hepp, consul général de France à Christiania, donnera une idée de l'accueil qui fut fait à nos compatriotes dans ce pays de Norwége, où ils se trouvaient un peu contre leur gré, pour être sincère :

« Il me serait difficile d'énumérer tous les témoignages d'intérêt public et privé dont M. Rolier a été l'objet depuis sa rencontre avec les premiers paysans dans la montagne, jusqu'à son départ au milieu des hourras de la capitale. Kongsberg, Drammen, Christiania, par lesquels il passa, l'accueillirent en triomphateur.

« Les corporations venaient sous ses fenêtres chanter des hymnes en son honneur ; les villes lointaines lui envoyaient des télégrammes de félicitation, les foules lui faisaient cortége et l'acclamaient.

« A Christiania, les habitants notables appartenant à l'armée, à la marine, à l'administration, au barreau, au haut commerce, prirent l'initiative d'une fête de souscription, à laquelle furent invités le consul de France et tous les résidents français.

« Jamais je n'avais vu encore dans le pays un tel enthousiasme. Et ce n'était pas seulement l'exaltation qu'excite toujours une action courageuse ; il y avait dans l'ardeur des chants et des discours un autre sentiment encore qu'on témoignait à ce jeune homme, un sentiment d'admiration et de reconnaissance pour les héroïques efforts que fait en ce moment la France, aux destinées de laquelle aucun pays en Europe ne s'intéresse plus vivement que la Norwége. »

D'autres honneurs attendaient M. Rolier, mais rien sans doute qui pût lui faire oublier ces acclamations si cordiales, si désintéressées, ces hommages spontanés de la foule au vrai courage.

Il faut pourtant reconnaître qu'abandonné seul dans sa nacelle, comme l'avaient été stupidement les infortunés Prince et Lacaze, M. Rolier était infailliblement voué à leur obscure et terrible fin. C'est là une réflexion qui a dû bien souvent se présenter à son esprit.

Les services rendus par l'aérostation militaire pendant le siége de Paris empêcheront qu'on néglige jamais cette branche importante de l'art de la guerre.

Médaille des aéronautes du siége de Paris (face et revers).

Une commission spéciale d'étude, sous la présidence de M. Laussédat, colonel du génie, professeur de géométrie appliquée au Conservatoire des arts et métiers, existe depuis la guerre. M. le colonel Laussédat ne s'en est pas tenu à la théorie. Plusieurs ascensions ayant des expériences militaires pour objet ont été exécutées sous sa direction. Et à ce propos, on se souvient encore de la catastrophe du ballon *l'Univers*, monté par MM. le colonel Laussédat, le commandant Magnin, les capitaines Bitard et Renard, le lieutenant Rastoul, tous appartenant à l'arme du génie; les aéronautes Eugène Godard et Térès, et le dessinateur Albert Tissandier.

Cet accident eut lieu le 8 décembre 1875, par suite d'une déchirure survenue à l'enveloppe du ballon, à la hauteur de 230 mètres. La chute rapide de l'aérostat causa des blessures plus ou moins graves à plusieurs des membres de l'expédition, mais rien de plus terrible, heureusement.

———

Il nous resterait, sans doute, à parler des tentatives de navigation aérienne faites dans'ces dernières années, et dont plusieurs sont au moins extrêmement ingénieuses. Mais nul résultat pratique n'a été obtenu jusqu'ici; on n'est même parvenu à rien qui permette de dire avec certitude qu'à une époque quelconque, l'espoir de naviguer dans l'air, comme on le fait *dans* l'eau, deviendra une réalité.

Cet espoir ne nous a pas abandonné, quant à nous; mais le lecteur se soucie, avec raison, de ce qui est, non de ce que nous croyons qui pourra être.

VII.

LA TÉLÉGRAPHIE.

Le télégraphe aérien.

Il est hors de doute que l'emploi de signaux *télégraphiques*, c'est-à-dire tracés à distance, pour l'échange de communications précises, est aussi ancien que l'humanité même. Signaux vrais ou faux, traîtres ou sauveurs, sombres le jour et lumineux la nuit, comme les premiers phares et les feux d'appel allumés sur les éminences ; signaux aériens, planches bizarrement découpées, drapeaux, etc., ont servi dès la plus haute antiquité à prévenir les hommes, à les rassembler, à les prémunir contre un danger menaçant ou à les faire tomber dans un piége, car le mal fait partout compagnie au bien.

L'idée de rendre la télégraphie tout à fait pratique et d'un usage général et public ne remonte pourtant pas au delà de la fin du XVIIe siècle, et son adoption seulement à la fin du XVIIIe.

C'est, comme on sait, l'ingénieur français Claude Chappe qui créa la télégraphie aérienne, en 1793, et la première nouvelle transmise à la Convention par l'appareil, à peine installé, fut celle de la reprise de Condé-sur-l'Escaut aux Autrichiens, par l'armée républicaine. Claude Chappe, qui s'associa ensuite son frère pour la construction des lignes nouvelles et le perfectionnement de son système, était nommé ingénieur-télégraphe le 29 juillet 1793. Mais les honneurs et la fortune n'étaient pas venus fondre sur lui sans soulever des protestations. Plusieurs savants revendiquèrent, avec l'amertume habituelle, la priorité de l'invention, bien qu'ils ne parussent y avoir acquis aucun droit par la construction d'un appareil vraiment pratique. Or, ces sortes de revendications sont, au premier chef, très-ennuyeuses pour l'inventeur, et nous comprenons très-bien le sentiment qui portait Morse à constater et à faire constater par des témoins irrécusables le jour et le moment précis auxquels l'idée de son système de télégraphie électrique lui était venue.

Quoi qu'il en soit, cette espèce de persécution troubla l'esprit du malheureux inventeur, malgré l'appui que le gouvernement était décidé à lui maintenir, au point qu'il se jeta dans un puits.

Les rivaux de Claude Chappe n'avaient aucun droit à faire valoir quant à la priorité du télégraphe aérien. Elle n'appartient pas à ce dernier, il est vrai, mais elle n'appartient pas davantage aux Bettancourt et autres qui la lui contestaient, puisque le télégraphe aérien paraît avoir été inventé un siècle plus tôt par le physicien français, parisien même, Guillaume Amontons, nommé membre de l'Académie des sciences, lors de son approbation définitive par Louis XIV, en 1699, et mort en 1705.

Voici, du reste, comment s'exprime à ce sujet Fontenelle, dans l'éloge qu'il fait d'Amontons dans son *Histoire de l'Académie des sciences :*

« Peut-être ne prendra-t-on que pour un jeu d'esprit, mais du moins très ingénieux, un moyen qu'il inventa de faire savoir tout ce qu'on voudrait à une très-grande distance, par exemple de Paris à Rome, en très-peu de temps, comme en trois ou quatre heures, et même sans que la nouvelle fût sue dans tout l'espace d'entre-deux. Cette proposition, si paradoxale et si chimérique en même temps, fut exécutée dans une petite étendue de pays, une fois en présence de Monseigneur et une autre fois en présence de Madame ; car, quoique M. Amontons n'entendît nullement l'art de se produire dans le monde, il était déjà connu des plus grands princes, à force de mérite.

« Le secret consistait à disposer dans plusieurs postes consécutifs des gens qui, par des lunettes de longue-vue, ayant aperçu certains signaux du poste précédent, les transmissent au suivant, et toujours ainsi de suite ; et ces différents signaux étaient autant de lettres d'un alphabet dont on n'avait le chiffre qu'à Paris et à Rome. La plus grande portée des lunettes faisait la distance des postes, dont le nombre devait être le moindre qu'il fût possible ; et comme le second poste faisait les signaux au troisième, à mesure qu'il les voyait faire au premier, la nouvelle se trouvait portée de Paris à Rome presque en aussi peu de temps qu'il en fallait pour faire les signaux à Paris. »

C'est là un témoignage qu'on ne saurait récuser, surtout dans les termes où il est donné. Si l'invention d'Amontons n'est pas entrée dans la pratique, c'est que « peut-être, » comme le pense Fontenelle, on n'y voulait voir qu'un très-ingénieux « jeu d'esprit, » c'est-à-dire un système de correspondance bon tout au plus à faire la joie et l'amusement de quelques désœuvrés.

Il en est ainsi de toutes les inventions. Lorsqu'elles sont adoptées, c'est que l'esprit public y est préparé de longue main ; alors l'homme habile ou prédestiné surgit, et autour de lui une foule de gens furieux d'avoir été prévenus et qui protestent, contestent et revendiquent à qui mieux mieux ; mais le véritable inventeur, le plus souvent personne n'en parle.

Le télégraphe électrique.

Non-seulement dans l'antiquité, mais jusque vers 1575, époque où William Gilbert, médecin de la reine Elisabeth et plus tard du roi Jacques Ier d'Angleterre, reconnut que le verre, le soufre et divers autres corps attiraient, après friction, les corps légers, on croyait que cette propriété appartenait exclusivement à l'ambre jaune, aux résines et à quelques pierres précieuses. L'humanité avait mis plus de deux mille ans à faire ce nouveau pas dans la voie de la science électrique. Les recherches simultanées du savant anglais sur le phéno-mène de l'attraction du fer par l'aimant, qui le conduisirent à la découverte du magnétisme terrestre, comparées avec les précédentes, lui dévoilèrent en outre l'identité du magnétisme et de l'électricité. Mais ces essais tentés sans méthode préalable, sans instruments, c'est-à-dire avec les tâtonnements inhé-rents aux premiers pas risqués dans une forêt vierge, ne pouvaient guère aboutir qu'à la constatation de quelques faits sans application immédiate.

Ce sont là les premiers pas de la science électrique, dont il convient de passer en revue les différents progrès, pour arriver à son application à la télé-graphie.

La première machine fut inventée et construite à Magdebourg, en 1645, par Otto de Guericke, bourgmestre de cette ville. Elle se composait principalement d'un globe de soufre, mis en mouvement à l'aide d'une manivelle et frottée à la main avec un morceau d'étoffe de laine. En 1708, le physicien anglais Hawksbee tenta de substituer au globe de soufre un cylindre de verre, mais sans succès, et ce ne fut qu'en 1733 que l'Allemand Boze parvint à faire accepter la nouvelle machine sous son propre nom. Quelque temps après, le professeur Winckler, de Leipzig, remplaçait le frottement à la main par le frottement à l'aide de coussinets fixes. Enfin, pour ce qui concerne la construc-tion de la machine proprement dite, le plateau de verre fut substitué au cylindre par le physicien anglais Ramsden, en 1768.

Cependant les travaux de Stephen Gray et de Wheeler, en Angleterre, et ceux de du Fay, intendant du Jardin des Plantes, à Paris, sur le transport de l'électricité, vers 1733, amenaient à reconnaître deux sortes d'électricités, *vitrée* et *résineuse*, appelées plus tard par Franklin *positive* et *négative*, et à constater le principe suivant lequel les corps électrisés attirent ceux qui ne le sont pas, et les repoussent quand ils le sont devenus. Ces découvertes condui-sirent à l'application de la *bouteille de Leyde*, que le hasard d'une expérience, dans laquelle il s'agissait d'emmagasiner une quantité considérable d'élec-tricité, fit découvrir à Musschenbrœk, professeur à l'Université de Leyde, en 1745.

Cette bouteille de Leyde, dont on ne savait trop que faire au début, si ce n'est l'employer à des expériences amusantes, fut perfectionnée successivement par Smeaton, en Angleterre, et l'abbé Nollet, en France. Mais ce fut Benjamin Franklin, l'ancien ouvrier typographe, le philosophe et l'homme d'Etat illustre, pour lors savant de très-fraîche date, qui sut le premier en analyser les effets.

Les travaux de Galvani et de Volta, surtout leur longue dispute, provo-quèrent la découverte de l'électricité *dynamique*, c'est-à-dire en mouvement, nommée ainsi par opposition à l'électricité *statique* ou au repos, seul état où elle fût encore connue (1791). La pile de Volta (1800) fut le premier appareil qui donnait cette électricité. Cette pile de Volta, comme on sait, se compose d'éléments formés d'un disque de cuivre joint à un disque de zinc, qu'un disque égal de drap mouillé sépare de l'élément suivant. La pile peut se com-poser de vingt, quarante, soixante de ces assemblages ou éléments, de manière à ce que l'un des pôles se termine par un disque de cuivre (positif) et l'autre par un disque de zinc (négatif).

Nous disions tout à l'heure que Franklin, lorsqu'il formula ses observations exactes sur les effets de la bouteille de Leyde, était un savant de fraîche date.

En effet, c'est seulement en 1746 qu'il fit la rencontre de l'Ecossais Spence, physicien de pacotille, venu à Boston pour y chercher fortune, avec un cabinet de physique dont il tirait un parti assez misérable, et qu'il devait bientôt céder au philosophe américain; or, si mal qu'elles fussent exécutées, les expériences

BENJAMIN FRANKLIN.

électriques de Spence étaient les premières dont Franklin eût jamais été témoin. Il avait alors quarante ans bien sonnés; mais jamais néophyte ne fit d'aussi rapides progrès. Il ne tarda guère à reconnaître l'identité absolue de la foudre et de l'électricité. Quelques autres physiciens l'avaient pressentie avant lui, sans doute ; mais il la posa en principe et s'occupa aussitôt d'en fournir la preuve.

C'est en 1752 que Franklin exécuta sa belle et dangereuse expérience par laquelle, à l'aide d'un cerf-volant, il arracha la foudre au ciel (*eripuit cœlo fulmen....*) et prouva d'une manière irréfutable que l'orage de foudre n'est autre chose qu'un phénomène électrique.

Dans le même temps que Franklin, le physicien français de Romas avait posé le même principe, et il avait tenté une première expérience en tout semblable à celle de son rival américain, mais sans succès. Il recommença en 1753, réussit cette fois, et poussa dans la suite ses expériences jusqu'à la témérité. Pour cette expérience probante, décisive, il semble qu'il y ait compétition. On a longtemps refusé à de Romas, non la priorité, mais l'originalité de son idée. C'était fatal ; mais on a fini par rendre justice au physicien français. La priorité n'a aucun intérêt quant à la gloire d'une découverte. Quant au profit, c'est autre chose ; mais pour nous, mais pour la postérité, ce qu'il importe de savoir, c'est que tel est inventeur et tel seulement imitateur. Dans le cas qui nous occupe, de Romas est inventeur au même titre que Franklin : il est arrivé un peu plus tard, voilà tout.

Nous avons cru devoir ouvrir ce chapitre par l'histoire de la télégraphie aérienne ; eh bien ! l'idée du télégraphe électrique, sinon son application, est antérieure à celle du télégraphe aérien, telle qu'elle a été réalisée par Claude Chappe, telle même qu'elle avait été conçue par Amontons ; et avant l'idée du télégraphe électrique, avant même que les travaux d'Otto de Guericke eussent fait faire les premiers pas importants à la science électrique, on avait vu se produire l'idée d'un télégraphe *magnétique*.

Le *Scot's Magazine*, dans son numéro de mars 1753, contient une description très-nette d'un système de télégraphie électrique, au moyen de fils conducteurs en nombre égal à celui des lettres de l'alphabet. Cette description est anonyme. T. Cavallo, inventeur de l'électromètre, dans son ouvrage intitulé : *A Complete treatise of Electricity* (Londres, 1777), fait mention de son côté d'une invention semblable due à un jésuite de Rome. En 1774, un physicien génevois formé à Paris, G. Lesage, mettait en pratique les théories indiquées ci-dessus. L'appareil de Lesage se composait de vingt-quatre fils métalliques noyés dans la résine et terminés par un électroscope à balle de sureau, lesquels correspondaient aux vingt-quatre lettres de l'alphabet. L'extrémité opposée à la balle de sureau étant mise en communication avec une machine l'électrique, l'électroscope indiquait le fil électrisé et, par suite, la lettre correspondante.

Lhomond, que nous avons vu attaché au corps des aérostiers militaires, avait inventé, en 1787 ou plus tôt, un télégraphe électrique d'un système tout différent. Nous trouvons à ce sujet les indications suivantes dans le *Voyage en France* d'Arthur Young :

« 16 *oct.* 1787. — Passé la soirée chez M. Lhomond, artisan (*mechanic*) très-ingénieux et inventif, qui a apporté des perfectionnements au métier à filer le coton. En matière d'électricité, il a fait une découverte remarquable. Vous écrivez deux ou trois mots sur un morceau de papier ; il les emporte dans une chambre et tourne une machine renfermée dans une boîte cylindrique, au sommet de laquelle est placé un électromètre à balle de sureau ; un fil métallique met en communication ce premier appareil avec un autre absolument semblable, également muni de son électromètre, et la femme de Lhomond, interrogeant les mouvements de la balle de sureau, traduit les mots que ces mouvements lui indiquent ; d'où il appert évidemment qu'il a formé un alphabet des signes produits par ces vibrations. Comme la longueur du fil métallique ne modifie en rien l'effet produit, une correspondance suivie pourrait être entretenue par ce moyen à n'importe quelle distance , — du dedans au dehors d'une ville assiégée, par exemple. Quelque usage qu'on en fasse, l'invention est magnifique. »

Nous ne copions pas une traduction, nous traduisons le texte même de Young. Comment a-t-il pu se faire qu'une pareille invention ne reçût pas une application immédiate? Et comment se fait-il, ajouterons-nous, que ce savant soit à peine connu, et à plus forte raison ses travaux, dans son propre pays ?

D'autres savants, en France, en Allemagne, en Espagne, en Angleterre, étudiaient la même question à peu près simultanément. Il faut rappeler qu'on n'avait toujours à sa disposition que l'électricité statique. Après les découvertes de Galvani et de Volta, les études reprirent avec une ardeur nouvelle, comme nous le verrons tout à l'heure. Mais, auparavant, qu'il nous soit permis de prouver l'antériorité de l'idée d'un télégraphe magnétique.

Un journal a reproduit, dans ces derniers temps, une lettre de l'abbé Barthélemy, l'auteur du *Voyage du jeune Anacharsis*, à Mme du Deffand, datée du 8 août 1772, laquelle fait allusion au télégraphe magnétique, alors en expérience dans certains cours de physique. Mais l'idée en est beaucoup plus ancienne, car nous lisons, presque à la même époque, dans le *Télégraphic Journal*, de Londres, l'extrait suivant d'un ouvrage publié en 1624, et dont l'auteur est un jésuite français :

« On prétend, dit le P. Laurechon, qu'au moyen d'un aimant, des personnes éloignées l'une de l'autre pourraient correspondre ensemble ; que, par exemple, Jean se trouvant à Paris, et Claude à Rome, si chacun avait à sa disposition une aiguille qu'il frotterait contre un aimant d'une puissance telle que, tandis que l'une de ces aiguilles serait mise en mouvement à Paris, celle qui serait à Rome s'agiterait d'une manière correspondante , ces personnes communiqueraient facilement entre elles. Claude et Jean auraient des alphabets identiques, et, s'étant entendus pour correspondre chaque jour à une certaine heure, quand l'aiguille aurait fait trois fois et demie le tour d'un cadran, ce serait le signal que Claude désire s'entretenir avec Jean et non avec d'autres. En supposant que Claude ait besoin de dire à Jean : « Le roi est à « Paris, » il mettrait en mouvement les lettres *t*, *h*, *e*, et ainsi de suite. L'aiguille de Jean, d'accord avec celle de Claude, tournerait naturellement et s'arrêterait sur les mêmes lettres , et, grâce à ce moyen, ils pourraient parfaitement se comprendre et correspondre. »

Le P. Laurechon n'avait aucune foi dans la « prétention » qu'il signalait ; mais on sent que la question n'est pas là. Il y fait pourtant des objections : « Ce serait une belle invention, dit-il, mais je ne crois pas qu'il y ait au monde un aimant possédant une telle puissance ; et d'ailleurs la chose ne serait pas acceptable, car, alors, la trahison serait trop fréquente et trop secrète. » Cette idée de trahison facile a retardé plus qu'on ne le croit le triomphe final du télégraphe, électrique ou non.

Après la découverte de la pile de Volta, permettant la décomposition de l'eau par le courant électrique, l'application de ce phénomène à la télégraphie électrique fut tentée par divers savants, notamment par Sœmmering, à Munich, en 1809, et par Hill, d'Alfreton, dans le Hampshire, en 1813, mais sans résultat. En 1812, un autre physicien anglais, Francis Ronalds, avait fait des expériences à Hammersmith, avec un appareil qui ne différait de celui de

Lhomond que par l'addition de cadrans portant les lettres de l'alphabet. Il y
employait également l'électricité statique. Les expériences réussirent parfaitement, mais le système ne fut pas adopté.

En 1820, l'illustre physicien danois Oersted, en découvrant l'action du courant voltaïque sur l'aiguille aimantée, faisait faire à la question un pas décisif.
Ampère, occupé de son côté d'études semblables, s'empara de cette découverte,
et proposa un appareil télégraphique basé sur les déviations d'aiguilles
aimantées en nombre égal à celui des lettres de l'alphabet. Le baron Schilling
en fit autant de son côté. Mais les instruments construits sur ces données
parurent peu pratiques. Les travaux de Schweiger, d'Arago, de Cooke, de
Wheatstone, firent faire un pas rapide à la question.

Portraits de Wheatstone et d'Ampère.

En 1835, Gauss et Wœber établissaient des communications télégraphiques
électriques, au moyen de l'appareil de Schilling, entre l'Observatoire et l'Université de Gœttingen, dont Gauss était directeur; et en 1836, le professeur
Munck, d'Heidelberg, importait l'appareil dans cette ville. C'est alors que
William Fothergill Cooke, s'en étant fait donner par Munck une description
minutieuse, médita de l'importer dans son pays. Il retourna en Angleterre au
commencement de 1837, et, après avoir travaillé quelque temps isolément,
mis en rapport avec Wheastone, il prit avec lui, dès le mois de juin, un brevet
pour le premier télégraphe électrique construit en Angleterre. Ce télégraphe

fut installé sur le chemin de fer de Londres à Blackwall. La correspondance électrique, au moyen de cet appareil, ne pouvant être échangée qu'entre les deux points extrêmes du fil, les inventeurs s'empressèrent d'y apporter un perfectionnement important, permettant l'usage de communications entre toutes les stations intermédiaires d'une ligne, quel qu'en fût le nombre. Ils prirent un nouveau brevet pour leur appareil perfectionné, au commencement de 1838, et en 1839 le chemin de fer Great-Western en faisait construire un sur sa ligne.

Après la substitution de la machine magnéto-électrique à la pile voltaïque, par le physicien alsacien Steinheil, professeur à Munich, Wheatstone prenait un brevet nouveau pour un télégraphe magnéto-électrique (1840); et en 1843 M. Cooke, ou plutôt sir William Fothergil Cooke, car il a été créé chevalier en 1869, introduisait l'usage des fils télégraphiques suspendus.

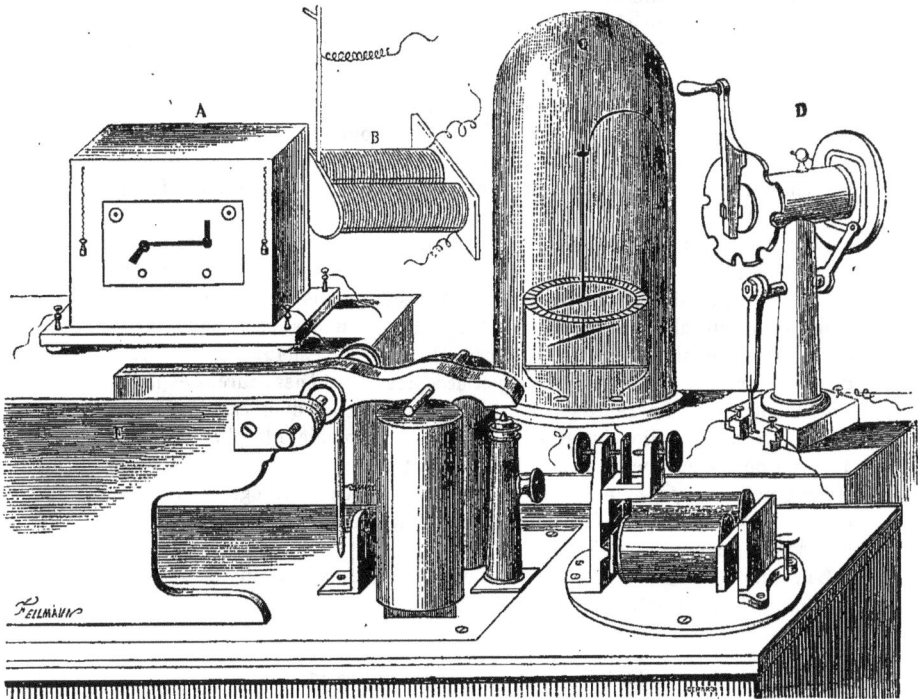

APPAREILS TÉLÉGRAPHIQUES. — A. Appareil récepteur de Foy et Bréguet ; B. Électro-aimant ; C. Rhéomètre ; D. Manipulateur ; E. Appareil écrivant de Morse.

Tandis que ces inventions et ces perfectionnements se succédaient sans relâche en Europe, les Etats-Unis ne restaient pas en arrière. Le professeur Samuel Morse cherchait à réaliser l'inspiration qu'il avait eue de son appareil télégraphique au mois d'octobre 1832. Il en faisait l'expérience pour la première fois en 1835, et, après des perfectionnements importants, il la renouvelait, en présence d'une commission composée de membres du Congrès et de l'Académie des sciences de Philadelphie, le 2 septembre 1837. Malgré le succès incontestable de cette dernière expérience, le télégraphe Morse, lequel écrit

9

lui-même, comme on sait, les dépêches à la station d'arrivée, n'entra dans la pratique qu'en 1843. La première ligne télégraphique construite aux Etats-Unis est celle de Washington à Baltimore. Bientôt après d'autres furent construites; puis l'Autriche, la Prusse, la Suisse, la France (1856), l'Italie, etc., adoptèrent tour à tour l'appareil du savant américain, — qui était peintre de son état, comme Fulton, pour le dire en passant.

La première ligne télégraphique établie en France le fut en 1844, sur la ligne ferrée de Paris à Rouen, et la deuxième est celle de Paris à Lille, qui date de 1846. L'appareil, construit par Louis Bréguet et Foy, employait les signaux du télégraphe aérien. Il a été remplacé, comme nous l'avons dit, par le télégraphe écrivant de Morse, et sur quelques lignes par le télégraphe imprimant de Hughes.

Les divers appareils télégraphiques dont nous venons de parler ont reçu ou reçoivent tous les jours des perfectionnements, soit de leurs inventeurs, soit d'autres savants électriciens.

M. Thomas E. Edison, l'inventeur du *phonographe*, dont nous aurons à nous occuper un peu plus loin, est un de ceux auxquels la télégraphie électrique est redevable des perfectionnements les plus pratiques et les plus nombreux. En 1874, notamment, avec M. George Prescott, comme lui électricien attaché à la *Western Union Company* des Etats-Unis, il inventait un moyen de transmission multiple, grâce auquel on peut envoyer quatre dépêches à la fois par un même fil, deux dans un sens et deux dans l'autre.

Un autre inventeur, M. Bencker, de Munich, a imaginé un appareil reproduisant avec toute l'exactitude possible les portraits, les signatures, les caractères des langues des diverses nations, les dessins, plans topographiques, etc. D'après un journal dont le correspondant fut témoin des premiers essais de cet appareil, en septembre 1874, plusieurs lettres de change en caractères grecs et russes, tirées de Pétersbourg et acceptées à Athènes, furent expédiées à cette occasion. On reproduisait également le portrait d'un caissier infidèle poursuivi par la police bavaroise, et cela de la manière la plus frappante. Tous les objets destinés à être reproduits sont dessinés avec une encre spécialement préparée par l'inventeur, sur un papier argenté, également de sa composition, et on les place sur un cylindre qui fonctionne alors comme tous les appareils connus jusqu'ici.

L'invention de M. Bencker a, du reste, reçu déjà diverses applications dont on peut deviner la nature aisément.

Le télégraphe électrique sous-marin.

Vers 1842, et presque simultanément, à ce qu'il semble, Morse en Amérique et Wheatstone en Angleterre se livraient à des expériences de télégraphie sous-marine. Mais la difficulté d'isoler le câble électrique, afin qu'il conservât son électricité dans l'eau, conducteur trop empressé et trop puissant, retarda, jusqu'à l'importation de la gutta-percha et la connaissance parfaite des propriétés de cette gomme, précieuse pour cet objet, le succès pratique de cette conception. Jacob Brett fut le premier qui, après bien des tâtonnements, s'avisa d'employer la gutta-percha comme isolateur du fil électrique sous-marin, et ce fut lui qui, avec la coopération de son frère et l'appui de Napoléon III, établit de Douvres au cap Gris-Nez, près de Calais, le premier câble sous-marin, inauguré le 13 novembre 1851.

La cause de la télégraphie électrique sous-marine était dès lors gagnée, malgré l'imperfection des engins employés au début. M. Brett, dont les premières propositions au gouvernement anglais, lesquelles remontaient à 1845, avaient été assez mal reçues, obtint la concession de plusieurs petites lignes entre l'Angleterre et l'Irlande, et quelques petites îles. La France le chargea aussi de la pose de quelques câbles ; et bientôt il y eut peu d'États en Europe qui ne possédassent un ou deux câbles sous-marins.

Cependant les États-Unis ne restaient pas indifférents et méditaient au contraire de devancer audacieusement l'Europe dans cette voie, en ne se bornant plus à immerger des câbles de faible longueur dans des profondeurs de quelques brasses, mais en reliant les deux mondes à travers les abîmes océaniques. Nous avons dit ailleurs que cette immense entreprise, en contraignant à l'étude des abîmes *insondables* de l'Océan, avait singulièrement modifié et agrandi le cercle des connaissances humaines, et dévoilé positivement la topographie et l'histoire naturelle des fonds marins. Quant aux progrès que lui doivent les sciences électrique et télégraphique, il est inutile d'y insister.

On a coutume d'attribuer le projet, suivi d'exécution, de faire traverser l'Océan par l'étincelle électrique, à un *ingénieur* américain : M. Cyrus West Field est un ancien négociant de New-York, retiré des affaires en 1853, à peine âgé de trente-quatre ans, avec une belle fortune et une énergie, que l'âge ne pouvait avoir beaucoup amoindrie, dont il se proposait de faire un utile emploi, vraisemblablement sans trop savoir au juste lequel. C'est après un voyage dans le Sud qu'il se sentit attiré vers les expériences de télégraphie sous-marine, et bientôt l'idée lui vint que tout ce qu'on avait tenté jusque-là était peu de chose, et que, puisqu'on pouvait mettre en communication deux contrées séparées par un canal de quelques lieues, il ne devait pas être impossible de relier deux mondes à travers l'Océan. Pour réussir dans une pareille entreprise, dans l'état de la question, il ne fallait plus que deux choses : de l'argent et de la foi.

M. Cyrus West Field se mit aussitôt à l'œuvre. Il obtint de la législature de Terre-Neuve (Newfoundland) le droit, avec privilége exclusif pendant cinquante ans, de réunir le continent américain à cette île, et celle-ci à la côte européenne. Après avoir préalablement couvert Terre-Neuve de lignes télégraphiques terrestres, puis réuni le cap Ray au cap Breton à travers le golfe de Saint-Laurent, il partit pour l'Angleterre. Valentia (Irlande) fut choisie pour le point d'atterrissement du câble transatlantique en Europe. Valentia est située à 3,100 kilomètres de Terre-Neuve. Toutes choses entendues et le câble achevé, on commença l'immersion le 7 août 1857. Cinq jours plus tard, à 420 kilomètres environ des côtes, le câble se rompit : il fallait recommencer, car personne ne songeait à abandonner la partie. On recommença donc.

La deuxième tentative d'immersion du câble transocéanique commença le 26 juin 1858. Le plan modifié portait que les deux navires chargés de l'opération se rendraient à mi-chemin au milieu de l'Océan, avec chacun leur part de câble, et qu'après avoir pratiqué une soudure, ils s'en iraient, l'un vers la côte américaine, l'autre vers l'Europe, en immergeant derrière eux leur portion respective. Le 12 juin, les deux navires prenaient la mer ; le 26, ils se retrouvaient au rendez-vous, exécutaient la soudure et prenaient chacun leur chemin. Mais plusieurs ruptures consécutives s'étaient produites, après lesquelles, s'étant rejoints, les deux équipages avaient, chaque fois, fait une soudure nouvelle au câble. A la dernière, cependant, ils étaient trop éloignés

l'un de l'autre, suivant leurs conventions, pour renouveler l'expérience : ils se
retrouvèrent à Valentia.

Dès le mois suivant on recommença. La soudure du câble au milieu de
l'Océan fut faite le 29 juillet, et les deux navires prirent leur essor en se tournant la poupe. Cette fois c'était le triomphe : le 15 août 1858, les deux mondes
étaient mis en rapport par un télégraphe électrique sous-marin ! Le 18, M. Field

Le *Great-Eastern* posant le câble transatlantique de 1866.

adressait de Valentia à ses amis d'Amérique une dépêche qui avait mis 35 minutes à traverser l'Océan.

Cependant ce triomphe ne fut que momentané. Le câble électrique, mal
entendu, construit avec précipitation, fonctionna d'une manière assez pitoyable,
et dès le 5 septembre il ne fonctionna plus du tout.

Ce ne fut qu'en 1865, après les perfectionnements indiqués par l'expérience et avec l'aide du gigantesque *Great-Eastern*, acheté pour peu à ses anciens propriétaires, qu'on renouvela l'expérience. L'opération commença le 23 juillet ; le 2 août, quand les deux tiers du câble étaient déjà immergés, il se rompit, et il fut impossible de relever la partie disparue dans une profondeur de 3,600 mètres. Au lieu de se désoler, on chercha à profiter des nouvelles et fort dures leçons de l'expérience ; et au lieu d'abandonner l'entreprise, on s'y cramponna pour ainsi dire avec plus d'énergie que jamais. On a compté que, pour sa part, M. Cyrus West Field avait, dans cette campagne mémorable, traversé cinquante fois l'Atlantique ! De leur côté, les actionnaires répondaient avec empressement aux appels de fonds répétés. La confiance était générale, entière : le succès ne pouvait manquer de couronner d'aussi nobles efforts.

Le *Great-Eastern* quittait l'Irlande le 13 juillet 1866, porteur du nouveau câble, et suivi du *Terrible* et de l'*Albany*, porteurs également d'un supplément de câble pour ajouter à celui qu'on avait perdu en 1865 ; car il s'agissait non-seulement d'immerger le câble nouveau, mais encore de relever l'ancien et de le compléter, s'il était possible ; en un mot, ce n'était plus une ligne qu'on voulait établir, mais deux.

La réussite fut cette fois complète : le câble neuf était posé le 27 juillet 1866 ; et l'ancien, repêché en bon état, soudé au bout supplémentaire apporté exprès, formait une seconde ligne le 8 septembre suivant. Nous ne décrirons pas les fêtes par lesquelles on voulut célébrer ce grand événement et tairons les honneurs mérités qui tombèrent sur M. Field, à qui l'Exposition de 1867 décernait sa grande médaille d'honneur. Ce que nous devions décrire, c'est la réalisation laborieuse, pénible, mais féconde, d'une grande idée. Nous l'avons fait aussi sommairement que possible, assez complètement toutefois pour montrer ce que peuvent l'énergie et la foi humaines mises au service de la science.

L'ancien câble, rompu de nouveau récemment, a été rétabli en juillet 1873 par le *Great-Eastern*, qui en avait posé beaucoup d'autres dans l'intervalle, à commencer par le premier câble transatlantique français, posé, en juillet 1868, de Brest à l'île Saint-Pierre (4,135 kilomètres). En 1871, M. Cyrus West Field formait une société pour la construction d'une nouvelle ligne, maintenant terminée, à travers l'océan Pacifique, par les Sandwich, la Chine et le Japon. Il y a bien peu de points importants sur la surface du globe qui ne soient aujourd'hui reliés par des fils électriques terrestres ou sous-marins.

Quand on songe au peu de temps qu'il a fallu pour accomplir de tels progrès dans l'application d'une science encore dans l'enfance il n'y a qu'un demi-siècle, on reste confondu, mais on se sent en même temps pris d'une vigoureuse reconnaissance pour les hommes de cœur, trop peu nombreux, dont l'ambition est d'une nature si saine et si féconde.

Le téléphone.

On connaît bien ce vulgaire tuyau acoustique dont une extrémité pend à hauteur de la main, au-dessus du bureau du directeur, du gérant, du chef de bureau ou du patron, et dont l'autre est fixée au mur d'une pièce voisine ou située un étage au-dessus ou au-dessous : dans une espèce de petit entonnoir qui termine chaque extrémité du tuyau, l'un des correspondants parle, et aussitôt après qu'il a parlé, il applique l'entonnoir à sa meilleure oreille pour entendre la réponse que l'autre ne peut manquer de lui faire, s'il est là.

Ces communications à courte portée, le *téléphone* les étend à des distances énormes : on parle de 500 kilomètres. Il ne se borne pas à transmettre la hauteur des sons, mais jusqu'au timbre, de manière à faire reconnaître à la voix la personne qui parle de si loin à celui qui l'écoute. De même, et par les mêmes raisons, il peut faire assister à longue distance à un concert dont il recueille les notes jusque dans leurs nuances les plus délicates.

Le téléphone n'est pourtant pas un instrument compliqué. Il se compose, comme le tuyau acoustique, de deux petits appareils identiques. Une membrane de fer doux est placée dans l'entonnoir ; vient ensuite une tige d'acier aimantée, placée derrière la membrane et perpendiculaire à celle-ci. Cette tige

Téléphone.

d'acier supporte une toute petite bobine de fil de cuivre qui se trouve ainsi tout près de la membrane. Une boîte de bois, plus ou moins élégante, enferme le tout : tel est l'instrument dans sa simplicité.

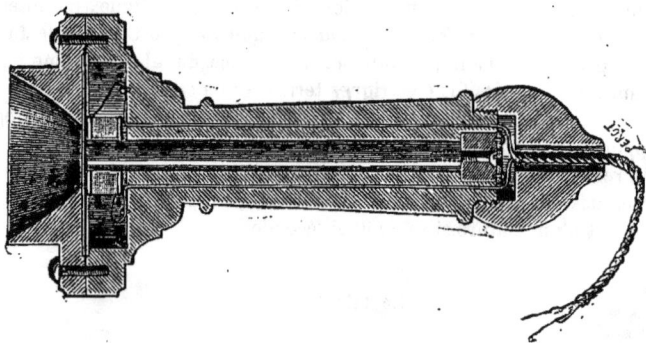

Coupe d'un téléphone.

Les deux appareils sont reliés par un fil métallique auquel on peut donner la longueur qu'on voudra. Que si une personne porte l'un de ces appareils à sa bouche et parle, les vibrations sonores produites par sa parole se transforment dans l'appareil en vibrations magnétiques et électriques, puis, transmises au moyen du fil métallique à l'appareil opposé, se transforment à nouveau dans celui-ci en vibrations sonores que recueillera aisement la personne qui aura cet autre appareil, dans ce cas récepteur, appliqué à l'oreille.

Personne parlant. LE TÉLÉPHONE. Personne écoutant.

Mais comment cette personne sera-t-elle avisée qu'il faut prêter l'oreille? Quant à ce point, nous devons avouer que, jusqu'ici, l'inventeur du téléphone n'a rien trouvé qui corresponde au sifflet d'avertissement du tuyau acoustique; cependant nous serions bien étonné que ce perfectionnement nécessaire tardât beaucoup.

L'inventeur du téléphone est un savant écossais, M. Alexandre Graham Bell, fils du professeur Bell, d'Edimbourg, avec lequel il s'est longtemps consacré à l'enseignement des sourds-muets. Dans cet ordre de travaux, M. Bell est parvenu à faire parler une sourde-muette, sa pupille, devenue sa femme; et c'est précisément par les expériences auxquelles le conduisit cette tentative audacieuse, couronnée de succès, que l'idée du téléphone lui fut inspirée.

M. Bell, aux Etats-Unis depuis 1871, était professeur de physique à New-York lors des fêtes du centenaire de l'Indépendance américaine et de la grande Exposition de Philadelphie, où figura modestement, dans le compartiment des appareils de transmission télégraphique de la section américaine, le téléphone sous sa première forme un peu abrupte, qui lui donnait un faux air de bilboquet. Mais, aux premières explications des effets de l'appareil, la curiosité était trop excitée pour que des expériences publiques n'eussent pas lieu.

Les premières expériences portèrent sur un rayon peu étendu, assez toutefois pour surprendre, pour frapper d'admiration les témoins du phénomène : l'appareil transmetteur resté au centre de l'Exposition, le récepteur fut emporté à l'autre extrémité de la ville, et une conversation animée s'établit entre les personnes situées à ces deux points éloignés.

Une autre expérience eut lieu ensuite, au moyen d'un des fils du télégraphe qu'on détourna un moment de ses occupations habituelles, pour établir une correspondance entre Philadelphie et New-York, d'une station à l'autre. Elle réussit pleinement. Nous pouvons encore citer, parmi les expériences faites par

M. Bell aux Etats-Unis, celle de Salem (Massachussetts) à Boston, dans laquelle une conversation s'établit de la manière la plus nette entre des personnes séparées par une distance de 22 kilomètres; enfin celle de Boston à North-Conway (230 kilomètres), dont le résultat ne fut pas moins merveilleux.

De retour en Angleterre en 1877, M. Graham Bell adressait à la Société des ingénieurs civils et à l'Académie des sciences deux téléphones. En septembre suivant, M. Bréguet présentait à la docte assemblée un rapport enthousiaste sur cet appareil, tandis que M. Niaudet s'en constituait le parrain à la Société des ingénieurs civils. Des expériences nombreuses furent faites, notamment entre les stations de Paris et de Saint-Germain-en-Laye, puis entre Paris et Mantes, à l'aide d'un fil télégraphique. Ces expériences donnèrent d'excellents résultats.

On fit alors des conférences sur le téléphone, avec accompagnement d'expériences ; mais ici, avec un auditoire assez nombreux et fort jaloux de ce « droit qu'à la porte on achète en entrant », il y eut généralement des mécomptes. De même dans les réunions de diverses sociétés scientifiques, soit par le défaut d'habitude des personnes se servant de l'appareil, soit par défaut de silence ; car c'est un point qu'il ne faut pas oublier : le téléphone ne se fait pas entendre clairement à l'oreille des gens qui se disputent ; les vibrations sonores qui se produisent dans le voisinage de sa mince membrane métallique l'affectent aussi bien que celles qui lui sont transmises par le fil conducteur, et il en résulte une confusion de sons inintelligibles.

Dans sa séance du 2 novembre 1877, la Société de physique s'occupait du téléphone ; un grand nombre de professeurs, et les plus éminents parmi ceux-ci, y assistaient. Le malheureux petit appareil éprouva-t-il quelque émotion en présence de cette assistance imposante ? Tout ce que nous pouvons dire, c'est qu'il faillit se compromettre par la mollesse avec laquelle il s'exécuta pour transmettre simplement au premier étage les sons proférés au rez-de-chaussée. Bien entendu, il prit sa revanche dans les occasions qui lui furent offertes depuis.

De Paris, le téléphone se répandit dans les départements. Nous n'y insisterons pas. Mais nous devons rappeler les expériences de transmission électrique qui eurent lieu à travers la Manche en janvier 1878, lesquelles avaient été précédées d'expériences semblables entre Douvres et Jersey. Ces tentatives obtinrent un succès relatif, c'est-à-dire que le son de la voix est bien transmis d'un point à l'autre par le moyen du câble électrique sous-marin, mais il ne parvient que considérablement affaibli dans l'appareil récepteur. Cependant il y a là certainement l'indice que le téléphone sous-marin est mieux qu'un rêve, et que son succès définitif n'est plus qu'une affaire de temps et de perfectionnements.

Quelques-uns des perfectionnements nécessaires, ayant pour objet de renforcer le son, ont déjà été apportés à l'instrument, notamment par M. Pollard, officier de la marine française, par MM. Sallet et Trouvé, et par le colonel Navez, de l'armée belge.

L'usage du téléphone s'est répandu déjà avec une étonnante rapidité. Dès la fin de 1876, il y en avait cinq qui fonctionnaient en Amérique : une compagnie de bateaux à vapeur s'en servait dès lors pour la transmission des ordres à une distance de 5 milles. L'Angleterre, la France et l'Allemagne en ont consacré la pratique dans les circonstances où son utilité est d'autant plus grande qu'il ne saurait être remplacé par rien d'équivalent.

L'*Echo du Nord*, rendant compte d'expériences téléphoniques faites dans les mines de Ferfay, le 5 mars 1878, s'exprimait ainsi :

« Il s'agissait principalement d'étudier l'emploi possible des téléphones dans les charbonnages. L'essai a pleinement réussi. Les interlocuteurs, placés les uns en haut, les autres au fond d'un puits, ont pu correspondre aisément à une distance de 350 mètres ; un air de musique a été joué, et aucune note n'a échappé aux oreilles qui devaient le recueillir. Toutefois on a constaté qu'on entendait beaucoup mieux sur le sol que sous le sol. La cause de cette déperdition du son est expliquée par la submersion du câble qui, dans les mines, reçoit perpétuellement l'eau des cuvelages. »

Enfin, à la suite d'expériences faites le 31 mars 1878, la compagnie Paris-Lyon-Méditerranée décidait l'installation d'appareils téléphoniques dans toutes les gares importantes de son réseau.

Maintenant une question se présente : le téléphone existait-il avant l'invention de M. Bell ?

Il nous semble qu'on a répondu à cette question avec beaucoup trop de légèreté. Sans nous arrêter aux belles expériences de Wheatstone, de M. Kœnig, le célèbre constructeur d'instruments de physique, sur la transmission à distance des sons musicaux, au moyen de simples perches de sapin ; sans tenir compte du clavecin électrique du P. de la Borde, de la téléphonie de Sudre, du télégraphe acoustique de M. Neale, électricien anglais, ni d'une foule d'autres tâtonnements fort divers, mais dont l'un des meilleurs résultats a été l'invention du stéthoscope, par Laennec, quoique l'électricité n'y fût pour rien, il nous semble qu'il y avait mieux à faire que d'écarter d'un geste dédaigneux les précurseurs de M. Bell, et surtout le dernier, M. Gray, véritable inventeur du téléphone dans sa forme nouvelle, que M. Bell, malgré tout son mérite, n'aurait fait ainsi que perfectionner, s'il avait pu le connaître avant d'aborder ses propres travaux.

Voici ce que nous lisons dans le numéro du 8 août 1874 de l'*Iron* (le Fer), de Londres, journal spécial influent et à coup sûr très-sérieux, sur l'invention du téléphone et les expériences exécutées alors aux Etats-Unis avec cet instrument :

« La télégraphie électrique, qui a déjà été la source de tant de merveilles, dit l'*Iron*, vient de servir à une nouvelle et bien remarquable invention.

« Un citoyen de Chicago (Etats-Unis), nommé Elisha Gray, a trouvé le moyen de faire transmettre, au moyen de fils électriques, les sons d'un piano à la salle d'un concert qui se trouvait à une distance de 240 milles (386 kilom.), et il assure qu'il pourrait les faire parvenir encore plus loin.

« La plupart des physiciens de l'Amérique regardent ce merveilleux résultat comme le premier pas vers la voie électrique qui pourra servir à la transmission des sons produits par plusieurs instruments réunis et adaptés ensemble au moyen d'une combinaison qu'il s'agit de trouver.

« L'appareil inventé par Gray, qui a été nommé *Téléphone*, se compose de trois parties : 1° l'instrument qui transmet les sons ; 2° les fils conducteurs qui se rendent à une distance déterminée ; 3° l'appareil qui reçoit les sons transmis.

« L'appareil de transmission se compose d'un clavier dont chaque clef correspond à un aimant auquel est attachée une anche disposée en échelle musicale ; chacune de ces anches peut être mise distinctement en mouvement en prenant la clef qui lui correspond, de sorte qu'un air quelconque peut être joué de la même manière que cela se fait sur un piano ou un *melodium* ordinaire. La musique ainsi produite par l'électricité devient tellement intelligible à distance, qu'on peut aisément, malgré le bruit des conversations, distinguer le morceau joué par l'exécutant. Le fil conducteur est attaché à cet instrument de transmission, son autre extrémité aboutissant à l'appareil de réception, lequel est formé d'un métal sonore et bon conducteur de l'électricité.

« On pense qu'un violon ayant un mince fil de métal placé entre les cordes vers le point où se trouve habituellement le chevalet, produirait sans doute, en recevant le son transmis du piano par le fil électrique, une note semblable à celle que donne l'instrument dans son état normal.

« Donc, si cette corde métallique vient à être adaptée électriquement avec des fils d'une longueur de 200 ou de 500 milles dont les extrémités seront bien attachées à l'instrument de transmission, il arrivera que la personne placée à l'autre extrémité pourra parfaitement entendre un air joué à une distance de 500 milles, ou même plus.

« La longueur des fils conducteurs pourra être de deux milles ou de dix milles, pourvu que leur isolement soit ménagé de manière à empêcher la fuite du courant électrique avant d'atteindre le point de destination. »

Il nous paraît que ce sont là des expériences sérieuses. Elles ont été reproduites souvent depuis, et, quoique l'instrument diffère de celui de M. Bell, M. Gray répétait à Chicago, avec le plus complet succès, dit-on, les expériences exécutées par celui-ci en 1877, à Boston ou à Philadelphie, à mesure que la nouvelle lui en parvenait.

Il y a pourtant mieux encore : en 1854, un jeune ingénieur français, M. Ch. de Bourseilles, adressait à M. Du Móncel, membre de l'Académie des sciences, un projet de téléphone assez semblable au projet réalisé de M. Bell. Comme cela arrive tous les jours, le savant académicien ne s'occupa peut-être pas assez sérieusement de l'invention et de l'inventeur ; celui-ci découragé se tint coi. M. Du Moncel a toutefois eu la satisfaction d'opposer au téléphone Bell le téléphone Bourseilles, dans la séance du 18 mars 1878 de la docte Académie, et la loyauté de rétablir les droits de son ancien correspondant.

Dans toutes ces questions de compétition, je le répète, l'important est de savoir si les inventeurs sont bien des inventeurs, c'est-à-dire si leurs travaux sont bien originaux. Ici la question ne fait pas doute. Mais de ce que M. Gray, par exemple, n'a pas voulu ou pu traverser l'Atlantique pour nous faire connaître son instrument et moissonner les lauriers européens, il ne résulte pas que son œuvre soit sans valeur.

Le phonographe.

Nous avons dit un mot des diverses tentatives faites pour perfectionner le téléphone de M. Graham Bell, principalement dans le but d'y renforcer le son réfléchi ou transmis. Le phonographe n'est pas, à proprement dire, un perfectionnement, mais plutôt une transformation radicale du téléphone. Son objet n'est pas de transporter le son de sa source à une distance plus ou moins éloignée, mais de l'enregistrer, de le *clicher*, comme fait d'une image la plaque photographique, pour le reproduire, à la volonté de l'opérateur, dans une heure, demain, dans dix ans, peut-être davantage, et presque autant de fois que la fantaisie lui en prendra.

Si l'espace est vaincu par le téléphone, comme il l'était déjà d'une manière

Le phonographe.

différente par le télégraphe électrique, c'est le temps qui est vaincu par le phonographe.

Le phonographe nous vient d'Amérique. Au commencement de 1878, l'Europe ignorait même qu'il pût être inventé. Après avoir émerveillé l'Angleterre, à qui il renvoya l'écho du *God save the Queen* de manière à l'enthousiasmer, après avoir répété à satiété une phrase, apprise à New-York et reproduite vingt fois dans le cours de la traversée, devant la Société des mécaniciens télégraphistes et la Société de physique de Londres, et accompli beaucoup d'autres exploits du même genre, le phonographe passa la Manche. Le 11 mars 1878, il était admis à « présenter ses compliments » à l'Académie des sciences, sous le patronage de M. Du Moncel.

Qu'on veuille bien croire que nous n'exagérons rien, quand nous parlons de la manifestation polie par laquelle le curieux instrument reconnut l'honneur que lui faisaient les membres de notre Académie des sciences. Il est acquis à l'histoire, en effet, grâce aux *Comptes Rendus*, que le phonographe (*soufflé* par son inventeur, bien entendu) prononça distinctement les paroles suivantes, dans l'occasion mémorable à laquelle nous faisons allusion : « Le phonographe présente ses compliments à l'Académie des sciences. »

Le phonographe se compose, comme le téléphone, d'un appareil récepteur et d'un transmetteur, entre lesquels se trouve l'appareil enregistreur, l'âme de l'instrument.

« L'appareil récepteur, dit un de nos plus éminents confrères, M. A. Vernier, est un tube courbé, à l'extrémité duquel il y a un entonnoir dans lequel on parle. Au bout du récepteur, il y a une ouverture de deux pouces environ de diamètre fermée par un diaphragme ou disque métallique extrêmement mince, qui vibre avec une grande facilité.

« Au centre de ce diaphragme est fixée une aiguille d'acier, qui se meut en même temps et de la même manière que le centre du diaphragme. Cet appareil est posé sur une table et placé juste en face de l'enregistreur. Ce second appareil est un cylindre de bronze, qui a environ quatre pouces de longueur et quatre pouces de diamètre, et dont la surface porte des rainures en forme d'hélice ; il y a environ dix de ces rainures hélicoïdales par pouce, ce qui fait quarante pour la longueur entière du cylindre. La longueur totale de cette rainure est de 42 pieds ; si on l'étendait sur une ligne continue horizontale, c'est là environ la distance qu'elle couvrirait.

« Le cylindre couvert de ces rainures, en forme de vis, est monté sur un axe horizontal, et l'aiguille de l'appareil récepteur, placée, comme nous l'avons dit, au centre du diaphragme vibrant, s'y appuie légèrement. Le cylindre est ainsi disposé que l'aiguille porte dans la rainure et que le cylindre peut être animé, par un mouvement d'horlogerie, d'un mouvement de rotation, en même temps que d'un mouvement de translation horizontale, de telle sorte que l'aiguille reste toujours engagée dans la rainure de l'enregistreur. Il n'est pas bien difficile d'imaginer comment les deux mouvements de rotation et de translation se combinent pour obtenir cet effet.

« Que faut-il donc pour enregistrer les vibrations de l'aiguille ? Il faut que le fond de la rainure dont les diverses parties passent successivement devant l'aiguille vibrante reçoive en quelque sorte l'empreinte de la vibration, que les ondes sonores s'y dessinent, qu'elles y tracent une courbe formée de parties successivement ascendantes et descendantes. Pour cela, on s'arrange pour que l'aiguille en vibrant exerce une légère pression sur une feuille mince d'étain : cette feuille qui enveloppe tout le cylindre est inélastique, elle reçoit une sorte d'impression ; chaque oscillation de l'aiguille y produit un creux, une sorte de petite vallée.

« Quand le cylindre a achevé sa course, toutes les paroles prononcées dans le récepteur se sont imprimées dans la longue rainure hélicoïdale ; celle-ci a reçu une sorte de gravure naturelle, et les moindres inflexions de cette gravure ont leur importance, puisqu'elles sont la trace permanente d'une onde sonore. Si les sons ont été forts, les marques seront profondes; s'ils ont été légers, elles seront plus légères ; la petite vague linéaire tracée par l'aiguille dans l'étain sera l'image fidèles des vagues sonores....

« Il ne reste plus qu'à expliquer comment cette impression peut être utilisée pour reproduire les mêmes sons que ceux qui l'ont produite. C'est ce qui se fait dans l'appareil transmetteur.

« Il faut se figurer un tambour conique métallique avec la grande extrémité ouverte et la petite extrémité de deux pouces de diamètre recouverte en papier. Devant ce diaphragme en papier est un léger ressort en acier vertical et terminé par une aiguille qui ressemble à celle du diaphragme du récepteur. Le ressort est mis en rapport avec le diaphragme en papier du transmetteur au moyen d'un fil de soie, convenablement tendu.

« Cet appareil est placé devant le cylindre du récepteur. Les choses sont disposées de telle manière que l'aiguille de l'appareil transmetteur recommence exactement la même course que celle de l'aiguille du diaphragme récepteur. La pointe d'acier suivra la pointe ondulée qui se déroule devant elle ; elle vibrera et recommencera dans le même ordre tous les mouvements qui se sont imprimés sur la trace qui lui est marquée.

« Des vibrations se communiqueront au diaphragme de papier, et il en résultera une série d'ondes sonores tout à fait semblables à celles qui ont été imprimées sur la feuille d'étain. On entendra, chose merveilleuse, sortir des mots du tambour conique, altérés cependant et empreints d'un timbre métallique. Si le cylindre se meut la seconde fois plus lentement que la première, la voix gagnera en gravité ; s'il se meut plus vite, elle deviendra plus aiguë.

« Tel est exactement l'appareil de M. Edison. On comprend que le phonographe est un instrument bien autrement délicat que le téléphone ; il doit être construit avec la précision d'une montre ; il faut que le mariage entre le mouvement vibratoire des aiguilles, soit du récepteur, soit du transmetteur, et la rainure hélicoïdale du cylindre, se fasse avec une admirable précision ; l'aiguille qui imprime la voix doit avoir un mouvement aussi doux que facile ; l'aiguille qui la recueille, si je puis me servir de ce mot, doit presser, mais aussi légèrement que possible, sur la petite surface ondulée qui lui imprime la vibration qui se métamorphose en vibration sonore.... »

On s'est livré sur le phonographe aux expériences les plus bizarres, un peu pour s'assurer que les effets qu'il produisait n'étaient dus à aucune supercherie de l'opérateur; car nous devons avouer que celui-ci fut quelque temps soupçonné de ventriloquie. C'est ainsi que la Société d'encouragement, dans sa séance du 22 mars, a eu le spectacle des expériences suivantes, exécutées avec tout le succès désirable.

L'opérateur a cliché un solfége qui a été rendu avec le plus grand succès par l'instrument. Puis il a accéléré la vitesse de rotation du cylindre. Toutes les notes ayant été rendues plus aiguës, la loi des intervalles musicaux n'a point été conservée, et cette seconde fois le phonographe a chanté faux.

Après avoir cliché une phrase française, l'opérateur a fait repasser la trace de la même manière que s'il voulait faire parler le phonographe, mais en

L'opérateur gravant par la parole un cliché phonographique.

L'opérateur faisant répéter par l'appareil les paroles gravées sur le cliché.

même temps il a prononcé une phrase anglaise dans son cornet ; ceci fait, il a tourné la manivelle, et le tracé complet a défilé. Alors toutes les personnes qui se trouvaient dans la salle des séances ont pu entendre un mélange des deux phrases. En s'approchant de l'appareil, un auditeur attentif pouvait suivre la phrase française, tandis qu'un autre suivait la phrase anglaise.

On n'en finirait pas si l'on voulait citer toutes les expériences fantaisistes dont le phonographe a été l'objet. Ainsi, en faisant opérer en sens inverse la pointe traçante sur le cliché, on s'est amusé à produire l'étonnante cacophonie de mots prononcés à rebours. A la Société de physique de Londres, on avait déjà fait une expérience beaucoup plus intéressante : on avait obtenu un duo parfait en faisant chanter en même temps deux artistes dans un cornet différent, les deux cornets agissant sur la même pointe traçante.

L'inventeur du phonographe est un jeune homme de moins de trente ans, M. Thomas E. Edison, de Mantow-Park, dans l'Etat de New-Jersey. Il n'a reçu que l'instruction élémentaire et n'en est pas moins devenu, par ses efforts et son intelligence, électricien de la *Western Union Company*, des Etats-Unis. Avant celui relatif au phonographe, M. Edison, dont nous avons eu déjà l'occasion de citer le nom, était propriétaire de *soixante-sept* brevets différents, ayant rapport pour la plupart à des perfectionnements apportés à la télégraphie électrique.

VIII.

LES OBSERVATOIRES.

––––––

Antiquité des observations astronomiques.

Les observatoires astronomiques paraissent avoir été construits d'abord en Chine, où l'astronomie était déjà cultivée à une époque très-reculée, par Hoang-Ti, vers l'an 2611 avant notre ère. Sémiramis en fit construire un à Babylone au XIIIe siècle et Eudoxe à Cnide vers 360 avant J.-C. C'est à peu près tout ce que l'on sait sur l'état des observations astronomiques, qui se faisaient à l'aide de gnomons et d'espèces de lunettes sans verres, et ne portaient guère que sur le soleil, avant l'ère chrétienne et plusieurs siècles après. Au Xe siècle, Hakem éleva sur le mont Mokattam, près du Caire, un observatoire déjà mieux pourvu ; celui de Meragah, construit par Nassir-Eddin-Thoussi, date de 1250, et celui de Samarcande, construit par Ouloug-Beg, de 1475. En 1561, Guillaume IV, landgrave de Hesse, passionné pour l'astronomie, fit élever l'observatoire de Cassel. Le célèbre astronome danois Tycho-Brahé faisait bâtir en 1576, dans l'île de Ween que lui avait donnée le roi de Danemark, son château d'Uranienbourg et la merveilleuse tour de Stelleborg, à la fois son observatoire et son laboratoire.

Indépendamment de ces observatoires célèbres, beaucoup d'observatoires particuliers ou dépendant d'établissements pédagogiques ou religieux, existaient, plus ou moins bien pourvus d'instruments. Mais la découverte des lunettes d'approche, en 1606, donna à l'astronomie une impulsion puissante, et de nouveaux observatoires se succédèrent rapidement sur tous les points de l'Europe. Ce furent d'abord l'observatoire d'Hévélius, à Dantzig, celui de

Bologne, etc. Enfin en 1664 Louis XIV ordonna l'érection du premier observatoire public à Paris.

Copenhague suivit de près l'exemple de Paris ; puis vinrent, par ordre de date : l'observatoire de Greenwich, près de Londres, en 1675 ; ceux de Leyde, en 1690 ; de Nuremberg, en 1711 ; d'Altorf, en 1713 ; de Saint-Pétersbourg, Varsovie, Posen, Grodno, en 1725 ; d'Utrecht, en 1726 ; de Lisbonne, en 1728 ; de Pise, en 1730 ; de Gœttingen, en 1734 ; d'Upsal, de Rome, de Venise, de Parme, en 1739 ; de Giessen, en 1740 ; de Kremsmunster, en 1748 ; de Gratz, de Mittau, de Lund (Scanie), de Wilna, en 1753 ; de Vienne, en 1755 ; de Prague, de Séville, en 1760. En 1761 et 1765 trois petits observatoires furent construits dans l'Amérique du Nord pour l'observation du passage de Vénus, par des particuliers ; mais ils disparurent après avoir rempli leur office, et il ne paraît pas que d'autres observatoires *publics* aient existé à cette époque dans ce pays.

Nous citerons encore parmi les observatoires les plus anciens : celui de Milan, bâti en 1765 ; ceux de Wurtzbourg, en 1768 ; de Padoue, en 1769 ; de Richmond (Angleterre) et de Mexico, en 1770 ; de Genève, de Carlkrone, de Scara, en 1771 ; de Florence, d'Oxford, de Manheim, en 1772 ; de Lambach, en 1778 ; de Bude-Pesth, en 1780 ; d'Erlau, en 1781 ; de Malte, en 1783 ; de Verone, de Cracovie et de plusieurs villes des Etats-Unis, en 1787 ; de Gotha, Leipzig, Hall et Lilienthal, en 1788 ; de Polling (Bavière) et de Turin, en 1790 ; de Madrid, en 1792.

A cette dernière date, Paris possédait une dizaine d'observatoires astronomiques bien pourvus et bien servis, savoir : l'observatoire national, ou de l'Académie des sciences ; l'observatoire de l'Ecole militaire, illustré par Lalande ; l'observatoire de Lemonnier, rue Saint-Honoré ; les observatoires de la Marine, à l'hôtel Cluny, du Luxembourg, du collége Mazarin, de la confrérie de Sainte-Geneviève ; celui de Delambre, rue du Paradis ; celui du marquis de Courtenvaux, à Colombes. En outre, Lyon, Marseille, Toulouse, Dijon, Montauban, Brest, avaient leurs observatoires. Aujourd'hui, il y a à Paris « l'observatoire de Paris » d'abord, et ensuite l'observatoire de Montsouris, destiné dans le principe à des observations exclusivement météorologiques, mais qui, depuis la fin de 1875, s'occupe aussi d'astronomie. Plusieurs de nos observatoires de province ont disparu, mais il s'est créé dans ces dernières années, un peu partout, des observatoires météorologiques qui rendent du moins des services assez importants aux cultivateurs et surtout aux marins.

L'observatoire de Paris.

L'observatoire de Paris a été construit sur les dessins de Claude Perrault, de 1664 à 1672. Son premier directeur fut l'astronome italien Domenico Cassini, qui fut nommé à ce poste en 1669, c'est-à-dire bien avant que l'œuvre fût terminée. Cassini en profita pour demander des modifications au plan de Perrault, qui ne répondait en aucune façon à l'objet proposé. Mais le roi-soleil, de même qu'il avait été chercher le directeur de son observatoire en Italie, lorsqu'il avait Picard sous la main, donna raison à l'architecte de la colonnade du Louvre contre l'astronome, dans une question d'observation astronomique. Il s'ensuivit que, dès son entrée en possession, Cassini dut faire élever pour ses observations une petite tourelle sur la plate-forme supérieure de l'édifice.

L'observatoire de Paris est entièrement construit en pierre ; ses fondations ont 27 mètres de profondeur. Sur la plate-forme supérieure et les terrasses méridionales sont installés des télescopes mobiles. Quant à l'œuvre de Perrault,

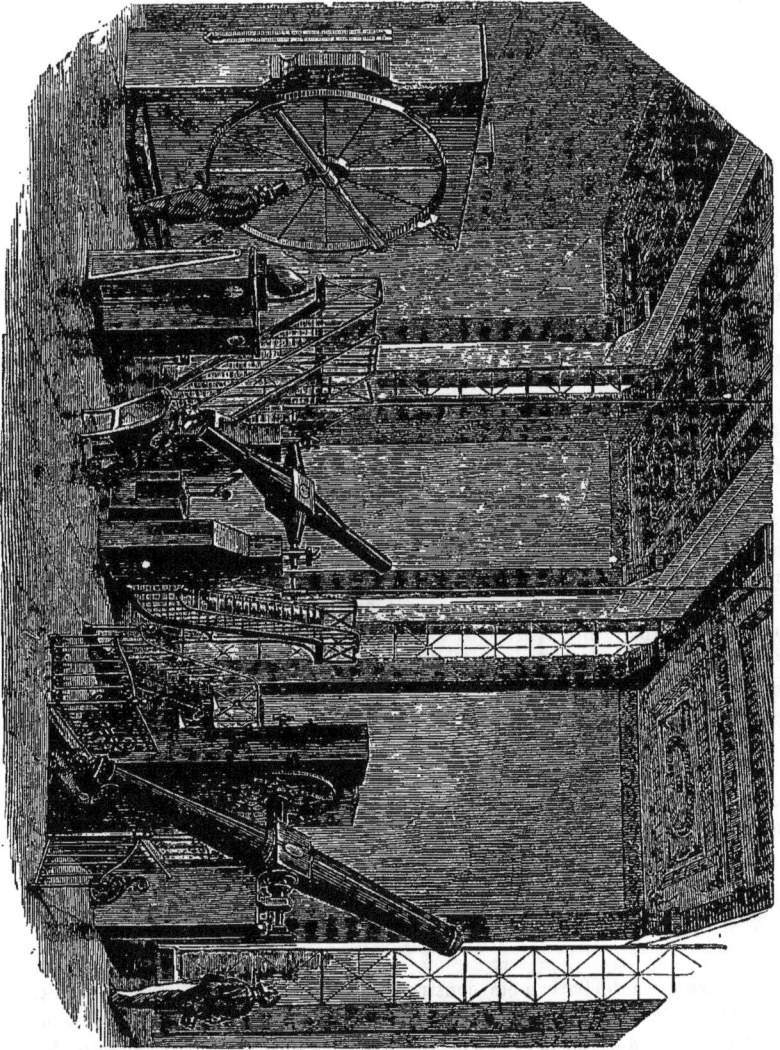

Observatoire national de Paris : salle de la Méridienne.

elle subsiste toujours, mais on dut la flanquer de deux ailes à l'est et à l'ouest. Dans l'aile orientale se trouvent des cabinets d'observation pourvus de tous les instruments de précision et d'études nécessaires ; dans l'autre un amphithéâtre pouvant contenir 800 personnes. En somme, les terrasses et plates-formes du monument principal seules ont pu être utilisées pour les observations, et toutes les annexes qu'il a fallu entasser autour servent infiniment plus que le reste. « Ce n'est pas le grand édifice qui sert le plus aux observations astronomiques, disait déjà Lalande ; on a été obligé de construire en dehors, sur les côtés, des cabinets qui sont disposés plus commodément pour les besoins actuels de l'astronomie et pour les nouveaux instruments. »

Ainsi, Cassini avait raison, et Louis XIV et son architecte avaient tort. Ce qui n'est pas étonnant.

Au premier étage du monument de Perrault existe une salle richement décorée, de plain-pied avec la terrasse méridionale, dans laquelle sont exposés des instruments qui ne sont guère plus que des objets de curiosité. On parvient à la salle de la Méridienne en traversant, de la grande salle, le cabinet du directeur et une petite pièce de forme octogone établie dans l'angle oriental. C'est dans cette salle que se trouvent les instruments méridiens. Elle est percée au nord et au sud de grandes ouvertures rectangulaires dont les extrémités supérieures se rejoignent au plafond, afin de permettre l'observation du ciel dans toutes ses parties. La grande lunette méridienne exige par son étendue que l'observateur se place dans une espèce de trappe lorsqu'il veut la consulter.

On fait maintenant à l'observatoire des observations météorologiques, électriques, magnétiques, optiques, et de photographie sidérale. Les observations magnétiques, par exemple, ont lieu dans trois cabinets construits en bois et cuivre sur la terrasse du nouveau bâtiment de l'est : le fer, comme de raison, a été soigneusement exclus de ces cabinets.

En 1875, on a installé au milieu du jardin de l'observatoire le grand télescope de Foucault. Ce télescope est monté « parallatiquement, » c'est-à-dire pourvu d'un mécanisme qui le fait manœuvrer automatiquement une fois braqué, permettant ainsi de suivre le mouvement diurne apparent d'un astre sans autre préoccupation. Il est renfermé dans une sorte de cage en planches, autour de laquelle se croisent des rails dirigés du nord au sud, et qui repose sur des roues correspondant aux rails. Le télescope a 7 mètres 30 de longueur et 1 mètre 20 centimètres de diamètre. Le poids de ce tube seul, monté sur tourillons en fer, est de 2,200 kilog. ; le poids du support, dirigé suivant l'axe du monde, est de 2,600 kilog. ; le miroir, l'oculaire et le « chercheur » pèsent ensemble 800 kilog. Enfin on a estimé qu'en joignant à ces chiffres ceux du poids des tourillons, de l'axe transversal maintenant le tube à 8 mètres de hauteur, du contre-poids, etc., on approche d'assez près 20,000 kilog.

Malgré cela, l'instrument est très-maniable, grâce à un mouvement d'horlogerie d'une parfaite régularité. Un escalier de fonte, en colimaçon, placé sur une plate-forme roulante, permet de contourner l'ouverture du tube où est placé l'oculaire. Le grossissement peut être porté à 2,400 fois.

Pour se servir de ce monstre, on fait rouler la cage, qui n'a pas moins de 10 mètres de hauteur sur 8 mètres de largeur, sur les rails ; sur d'autres rails, à angle droit avec les premiers, on pousse l'escalier, qu'un treuil fait mouvoir sur des rails circulaires ; mais il faut trois hommes pour cette dernière manœuvre.

Le télescope de Foucault a coûté 200,000 fr. Ce n'est pas une somme énorme, si l'on songe que le nouveau télescope de l'observatoire de Washington, monté en 1873, a coûté, avec ses accessoires, 425,000 fr., et que le second télescope de lord Rosse, installé dans son parc de Parsonstown, Birr Casle (Irlande), coûta 750,000 fr., également avec ses accessoires, un peu moins primitifs que la cabane en planches du télescope Foucault, il faut bien l'avouer.

L'observatoire de Montsouris.

Après l'exposition de 1867, le pavillon tunisien qui avait figuré sous le nom de Bardo fut transporté par son architecte, M. Alfred Chapon, dans l'ancien parc de Montsouris. Ce fut dans cet élégant petit palais, entouré aujourd'hui d'un parc magnifique, que Charles Sainte-Claire Deville (mort le 18 octobre 1876), put enfin, après de longues démarches, installer un observatoire météorologique qui ne devait recevoir de dotation régulière qu'à partir de 1871.

Charles Sainte-Claire Deville.

Dirigé jusqu'en juin 1872 par une commission présidée par Ch. Sainte-Claire Deville, son fondateur, l'observatoire de Montsouris fut rattaché à cette époque à l'observatoire astronomique de Paris, puis rendu à l'indépendance par décret du 13 février 1873, sous la direction de M. Marié-Davy.

Cependant, lors de sa création, une partie des bâtiments de cet observatoire avait été réservée pour l'installation éventuelle d'un service astronomique. A son retour de l'île Saint-Paul, où il était allé observer le passage de Vénus, M. le commandant (aujourd'hui contre-amiral) Mouchez, membre de l'Académie des sciences, fut nommé directeur de ce service créé à Montsouris, grâce à l'initiative du Bureau des longitudes, avec les instruments dont l'expédition de l'île Saint-Paul avait dû se servir dans cette campagne. Enfin, en avril 1876, l'observatoire de Montsouris a été chargé par le conseil municipal de Paris d'études météorologiques appliquées à l'hygiène, à faire dans les divers quartiers de la ville, moyennant une subvention annuelle de 12,000 fr.

D'après son *Annuaire* pour 1878, l'observatoire de Montsouris divise comme suit les travaux météorologiques auxquels il se livre : 1° la météorologie proprement dite, s'étendant au magnétisme et à l'électricité ; 2° l'analyse chimique de l'air et des eaux météorologiques, recueillis soit à l'observatoire, soit dans les stations météorologiques de Paris ; 3° l'étude microscopique des poussières organiques tenues en suspension dans l'air et dans les eaux météoriques, ou destinées à l'alimentation, recueillies soit à l'observatoire, soit dans les divers points de la ville.

Ajoutons enfin les études de photographie sidérale, qui commencent du reste à se développer un peu partout, et nous aurons donné une idée du parti que peut tirer d'un pavillon tunisien l'initiative individuelle bien dirigée.

L'observatoire du pic du Midi.

Un exemple non moins frappant de la puissance de l'initiative personnelle dans la voie du progrès scientifique humanitaire nous est donné par la création de l'observatoire météorologique du pic du Midi, que M. G. Pouchet raconte de la manière suivante dans un de ses feuilletons du *Siècle* :

« Par simple amour de la science, dit M. Pouchet, plusieurs habitants de Bagnères avaient résolu, en 1873, d'établir au sommet du pic du Midi un poste d'observations météorologiques. On s'installa tant bien que mal à l'hôtellerie du col de Soncours, et le 1er août on commença de tenir les registres. Tous les jours, à midi 43 minutes, on allait jusqu'au sommet du pic, à 500 mètres plus haut, lire les indications des instruments. Ce moment était choisi pour concorder avec les observations faites exactement au même instant à Washington, de l'autre côté de l'Atlantique, pour 7 h. 35 du matin, heure de Washington. Le pic du Midi est en effet pour l'Europe, du côte de l'ouest, le poste le plus avancé dans les hautes régions de l'atmosphère, en attendant, ce qui ne peut tarder, qu'un observatoire international soit installé sur les pentes du pic de Ténériffe, dans une situation unique au monde par son importance.

« Mais nous n'en sommes pas encore là, et les commencements de l'observatoire privé du col de Soncours furent difficiles. On s'était installé le 1er octobre 1873. Dès le 10 octobre, il fallut suspendre les observations par le manque de fonds et de moyens d'hivernage. On recueillit un peu d'argent, et l'année suivante (1874), le général de Nansouty s'établit avec un aide, le 1er juin, dans l'hôtellerie, et y resta jusqu'au 15 décembre, époque où un accident dû à l'insuffisance de l'installation hivernale les força tous deux à une retraite précipitée, pendant laquelle ils ne durent leur salut qu'à leur

intrépidité et à une connaissance parfaite des accidents du terrain recouvert par
la neige.

« Le 1ᵉʳ juin 1875, les observateurs, au nombre de trois, cette fois, remon-
tèrent à leur poste. C'est de là que le général de Nansouty put envoyer un de
ses compagnons, à travers les neiges fondantes, annoncer aux premiers villages
de la plaine qu'une inondation formidable se préparait. Ce jour-là, l'observatoire privé de Soncours avait bien mérité du pays. On reconnut une fois de
plus l'utilité *toujours pratique* de ces recherches faites en apparence dans un
but exclusivement scientifique. Dès ce moment, tout le monde fut d'accord
sur l'urgence de créer, au sommet du pic du Midi, un observatoire national,
ou mieux régional....

« Il s'agit en effet aujourd'hui d'établir au sommet du pic une installation
définitive. Dans la nuit du 15 au 16 octobre 1875, un nouvel accident a encore
suspendu momentanément les observations. Une immense avalanche, descendant de la cime, est venue ensevelir sous la neige l'hôtellerie de Soncours. Les
observateurs, emprisonnés dans l'étage supérieur, furent obligés de percer le
plancher et ne parvinrent qu'avec les plus grandes peines à allumer dans la
vaste cheminée encombrée de neige un foyer qui les préservât du froid. En
même temps, l'abri des instruments était brisé, tordu, quoiqu'il fût de fer et de
fonte.

« On aurait pu croire qu'une telle catastrophe allait décourager le général
de Nansouty. Il n'en fut rien. Quelques jours après, à l'abri métallique on
avait substitué un abri formé de fortes pièces de bois ; les instruments brisés
étaient remplacés, et les intrépides météorologistes s'étaient de nouveau emprisonnés pour toute la durée de l'hiver, après avoir pris quelques précautions
contre la prochaine avalanche.

« L'observatoire définitif ne pouvait être construit dans un col toujours
menacé ; il sera au sommet même de la montagne, à 7 mètres seulement au-
dessous du point culminant. On a commencé la construction. La maison d'habitation est en partie souterraine et n'aura d'ouverture que du côté du midi ;
elle communique par un tunnel avec une sorte de tour circulaire voûtée, où
seront installés les instruments. »

Malgré tous les services rendus, malgré le dévouement infatigable de ses
créateurs et de son savant directeur, l'observatoire du pic du Midi est resté
inachevé jusqu'en 1878. Au mois de mars de cette année, M. le général de
Nansouty, dans une lettre adressée au *XIXᵉ Siècle*, faisait connaître qu'il n'avait
vécu jusque-là que de souscriptions individuelles et qu'il était encore en quête
de 20,000 fr., nécessaires à son achèvement définitif.

Hâtons-nous d'ajouter que cette situation lamentable de l'établissement
météorologique le plus élevé de l'Europe était à peine connue, qu'un citoyen
du Pas-de-Calais, dont nous regrettons vivement d'avoir oublié le nom, mettait
à la disposition de M. le général de Nansouty une somme de 5,000 fr., à laquelle
il ajoutait une somme d'égale importance quinze jours plus tard. Un banquier
de Paris, croyons-nous, s'est chargé du reste.

L'observatoire du Puy-de-Dôme.

L'observatoire météorologique du Puy-de-Dôme a été inauguré, avec une
solennité particulière, le 22 août 1876, grâce à cette circonstance que la session

de l'Association française pour l'avancement des sciences se tenait précisément
à Clermont-Ferrand, cette année et à cette époque-là.

Situé également à une grande élévation, l'observatoire du Puy-de-Dôme se
compose de deux parties distinctes : la tour servant aux observations et la
maison d'habitation, réunies par un long tunnel creusé dans le roc. Les murs
de ces constructions sont d'une épaisseur énorme, et toutes les précautions ont
été prises pour les garantir contre une surprise de la tempête.

L'observatoire du Puy-de-Dôme.

Relié avec la plaine par deux fils électriques, l'un aérien, l'autre souterrain,
l'observatoire du Puy-de-Dôme est en outre en communication directe avec
celui de Montsouris. M. Alluard, son directeur, ne néglige d'ailleurs aucune
occasion qui donne si peu que ce soit l'espoir d'un progrès dans la voie des
découvertes météorologiques. C'est ainsi qu'il a fait exécuter des observations
thermométriques concurremment avec des observations du même genre, exécutées en ballon captif, pour comparer ensuite les mesures prises de part et
d'autre à différentes hauteurs. On sait que M. Glaisher, l'aéronaute anglais,
s'est livré à des expériences semblables, à différentes reprises et avec succès, à
l'aide du ballon captif de Londres.

Nous avons dit que des observatoires météorologiques nombreux s'étaient
créés dans ces derniers temps, tant en Europe qu'en Amérique. La France ne
sera pas la dernière dans cette voie ; et si l'observation astronomique a traversé chez nous une période de stagnation, pour ne pas dire de décomposition,
regrettable, cette période est close, et bien close maintenant. Le 16 mars 1878,
le *Journal officiel* publiait encore trois décrets portant création, à Lyon et à
Bordeaux, de deux observatoires astronomiques et météorologiques, et d'un
observatoire astronomique, météorologique et chronométrique à Besançon.
En 1875 était également créé, entre autres, l'observatoire d'astronomie physique
de Meudon, dont le directeur est le savant M. J. Janssen.

Cela fait un peu oublier la misère dans laquelle l'Etat laisse quelquefois se débattre péniblement les établissements dus à l'initiative privée.

L'observatoire de Greenwich.

L'observatoire de Greenwich a été construit en 1675, comme nous l'avons dit, par Christophe Wren. Mais il a reçu depuis des agrandissements considérables et des dispositions nouvelles exigées pour les observations astronomiques et météorologiques.

« L'ancien édifice aux tourelles et aux toits pittoresques, dit M. Elisée Reclus, se voit seul du parc ; le véritable observatoire est une construction basse qui reste cachée. L'astronome en chef, M. Airy (aujourd'hui sir George B. Airy) demeure dans le rez-de-chaussée, dont une partie sert de musée où tous les instruments des premiers observateurs, Flamstead, Halley, Bradley, sont conservés. Un étroit escalier mène à la terrasse de l'ancien observatoire, d'où l'on jouit, par un beau temps, d'une vue magnifique sur Londres et la Tamise. De la terrasse on atteint les tourelles : l'une, celle de l'est, indique l'heure exacte à tous les navires stationnés sur la Tamise. Une boule placée au sommet d'une perche glisse au bas de la perche à une heure précise ; l'erreur possible n'est que d'un dixième de seconde. La tourelle occidentale est consacrée aux observations météorologiques. D'ingénieux appareils notent tous les phénomènes et remplacent très-avantageusement le travail de l'homme. »

Charles Dickens décrit comme suit plusieurs de ces appareils curieux : « Le vent fait tourner une girouette, et, par le moyen d'une roue dentée, le mouvement est transmis à un crayon qui marque sur une feuille de papier blanc la direction dans laquelle souffle le vent. A côté se trouve une plaque de métal que la girouette fait toujours tourner, de manière à présenter sa plus grande surface à la force du vent : elle est repoussée en arrière sur un ressort communiquant, au moyen de chaînes et de poulies, avec un autre crayon qui monte et descend, va et vient, et dessine sur le papier les courbes correspondantes à la force des bouffées.... Les feuilles de papier sur lesquelles l'élément incertain porte ainsi témoignage contre lui-même sont fixées sur un tambour que fait tourner un mouvement d'horlogerie. De cette manière, chaque heure, chaque minute a son histoire météorologique, et cela sans le secours de l'homme. Une fois par jour seulement, un employé vient mettre sous le crayon une feuille blanche. On relie ensuite les feuilles écrites en volumes, que l'on pourrait intituler : *l'Histoire du vent racontée par lui-même.* » A côté, on a placé un ingénieux udomètre mesurant exactement, par fractions décimales, la couche de pluie tombée sur les terrasses de l'observatoire.

Mais c'est dans les nouvelles constructions qu'ont été établies les salles consacrées aux observations astronomiques et aux expériences magnétiques. La cause principale de ce transfert est l'état de vibration constante qui affecte le monument de Wren et faussait l'exactitude des observations, inconvénient qui a été prévenu dans les nouveaux bâtiments, dont les murailles épaisses sont très-basses.

L'observatoire de Greenwich est en communication directe avec celui de Paris. Il est en outre relié télégraphiquement à tous les ports et à tous les chemins de fer de la Grande-Bretagne.

Les observatoires aux États-Unis.

Dus au début, comme nous l'avons indiqué, aux efforts de l'initiative privée, les observatoires ne se répandirent aux Etats-Unis qu'assez lentement. La création de l'observatoire de Washington, aujourd'hui si amplement pourvu d'instruments précieux, ne remonte pas au delà de 1840. Mais beaucoup d'autres ont été créées depuis cette époque, soit grâce aux dons de quelques bienfaiteurs éclairés, comme il n'en manque pas aux Etats-Unis, soit au moyen de souscriptions publiques, soit enfin par l'intervention du Congrès.

Outre l'observatoire national de Washington, les Etats-Unis possèdent à l'heure actuelle ceux du Collége Williams, à Williamstown (Massachussetts), du Collége Harvard, à Cambridge (Mass.), du Collége Wester, à Hudson (Ohio), de l'Ecole militaire de West-Point (New-York), de l'Ecole supérieure de Philadelphie, de Georgetown, d'Arbor (Michigan), de Clinton (N.-Y.), du Collége d'Yale, des Colléges Amherst, Shelby, Darmouth, Hamilton, etc., des Universités d'Alleghani, de Ruscolooso, Dearborn ; ceux de Lick (Californie), de Mac-Cormick (Virginie), de Winchester (Connecticut) ; deux observatoires de photographie sidérale, créés, l'un par M. Henry Draper, à sa résidence de Hastings (N.-Y.), l'autre par M. Rushford. Nous en passons sans doute, mais ces sortes de richesses ne peuvent être qu'indiquées, et encore d'une manière bien sommaire, surtout dans un ouvrage de la nature de celui-ci.

Nous parlions un peu plus haut de l'extension heureuse des observations météorologiques dans ces derniers temps. Une lettre publiée par le *Times* du 18 avril 1878 établit que le service des avertissements meteorologiques, en Angleterre, coûte au gouvernement 250,000 fr., outre une contribution volontaire de 125,000 fr., supportée par le *Times* lui-même. Nous n'avons pas les chiffres des Etats-Unis, qui doivent être énormes, pour ce que nous en savons ; mais on n'ignore pas que depuis quelque temps, le *New-York Herald* adresse en Europe des avertissements météorologiques qui se vérifient assez souvent pour mériter d'être pris en considération.

Les observatoires en Italie.

Le premier en Italie, Galilée, qui avait inventé la première lunette astronomique employée dans ce pays et qui porte son nom, s'occupa d'observations astronomiques sérieuses. Ses découvertes, comme on sait, lui attirèrent tout autre chose que des faveurs et des récompenses ; il s'ensuivit qu'on se garda bien d'y ajouter quelque chose après lui. Ce ne fut que vers le milieu du XVIIe siècle que les astronomes italiens recommencèrent à donner signe de vie, et la science qu'ils professaient à faire des progrès véritables avec Dominique Cassini, que Louis XIV fit le premier directeur de l'observatoire de Paris.

Le progrès de l'astronomie se ralentit un peu en Italie après le départ de Cassini ; mais le siècle suivant vit se créer tour à tour des observatoires à Bologne, Pise, Rome, Venise, Parme, Milan, Padoue, Florence, Palerme et Turin ; dans le siècle actuel, d'autres observatoires ont été fondés, notamment celui du Capitole, à Rome, ceux de Naples, de Modène, etc.

Au Congrès astronomique tenu à Palerme au mois d'août 1875, un plan de réforme des observatoires d'Italie fut voté, et on les a divisés en conséquence en trois classes :

1° Ceux de Naples, Florence, Palerme, Milan, qui resteront des observatoires de premier ordre, sur lesquels se concentreront les ressources de l'Etat ;

2° Ceux de Parme, de Bologne, de Modène, qui sont mis sous la dépendance des Universités de ces villes, et qui doivent se restreindre à des travaux de météorologie et de physique ;

3° Ceux du Collége romain, du Capitole, de Turin et de Padoue, qui deviennent également observatoires universitaires, mais qui sont consacrés surtout à l'instruction des jeunes astronomes.

Tel est l'état actuel des observatoires et de l'instruction astronomique en Italie.

IX.

HISTOIRE DE L'ÉCLAIRAGE.

La lutte contre les ténèbres physiques.

Les substances employées à l'éclairage sont solides, liquides ou gazeuses ; mais si elles ne sont pas gazeuses naturellement, elles le deviennent sous l'influence de la chaleur : c'est une condition essentielle. Les corps solides dont les éléments ne peuvent se gazéfier, du moins à une température relativement modérée, comme le fer, brûlent sans donner de flammes et sont, par conséquent, impropres à l'éclairage. Par contre, les carbures d'hydrogène produits par la décomposition ignée, dans les torches de résine, les chandelles de suif ou de cire, etc., nous donnent une flamme d'un pouvoir éclairant plus ou moins considérable. Il en est de même pour la houille. Dans un foyer alimenté de houille, on voit s'élever de temps en temps des jets de gaz fuligineux, des morceaux de charbon non encore devenus complétement incandescents. Si cette fumée vient en contact avec la flamme, elle s'enflamme elle-même aussitôt, donnant ainsi, sous sa forme la plus élémentaire, la démonstration du phénomène de l'éclairage au gaz.

On sait que cette propriété de la houille ne lui est pas exclusive, et que même on ne tire pas uniquement du charbon de terre le gaz d'éclairage. Mais il s'est passé bien du temps avant que le phénomène fût connu, et c'est incontestablement à cette ignorance que l'humanité doit d'avoir été, pendant tant de siècles, éclairée d'une façon si misérable.

Le besoin d'un éclairage artificiel, pour combattre l'obscurité des longues nuits d'hiver, surtout des nuits polaires, qui durent près de six mois, a dû s'imposer à l'homme dès les temps les plus reculés. Ses premiers flambeaux furent des branches d'arbres résineux ; il se servit ensuite de paquets informes de graisse, puis de cire ; et, pour le dire en passant, le lampion est bien plus ancien que la lampe, et même que la chandelle ; mais les premiers essais d'éclairage public ont été les phares, ou plutôt les tours à feu.

On ignore à quelle époque remonte l'invention du *torchier* et du chandelier. Le chandelier était bien en usage dans les cérémonies du culte dès une haute antiquité ; mais il paraît n'avoir pris son rang parmi les ustensiles domestiques que fort tard. Quant à la lampe, elle est d'invention égyptienne ; mais elle se composait tout bonnement, dans le principe, d'un vase plus ou moins élégant, rempli d'huile dans laquelle trempait une mèche pleine : ce n'était guère, après tout, qu'un lampion. Les Grecs et les Romains perfectionnèrent le conte nant, dont ils firent un véritable objet d'art ; mais le contenu resta chez eux une huile nauséabonde alimentant une mèche fumeuse. La mèche creuse, à courant d'air, ne fut inventée qu'en 1782, par Argand, physicien et chimiste génevois, qui est le Christophe Colomb du *quinquet*, ou lampe à cheminée de verre (1787). Quinquet, il est vrai, apporta quelques perfectionnements aux appareils d'Argand. En 1800, Carcel modifia considérablement la lampe de Quinquet, supprima le godet et appliqua dans son système un mécanisme d'horlogerie pour faire monter l'huile. Franchot enfin, en 1837, inventa la lampe à modérateur, encore en usage aujourd'hui sans grandes modifications.

Ajoutons à ce qui précède, puisque nous en sommes sur l'article *lampes*, que la découverte du pétrole, sur le territoire de l'Ohio (Etats-Unis), en 1819, a donné naissance à de nouvelles formes de lampes, bien perfectionnées aujourd'hui, pour brûler cette substance éclairante nouvelle. On brûle du pétrole en France, pour cet objet, depuis 1854.

Il faudrait attribuer, paraît-il, aux Chinois l'invention des chandelles de cire, ou *cierges*, comme on les appela plus tard en France (de *cereus*, chandelle ou torche de cire) Elles furent introduites en Europe, vers l'an 700, par les Vénitiens. Une ordonnance de Philippe le Bel (1313) permet seulement l'usage des chandelles de cire aux dignitaires du royaume. Plus tard, elles furent exclusivement réservées aux cérémonies religieuses.

Les chandelles de suif de mouton ont été inventées par les Celtes, qui les fabriquaient par le même procédé élémentaire encore en usage il y a peu d'années : un moule percé aux deux bouts et traversé par une mèche de coton, qu'on remplissait de suif en fusion. La chandelle remplaça momentanément la lampe, plus ancienne, parce qu'elle répandait une odeur beaucoup moins infecte. Les chandeliers parisiens s'organisèrent en corporation en 1016 ; ils restèrent toutefois associés aux épiciers jusqu'en 1450.

C'est au commencement du xie siècle également qu'apparurent les lanternes, que les passants tenaient à la main, la nuit tombée, lorsqu'ils avaient à parcourir les rues obscures de leur cité, infestée de bandits et coupeurs de bourses, au lieu des torches que les grands faisaient tenir à la main par l'armée de valets dont ils se faisaient précéder dans un cas semblable. La première ordonnance relative à l'éclairage des rues de Paris date de 1408 ; elle est de Pierre des Essarts, prévôt de Paris, et prescrit aux habitants de tenir des lanternes à leurs fenêtres. En 1558, on ajouta à cet éclairage précaire des lanternes et des pots de goudron allumés à tous les carrefours, et entretenus par un veilleur de nuit.

Considérant l'insuffisance de ces moyens d'éclairage et même des services rendus par *l'establissement de porte-flambeaux et porte-lanternes à louage* de l'abbé Laudati-Caraffe (1662), La Reynie, lieutenant de police, par ordonnance en date du 2 décembre 1667, faisait suspendre aux deux bouts et au milieu de chaque rue de Paris une lanterne garnie d'une chandelle allumée. En 1697, toutes les villes du royaume furent mises en demeure d'en faire autant. Les réverbères à huile, enfin, furent substitués aux lanternes, par Bourgeois de Châteaublanc et l'abbé Matherot de Pleigney, en 1743, et le premier de ces deux inventeurs, lauréat du concours académique de 1769, relatif à l'éclairage, obtenait, à la suite de ce triomphe, le privilége de l'éclairage de Paris pendant vingt ans. Paris comptait à cette époque 7,000 réverbères ; en 1821 il en comptait 12,672.

Londres fut éclairé par des lanternes suspendues, avec des chandelles dedans, en 1415, et par des réverbères à huile en 1681. Les autres grandes villes de l'Europe qui adoptèrent cet usage les premières sont La Haye (1553), Amsterdam (1663), Hambourg (1675), Berlin (1679), Copenhague (1681), Vienne (1687).

Le gaz fut substitué à l'huile dans l'éclairage public, à Londres en 1814, et à Paris en 1819. Chez laquelle des deux nations le gaz fut-il, non pas mis en usage, mais découvert? Ou plutôt, celui qui le premier conçut l'idée de l'application à cet objet du gaz hydro-carburé est-il Français ou Anglais? Nous croyons sincèrement qu'il est Français. Sans doute il se peut qu'un Anglais ait, le premier, constaté l'inflammation spontanée du gaz échappé des houillères par quelque fissure de la roche ; mais ce n'est pas là la question.

Cette question, nous l'étudierons tout à l'heure ; mais auparavant il serait peut-être bon de nous occuper des divers procédés de se procurer le feu, suivant les temps, et singulièrement de l'origine du modeste éclat de bois à l'aide duquel, si la compagnie concessionnaire veut bien le permettre, on allumera dans un instant notre lampe à modérateur ou notre bec de gaz : nous voulons parler de l'*allumette*.

Allumettes et briquets.

Dans la sixième édition du *Dictionnaire de l'Académie française*, publiée en 1835, mais qui faisait encore loi pendant tout le premier quart de l'année 1878, nous trouvons cette indication précieuse : « ALLUMETTE, s. f., brin de bois ou de chanvre, soufré par les deux bouts, et servant d'ordinaire à allumer des chandelles, des bougies, etc. » Sans doute, dans la septième édition, parue en avril 1878, une rectification intelligente apprend à l'univers que les *chenevottes* ne servent plus « d'ordinaire », en France, pour allumer des chandelles, bien que les heureux résultats de la monopolisation de la fabrication des allumettes chimiques aient remis en grande faveur les modestes « brins de bois » soufrés par les deux bouts dont l'origine se perd dans la nuit des temps.

En effet, nous ignorons le nom de l'inventeur de l'allumette ; mais du moins Pline et quelques poëtes latins, principalement Martial, en parlent-ils comme d'un objet d'usage vulgaire. Un passage des *Epigrammes* (I, 42) entre autres y fait allusion dans des termes que nous traduirons ainsi : « Tu ressembles à ces misérables qui errent dans les quartiers d'au delà du Tibre, échangeant des allumettes pour du verre cassé. » Mais voici, du reste, le texte du passage en question, qui nous apprend par surcroît que ces industriels, bien connus de certains de nos villages, qui échangent des cerises pour de la ferraille, avaient des ancêtres dans le Transtévère, au temps de Martial :

> Hoc quod Transtiberinus Ambulator,
> Qui pallentia sulphurata fractis
> Permutat vitreis....

Mais ces allumettes primitives ne produisent pas le feu; ce ne sont que d'humbles intermédiaires pour le transporter d'un point sur un autre. On imagina donc de tirer d'une pierre à fusil sur laquelle un morceau d'amadou était maintenu avec le pouce, des étincelles qui mettaient en ignition cet amadou, en frappant avec un briquet d'acier la pierre à fusil, ou bien, erreur assez fréquente, les articulations de ses propres doigts. Dans bien des cas l'amadou igné pouvait suffire, mais le plus souvent il fallait l'intervention de l'allumette soufrée, et c'était le moyen le plus simple de l'enflammer. L'opérateur soufflait sur l'amadou pour activer la combustion, le feu se communiquait au soufre, puis au bois de l'allumette : on avait alors une belle flamme d'un emploi facile et agréable, au prix de quelques écorchures et de quelques brûlures, produites par le contact sur la peau, soit de quelque étincelle égarée, soit des débris de l'amadou, qu'on étouffait ensuite dans une petite boîte spéciale pour servir à la prochaine occasion.

Et dire que les bienfaits du monopole ont fait exhumer de nos jours ce briquet légendaire qu'on croyait si profondément enfoui dans la boue du passé ! Peut-être le temps n'est-il pas éloigné où le marchand de briquets phosphoriques qui florissait au Pont-Neuf, dans les premières années de ce siècle, fera de nouveau entendre ce cri, si connu de nos grands-pères :

« N'oubliez-pas-en-passant-des-pierrrr'-à-briquets.... qui rrrendent la lumièrrrrrre à volonté ! »

Cependant, Berthollet ayant découvert que le chlorate de potasse a la propriété d'enflammer les corps combustibles lorsqu'il est mis en contact avec l'acide sulfurique, la révélation de cette découverte provoqua l'invention successive de divers briquets chimiques qui n'offraient que de fort minces avantages sur le précédent, excepté comme objet de curiosité scientifique. Le plus célèbre de ces engins fut sans contredit le briquet Fumade, ainsi appelé (comme l'Amérique) du nom de son inventeur, qui était un sieur Chausel, préparateur de Thénard. Le briquet Fumade (ou briquet oxygéné), quoi qu'il en soit, se composait d'un petit flacon d'amiante imbibée d'acide sulfurique, dans lequel on trempait des allumettes enduites d'un mélange de soufre, de chlorate de potasse et de gomme. C'est par ce moyen que le chlorate de potasse de l'allumette, mis en contact avec l'acide sulfurique, prenait feu — en répandant une odeur infecte, par exemple.

On peut encore rappeler le briquet phosphorique, composé d'un petit flacon contenant du phosphore entassé au fond ; on pressait le bout soufré de l'allumette dessus, et, quand on l'avait retirée, on était obligé de frotter son extrémité phosphorée sur une surface rugueuse et résistante pour l'enflammer. Ce procédé, passablement dangereux, car le phosphore du flacon prenait quelquefois feu sous la pression de l'allumette, conduisit pourtant à l'invention des allumettes à friction.

Cette invention remonte à 1827, et est due à un apothicaire de Stockton (Angleterre), John Walter, bien que les Allemands la revendiquent en faveur de Kaemmerer. Ajoutons que, depuis longtemps, du moins en Angleterre, on savait se procurer du feu en frottant une parcelle de phosphore, qu'on tenait entre ses doigts, maintenu dans un pli de papier épais.

La découverte du phosphore est bien due, par exemple, à un Allemand, Brandt, marchand ruiné qui, pour se refaire, cherchait la pierre philosophale dans l'urine. Il y trouva le phosphore, à son grand désappointement, et vendit sa découverte pour un morceau de pain à Krafft, chimiste de Dresde, habile à d'autres exercices encore qu'à ceux qu'il accomplissait dans son laboratoire. Elle date de 1669. Mais le premier qui fabriqua le phosphore en grand paraît être l'Anglais Godfrey Hauckwitz.

Il est certain, en tout cas, que Hauckwitz fabriquait dans son laboratoire de Southampton street, Strand, à Londres, en 1680, d'énormes quantités de phosphore destiné à l'usage que nous avons dit. Bientôt la renommée du nouveau « porte-lumière » se répandit au loin, et Hauckwitz jugea utile à ses intérêts de voyager, en fabricant et vendant du phosphore sur sa route, à travers l'Angleterre. Toutefois le prix exorbitant du phosphore devait s'opposer longtemps encore à sa diffusion. On se borna d'abord, comme perfectionnement, à fabriquer des bougies phosphoriques, et ce ne fut que vers 1806 qu'apparut le briquet phosphorique, marquant un progrès nouveau dans cette voie.

Ce n'est que vers 1833 que les *allumettes chimiques allemandes* commencèrent à se répandre d'une manière sérieuse, et que leur fabrication, abordée à Darmstadt, par l'initiative de Mollenhauer, constitua une branche industrielle importante. Ces premières allumettes chimiques, dites *congrèves*, sans doute à cause des points de ressemblance qu'elles avaient avec la terrible fusée inventée par le général anglais, étaient trempées dans un mélange de soufre et de sulfure d'antimoine; on était obligé à une grande dépense d'énergie pour les enflammer par le frottement, et alors il s'ensuivait un véritable feu d'artifice dont les éclaboussures n'étaient pas sans danger. Une autre composition : phosphore et chlorate de potasse, donne également lieu à un pétillement désagréable et dangereux; aussi est-il abandonné maintenant, et l'on se sert d'ordinaire de peroxydes de plomb ou de manganèse pour le mélange avec le phosphore et le salpêtre, réduit en pâte au moyen d'une solution gommeuse.

Nous croyons inutile de parler du phosphore amorphe, paru pour la première fois, croyons-nous, à l'Exposition de Londres de 1851, au bout d'allumèttes bien plus inoffensives que les autres, mais que tous les règlements, ordonnances et décisions n'ont pu faire accepter, et qui ont disparu de la circulation. Mais nous dirons un mot de la fabrication actuelle des allumettes chimiques.

Fabrications des allumettes chimiques.

On emploie pour la confection des allumettes des bois blancs, au fil droit, car ils sont destinés à être fendus dans le sens du fil et non sciés. En France, avant la guerre de 1870, le peuplier et le tremble d'Alsace et de Lorraine étaient les bois préférés, avec les mêmes arbres de la Champagne, qui seule nous reste de ces trois provinces; aussi est-ce à cette triste circonstance que les fabricants actuels attribuent la mauvaise qualité inouïe des allumettes qu'ils livrent à la consommation.

En 1842, l'Anglais Reuben Partridge inventait une machine à découper les allumettes dans les blocs de bois débités de longueur convenable par la scie circulaire, après séchage préalable et complet au four. Nous allons examiner comment s'effectue cette opération et celles qui suivent.

 « Ces blocs, demi-cylindriques, dit M. Paul Parfait, passent alors entre les mains d'ouvriers munis d'une sorte de tranchoir, que je ne saurais mieux comparer qu'aux couteaux dont se servent les boulangers pour séparer le pain. L'ouvrier prend successivement chaque morceau de bois, le glisse sous la lame,

Façon des paquets d'allumettes.

et, d'un mouvement rapide, le coupe dans le sens du fil en plaquettes dont l'épaisseur, régularisée par la disposition même de l'instrument, est celle qu'aura l'allumette. Tap! tap! tap! tap! Le couteau tombe et retombe avec une vivacité qu'une machine à vapeur pourrait envier. Le plan sur lequel vient poser le bloc à fendre, est incliné de façon que ce bloc glisse sans peine vers l'instrument sous une pression de la main. Avant d'entamer un morceau, l'ouvrier prend soin de passer à la surface un peu de graisse pour faciliter l'entaillement. Si un nœud l'arrête, il abandonne le bloc, qui s'en va grossir les déchets.

 « Quand l'ouvrier a près de lui un nombre suffisant de plaquettes, il les prend par tas et les fait repasser sous son couteau en sens contraire, — tap! tap! tap! tap! — de façon que chaque coup abat une rangée entière d'allumettes parfaitement carrées. Ces allumettes, abandonnées à elles-mêmes, descendent à flots dans la rigole ménagée à cet effet, et inondent l'établi où une femme les met rapidement en paquets. Elle est pour cela munie d'un moule creux en bois, fendu dans son épaisseur. Dans la fente, elle introduit une ficelle, ramasse en hâte les allumettes, en remplit le moule, serre la ficelle, pose son paquet sur la table, l'égalise, puis, d'un tour de main, assujettit le fil et le coupe.

 « Un *débiteur* et sa *paqueteuse* occupent chaque établi. Ils travaillent concurremment et se complètent l'un par l'autre. A eux deux ils peuvent préparer, dans la journée, jusqu'à sept et huit cents bottes, renfermant chacune de mille à onze cents bûchettes, soit en tout, chiffre rond, quelque chose comme *huit cent mille bûchettes.*

 « Suivons ces forêts minuscules dans les ateliers où le baptême du soufre leur est donné. Simples brins de bois jusqu'ici, ils y vont être sacrés allumettes. »

Il y a deux classes distinctes d'allumettes. On appelle la première *allumettes à la presse* et la seconde *allumettes à la main.* On comprendra bien vite la valeur de ces deux expressions techniques, en lisant la description des deux modes de fabrication qui les justifient et que nous empruntons au même écrivain.

Fabrication des allumettes. — Débitage du bois.

« Voici, dit-il, la botte d'allumettes vierges encore, que nous avons quittée tout à l'heure.

Soufrage des allumettes à la main.

« Elle va prendre place sur une longue plaque de fonte qui la prépare par

11

une chaleur modérée au bain de soufre qu'elle doit subir tout d'abord. En
effet, au bout de la plaque est une bassine contenant un liquide brunâtre dans
lequel chaque botte à son tour exécute un léger plongeon. L'ouvrier, en relevant la botte, lui imprime une adroite secousse qui renvoie l'excès du soufre
dans la bassine et écarte autant que possible les allumettes pour qu'elles ne
s'attachent pas les unes aux autres.

Trempage et piquage des allumettes à la main.

« Après *le soufrage*, vient *le trempage*, qui réclame plus de soins et
auquel s'annexent en conséquence deux autres opérations : *le piquage et
l'égalissage.*

« Le trempeur a devant lui une terrine, chauffée au bain-marie, qui renferme la pâte colorée que doit revêtir l'allumette soufrée. Cette pâte, à base de
phosphore, contient encore de la colle-forte pour la rendre adhérente, et du
verre pilé pour faciliter l'explosion par le frottement. Dans certains cas, pour
les allumettes-bougies, par exemple, cette pâte se prépare à froid. Alors la
colle-forte est remplacée par de la gomme.

« La botte soufrée reçoit sur le dessus un coup de brosse destiné à en chasser
les impuretés, effleure légèrement la surface de la pâte, puis passe aux mains
du piqueur, qui s'empresse de harceler sur un instrument garni de pointes le
dessous de la botte, de façon à déranger la symétrie des allumettes et à
disjoindre celles que le phosphore réunissait trop intimement.

« La contre-partie de cette opération est opérée, après un léger séchage, par
l'égalisateur, qui rétablit avec la paume de la main la symétrie des paquets,
non sans danger de brûlures ; car, pendant ce nivelage, les allumettes fraîches
s'enflamment très-facilement et communiqueraient le feu en un instant au
paquet entier, si l'égalisateur ne veillait avec soin à étouffer ce commencement
d'incendie. Pour son rôle de pompier, l'apprenti, chargé de l'égalisage, est
muni de sciure et d'une éponge mouillée. Il se sert un peu de la sciure ; mais
quant à l'éponge, je dois à la vérité de déclarer qu'il néglige fort cet ustensile,
trop raffiné à son gré, et n'éteint guère les incendies autrement qu'en crachant
dessus. — Honni soit qui mal y pense.

« Malgré la précaution du piquage, et à cause même de cette précaution, le défaut des allumettes trempées à la main saute aux yeux. Elles s'attachent ensemble, et le piquage serait un correctif bien insuffisant si le trempeur n'avait soin de ne faire qu'effleurer la pâte. Il suit de là que l'allumette trempée à la main n'a guère que son sommet phosphoré et que cette couche légère se détache aisément sous le choc.

Mise en presse.

« Comment éviter les inconvénients de cette fabrication ? En présentant au trempage les allumettes espacées les unes des autres. C'est justement à quoi répond l'usage de la presse.

Trempage à la presse.

« On nomme *presse*, dans les fabriques d'allumettes, un cadre de bois dans lequel se superposent des planchettes mobiles qu'on peut serrer à volonté au moyen de deux vis également en bois. Chaque planchette est garnie de flanelle sur un des côtés, et de l'autre munie de crans. Les boîtes d'allumettes sont rompues, et les allumettes posées rapidement une à une dans les crans disposés pour les recevoir. Quand une première planchette est garnie, côté crans, une seconde vient poser dessus, côté flanelle ; puis les crans de cette seconde sont également garnis d'allumettes, et ainsi de suite jusqu'à remplissage complet du cadre, où le tout est dûment serré au moyen de vis. Deuxième opération préliminaire : le cadre est posé sur une table en fonte, et quelques coups d'un marteau de bois mettent à niveau toutes les têtes.

« Dès lors, les sept ou huit cents bûchettes rangées dans la presse ne font plus qu'une pièce d'un maniement facile. L'ouvrier prend le cadre par les manches des vis qui font office de poignées ; et c'est ainsi qu'après le chauffage obligé, il plonge les allumettes d'une façon plus régulière dans le bain de soufre. Quant au trempage, il s'exécute, grâce à la presse, avec une régularité plus complète encore. La pâte, étalée sur une plaque de fonte, plaque chauffée à la vapeur si la pâte doit être mise à chaud, y est égalisée au moyen d'un *guide* en fer à une hauteur de quelques millimètres ; et c'est sur cette couche, entretenue à l'épaisseur désirée, qu'on appuie successivement le côté, soufré déjà, de chaque cadre.

« On voit qu'une fois les cadres garnis, ce système, très-supérieur à l'autre, est aussi plus expéditif. Mais quelque célérité que mettent les garnisseuses à leur travail, il est relativement long et rend, par conséquent, la fabrication plus coûteuse. »

Viennent ensuite les différentes opérations du *séchage*, du *paquetage*, de *l'emboîtage*, du *timbrage*, etc., opérations d'un intérêt médiocre, et qui, en tout cas, peuvent se passer d'une minutieuse description.

Nous ne ferons pas non plus de statistique. Depuis 1872 les allumettes sont frappées d'un impôt fort lourd qui commande l'économie aux pauvres gens. En outre, la fabrication est devenue le monopole d'une compagnie qui l'a payé cher et ne peut sans doute, pour cette cause, fournir à la consommation des allumettes passables que dans de rares occasions. Il s'ensuit qu'on se prive autant que possible des expériences coûteuses, et pour comble trop souvent infructueuses, qui consistent à frotter une allumette pour obtenir du feu. — C'est pourquoi les beaux jours du briquet à percussion et des chenevottes d'antan sont revenus, comme nous l'avons déjà constaté.

Mais si l'industrie des allumettes est en décadence en France, elle n'a pas cessé d'être prospère en Allemagne et en Autriche, où plusieurs manufactures ne livrent pas moins de 6,000,000 d'allumettes chacune à la consommation quotidienne. Aux États-Unis, elle a pris également, dans ces dernières années, un développement considérable ; et comme la méthode de fabrication y diffère sensiblement de celle que nous venons de décrire, il nous paraît intéressant de faire, avec le *Journal of applied Chemistry*, une courte visite à l'une des plus importantes manufactures d'allumettes des États-Unis : la *New-York Match Company*.

On pénètre d'abord dans la « composition room, » pièce où se trouvent emmagasinées les diverses matières dont le mélange constitue la « composition » inflammable de l'allumette. On y voit un cylindre en fer d'un pied de long et d'un pied et demi environ de diamètre, placé horizontalement, et dont le centre est traversé par un arbre armé d'aubes ou rames. Cet arbre central, mu par la vapeur, opère, en tournant le mélange des diverses matières, telles que soufre, chlorate de potasse, phosphore, colle-forte, craie, etc., qui sont introduites dans le cylindre creux par une ouverture pratiquée à la partie supérieure, et en forme une masse pâteuse homogène.

C'est le bois de pin que les Américains emploient pour la confection de leurs allumettes, et c'est au Canada qu'on prépare ce bois, à peu près de la même manière qu'en France. A la manufacture où nous avons introduit le lecteur, on les reçoit ainsi toutes préparées, mais non soufrées, de la colonie anglaise. Le bois des allumettes communes a 5 pouces de longueur, celui des allumettes dites de salon n'a que 4 pouces. Dans cette longueur, bien entendu, il y a deux allumettes que l'on séparera plus tard. On trempe préalablement les « allumettes de salon » dans la paraffine pour les rendre plus inflammables.

Dans une vaste pièce, toute remplie du bruit des machines en mouvement, et à laquelle on arrive en gravissant quelques marches, les brindilles de bois de pin sont mises en paquets réguliers et liés solidement, par dix-huit machines dites *fillers* ou *filling machines* (machines à charger), dont douze pour allumettes ordinaires et six pour allumettes de salon. Chaque *filler* en contient trois quarts de grosse ou cent huit.

Les paquets formés, on fixe au centre une poignée, à laquelle est attachée une corde, puis on fait sécher les extrémités des baguettes en plaçant tour à tour les paquets sur une plaque de fer chauffée, par un bout d'abord et par l'autre ensuite. Cela fait, on plonge chaque bout dans un bain de soufre en fusion, la corde dont nous avons parlé attachée au mur, pour donner plus de précision à l'opération. De la même matière, les allumettes sont ensuite plongées dans un bain de composition inflammable, puis on les sèche, toujours en bottes, en les plaçant dans un courant d'air.

Les bottes d'allumettes séchées comme nous avons dit, on les livre à une nouvelle machine qui les coupe par le milieu et détache les allumettes les unes des autres en même temps. Vient ensuite l'opération de la mise en boîte, qui est confiée à des jeunes filles d'une habileté étonnante et qui, dans la *New-York Match Company*, sont au nombre de vingt-trois : dix-huit pour les allumettes ordinaires et cinq pour les autres. Le timbrage est la dernière opération, mais elle n'intéresse que le manufacturier.

L'éclairage au gaz.

Frappé des considérations à lui développées par Thomas Shirley, qui avait été témoin, en 1659, d'un cas d'inflammation spontanée du gaz de la houille, dans les mines du Lancashire, le docteur Clayton, doyen de Kildare, s'avisa peu après de distiller, à feu nu, une certaine quantité de houille, et en obtint à la fin un gaz qu'il alluma, mais dont il ne sut tirer aucun parti sérieux. Il reconnut pourtant que ce gaz conservait la propriété de s'enflammer après avoir traversé l'eau.

En 1753, sir James Lowther, ayant construit un tuyau pour expulser d'une mine lui appartenant le gaz produit par la combustion spontanée de la houille, y mit le feu, et ce feu dura, paraît-il, deux ans et neuf mois avec la même intensité.

Nous avons d'autres preuves que l'on connaissait la propriété inflammable de ce gaz bien avant qu'on se fût avisé de l'appliquer à l'éclairage, qu'on se fût douté même que cette application était possible ; mais il faudrait remonter beaucoup plus haut, sans aucun doute, pour trouver le véritable inventeur, c'est-à-dire le premier témoin d'un de ces phénomènes de combustion sponta- née, et peut-être le premier qui tenta de le reproduire.

En 1792, l'ingénieur anglais Murdoch réussit, à l'aide d'un petit appareil qu'il avait construit, à produire assez de gaz pour éclairer sa maison et ses bureaux de Retruth (Cornouailles). Le résultat ne paraît pas toutefois avoir été excellent, car ce n'est qu'à la suite de recherches et d'études nouvelles, et seulement en 1798, qu'il construisit l'appareil destiné à éclairer l'usine de Boulton et James Watt, à Soho, près de Birmingham ; mais il n'y réussit com- plétement qu'en 1802. Peu après un fabricant de boutons de la même ville adopta le nouveau mode d'éclairage.

F. Winsor, qui s'occupait des mêmes recherches à Londres, éclairait au gaz, en 1804, l'ancien théâtre du Lyceum. Winsor avait, en manière de prépa- ration, étudié les mémoires du Français Philippe Lebon et tout ce qui avait été dit sur ses travaux.

Le nouveau système d'éclairage, malgré la démonstration qu'en faisaient publiquement, souvent avec audace, les deux inventeurs, dès lors associés, ne faisait pourtant que des progrès d'une lenteur décourageante. La plupart des savants les plus justement renommés de l'époque, les Wollaston, les Davy, entre autres, le combattaient avec une opiniâtreté digne d'une meilleure cause ; James Watt lui-même, au début, n'en voulait pas entendre parler. Nous ne suivrons pas les péripéties de cet enfantement laborieux, comme celui de tous les progrès caractérisés par une application de la science au bien-être du plus grand nombre, et nous nous bornerons à établir que l'éclairage général de Londres au gaz date du jour de Noël de 1814.

Ce n'est pas sans raison que nous avons exposé d'abord la version anglaise de la découverte de l'éclairage au gaz. Notre impartialité nous en faisait une loi. Maintenant nous allons examiner ce qui se faisait en France dans cette même voie. Le lecteur pourra ainsi juger laquelle des deux nations a le droit de se vanter que l'invention lui appartient. Nous ne parlons pas, entendons-nous bien, d'expériences ayant eu pour résultat fortuit l'inflammation du gaz hydro- gène, mais de la première idée de son application à l'éclairage, des expériences tentées dans ce but et de leur complet succès. Presque toutes les grandes découvertes ont été dues au hasard, mais l'idée de leur application ne peut naître dans le cerveau du premier venu. Les Palissy, les Watt, les Stephenson, les Philippe Lebon sont indispensables pour que l'humanité puisse profiter des leçons que la nature lui donne sans cesse ainsi. Dans la question qui nous occupe, il n'est pas indifférent, d'autre part, de rappeler les expériences faites à Paris sur les gaz inflammables, par Delsème, en 1687.

Philippe Lebon, né en 1767, à Brachay (Haute-Marne), entrait à vingt ans à l'École des ponts et chaussées. Il paraît que dès lors il avait conçu l'idée d'appliquer à l'éclairage les gaz combustibles produits par la distillation des bois.

Voici comment cette conception était née dans son esprit : ayant jeté machi- nalement de la sciure de bois dans une fiole de verre placée sur le feu où elle avait eu le temps de chauffer, il vit tout à coup s'élever de cette fiole une fumée que le contact des flammes du foyer enflamma à son tour. Telle est la part du hasard dans cette découverte. Lebon n'hésita pas un instant : il com- prit qu'il venait d'allumer la première lampe à gaz. Ceci se passait à Brachay, vers 1785 ou 1786.

Lebon se mit à l'œuvre aussitôt. Il construisit de ses propres mains un fourneau en briques pour distiller le bois ; puis, pour débarrasser le gaz des substances étrangères qui l'accompagnaient, sous forme de vapeurs noires d'une odeur âcre et désagréable, il confectionna un épurateur à eau qui conduisait les matières goudronneuses ou acides en laissant échapper le gaz parfaitement pur. Tel fut le modèle très-grossièrement exécuté de la première usine à gaz.

Les perfectionnements apportés successivement à sa découverte demandaient beaucoup de temps à l'inventeur, qui ne pouvait donner tout le sien. Nommé ingénieur à Angoulême, il négligea même son service et faillit perdre un emploi dont il avait besoin. Il faut encore dire qu'esprit actif et chercheur, Lebon s'occupait de toutes les questions scientifiques à l'ordre du jour. En 1792, il obtenait un prix de 2,000 livres pour ses travaux relatifs à « l'amélioration de la machine à feu ; » un peu plus tard, c'est de la direction des aérostats qu'il s'occupait. Les expériences succédaient aux expériences et les mémoires aux mémoires.

Enfin, en 1798, Lebon faisait connaître à l'Institut son invention, qu'il jugeait enfin présentable, et le 28 septembre 1799 il prenait un brevet, pour ce qu'il appelait des *thermolampes ou poêles qui chauffent, éclairent avec économie, et offrent, avec plusieurs produits précieux, une force motrice applicable à toute espèce de machines.* On voit, aux termes qu'il emploie, que Lebon avait reconnu tout le parti qu'on pouvait tirer de la distillation du bois et du gaz qu'elle produisait. Il indiquait en outre dans son mémoire la possibilité de substituer au bois, pour cet objet, la houille et les substances grasses, — point important, puisqu'il détruit les prétentions de Murdoch à être le premier qui eût distillé la houille pour cet objet.

Appelé à **Paris** en 1801, Lebon proposa au gouvernement de construire des appareils pour l'éclairage et le chauffage des monuments publics. Éconduit, il s'installa à l'hôtel Seignelay, rue Saint-Dominique, résolu à ne plus s'adresser qu'au public. L'hôtel est chauffé et non-seulement éclairé, mais illuminé au gaz ; des rosaces, des bouquets de jets de gaz inondent le jardin de la plus vive lumière ; il offre en outre le spectacle magique d'une fontaine dont l'eau, renvoyant la lumière d'une quantité de becs de gaz, paraît transformée en jets de feu liquide.

On peut s'opposer, par des considérations bonnes ou mauvaises, à la réalisation d'un projet grandiose, bouleversant toutes nos habitudes routinières, mais on ne peut nier l'évidence. L'opinion était avec l'inventeur ; une commission officielle lui rendit hommage dans son rapport. Enfin Lebon obtint du gouvernement la concession d'une partie de la forêt de Rouvray, près de Rouen, pour y établir son industrie, à la charge de pourvoir de goudron et d'acide acétique le service maritime au Havre. — C'est vers ce même temps que Lebon repoussa les offres du gouvernement russe, qui lui avait fait proposer de transporter en Russie son industrie et ses appareils, aux conditions qu'il imposerait lui-même.

Tant d'efforts, de persévérance, de courage, d'honnêteté, devaient être en pure perte. Rappelé à Paris pour concourir aux fêtes du sacre de Napoléon, Lebon était trouvé mort, le soir même (2 décembre 1804), dans les Champs-Elysées. Cette mort étrange et soudaine causa une vive émotion. On a dit, et l'on répète encore, que Lebon périt victime d'un assassinat, et l'on a compté les coups de poignard dont il aurait été percé. Ces coups de poignard, c'est le chagrin, la déception, la misère même, causés par la sottise, l'indifférence ou l'envie de ses contemporains ; ce sont les obstacles sans cesse renaissants sous les pas de l'inventeur, les sarcasmes, les mécomptes de tout genre qui devaient tuer cet homme de génie, bien plus sûrement que le poignard d'un obscur assassin. Lebon est mort à trente-sept ans.

Après sa mort, sa veuve fit de vains efforts pour poursuivre son œuvre. Elle dut y renoncer, et personne ne jugea utile de s'en occuper après elle.

En 1815, Winsor, qui avait réussi en Angleterre, après avoir ruiné une ou deux sociétés d'actionnaires, venait à Paris, obtenait un brevet d'importation pour son système d'éclairage dont il devait l'inspiration à Lebon, et se mettait en devoir de l'appliquer. Il obtint l'autorisation d'éclairer, à titre d'essai, le passage des Panoramas, fonda une société au capital de 1,200,000 fr., pour l'exploitation de son brevet, ruina cette société et succomba lui-même en présence d'une opposition dont le succès du gaz de l'autre côté de la Manche ne pouvait lui laisser pressentir l'incroyable férocité.

Un ingénieur français reprit l'affaire et fonda en 1817 une usine à gaz fort modeste, rue des Fossés-du-Temple. Il échoua. Un limonadier du quartier de l'Hôtel-de-Ville, qui s'était avisé de distiller la houille lui-même pour l'éclairage de son établissement, fit fortune, parce qu'il joignait l'utile à l'agréable, sans doute : le café fit passer le gaz. Enfin, en 1818, un appareil à gaz fut installé à l'hôpital Saint-Louis par les soins de M. de Chabrol, préfet de la Seine, et par ordre du roi. Dès lors, le succès était assuré. On inaugura, le premier jour de l'an 1819, quatre lanternes à gaz sur la place du Carrousel ; les principaux quartiers furent bientôt pourvus d'ustensiles d'éclairage semblables ; les plus pauvres quartiers n'en furent pas privés longtemps, et de Paris l'emploi du gaz se répandit bientôt dans toute la France.

Il est curieux de comparer l'état de l'éclairage de Paris à la distance d'un siècle. En 1778, on comptait à Paris, au total, 5,964 lanternes (à huile). La superficie de la capitale étant alors de 1,377 hectares, il en résulte que chaque hectare était éclairé par quatre lanternes. Actuellement, la surface de Paris étant de 7,800 hectares, et le nombre des becs de gaz publics de 38,000 (répartis entre 36,000 appareils distincts), on voit que chaque hectare du Paris de 1878 est éclairé en moyenne par cinq becs de gaz. Il en résulte qu'une surface six fois plus grande que celle qu'occupait Paris il y a un siècle, reçoit, toute proportion gardée avec ses dimensions, cinq fois plus de lumière. En un siècle, l'éclairage des rues, des quais et des promenades, a donc augmenté dans la proportion de 1 à 30. Il faut ajouter que l'éclairage des boutiques, qui était rudimentaire en 1778, jette dans les quartiers du centre un éclat supérieur à celui des becs publics.

Fabrication du gaz de houille.

Si la houille n'est pas, ainsi que nous l'avons dit, la seule substance d'où l'on tire, par distillation, le gaz d'éclairage, du moins est-elle la plus recherchée, la plus productive, la plus économique. La houille produit, outre le gaz hydrogène bicarboné, l'ammoniaque, l'hydrogène sulfuré, l'acide carbonique, des huiles empyreumatiques, du goudron et un résidu bien connu, le coke, combustible dont la vente est devenue si fructueuse.

La compagnie parisienne du gaz possède aujourd'hui dix usines en pleine activité, élevées sur divers points de la banlieue, de manière à desservir dans les meilleures conditions de temps les quartiers de Paris les plus rapprochés de chaque usine. La principale est celle de la Villette, où le chemin de fer

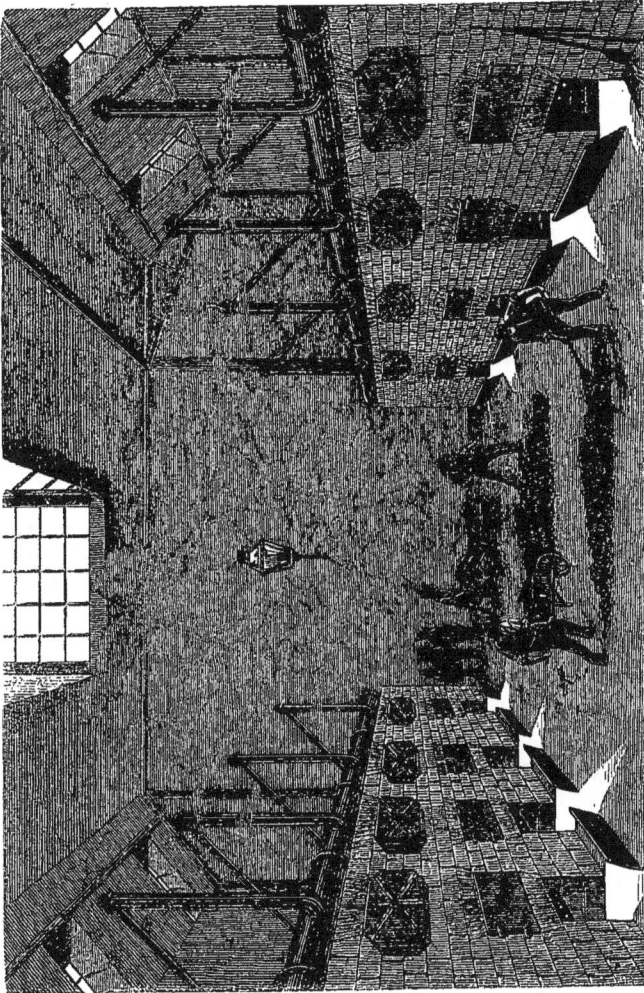

Intérieur d'une usine à gaz.

apporte jusqu'aux cornues de distillation les wagons chargés de charbon de terre. Les wagons s'y déchargent d'eux-mêmes en tournant sur un pivot, et des ouvriers transportent dans des brouettes le charbon destiné aux cornues.

« Ces cornues, dit M. G. Tissandier, sont groupées au nombre de sept dans un fourneau ; huit systèmes de sept cornues semblables sont disposés les uns à côté des autres, dans un massif de maçonnerie qui n'a pas moins de 50 mètres de longueur. En regard de ce mur en est un autre semblable, et chaque salle de distillation reçoit le nom de batterie. Il y a à l'usine de la Villette huit batteries qui fonctionnent nuit et jour, et qui, d'après ce que nous avons dit, sont composées de 448 cornues de 2 m. 50 de profondeur.

« Les ouvriers, armés de pelles, chargent les cornues avec une habileté remarquable. Ils y projettent la houille, et, quand elles sont pleines, ils les ferment avec une plaque de fonte, garnie d'un lut réfractaire. La houille est soumise à une température élevée, et les vapeurs qui s'en dégagent se réunissent dans un immense tuyau pour traverser toute une série d'épurateurs....

« C'est quand la distillation est terminée que l'on ouvre les cornues ; des flammes s'en dégagent, au milieu d'un nuage de fumée épaisse. Des ouvriers spéciaux s'avancent avec des charrettes en fer, et, à l'aide de *ringards*, ils retirent le coke rouge qui reste en résidu. A ce moment surtout la température est excessive ; mais les hommes sont accoutumés à l'action de ce foyer ; ils remplissent leurs brouettes de coke et déversent cette substance encore rouge dans la cour de l'usine, où on l'éteint avec de l'eau....

« A peine les cornues sont-elles vides, que les premiers ouvriers les remplissent de nouveau, avec ordre et précision ; pas de bruit, pas le moindre désordre, dans les vastes arsenaux de l'industrie ; pas un moment d'arrêt : le travail, l'activité en sont les caractères essentiels. »

Au sortir de la cornue, le gaz est très-impur et ne possède qu'un faible pouvoir éclairant. Pour l'épurer, un tuyau vertical le conduit dans le *barillet*, cylindre placé à la partie supérieure du fourneau, dont l'invention est due à Samuel Clegg, et dans l'eau duquel le gaz des cornues perd une partie des matières huileuses et du goudron qu'il contient. Il passe ensuite dans une série de tuyaux en forme d'Π, emboîtés les uns dans les autres, et dont la partie inférieure est ouverte, une branche plongeant dans l'eau, l'autre effleurant à peine sa surface. Le gaz pénètre dans le tube par cette branche, redescend par l'autre, traverse l'eau où il abandonne encore une grande partie de ses impuretés, remonte, et ainsi de suite jusqu'à ce qu'il arrive à l'aspirateur, puis dans la colonne à coke.

Cette colonne à coke se compose d'un cylindre vertical, en fonte, plein de coke ou de brique humectée d'eau que le gaz traverse, abandonnant le reste du goudron et une partie de l'ammoniaque qu'il contient encore.

Ce n'est pas encore fini ; il reste à débarrasser le gaz de l'acide sulfhydrique, de l'acide carbonique et du reste de l'ammoniaque. C'est au moyen de sciure de bois imbibée de chaux et de sulfate de fer qu'on y parvient. Le gaz traverse des claies où le mélange de ces matières, fortement modifiées par la décomposition chimique, est disposé, et y laisse ses dernières impuretés. Le tout constitue une boue nauséabonde dont l'industrie tire encore un grand profit.

Ainsi épuré, et l'on voit que ce n'est pas sans peine, le gaz d'éclairage arrive dans des compteurs, d'où des tuyaux le conduisent dans les gazomètres. Il est prêt pour la consommation : nous pouvons maintenant l'abandonner.

Nous avons dit plus haut que l'éclairage public, à Paris, n'employait pas moins de 38,000 becs de gaz. Ajoutons que 450,000,000 de becs y suffisent à peine à l'éclairage domestique, et qu'on en établit tous les jours de nouveaux.

Voici, en outre, quelques chiffres curieux sur la quantité moyenne de gaz employé, par mois, pour l'éclairage public : l'Opéra, le Théâtre-Français, l'Odéon et l'Opéra-Comique, théâtres nationaux, consomment ensemble, en moyenne, 150,000 mètres cubes de gaz ; les ministères et les mairies, 18,000 mètres cubes ; la voie publique, 800,000 mètres cubes environ, par mois.

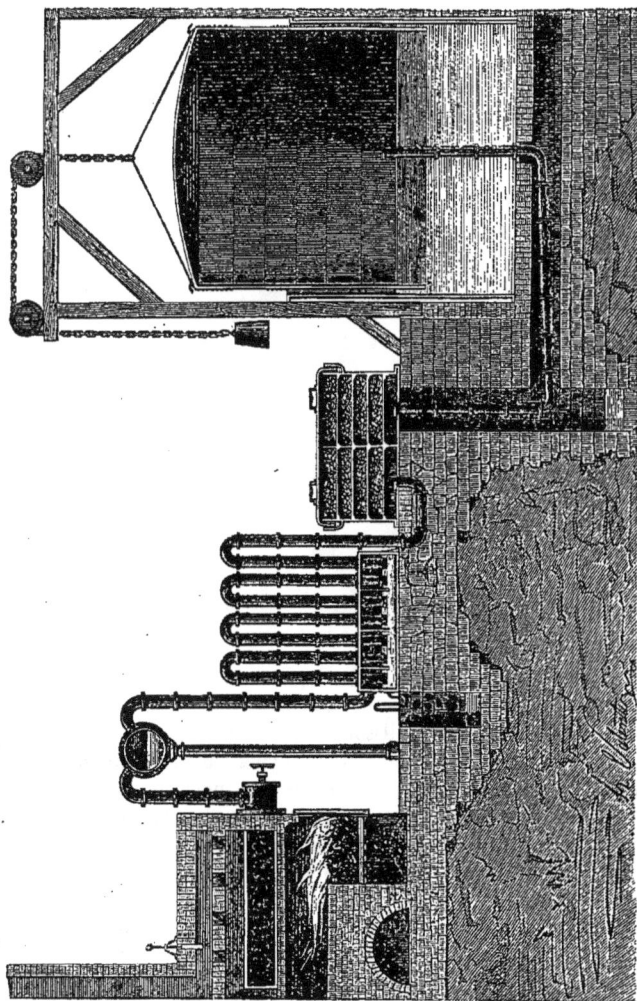

Ensemble des appareils pour la production du gaz.

On sait que de nombreuses expériences d'éclairage à la lumière électrique ont été faites à diverses époques, et qu'on a amplement profité de l'application d'un système aussi généralement repoussé que l'éclairage au gaz à son début, pour les travaux de nuit de l'exposition de 1878. Nous ne pouvons toutefois nous en occuper avec détails, par la raison qu'il se trouve encore dans la période d'enfantement.

X.

LA GLACE ARTIFICIELLE.

L'abaissement artificiel de la température.

La nature ne livre ses secrets que peu à peu et ne rétribue les recherches patientes et laborieuses avec générosité que dans des occasions assez rares. C'est pourquoi nous nous enorgueillissons trop des progrès rapides faits dans ces derniers temps dans presque toutes les branches du savoir humain, parce qu'il n'est pas douteux que, pour nos petits-fils, nous ne soyons que des ignorants vaniteux. Le plus curieux, c'est que toute découverte est reçue par le grand public quelquefois avec défiance, avec indifférence le plus souvent : nous avons déjà rencontré, et il n'y a pas longtemps, de nombreuses preuves de ce fait regrettable.

Ainsi, le moyen de fabriquer artificiellement de la glace fut découvert seulement en 1817, par le célèbre physicien anglais John Leslie. Leslie était parvenu à congeler l'eau dans le récipient de la machine pneumatique, en supprimant les vapeurs au moment de leur formation, par le jeu des pistons d'une part, et de l'autre par leur condensation au moyen d'acide sulfurique concentré placé près de cette eau. Mais Leslie était physicien et non industriel ; dans ce résultat inattendu, il ne vit qu'une expérience scientifique couronnée de succès ; et il devait s'écouler vingt années avant qu'on essayât l'application de cette découverte à l'industrie.

En 1836, un Anglais, nommé M. Shaw, prenait un brevet pour un appareil à rafraîchir au moyen de l'évaporation de l'éther. Enfin, en 1856, un Australien, M. Harrison, de Victoria, inventait un appareil du même genre, qui ne paraît pas avoir eu plus de succès que celui de son devancier.

Glacière. Carré.

Un Français, M. Carré, s'empara de l'invention d'Harrison, qu'il perfectionna, puis transforma radicalement. Le nouvel appareil figura à l'Exposition de Londres, en 1862, et valut à son auteur les récompenses les plus hautes, complétées au retour par la croix de la Légion d'honneur.

Les diverses méthodes de production de la glace, ou pour mieux dire, d'un abaissement de température considérable, sont basées sur le changement d'état de certains corps et les phénomènes qui en résultent. Nous verrons dans le chapitre suivant une application autrement importante au point de vue purement scientifique, mais moins peut-être au point de vue pratique, de cette loi qui veut qu'un corps, en passant de l'état gazeux à l'état liquide, perde de sa chaleur, et qu'il la reprenne aux autres corps environnants lorsqu'il retourne à l'état gazeux.

Le gaz ammoniaque est celui qui présente avec le plus d'intensité le phénomène dont nous venons de parler. Soumis à une forte pression, il se liquéfie aisément; et dès que la pression cesse, il retourne à l'état gazeux en s'emparant de la chaleur qui lui est nécessaire autour de lui, c'est-à-dire en y abaissant considérablement la température. C'est le gaz ammoniaque qui est employé dans les appareils de M. Carré. Voici en quoi ils consistent et comment ils fonctionnent :

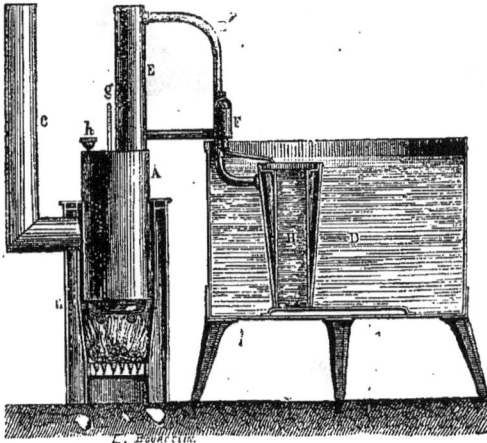

Production du froid et de la glace, système Carré. — Appareils domestiques.

Dans la chaudière A est une dissolution aqueuse d'ammoniaque placée sur un fourneau. La chaleur sépare de l'eau le gaz ammoniaque, qui, par la cheminée E et le tube recourbé E', se rend dans le récipient B, plongé dans l'eau froide, et où, par l'effet de sa propre tension, il se liquéfie. La chaudière est alors retirée du feu et refroidie en la plongeant dans l'eau froide. L'ammoniaque liquide contenu dans le récipient B se volatilise par suite du retour à la température ordinaire, et provoque par ce changement d'état un abaissement de température extrême, qui congèle en peu de temps l'eau contenue dans des cylindres métalliques qu'on a placés à cet effet dans le vase D.

L'ammoniaque, en se dilatant de nouveau, a quitté le récipient où s'est accomplie cette transformation et est retourné dans la chaudière A, où il repasse à l'état liquide, pour recommencer une nouvelle carrière.

L'appareil que nous venons de décrire est la glacière intermittente, suffisante pour les besoins domestiques. M Carré en a construit une autre, plus compliquée, où l'ammoniaque, sorti de la chaudière à l'état gazeux, se liquéfie dans un autre récipient et va reprendre l'état gazeux dans un troisième, produisant

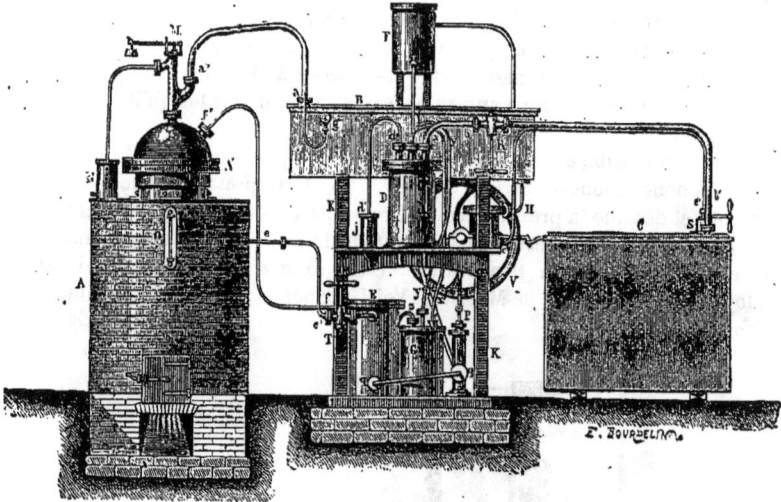

Production de la glace. — Appareils industriels.

de la glace autour de lui comme dans le cas précédent. Après cela, au lieu de repasser par le même tube pour retourner dans la chaudière, il y est ramené par un système de pompes et de tubes indépendants.

Glacière Toselli.

M. Toselli a inventé, en 1868, un nouveau système de glacière très-ingénieux et plus simple que le précédent. Il consiste en un ou plusieurs tubes en étain mince, contenant de l'eau, qu'on fait tourner à l'aide d'une manivelle dans un bassin renfermant un mélange d'eau et de nitrate d'ammoniaque. Après environ dix minutes de rotation, l'ammoniaque est passé à l'état gazeux en produisant un froid considérable, et l'eau contenue dans les tubes est convertie en glace.

Grâce à ces deux inventeurs, l'usage de la glace, si dispendieux naguère, s'est popularisé, et l'on sait quels bienfaits il en peut résulter dans des circonstances données.

Il y a enfin les glacières Pictet, d'invention toute récente, sur lesquelles nous ne possédons que des notions incomplètes, mais qui constituent un progrès sur les autres systèmes.

XI.

LIQUÉFACTION ET SOLIDIFICATION DES GAZ.

Antécédents de la question.

La nomenclature officielle reconnaît l'existence de trente-trois gaz différents, dont quatre gaz simples : l'oxygène, l'hydrogène, l'azote et le chlore; et cinq qui se rencontrent à l'état libre dans la nature : l'acide carbonique, le proto-carbure et le bicarbure d'hydrogène, l'ammoniaque et l'acide sulfureux. Les vingt-quatre autres sont des produits artificiels. On appelait « gaz permanents » ceux qu'on n'était pas parvenu à liquéfier; mais cette qualification n'a plus aucune raison d'être. A proprement parler, il n'y a pas de gaz permanents; il n'y a que des corps susceptibles de passer successivement par les trois états gazeux, liquide et solide.

L'eau, par exemple, est gazeuse au-dessus de 100° centigrades; elle est liquide de ce point à zéro, et solide au-dessous de zéro. Le mercure se trans-forme en vapeur à 360° et se solidifie à 40° au-dessous de zéro; tandis que l'alcool, à qui il faut un abaissement de température énorme pour se solidifier, devient gazeux à 80°.

De même que dans ces exemples vulgaires, il suffit d'un simple abaissement ·de la température pour liquéfier les gaz les plus compressibles, comme l'acide sulfureux, le cyanogène, l'ammoniaque, l'acide hypoazotique, etc. En outre, la compression, soit spontanée, soit mécanique, produit le même résultat sur certains gaz; tandis que d'autres résistent à ces deux moyens employés isolé-ment, mais cèdent à leur emploi simultané.

C'est par cette combinaison que l'illustre chimiste et physicien anglais Faraday obtint la liquéfaction d'un assez bon nombre de gaz jusque-là pré-tendus permanents, et c'est ainsi que MM. Cailletet et Pictet, de Genève, ont eu raison des gaz demeurés réfractaires jusqu'à ces derniers temps à toutes les tentatives de liquéfaction.

Ces six gaz opiniâtres étaient l'oxygène, l'hydrogène, l'azote, le bioxyde d'azote, l'oxyde de carbone et l'hydrogène protocarboné. Ces messieurs sont parvenus à avoir raison, isolément, et presque simultanément, du bioxyde d'azote, d'abord, puis de l'oxygène, de l'hydrogène et enfin de l'azote.

Dans ses premières expériences sur le bioxyde d'azote, M. Cailletet chercha d'abord à transformer ce gaz par la compression. Il le comprima jusqu'à 270 atmosphères, c'est-à-dire qu'il le réduisit à se tenir dans un espace 270 fois moins considérable que dans l'état normal, à la température de 8° au-dessus de zéro; mais il n'obtint aucun changement. C'est sous une pression de 104 atmosphères seulement, mais à la température de 11° *au-dessous* de zéro, qu'il parvint à liquéfier le bioxyde d'azote. Ce résultat démontre l'importance de la combinaison d'effets dont nous parlions tout à l'heure.

Quelques semaines plus tard, M. Cailletet réussissait par le même procédé à liquéfier l'oxygène et l'oxyde de carbone, en utilisant la détente du gaz après l'avoir comprimé, phénomène qu'accompagne un abaissement énorme et subit de température.

On connaît la cause de cet abaissement de température : un gaz, en se comprimant, est forcé d'abandonner une partie de sa chaleur proportionnelle à la puissance de la compression qu'il subit; s'il se dilate ensuite, ce sera en s'emparant, aux dépens des corps qui l'environnent, de la somme de chaleur qu'il a perdue, produisant autour de lui un refroidissement d'autant plus considérable qu'il est plus rapide et que la compression a été plus énergique. Ainsi, dans l'expérience faite par M. Cailletet sur l'hydrogène, il a été reconnu que la température doit être abaissée jusqu'à 200° centigrades au-dessous de zéro pour produire la liquéfaction de ce gaz !

Nous allons décrire maintenant l'appareil au moyen duquel ces belles expériences ont réussi.

Appareil de M. Cailletet.

Il se compose d'abord d'une presse hydraulique, actionnée par un levier indiqué par la lettre L sur notre gravure, et agissant sur un piston au moyen duquel l'eau contenue dans le vase R est aspirée par le tube R E'. Ce tube est en cuivre et communique à la fois avec le conduit T U, également en cuivre et extrêmement résistant, qui donne accès dans la cuve à mercure, et avec le manomètre M, indicateur de la pression. A l'aide du levier à volant V, toute communication peut être interceptée entre le corps de pompe et le tube dans lequel l'eau refoulée va comprimer le mercure qui lui-même agit sur le gaz renfermé dans le récipient B. Un autre levier V' permet de faire cesser la compression en rendant à l'eau son libre cours.

Quant à l'autre partie de l'appareil, où s'opère la compression, et dont notre gravure montre en même temps la forme extérieure faisant corps avec le reste et la coupe intérieure isolée, elle se compose d'un cylindre d'acier d'une force de résistance considérable. Le tube T U, en communication avec la pompe, vient s'y souder par le joint E. L'intérieur est occupé par un tube en verre épais, quoique parfaitement transparent, et capable de résister à des pressions comparables à celles qui règnent dans le fond de l'océan; sa partie inférieure est enfermée dans le cylindre d'acier, et sa partie supérieure, libre, s'élève

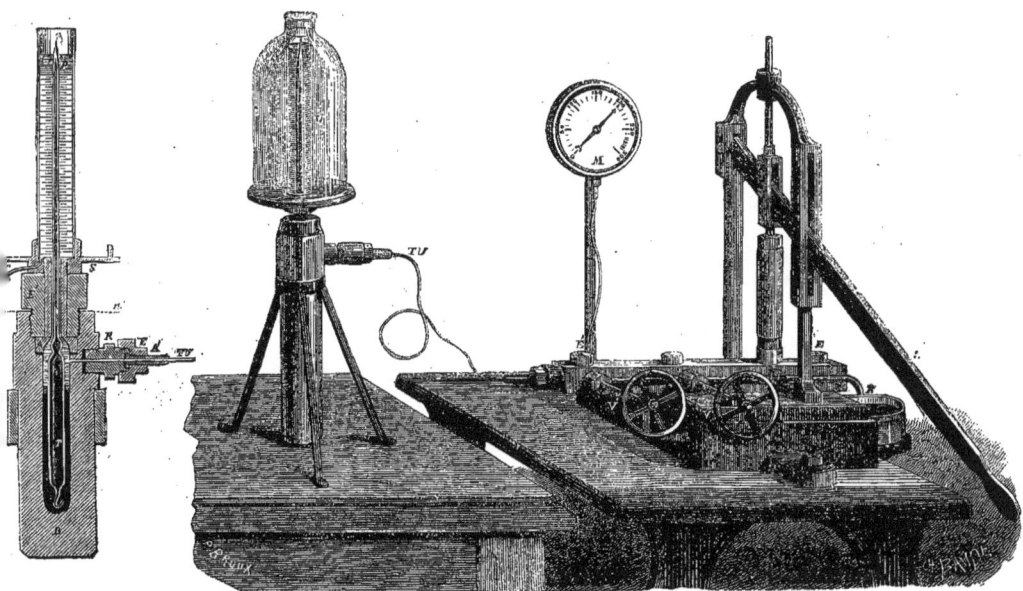

Liquéfaction des gaz. — Appareil Cailletet.

au-dessus du plateau S, doublé d'un autre tube de verre épais C, d'un diamètre beaucoup plus grand et recouvert lui-même d'une cloche de verre épais, pour plus de précaution.

On emplit alors le tube intérieur en verre du gaz qui doit servir à l'expérience, puis on l'introduit dans le cylindre d'acier rempli de mercure. Ce tube est ouvert à son extrémité inférieure; mais, comme on peut le voir dans la gravure, il se termine en pointe recourbée au feu, de manière à ce qu'aucun autre corps que le mercure ne puisse trouver accès par cette ouverture étroite. Le vase R rempli d'eau, on agit sur le levier de la pompe qui, comme nous avons dit, amène l'eau, par le tube T U, dans l'étroit espace libre A (voir coupe). A chaque coup de piston, un certain volume d'eau est porté vers cet étroit espace d'où, pour se faire place, il comprime le mercure, lequel, par les mêmes raisons, exerce sur le gaz enfermé dans le tube du verre une pression irrésistible et plus énergique à chaque coup, jusqu'à ce que le gaz se trouve réduit à ne plus occuper qu'un espace 350 fois moins étendu que celui qu'il occupait précédemment dans le tube envahi par le mercure. Le gaz d'expérience subit donc, dans ce cas, une pression de 350 atmosphères.

Cela étant, on ouvre, à l'aide du levier V', le robinet qui rend à l'eau sa liberté; la compression cesse instantanément, le mercure est chassé par le gaz, qui reprend son volume primitif avec la rapidité d'une balle, donnant lieu au phénomène d'absorption de chaleur dont nous avons parlé. Alors, dans la partie supérieure du verre, au-dessus du plateau S, on voit se former une sorte de vapeur, composée de gouttelettes liquides, qui ne peuvent appartenir qu'au gaz liquéfié par la détente de ses propres molécules et l'action d'un refroidissement extrême et subit.

M. Dumas, dans la séance de la Société d'encouragement du 11 février 1878, faisait remarquer avec raison que la démonstration de M. Cailletet ne laisse rien à désirer au point de vue théorique; car on ne saurait admettre que les fumées qui viennent troubler la transparence du tube soient produites par de la vapeur de mercure. On ne peut non plus supposer que quelques atomes d'humidité aient échappé aux puissants moyens de dessiccation auxquels M. Cailletet a eu recours. On doit même remarquer que les vapeurs d'hydrogène qui obscurcissent son tube sont d'une teinte plus foncée que celles des autres gaz liquéfiés, comme il doit arriver si ce corps est réellement réduit à l'état solide.

Comme on le voit, M. Cailletet a obtenu des résultats d'une très-grande importance; mais il n'a pu recueillir les gaz liquéfiés ou solidifiés par lui et ne peut les montrer qu'à travers le tube de verre de son appareil de compression. L'appareil de M. Raoul Pictet, plus puissant, permet en outre de faire jaillir au dehors les gaz ainsi transformés.

La priorité de cette découverte, ou plutôt de ces expériences couronnées de succès, on le sait, appartient incontestablement à M. Cailletet. Question d'ailleurs sans importance et sans influence sur la valeur des expériences faites isolément par les deux savants, comme sur leur mérite personnel. Cependant M. Pictet a fait un pas de plus que son éminent devancier dans la voie du progrès expérimental, puisqu'il nous montre à nu le résultat.

Appareil de M. Raoul Pictet.

L'appareil du savant Génevois se compose d'une cornue en fer forgé D, dans laquelle le chlorate de potasse est décomposé par la chaleur et produit un dégagement d'oxygène qui, recueilli dans un tube de verre épais, s'y comprime lui-même. Ce tube de verre est lui-même enfermé dans un tube de fer C'E,

long de 5 mètres, d'un diamètre extérieur de 14 millimètres et ayant des parois de 10 millimètres d'épaisseur. Ce tube est rempli d'acide carbonique, d'abord liquéfié à une température de 65° au-dessous de zéro et sous une pression de 4 à 6 atmosphères, au moyen d'une double circulation d'acide sulfureux et d'acide carbonique. Par deux tubulures a et b, ce tube est mis en communication avec deux pompes à action combinée, produisant un vide barométrique sur cet acide liquéfié, qui alors se solidifie.

Le tube renfermant l'oxygène qu'il s'agit de liquéfier est donc enveloppé de l'acide solidifié renfermé dans le tube extérieur. L'oxygène, dans une certaine expérience, s'y est bientôt comprimé jusqu'à la pression de 324 atmosphères. Les pompes, mises en mouvement par une machine à vapeur de la force de 15 chevaux, fonctionnent. Si l'on débouche un orifice du tube, une détente subite se produit, et l'oxygène s'échappe avec violence, montrant qu'il s'est en partie liquéfié.

MM. Pictet et Cailletet procèdent d'après des principes identiques, comme on voit, avec cette seule différence que, dans l'appareil de M. Cailletet, le gaz d'expérience est comprimé mécaniquement, et qu'il se comprime lui-même dans celui de M. Pictet.

Nous avons dit que ce dernier avait réussi dans ses expériences sur l'azote et l'hydrogène, comme dans ses expériences sur l'oxygène, dont nous venons de nous occuper. Voici une note que publiait le *Journal de Genève*, au sujet de la liquéfaction et de la solidification de l'hydrogène obtenues par M. Pictet dans une expérience faite à Plainpalais. Elle suffira, avec ce qui précède, pour donner une idée complète des procédés et de l'importance des résultats :

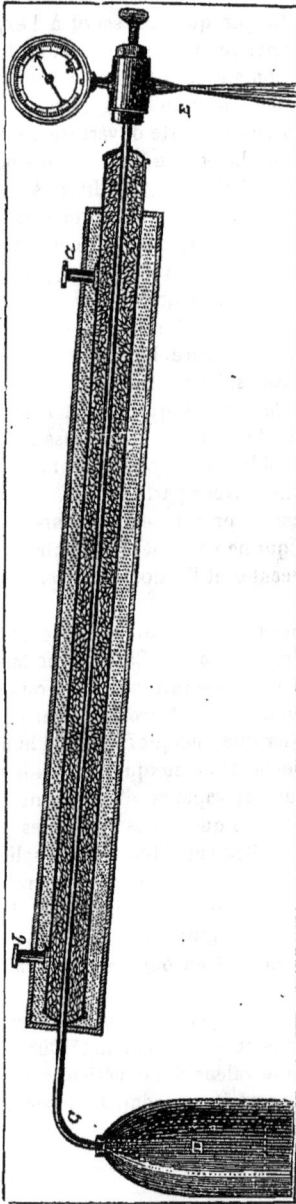

Liquéfaction des gaz. — Tube de compression de l'appareil Pictet.

« Jeudi soir, 10 janvier (1878), M. Raoul Pictet a procédé, dans les ateliers de la Société pour la construction des instruments de physique, à Plainpalais, à la liquéfaction du gaz hydrogène.

« L'expérience, faite en présence d'un certain nombre de personnes, a parfaitement réussi. Le procédé employé consiste à décomposer le formiate de potasse par la potasse caustique, réaction qui donne l'hydrogène absolument pur, ainsi que l'a prouvé M. Berthelot, à Paris. La pression a commencé à s'élever à huit heures et demie ; progressivement et sans secousse, elle a atteint à neuf heures sept minutes le chiffre de 650 atmosphères, où elle devint quelques instants stationnaire ; à ce moment, le robinet de fermeture fut ouvert et un jet bleu acier s'échappa de l'orifice, en produisant un bruit strident, comparable à celui d'une barre de fer rouge plongée dans l'eau.

« Le jet devint tout à coup intermittent, et l'on put constater comme une grêle de corpuscules solides projetés avec violence sur le sol, où leur chute produisait un véritable crépitement. Le robinet fut fermé, et la pression, qui était alors de 370 atmosphères, descendit peu à peu à 320, où elle se maintint pendant quelques minutes. Puis elle remonta jusqu'à 325. A ce moment, le robinet ouvert une seconde fois ne laissa échapper qu'un jet tellement intermittent, qu'il fut évident qu'une cristallisation avait eu lieu dans l'intérieur du tube. La preuve put être fournie par la sortie de l'hydrogène à l'état liquide, lorsque la température commença à se relever par l'arrêt des pompes.

« Ainsi ont été expérimentalement démontrées la liquéfaction et surtout la solidification de ce gaz, que toutes les probabilités faisaient déjà considérer comme rentrant par ses propriétés dans la catégorie des métaux. »

XII.

BRIQUES ET POTERIES.

___

Antiquité des briques.

On attribue aux Chinois, vers 2611 avant notre ère, l'invention des briques ; mais il n'est pas improbable qu'elles furent employées vers le même temps, et même bien avant, en Europe, où, dès l'âge des cavernes, l'homme se confectionnait de la poterie de terre pour l'usage domestique. Quand l'homme se fut lassé des cavernes, des huttes de branchages ou de terre, des tentes de peaux, etc., il songea à s'élever de véritables maisons, en torchis d'abord et plus tard en pierre, ou, la pierre faisant défaut en de certains lieux, en pierre factice, c'est-à-dire en briques de la même terre dont il savait tirer depuis longtemps un bon parti pour sa vaisselle.

En tout cas, c'est dans la *Genèse* que se trouve la première mention historique de l'emploi des briques dans la construction. Il y est dit que les enfants de Noé entreprirent de bâtir de ces matériaux une ville et une tour élevée. S'agit-il de briques cuites ou de briques crues? Le passage du livre saint n'en dit mot; mais, plusieurs siècles plus tard, Hérodote pouvait constater que les briques de la tour de Babylone étaient de toute évidence des briques cuites. Mais les plus anciennes briques étaient pétries d'argile qu'on faisait durcir ensuite à la chaleur du soleil; et pour leur donner le degré de tenacité nécessaire, on mêlait ordinairement à l'argile de la paille hachée. La fabrication de briques de cette espèce était une des tâches imposées aux Israélites pendant leur captivité en Egypte.

La sécheresse et la grande chaleur, dans quelques contrées de l'Orient, rendaient d'ailleurs inutile l'emploi du feu, et l'on y rencontre encore des constructions datant de vingt à trente siècles, qui ont été faites de briques séchées au soleil, ou *briques crues*.

Les Grecs et les Romains employaient les briques crues ou cuites, suivant le cas. Les briques le plus communément employées par les Romains mesuraient environ 43 centimètres de longueur sur 28 centimètres de largeur et 4 d'épaisseur; mais on leur donnait des formes variées, telles que le carré régulier, le carré long, le triangle rectangle ou isocèle, etc. Il y avait des briques mesurant jusqu'à 60 centimètres carrés sur 5 centimètres seulement d'épaisseur; d'autres avaient seulement 20 centimètres carrés sur 1/2 centimètre d'épaisseur; les briques triangulaires ou longues et étroites variaient de dimension presque à l'infini.

Les murs de Babylone, quelques anciens monuments de l'Egypte et de la Perse, les murs d'Athènes, et à Rome la rotonde du Panthéon, le temple de la Concorde, les Thermes, etc., ont été construits en briques. On attribue généralement la disparition de Ninive, de Tyr, de Carthage et autres villes sémitiques, à cette circonstance qu'elles étaient construites en briques crues, pure hypothèse que des fouilles récentes paraissent d'ailleurs infirmer.

Dans les cimetières du Khorassan, les tombeaux sont encore construits en briques crues d'un gris jaunâtre, particulières au pays.

Fabrication de la brique.

Les argiles et les marnes dont on fait les briques sont généralement extraites en automne; on les expose à l'influence des divers agents atmosphériques jusqu'au mois d'avril, époque où s'ouvre la campagne des briquetiers.

Une *compagnie* ou un *banc* de briquetiers se compose de huit personnes : un *marcheur*, trois *mouleurs*, trois *vangeurs* et un *porteur*. Le marcheur piétine la terre argileuse pour en expulser les cailloux ou les substances étrangères, et la dispose en mottes. Le vangeur s'empare de ces mottes, les pétrit sur une table, les divise en mottes plus petites, qu'il dépose sur l'établi du mouleur. Le mouleur, à l'aide de cadres ou moules de bois ou de métal et d'une *plane* en bois, donne à la brique sa forme définitive, sans que l'opération ait besoin d'être bien minutieusement décrite; ensuite il la passe au porteur, qui la dépose sur le sol aplani avec soin, pour y sécher. Quand les briques ont atteint le degré de dessiccation voulu, c'est-à-dire quand on peut les prendre à la main sans que les doigts y enfoncent, ce qui demande un jour ou deux, il reste à les faire cuire, soit dans des fours, soit à feu ouvert.

Les contrées où l'industrie des briques est le plus répandue sont l'Angleterre, les Etats-Unis, la Belgique, la Hollande et l'Allemagne. En Belgique, des villages entiers se dépeuplent au moment de l'ouverture de la campagne; leurs habitants se rendent quelquefois sur des briqueteries très-éloignées, en Hollande et en Allemagne au besoin.

Un journal de Liége annonçait récemment dans les termes que voici le retour des briquetiers des villages voisins de cette ville, après la clôture de la campagne, qui a lieu au mois d'août :

« Nos villages, laissés déserts par le départ des briquetiers, se repeuplent insensiblement. Déjà, en effet, dans les stations de Liége, on remarque depuis plusieurs jours des groupes nombreux d'ouvriers, hommes, femmes et enfants. Hâlés par le soleil, ils reviennent avec outillages, bagages, provisions et famille : le tout empreint de terre glaise ; la longue pipe allemande est toujours

invariablement à la bouche de ces ouvriers, ainsi que des enfants; tous, la
bourse bien garnie, reviennent au foyer. C'est que la saison a été bonne : un
peu de gelée en avril, puis beau temps, temps vraiment à souhait, si ce n'est
la dernière période, qui a été un peu pluvieuse.

« Hier, cinq bancs de briquetiers, soit 40 personnes, sont encore arrivés de
Bockom et de Dortmund, se rendant à Courcelle, Charleroi, Gosselies et Amay.
Les uns avaient terminé les travaux; d'autres, ceux de Dortmund, avaient dû

Fabrication des briques tubulaires.

cesser le travail par suite d'un accident survenu à la machine qui donne l'eau
à la ville et alimente les briqueteries. Depuis le mois d'avril, chaque banc de
8 personnes a confectionné en moyenne 800,000 briques, qui étaient payées à
raison de 8 thalers *par millier de briques cuites*. On peut juger par là si ces

travailleurs ont lieu d'être satisfaits. On doit tenir compte toutefois que, levés dès l'aurore, ils travaillent jusqu'à minuit, au clair de la lune, quand le temps les favorise.

« Ces cinq bancs de briquetiers ont donc confectionné, dans l'espace d'environ cinq mois, la quantité énorme et approximative de quatre millions de briques. »

Outre les briques pleines, on fabrique depuis un certain nombre d'années des briques tubulaires, ou plus simplement des briques creuses, qui, en dehors de leur légèreté, seraient plus résistantes à une forte pression que les briques pleines. On emploie de préférence maintenant les briques tubulaires à la construction des voûtes, des cheminées, des cloisons; on en garnit aussi l'intervalle des poutrelles en fer des planchers; enfin on en fait des tuyaux de drainage.

Toutes les tentatives faites pour substituer le travail mécanique au travail de l'homme, dans la fabrication des briques pleines, ont échoué : l'homme fait mieux et aussi rapidement que la machine la meilleure. Mais les briques tubulaires se trouvent bien de la machine, et cela se comprend assez. C'est donc à la machine, une machine de construction peu compliquée du reste, que sont fabriquées les briques creuses.

La poterie commune.

Origine de la poterie. — L'argile des potiers est un mélange naturel de silice et d'alumine, formant, pétri dans l'eau, une pâte liante, malléable, éminemment plastique en conséquence. Exposée à un feu violent, par contre, cette pâte acquiert une dureté de pierre et devient imperméable aux liquides. Riche porcelaine ou terre grossière, les poteries n'ont pas d'autre origine que des terres argileuses, pétries d'abord dans l'eau, façonnées au tour et à la main, humides encore, puis calcinées; elles diffèrent seulement par la plus ou moins grande pureté de la terre, l'émail dont on les couvre, la forme que l'artiste sait leur donner, les peintures et autres procédés de décoration dont il les enrichit.

Pour ce qui est de la poterie commune, si nous cherchons son origine dans les livres, nous voici fatalement conduit en Chine, où il ne manque pas de terre glaise assurément. Mais si nous interrogeons les faits, nous voyons que la poterie est contemporaine de l'âge de pierre, puisqu'on en trouve des échantillons nombreux pêle-mêle avec les armes et les instruments divers de silex éclaté, dans les dépôts préhistoriques. Cette poterie antéhistorique n'est pas toujours faite de terre séchée au soleil, mais aussi de terre cuite; et ajoutons que d'autres objets en terre cuite ont été trouvés dans les mêmes dépôts : le musée préhistorique de Bordeaux en contient de caractères très-divers.

On voit donc que l'art du potier remonte, contrairement à l'opinion manifestée par quelques écrivains spéciaux, bien au delà de celui du briquetier, puisque l'homme se fabriquait de la poterie à une époque où la caverne lui suffisait pour habitation.

La pâte de cette poterie antédiluvienne était d'un brun sale, sableuse et raboteuse; elle était mal cuite, poreuse. Mais l'expérience indiqua aux potiers les moyens de remédier à ces inconvénients. Longtemps la poterie se fabriqua uniquement à l'aide des doigts. Ce ne fut que vers l'an 718 avant notre ère que Théodore de Samos inventa le tour des potiers; car le tour inventé par Talus, neveu de Dédale et sa victime (vers 1310), n'est autre chose que le tour à perche des fabricants de chaises et ne pouvait même donner l'idée du tour des potiers, quoique la construction de ce dernier fût peut-être, et est restée, plus élémentaire encore que celle du tour de Talus. Dès lors, l'art de la poterie fit de rapides progrès.

Aux potiers de Samos est due aussi l'invention des anses détachées. Ils donnèrent un aspect plus agréable à leurs vases en mélangeant de terre rouge l'argile dont ils les faisaient, premier pas dans l'emploi de la couleur. Les Corinthiens y ajoutaient les ornements de la peinture dès 659; et vers 350, Arcésilas découvrait, dit-on, l'émail vitrifiable. Enfin le vernis plombeux fut appliqué par les Arabes, seulement au VIII° siècle. Les perfectionnements qui suivirent, et qui donnèrent naissance à la poterie désignée sous le nom spécial de faïence, seront rappelés en temps opportun.

Les poteries étrusques, ou plus exactement campaniennes, et celles de l'ancienne Grèce se distinguent par une pâte fine, tendre et homogène, recouverte par une couche d'un enduit vitreux spécial, rouge ou noir, très-mince, mais très-tenace. Elles étaient cuites à une température modérée. Les vases étrusques sont les plus beaux modèles, modèles inimitables de la poterie antique. Ces poteries florissaient de l'an 500 à l'an 320 avant notre ère, et furent remplacées dans la faveur publique par les poteries d'Arezzo et de Rome.

Les potiers romains constituaient une des huit corporations d'artisans établies par Numa en 671.

Fabrication de la poterie commune. — Pour la poterie commune, on emploie des argiles impures, semblables à celles des briquetiers, qui souvent cèdent aux potiers celles qu'ils trouvent trop grasses pour leur objet : ce choix explique la différence des pâtes. Les argiles destinées à la fabrication des poteries sont mises à pourrir dans des fosses, souvent pendant plusieurs années, pour les rendre plus plastiques. Il en est pourtant qu'on emploie au contraire sèches, en se contentant de les délayer dans l'eau et de les pétrir peu de temps avant leur mise en œuvre.

Il y a les poteries mates, ou brutes, et les poteries vernissées. Cette distinction nous dispense de décrire l'un après l'autre tous les genres. Nous allons emprunter à une description de M. Paul Parfait, des fabriques de poteries du village de Vallauris, dans les Alpes-Maritimes, des détails applicables à toutes et présentés de la manière agréable et facile qui est propre à cet écrivain.

Constatons, au reste, que les poteries de Vallauris sont actuellement en possession presque exclusive de la faveur populaire, du moins à Paris et aux environs.

« Pour prendre ces travaux aux débuts, dit M. Parfait, arrêtons-nous d'abord devant ces enfants armés de cylindres de bois cerclés d'une lame de fer qui rappellent les *demoiselles* de nos paveurs. Soulevant leur outil par le manche et le laissant retomber lourdement, ils battent l'argile durcie, étendue en grumeaux sous leurs pieds, et la réduisent péniblement en une poudre qui sera tout à l'heure passée dans les cribles. La partie fine, mouillée d'eau et mêlée aux résidus des terres provenant de précédents travaux, est alors pétrie avec les pieds, jusqu'à ce qu'elle offre une consistance suffisante; puis dressée au milieu de l'atelier en larges mottes, qui n'attendront pas longtemps le moment d'être employées.

« La terre se travaille sur un tour d'une simplicité toute primitive. Une plaque de bois cylindrique horizontale, que l'ouvrier fait tourner en la battant du pied, imprime un mouvement de rotation à une roue plus petite, parallèle à la première et à hauteur d'appui, sur laquelle se pose la pâte à façonner.

« Le tourneur est le maître ouvrier, on peut dire l'artiste, autour duquel gravitent les aides, qui, d'ailleurs, sont en partie à sa charge. Les uns lui préparent la pâte en boules proportionnées aux besoins de son travail. Grattant à même la motte avec les ongles, ils en tirent une certaine quantité de terre qu'ils battent avec leurs mains pour l'assouplir et en bien agréger toutes les

Une fabrique de poteries à Vallauris.

parties. Les boules ainsi formées vont prendre place devant le tourneur, sur la petite table où reposent les modestes instruments de son travail : soit une terrine avec de l'eau pour y tremper ses doigts, de sorte qu'ils n'adhèrent pas à la terre, une petite palette de bois ou de corne en demi-lune, dite *estèle*, pour lisser la surface de l'objet façonné, enfin une espèce de couteau recourbé ou *tournassin* pour en raboter le trop-plein.

« Rien de charmant comme de voir, quand l'ouvrier a posé la terre sur son tour et poussé du pied sa roue, la boule d'argile informe s'arrondir, s'évider, s'allonger tout à coup, puis se rétrécir ou s'évaser à volonté sous ses doigts humides. Tandis que sa main gauche en soutient la paroi inférieure, de la main droite il effleure la surface du vase qui, sous cette double pression, s'élève avec une épaisseur égale dans toutes ses parties.

« La légèreté si appréciée des poteries de Vallauris — bien connues des ménagères parisiennes sous le nom de poteries des Alpes-Maritimes — tient, en ce qui concerne les marmites au moins, à la façon ingénieuse dont elles sont façonnées. Au rebours de ce qui se fait d'ordinaire, le tourneur, au lieu d'achever sa pièce par le bord, la finit par le fond. Il en sent ainsi jusqu'au dernier moment entre ses doigts la paroi inférieure par l'ouverture centrale où plonge une de ses mains, ouverture qui se resserre, se resserre, et définitivement se ferme d'une façon merveilleuse sous une pression à peine sensible.

« Pour donner à l'extérieur de la pièce plus de fini, l'ouvrier y passe — en continuant, bien entendu, de donner du pied le mouvement de rotation à son tour - la petite plaquette de bois ou de corne dont j'ai déjà parlé. Cet objet dur, suivant les contours du vase, communique à sa paroi extérieure un poli que le doigt ne suffirait pas à produire, et, en comprimant mieux la pâte, lui donne à la fois un grain plus serré. Pour les pots à bec, un pli, formé après coup avec le doigt, produit l'évasement souhaité.

« La pièce achevée est détachée du tour avec un fil de laiton semblable à ceux dont nos fruitières se servent pour couper le beurre ; après quoi l'ouvrier la dépose à côté de lui sur une planche que son aide emporte, quand elle est suffisamment chargée.

« Telle est la sûreté de main des tourneurs, que, sans mesures aucunes, ils amènent en un rien de temps leurs pièces à des dimensions égales. On ne les paye pas à la journée ni à la pièce, mais « au nombre. » Le *nombre* est, à proprement parler, l'unité de fabrication. C'est ce que les potiers du Nord appellent un *compte*. On dit, par exemple : « Ces poêlons sont de huit ou de « douze au nombre, — ces couvercles sont de vingt au nombre. » Cela signifie que le tourneur doit en façonner huit, ou douze, ou vingt, pour recevoir le prix convenu. Le nombre peut compter jusqu'à quarante objets. Douze nombres composent une *charge*. Pour une charge, le tourneur reçoit de 4 à 5 fr., sur lesquels il doit 1 fr. 50 environ à l'ouvrier qui l'aide. Il est de plus responsable du travail ouvré jusqu'à l'entrée au four. L'ouvrier le moins adroit fait journellement sa charge; le plus habile va jusqu'à deux. Le métier nécessite au moins deux ans d'apprentissage.

« Après un demi-séchage, chaque objet est *repassé* sur le tour. Certaines parties laissées à dessein un peu épaisses pour donner plus de soutien, dans le premier moment, au fragile édifice, sont alors évidées au moyen du tournassin, et le bord, coupé carrément par le fil, est d'un tour de main légèrement arrondi.

« Avant que la pièce soit tout à fait sèche, on y colle, soit la queue, soit les anses. Ce complément est ajouté par des femmes avec une rapidité vertigineuse. Deux coups de pouce font adhérer, en guise d'anses, les languettes de pâte fraîche qu'elles tiennent en poignée dans la main gauche. Pour les queues, mi-sèches comme le poêlon auquel elles doivent adhérer, un peu d'eau et une pression circulaire du doigt suffisent au collage.

« Quand le séchage est complet, vient la mise en couleur. Elle s'opère tout bonnement au moyen de différentes terres fines dont on fait une espèce de lait. Il y en a de blanches, de rouges, de brunes, de jaunes. La pièce doit-elle être nuancée tout entière, on la trempe simplement soit dans l'un, soit dans l'autre liquide. Au contraire, l'intérieur seul doit-il être colorié, on y fait passer rapidement une écuellée du liquide ; enfin, si l'on veut faire de la haute fantaisie, un rapide mélange, quelques gouttes de rouge, par exemple, jetées sur un fond blanc, produisent en un instant, par l'agitation, la marbrure la plus réussie.

Ouvrier tournant une marmite.

« Le vernis se pose de la même façon, quand la couleur est sèche, sur les parties qu'on veut rendre brillantes. Avant la mise au four, il est représenté sur les pièces par une couche grise assez semblable en apparence à la plombagine. C'est le produit d'un minerai broyé au marteau, puis passé au crible, et définitivement réduit sous une meule, avec un peu de sable, en une poudre impalpable, ou mieux, à cause de l'eau qu'on y joint, en un noir liquide d'aspect métallique où se trempent les pièces à vernir. Ce minerai, mélange naturel de soufre et de plomb, arrive à nos potiers des environs de Toulouse, de la Sardaigne, et surtout de l'Espagne, d'où le nom de vernis d'Espagne que lui donnent vulgairement les ouvriers. On l'appelle, de son vrai nom, de l'*alquifoux*.

« Cette couche finale une fois posée, les pièces sont bonnes à mettre au four. On les y range en piles aussi serrées et aussi soigneusement équilibrées que possible. Du haut en bas, pas un coin qui ne soit occupé. Quand le four est plein, ce qui arrive à peu près tous les huit ou dix jours, on en clôt la porte avec de vieux vases hors de service, dont les interstices sont lutés avec de la terre; après quoi il n'y a plus qu'à allumer le fourneau.

« On aura facilement une idée de la disposition du four en imaginant trois pièces superposées : une dans le sous-sol, une au rez-de-chaussée, l'autre au premier, communiquant entre elles par des raies percées à distances égales entre les deux planchers. La chambre du milieu renferme les poteries; dans le sous-sol on entretient le feu; dans celle du dessus la flamme et la vapeur trouvent une issue par des bouches encadrées de tuiles plates qui en font comme autant de cheminées.

« C'est par ces bouches, ainsi que par la partie supérieure de l'entrée ouvrant sur la même pièce, et où une légère ouverture reste ménagée, qu'on surveille la cuisson. La teinte du foyer est un des indices auxquels les potiers ne se trompent pas; un autre est le retrait des pièces qui cessent de toucher les parois du four qu'elles remplissaient d'abord d'une façon complète.

« Le feu, commencé doucement, s'active peu à peu avec du bois de pin pendant vingt-quatre ou vingt-six heures. Les dernières flambées, les plus vives, se font avec des fagots de menues branches. On obtient encore un feu très-ardent avec le résidu huileux des olives sorties du pressoir; quelques potiers en font régulièrement usage, d'autres préfèrent du charbon de terre; mais le bois est plus généralement employé.

« Dans la pièce supérieure, au milieu d'un épais nuage de fumée, les cheminées béantes dardent sur vous des yeux de feu, et, par ces baies lumineuses, on peut voir, à l'intérieur du four, dans une rouge vapeur, les piles de poteries rouges elles-mêmes et comme transparentes. L'ouvrier, pour s'assurer que la cuisson est suffisante, plonge par l'entrée une tige de fer en crochet dans la fournaise et harponne ainsi une pièce incandescente qu'il dépose et laisse refroidir au dehors pour en apprécier la couleur et le vernis. Le feu suspendu, il ne faudra pas attendre, avant de retirer les pièces du four, moins de temps qu'il n'en a fallu pour les cuire, soit vingt-quatre heures encore. »

Chaque cuisson exige 70 à 80 charges de mulet, soit 200 à 250 fagots de branches de pin empruntées aux forêts qui environnent Vallauris. La provision de fagots est faite l'été pour l'hiver, de même que la provision de terre, pour qu'elle soit bien sèche au moment de s'en servir; car ici, comme on l'a vu, il s'agit de terre sèche simplement pétrie dans l'eau au fur et à mesure des besoins. Les propriétaires des terrains d'où elle est extraite afferment ces terrains aux potiers, et ceux-ci se chargent de l'extraction, qui s'opère au moyen d'excavations souvent dangereuses aux mineurs. On obtient aussi de ces mines des terres qui donnent une pâte particulièrement fine, employée à divers travaux d'ornementation décorative et de poterie artistique.

La faïence.

Origine de la faïence. — Suivant Mézeray, ce serait de Fayence (Var), et non de Faënza, près de Ravenne (Italie), que cette sorte de poterie tirerait son nom. Le fait est que, dans le village provençal comme dans la ville italienne, on fait de la faïence depuis des siècles; malheureusement Mézeray n'appuie son affirmation sur aucune base bien solide, et force nous est de passer outre à sa rectification.

L'origine de la faïence est, en somme, assez obscure. Il est certain toutefois que les Arabes, qui les importèrent en Espagne vers l'an 711, tenaient les procédés de fabrication de cette poterie des Persans, lesquels paraissent les avoir acquis des Assyriens ou des Égyptiens, tandis que les Chinois en auraient été détenteurs dès la plus haute antiquité. En tout cas, l'emploi des briques et tuiles émaillées dans la construction des édifices dut prendre une rapide extension chez les Arabes et les autres peuples musulmans : la raison en est dans l'interdiction par le Coran de la sculpture et de la peinture proprement dites. C'est ainsi que l'Alhambra de Grenade se trouva ornée à profusion de ces briques émaillées ou *azulejos*. Mais la construction de l'Alhambra ne remonte

LA FAÏENCE. — Vase hispano-mauresque.

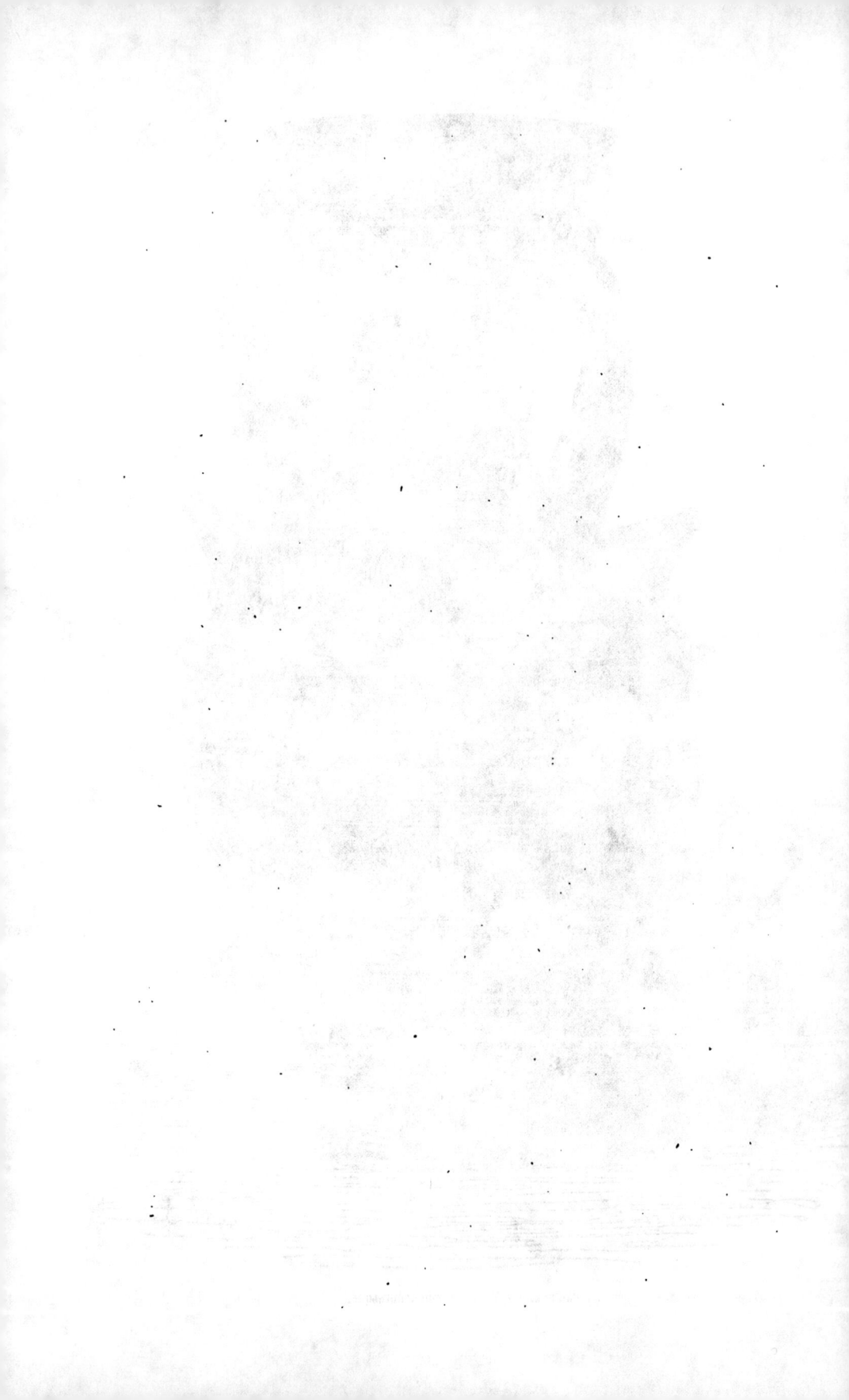

pas au delà du XIIIᵉ siècle, et nous n'avons pas de documents authentiques plus anciens.

Les poteries émaillées étaient également en grande faveur chez les Arabes et les Maures. Ces magnifiques vases aux formes élégantes, aux reflets métalliques, qu'on admire toujours dans nos musées, sont l'œuvre des Maures d'Espagne, œuvre inimitable, quoiqu'ils en aient laissé les procédés derrière eux, après leur expulsion violente.

« Quiconque a visité les salles de la céramique, soit au musée du Louvre, soit à l'hôtel de Cluny, dit M. G. Lafenestre, a remarqué ces éblouissantes poteries, vases, aiguières, bassins et plats, aux reflets ardents, aux dessins étranges, qui éclatent sous les vitrines et scintillent sur les murailles comme ces talismans lumineux dont s'éclairent les grottes des fées dans les *Mille et une Nuits*. Leur couleur est indéfinissable ; c'est la couleur du jour, c'est de la poussière de soleil, fixée, on ne sait par quel miracle, sur la terre du potier, tantôt avec de l'or, tantôt avec du cuivre, tantôt avec de l'argent, toujours brillante, pétillante, rayonnante, passant par toutes les gammes chaudes et tendres du jaune et du rouge, de l'aurore et du crépuscule, si riche et si diffuse, qu'elle se laisse à peine çà et là transpercer par une tache ou une ligne d'azur clair comme par un souvenir du ciel bleu. Dans la forme et dans le décor général de ces pièces de faïences, même bizarrerie, même mystère, même séduction que dans leur couleur : des lignes horizontales et des lignes obliques, des cercles et des arcs, des losanges et des points, quelques fleurs et quelques feuilles, très-rarement une réminiscence de formes animales, jamais de figure humaine, presque toujours des caractères arabes ou gothiques, enchevêtrés et tronqués, altérés et brouillés, il n'en a pas fallu davantage aux artistes hispano-mauresques, pendant plusieurs siècles, pour enchanter les yeux et répandre au loin, à travers l'Europe barbare du moyen-âge, les beaux rêves de l'Orient.

« Les fabriques d'où sortaient ces étonnantes poteries furent établies, il est vrai, sur le sol d'Espagne, mais établies par les Maures, lorsque les Almohades du Maroc eurent, au XIIIᵉ siècle, remplacé la dynastie arabe des Ommiades, récemment éteinte. C'est donc un art d'origine tout orientale qui prospère avec la domination africaine, se soutient aussi longtemps que les chrétiens vainqueurs épargnent les Sarrasins vaincus, disparaît tout à fait quand l'intolérance fanatique de Philippe III, expulsant en masse au XVIIᵉ siècle les derniers descendants des Maures, tue en même temps l'activité industrielle et artistique dans la Péninsule, comme devait faire un peu plus tard en France Louis XIV, par la révocation de l'édit de Nantes et l'anéantissement des protestants.

« Malaga semble avoir été le premier centre de fabrication d'où s'importaient, dès le XIVᵉ siècle, en quantités énormes, ces belles poteries dorées, *obra dorada*. Le célèbre vase de l'Alhambra vient de là très-probablement, c'est la floraison du style arabo-mauresque dans sa richesse et sa pureté. Les îles Baléares firent bientôt une concurrence heureuse à Malaga, et Majorque eut l'honneur d'enseigner à l'Italie cet art admirable de la faïence émaillée. Sous les mains des grands artistes de la Toscane et de l'Ombrie, les poteries peintes changèrent tout à fait de caractère et d'aspect ; mais elles conservèrent toujours, dans leur nom, le souvenir de cette origine hispano-mauresque, et s'appelèrent les Majoliques.

« Ce fut enfin dans le royaume de Valence que l'industrie de faïences à reflet métallique prit son développement le plus important. Les potiers sarrasins s'y étaient installés depuis longtemps déjà, puisqu'en 1239, Jayme Ier d'Aragon, conquérant de Valence, dut leur octroyer une charte pour leur permettre de continuer leur métier sans être molestés ; mais la colonie mahométane prospéra longtemps encore sous la domination chrétienne, fournissant de ses ouvrages les palais des princes espagnols, des cardinaux romains, des bourgeois italiens. Qu'on ne s'étonne donc pas de trouver sur les poteries valenciennes, mêlées à des ornements tout mauresques, des inscriptions chrétiennes, le plus souvent si mutilées, qu'elles sont illisibles ou dénuées de sens. Parfois, l'ouvrier sarrasin ne prend les lettres d'un mot sacré que comme un motif à arabesque ; il les tourne, les retourne, les enlace, les enchevêtre, pour en composer une broderie chatoyante, sans souci d'une phrase ni d'une signification, avec autant de liberté que s'il s'agissait des branches d'un rosier ou des stries d'une étoffe. »

Luca della Robbia. — Dès le commencement du xiiᵉ siècle, les manufactures de faïences italiennes de Faënza, d'Urbino, de Pesaro, etc., étaient en pleine prospérité ; mais la couverte employée était alors un vernis plombifère ; le vernis stannifère, employé alors à Majorque et importé en Italie par le sulpteur florentin Luca della Robbia en 1415, en permettant d'employer diverses couleurs, vint donner à cette industrie, à cet art plutôt, un développement que la protection des princes rendit plus considérable encore.

Luca della Robbia, né en 1388, avait débuté dans l'orfévrerie ; mais il l'abandonna bientôt pour la sculpture. « Travailleur infatigable, il sculptait le jour, au témoignage de Vasari, et dessinait la nuit, les pieds dans un panier rempli de copeaux, en hiver, pour combattre le froid. Il produisit divers ouvrages importants qui lui acquirent une gloire considérable ; mais il semble qu'il fut peu capable de compter ; car, après avoir terminé une commande qui lui avait pris beaucoup de temps, il s'aperçut que la somme qu'il en recevait n'était pas le moins du monde en rapport avec l'importance de son travail. Cette découverte, assure-t-on, le détermina à abandonner la sculpture pour le moulage, le marbre et le bronze pour la terre glaise. Ce fut alors qu'il chercha le moyen d'assurer la durée des terres cuites, auxquelles il avait décidé de se vouer entièrement, en les couvrant d'une couche de vernis ou d'émail.

Découvrit-il seul l'émail stannifère, ou l'obtint-il, comme on le croit généralement, d'ouvriers arabes ou maures ayant travaillé à Majorque ? On ne le sait pas au juste. Quoi qu'il en soit, Luca réussit parfaitement. Au début, il couvrait ses terres d'un vernis invariablement blanc ; mais il ne tarda pas à découvrir le moyen de varier les couleurs. Il acquit, dans cette nouvelle carrière, un surcroît de renommée et la fortune, et ses procédés se répandirent rapidement dans toute l'Italie. Luca della Robbia, dans ses recherches, n'avait pas eu autre chose en vue que la statuaire ; ses émules ou ses successeurs n'employèrent, au début, qu'à des objets d'ornementation la glaçure stannifère ; mais peu à peu, et dès l'aurore de la renaissance, la faïence émaillée se vulgarisa en Italie.

La faïence en Alsace, en Allemagne et dans les Pays-Bas. — Chose étrange, car l'intervention arabe ne peut être invoquée ici, on faisait de la faïence à Schlestadt (Alsace) dès 1146. C'est-à-dire que l'Alsace était bien plus avancée que l'Italie dans la pratique de cette industrie, d'aussi loin que datent les éléments de comparaison. En Allemagne, il paraît en avoir été à peu près de même, car on a trouvé des briques émaillées au couvent de Saint-Paul, à

Leipzig, dont la construction était achevée en 1207. Le tombeau de Henri IV, duc de Silésie, élevé en 1290, à Breslau, est tout entier fait de terre cuite émaillée. Peu après, cette terre émaillée était employée à des objets d'utilité domestique, par les potiers de Nuremberg, pour la première fois.

Ce n'est pourtant que dans la seconde moitié du XVe siècle que la nouvelle industrie s'établit en Hollande, importée à Delft par des ouvriers allemands. La faïence de Delft obtint par la suite un grand renom, quoiqu'elle ne dût parvenir à la puissance de style national, qui fait sa véritable valeur, qu'après avoir passé par diverses phases de tâtonnements qui produisirent des œuvres non entièrement dépourvues de mérite, mais sans originalité. Aujourd'hui, on fabrique à Delft, comme partout à peu près, de la faïence commune, et fort peu.

La faïence en France. — Bernard Palissy. — Un homme de génie devait introduire en France, ou plutôt l'inventer de toutes pièces, l'art de fabriquer la faïence, qu'il porta à son plus haut degré de perfection. Cet homme de génie, que la nécessité de procéder par tâtonnements ne rebuta pas, qui subit tout, la misère, les reproches de sa famille, les railleries des sots, les insultes de ses créanciers, cela pendant des années, c'est Bernard Palissy.

Palissy, né à la Capelle-Biron, dans l'Agénois, vers 1506 ou 1510, était vraisemblablement fils d'un ouvrier verrier : les premières années de ce grand homme sont assez obscures pour ne permettre que des hypothèses. Il dit lui-même, dans son *Traité des Pierres*, « n'avoir eu d'autres livres que le ciel et la terre, qu'il est donné à tous de connaître et de lire. » Avec ce livre pour tout bagage, il entra comme apprenti dans une verrerie d'Agen et y apprit la peinture sur verre et l'art d'assembler les vitraux peints : on désignait alors cette industrie par le nom de *pourtraicture*. Tout en se livrant à ces travaux, Palissy étudiait ; il apprenait à lire et à écrire ; il apprenait aussi le dessin linéaire, indispensable, d'ailleurs, dans son métier, et c'est ainsi qu'il devint habile arpenteur. Il eut, dès lors, deux cordes à son arc, et l'arpentage, art fort peu répandu, n'était pas la plus mauvaise.

Devenu, en même temps qu'arpenteur, bon ouvrier verrier, Palissy partit pour faire son tour de France, qu'il étendit à l'Allemagne. Vraisemblablement, c'est dans ce voyage qu'il dut prendre les germes de la vocation qu'il manifesta plus tard, car il y étudia beaucoup les monuments des arts, la géologie et la minéralogie des contrées qu'il traversait. « Rien de ce qui peut être matière à sérieuse étude, dit Faujas de Saint-Fond, n'échappait à ses regards. Aussi, en lisant ses livres, est-on surpris de l'étendue et de la variété de ses connaissances. »

Vers 1535, Palissy, de retour de ses voyages, s'établit à Saintes et s'y maria. Quelques années plus tard, en 1540, une coupe de terre émaillée, provenant d'une manufacture italienne, tomba entre ses mains. Frappé de la beauté de cette coupe, il résolut de chercher les moyens de produire quelque chose de semblable. Sans doute, nous le croyons du moins, Palissy avait vu travailler les potiers allemands, mais il n'y avait pas pris garde et ne savait rien de leurs procédés ; seulement, lorsqu'il eut vu cette coupe, ce souvenir confus lui revint. Et alors, comme il le dit lui-même, « sans avoir esgard que je n'avois connoissance aucune des terres argileuses, je me mis à chercher les esmaux, et étois comme un homme qui taste en ténèbres. »

En mai 1543, le maréchal de Montmorency ayant été envoyé en Saintonge, à la tête d'un détachement de troupes, pour percevoir l'impôt que François Ier venait d'établir sur le sel, Palissy, étant un des rares arpenteurs de la contrée,

fut employé par lui au lever des plans des marais salants. Ces occupations
temporaires, bien rétribuées, lui fournirent les moyens de pousser activement
ses investigations, et tout l'argent qu'il en tira commença par y passer. Encore
une fois, il cherchait à tâtons, n'ayant aucune notion de l'art du potier, ni des
matières propres à donner l'émail blanc qu'il cherchait, ni de la température
à laquelle la pâte qu'il composait au hasard se vitrifierait, si elle devait jamais
le faire.

D'abord, des échecs répétés lui démontrèrent que le degré de chaleur obtenu
n'avait pas été suffisamment élevé, ou que ses fourneaux étaient construits

Étage supérieur d'un four.

d'une manière défectueuse. Une fois, il obtint la vitrification; mais l'émail
produit n'était pas blanc, et il était évident que l'imperfection de l'enduit en
était seule cause. Il reprit l'expérience avec un nouveau courage. Enfin, après
cinq années d'essais constants et répétés, dans une fournée de fragments de
poterie innombrables, enduits de compositions dont le mélange était dosé diversement, il se trouva un de ces fragments qui se couvrit, sous l'action de la
chaleur, de l'émail blanc tant cherché! « Dieu voulut, dit Palissy, qu'ainsy
que je commençois à perdre courage, il se trouva une des dites espreuves qui
fut fondue quatre heures après avoir esté mise au fourneau, laquelle espreuve

se trouva blanche et polie de sorte qu'elle me causa une joye telle que je pensois estre devenu nouvelle créature. »

Tel était le résultat de cinq années de misère pour les siens et pour lui, de cinq années pendant lesquelles il s'était vu montré au doigt et traité de fou, et pis encore. Et avait-il atteint enfin le but? Non; il s'en falloit encore. Il se remit aussitôt à la besogne, et construisit de ses propres mains un four pour la cuisson en grand, près de sa maison, déterminé à ne point l'abandonner qu'il n'eût réussi tout à fait. Il nous a laissé, dans son *Art de terre*, le récit des épreuves terribles qui l'assaillirent à cette période de sa vie où il touche au triomphe de si près.

« Je me prins, dit-il, à ériger un fourneau semblable à ceux des verriers, lequel je bastis avec un labeur indicible : car il falloit que je maçonnasse tout seul, que je destrempasse mon mortier, que je tirasse l'eau.... Aussi me falloit aller quérir la brique sur mon dos, vu que je n'avois nul moyen d'entretenir un seul homme.... Je fis cuire mes vaisseaux (la fabrication de ces vaisseaux lui avait pris environ huit mois de travail) en première cuisson. Mais, quand ce fut à la seconde, au lieu de me reposer de mes labeurs passés, il me fallut travailler l'espace de plus d'un mois, nuit et jour, pour broyer les matières desquelles j'avois fait ce beau blanc au fourneau des verriers.... N'ayant rien pour couvrir mes fourneaux, j'estois toutes les nuits à la mercy des pluyes et des vents sans avoir aucun secours ni consolation, sinon des chats-huants qui chantoient d'un costé et des chiens qui hurloient de l'autre. Parfois il se levoit des tempestes qui souffloient de telle sorte le dessus et le dessous, que j'estois contraint de quitter le tout avec perte de mon labeur..., accoustré comme un homme que l'on auroit traisné par tous les bourbiers de la ville.... J'allois bricollant sans chandelle en tombant d'un costé et d'autre, rempli de grandes tristesses.... Et, en me retirant ainsi souillé et trempé, je trouvois dans ma chambre une seconde persécution pire que la première....

« Je mis le feu dans mon fourneau par deux gueules, ainsi que j'avois vu faire aux verriers. Je mis aussi mes vaisseaux dans ledit fourneau.... Mais combien que je fusse six jours et six nuits devant ledit fourneau, sans cesser de brusler bois par les deux gueules, il me fut impossible de faire fondre ledit esmail, et j'estois comme un homme désespéré....

« Mais.... combien que je fusse tout estourdi du travail, je me vois adviser que, dans mon esmail, il y avoit trop peu de la matière qui devoit faire fondre les autres. Je me prins à piler et broyer de ladite matière, sans toutefois laisser refroidir mon fourneau. Je fus contraint d'aller encore acheter des pots, d'autant que j'avois perdu les vaisseaux que j'avois faicts. Et ayant couvert lesdites pièces dudict émail, je les mis dans le fourneau, continuant toujours le feu en sa grandeur! Mais, sur cela il me survint un autre malheur, qui est que le bois m'ayant failli, je fus contraint de brusler les estapes (palissades) de mon jardin, lesquelles étant bruslées, je fus contraint de brusler les tables et le plancher de ma maison, afin de faire fondre la seconde composition.

« J'estois en une telle angoisse que je ne saurois dire. J'estois tout tari et desséché par le labeur et par la chaleur du fourneau; il y avoit plus d'un mois que ma chemise n'avoit séché sur moi; encore, pour me consoler, on se moquoit de moi, et ceux qui me devoient secourir alloient crier par la ville que je faisois brusler le plancher; et, par tel moyen, on me faisoit perdre mon crédit et m'estimoit-on estre fol. »

Le succès ne devait pas être encore complet de ce coup. Ayant, probablement par ignorance, fait entrer le silex dans la construction de son nouveau four, il arriva que, sous la pression d'une haute température, ce silex fit explosion et de ses débris projetés dans tous les sens gâta toute sa fournée de poteries en s'incrustant dans l'émail. Sans cet accident, la fournée était bonne et l'émail bien venu ; plusieurs de ses créanciers insistèrent même pour que Palissy leur cédât les pièces les moins sérieusement atteintes ; mais celui-ci refusa et réduisit le tout en morceaux, parce qu'il craignait un « descriement » de son honneur, si ces pièces manquées étaient connues. Cet accident, après tout, conduisit Palissy à l'invention des *casettes* ou manchons, aujourd'hui encore employées pour la porcelaine, comme nous le verrons plus loin, et qui

Coupe à jour, dite l'*Écumoire*, par Bernard Palissy.

mettent complétement les pièces à l'abri de semblables explosions, si elles pouvaient se produire.

Enfin, après seize ans de lutte opiniâtre et de privations, dont les siens ne souffraient pas moins que lui, sans être soutenus comme lui par une grande pensée, Bernard Palissy voyait, avec une joie plus facile à imaginer qu'à décrire, ses premières *rustiques figulines*, comme il les appelait, sortir de son four si souvent réédifié. Ce sont ces plats et ces vases où il groupait avec un art si près de la vérité même, sur un sol rugueux, des poissons, des reptiles, des coquillages, des insectes, etc., dans les attitudes et sous les couleurs les plus exactes et les plus près de la vie qu'il soit possible.

Protestant zélé, Palissy, au moment où il allait recueillir le prix de ses efforts, et que sa renommée, pour son bonheur, s'était déjà répandue au loin, se compromit gravement par ses prédications ; il fut arrêté et emprisonné à Bordeaux, pendant que son atelier était dévasté par la soldatesque orthodoxe. Il allait être mis à mort quand le connétable Anne de Montmorency le sauva, le fit venir à Paris et nommer « inventeur des rustiques figulines du roy. » Logé aux Tuileries, il échappa ainsi, comme Ambroise Paré, au massacre de la Saint-Barthélemy. Mais, à l'époque de la Ligue, il fut arrêté par ordre des Guises et jeté à la Bastille, d'où Henri III fit tout ce qui était possible à sa faiblesse pour qu'on ne le tirât pas au profit du bûcher.

Ce grand homme, qui avait mis tant d'opiniâtreté dans la poursuite de ses travaux quand tout lui prédisait un échec inévitable, ne pouvait montrer moins de constance et de fermeté lorsqu'il s'agit de sa religion, malgré là lâche menace du bûcher, qui toutefois ne devait pas se réaliser. Palissy mourut à la Bastille en 1589, emportant son secret dans la tombe.

Canette ornée de sujets, par Bernard Palissy.

Vers le même temps que les faïences de Palissy, parurent les poteries artistiques désignées sous le nom de faïences de Henri II ou de Diane de Poitiers. Ces faïences, d'après M. B. Fillon, provenaient d'Oiron, dans les Deux-Sèvres, et étaient l'œuvre de François Charpentier. En 1600, un gentilhomme italien de la suite du duc de Nivernais ayant remarqué aux environs de Nevers une terre semblable à celle employée à Faënza, cette découverte et les essais heureux qui en furent la conséquence provoquèrent la création de la première fabrique de faïence dans ce pays. La première faïencerie de Rouen fut fondée par Pierre Poiret, avec des ouvriers qu'il fit venir de Delft, en 1647. Nous citerons encore les établissements de même sorte fondés successivement en France : à Avignon et à Epernay en 1650, à Saint-Cloud en 1660, à Apt en 1670, à Meudon en 1700, à Clermont-Ferrand en 1730, à Bordeaux en 1740, à Moustiers en 1750, à Marseille en 1760, etc.

La faïence en Angleterre. — Josiah Wedgwood. — Les célèbres fabriques de poteries du comté de Stafford, en Angleterre, sont très-anciennes, mais elles ne prirent un grand développement et ne commencèrent leur grande renommée que vers la fin du XVIIIe siècle, grâce aux perfectionnements apportés dans la fabrication par le potier infirme Josiah Wedgwood, le Palissy de l'Angleterre.

Une première amélioration s'était produite dans la fabrication de la faïence commune dans le comté de Stafford, vers 1720. Un potier nommé Atsburg était parvenu à blanchir la pâte de sa faïence en l'additionnant de silex. Mais Wedgwood non-seulement surpassa de beaucoup ce premier résultat matériel, mais encore parvint à donner à ses produits des formes élégantes et variées à l'infini, qui leur assurèrent dès le début une vogue inouïe.

Josiah ou Jésus Wedgwood était fils d'un ouvrier potier de Burslem (Staffordshire) qui, par surcroît, faisait valoir un lopin de terre pour ajouter à ses ressources. Il naquit en 1730, et fut dès son enfance initié aux mystères de l'art du potier. Ayant perdu son père à l'âge de onze ans, son frère aîné l'employa comme tourneur. Mais le pauvre enfant fut atteint peu après d'une violente attaque de variole dont il faillit mourir, et à la suite de laquelle il dut subir l'amputation de la jambe gauche. Faible et infirme, il se trouva dès lors réduit à ses propres ressources. La vie lui fut bien pénible d'abord ; et malgré tout son courage, il ne mangeait pas aussi souvent qu'il avait faim ; mais il était naturellement doué d'un goût très-délicat qui lui permit de créer des modèles charmants, et il trouva bientôt des acquéreurs pour ses assiettes à dessert auxquelles il donnait la forme de feuilles, pour ses petites poteries fantaisistes et pour ses manches de couteau, imitant la nacre, l'écaille, l'agate, etc.

La poterie anglaise était encore dans l'enfance à cette époque, surtout relativement à la forme. On ne faisait dans les manufactures que la faïence commune, et l'on se contentait des modèles consacrés par la routine, sans faire la moindre tentative pour les rendre plus élégants. La poterie de luxe, la faïence ornementale venaient du continent. Le succès remporté par Wedgwood dans sa sphère bornée, l'avait mis en état d'agrandir son établissement. Il songea qu'il pourrait, avec des efforts et de la persévérance, créer une industrie nouvelle dans son pays en y faisant la faïence artistique pour laquelle il était tributaire de l'étranger. Il se mit à l'œuvre et réussit.

Cependant Wedgwood trouva dans la grossièreté de la pâte habituellement employée par les potiers, un !obstacle à son succès complet. Il résolut de remédier à cet inconvénient capital et se mit à étudier toutes les espèces de terre de la contrée ; il en découvrit enfin une, mêlée de silice, qui, noire avant d'être mise au four, en sortait d'un blanc pur magnifique. L'application de cette découverte était tout indiqué : Wedgwood mêla à l'argile rouge employée jusque-là le silex en poudre, et obtint de la faïence blanche aussi belle que celle qu'on faisait venir à grands frais de l'étranger. Ce résultat devait, non-seulement faire sa fortune, mais donner naissance à une industrie qui occupe des milliers d'hommes, outre qu'il mettait à la portée des plus humbles une vaisselle élégante et fine, abordable seulement aux plus fortunés.

Ces succès de l'habile potier ne firent que le pousser avec plus d'ardeur à de nouvelles recherches, de manière à relever aussi haut que possible l'honneur de la vieille Angleterre quelque peu compromis, du moins en tant que poterie. Il n'avait reçu, on le devine assez, qu'une instruction des plus élémentaires ; et bien que son intelligence naturelle et son extrême pénétration lui tinssent lieu le plus souvent de ce qui lui manquait de ce côté, il résolut d'y pourvoir plus solidement. Il étudia surtout la chimie, dans le but d'apporter tous les perfectionnements possibles à l'art du potier; il y fit des progrès si rapides, qu'il ne tarda pas à marcher de pair avec les savants les plus estimés. Il adressa à la Société royale de Londres de nombreux mémoires sur un sujet d'autant plus intéressant qu'il était fort délaissé. Enfin il inventa un thermomètre ou plutôt le *pyromètre Wedgwood*, nom sous lequel on désigne encore aujourd'hui cet instrument, pour régler le degré de cuisson des diverses poteries.

Ses succès industriels allaient toujours grandissant, de telle sorte que, pour suivre ce mouvement, les établissements successifs de Wedgwood s'agrandissaient à mesure. Il découvrit ensuite cette faïence couleur de crème dont la reine Charlotte fut si enthousiasmée, qu'elle en commanda immédiatement un service complet, voulut qu'on la nommât poterie de la reine, et conféra à l'inventeur le titre de « potier royal. » Il inventa successivement sept ou huit espèces différentes de faïence, et ne se borna pas à reproduire les plus beaux modèles de l'antiquité et de la Renaissance, mais attacha à sa manufacture Flaxman, alors à ses débuts, pour lui composer des modèles originaux.

Quand le fameux vase Barberini, désigné depuis sous le nom de vase de Portland, fut mis en vente par sir William Hamilton, Wedgwood, espérant que des copies de ce vase magnifique seraient assurées d'une vente fructueuse, chercha à l'acquérir et entra pour cela en compétition avec la duchesse de Portland. Il consentit à ne point pousser davantage l'enchère, à la condition qu'il lui serait permis d'en faire prendre le modèle et d'en vendre un certain nombre de copies. En conséquence, le vase fut adjugé à la duchesse au prix de 1,800 guinées (près de 47,000 fr.), et Wedgwood en fit cinquante copies, qu'il vendit 50 guinées chacune, étant considérablement en retour, mais démontrant au moins ce dont, grâce à lui, la céramique anglaise était devenue capable.

Nous ne pouvons suivre dans tous ses perfectionnements l'illustre potier anglais, ni énumérer ses triomphes. Nous rappellerons toutefois que devant un comité de la Chambre des Communes, en 1785, il pouvait établir que, après avoir fondé l'industrie de la faïence artistique à l'aide de quelques ouvriers ignorants et peu rémunérés, il en était venu à fournir de l'occupation à 20,000 personnes, sans parler de l'augmentation de personnel que cette industrie avait nécessitée dans les mines de houille qui l'alimentaient, dans l'industrie des transports, etc.

Wedgwood mourut en 1795, à Etruria, village fondé par lui et où il avait installé ses manufactures. Divers monuments ont été érigés à sa mémoire : une statue en bronze à Stoke-sur-la-Trent et un institut près de Burslem, son pays natal.

Le plus méritant parmi les successeurs de Wedgwood est feu Herbert Minton, à qui l'industrie de la poterie dite faïence ou porcelaine d'Angleterre doit d'importants progrès et qui a en quelque sorte créé dans son pays celle des tuiles émaillées.

Il y a deux grandes classes de faïences : la faïence commune, rouge ou jaunâtre, et recouverte d'un vernis opaque blanc ou coloré; la faïence fine, dont la pâte, formée de silice, d'alumine, et parfois de chaux, est poreuse, blanche, et sa couverte de vernis généralement plombifère et transparent. Naturellement il y a des subdivisions nombreuses; par exemple, le vernis de la faïence fine n'est pas toujours transparent, il est souvent orné de peinture; la couverte elle-même n'est pas sans recevoir des modifications notables dans sa composition. Quant aux détails techniques de la fabrication, plus de la moitié de la besogne a été faite lorsque nous avons parlé de la poterie de terre commune, et il s'en faudra de bien peu que nous n'ayons épuisé le sujet quand nous aurons parlé de la porcelaine.

Il faut bien reconnaître d'ailleurs qu'ici notre but n'est pas de faire des potiers, mais d'instruire nos lecteurs qui l'ignorent des origines de l'industrie cëramique, de son histoire et de celle des hommes illustres grâce aux efforts, souvent aux sacrifices desquels elle a atteint le degré de perfection où nous la voyons, enfin des procédés de fabrication successivement en usage.

Vase de style persan.

XIII.

LA PORCELAINE.

Origine de la porcelaine.

La porcelaine est incontestablement d'origine chinoise. A quelle date et par qui fut-elle inventée? Les annales nationales sont muettes sur ces deux points. On pense qu'elle y fut inventée vers l'an 620 avant notre ère; en tout cas elle y était commune au IIᵉ siècle, et d'aussi loin qu'on se souvienne, le gros village de King-te-Tching en fabrique des quantités énormes, et de la plus parfaite.

Introduite au Japon vers l'an 27 avant J.-C., la porcelaine pénétrait en Europe, par les caravanes tartares, dès le vᵉ siècle, et au ıxᵉ siècle elle était abondante parmi les Arabes. Fort rare jusque-là dans l'Europe septentrionale et occidentale, la France, l'Angleterre, les Pays-Bas, l'Allemagne reçurent au commencement du xvᵉ siècle les premiers envois un peu importants de la nouvelle poterie de Chine.

La porcelaine tendre ou vieux Sèvres.

Les grands seigneurs acquirent à des prix fabuleux les spécimens de cette porcelaine sur lesquels ils purent mettre la main. Les potiers les plus habiles, les chimistes les plus savants cherchèrent à découvrir la composition et à deviner les procédés de fabrication de cette merveilleuse poterie. Mais ce fut bien longtemps en vain. On obtint pourtant, par des procédés extrêmement compliqués, une *espèce* de porcelaine, qui n'avait rien de la véritable, mais qui en offrait l'aspect presque exact et réunissait beaucoup de ses qualités. C'était une imitation vraiment heureuse, translucide comme la porcelaine, et à laquelle on a donné depuis les noms de porcelaine tendre, porcelaine vitreuse et *vieux Sèvres*. C'est un silicate alcalin additionné de chaux argileuse pour en affaiblir la transparence.

Cette imitation de la porcelaine de Chine fut réussie pour la première fois en France par le potier Claude Révérend, vers 1660. Peu après, Potherat, de Rouen, parvint au même résultat à peu près que Révérend; mais les produits de l'un et de l'autre laissaient encore beaucoup à désirer, et ce ne fut qu'en 1695 que les Chicanneau, de Saint-Cloud, parvinrent à donner cette belle et irréprochable porcelaine tendre, si blanche et d'une translucidité si parfaite. — Peu après, les recherches, d'abord assez vagues, d'un alchimiste allemand allaient le conduire à la découverte de la porcelaine *dure* de Saxe.

La porcelaine de Saxe. — Bœttgher et Tschirnhausen.

Jean-Frédéric Bœttgher, né à Schleir, près de Reuss, en 1685, débuta à Berlin comme élève apothicaire; mais il ne tarda pas à se livrer sans réserve à l'alchimie. Son creuset se refusant opiniâtrément à lui fournir l'or qu'il y cherchait, à quelque sauce qu'il l'accommodât, il se résigna à faire des dupes, en faisant croire qu'il avait trouvé le « grand œuvre. » Dans des expériences publiques habilement exécutées, il prouvait aux crédules qu'il avait réussi à faire de l'or, en montrant quelques parcelles du précieux métal laissées au fond du creuset, en apparence, par je ne sais quelle mixture diabolique qu'il avait fait évaporer, mais en réalité placées au bon endroit avant d'aborder l'opération. Faire des dupes est un moyen détourné, mais bien plus sûr que l'autre, de faire de l'or. Bœttgher l'éprouva bien; mais, entraîné par sa propre destinée, il devait aller beaucoup plus loin qu'il ne l'eût désiré.

La réputation de l'heureux alchimiste s'était répandue au loin. L'électeur de Brandebourg, Frédéric Ier, qui était un peu gêné pour le moment, ayant entendu parler de lui, résolut de s'emparer de sa personne, de l'incarcérer dans la forteresse de Spandau, qui lui servirait de laboratoire, et de lui faire faire de l'or tant qu'il pourrait. Bœttgher esquiva l'invitation princière en passant d'un électorat dans l'autre. Mais l'électeur de Saxe et roi de Pologne Frédéric-Auguste Ier n'était pas moins avide d'or que son voisin. Prévenant une nouvelle tentative d'évasion, il fit enlever l'alchimiste, l'écroua dans la forteresse de Kœnigstein, et le mit en demeure non-seulement de faire de l'or, toute affaire cessante, mais encore de lui apprendre à en fabriquer lui-même, cela sous les peines les plus terribles.

Après quelques tentatives faites pour la forme, car il ne doutait guère plus de leur résultat négatif, Bœttgher découragé s'abandonnait à son triste sort, lorsque son ami, le physicien, alchimiste et verrier Tschirnhausen, lui conseilla de chercher le secret de la porcelaine dure de Chine, qui, à cette époque, faisait travailler toutes les cervelles du monde savant. Tschirnhausen fit plus que de donner ce vague conseil à son ami, il l'appuya d'indications précieuses, tirées de son expérience comme verrier.

Bœttgher se mit à l'œuvre, et travailla longtemps infructueusement; mais s'étant aperçu qu'une certaine argile rouge, qui lui servait à faire des creusets, se vitrifiait à une haute température, et conservait en se refroidissant la forme qu'on lui avait donnée, il eut la bonne inspiration de l'employer à ses expériences, et réussit. Telle fut l'origine de la plus ancienne porcelaine de Saxe, dite porcelaine *haricot rouge* (1704), devenue aujourd'hui un objet de haute curiosité. Mais Bœttgher ne s'en tint pas là, et s'efforça d'obtenir, par l'essai de diverses terres, la couleur blanche, attribut essentiel de la vraie porcelaine. Il ne paraît pas avoir eu connaissance des procédés compliqués par lesquels on était déjà parvenu à fabriquer en France la porcelaine *tendre* Ce fut par un pur effet du hasard qu'il fut amené, en 1709, à faire usage, dans ses expériences, d'une terre blanche dont on commençait à se servir comme de poudre à perruque, et il se trouva qu'un des principaux ingrédients de cette terre était le kaolin. La porcelaine de Saxe était trouvée.

Bœttgher, dans l'espoir de recouvrer enfin sa liberté, s'empressa d'aviser l'électeur de sa découverte. Mais, loin de vouloir se séparer d'un homme dont l'industrie allait l'enrichir, à la condition qu'il ne la portât pas ailleurs, aussi sûrement que s'il avait trouvé le moyen de fabriquer de l'or en barres, Frédéric-Auguste résolut au contraire de ne pas le perdre de vue. Il lui fit construire des ateliers et des fours et le fit travailler sous la surveillance la plus rigoureuse. Cette première fabrique de porcelaine ayant réussi au delà des prévisions les plus optimistes, l'électeur en fonda une autre au château d'Albrecht, à Meissen, laquelle fut inaugurée le 6 juin 1710. En attendant qu'il y fût installé, le malheureux inventeur y était amené le matin et reconduit le soir à Dresde sous bonne escorte. Bœtgher s'éteignit dans ce château-manufacture, pour lui une prison, en 1719, autant de chagrin sans aucun doute que de toute autre chose : il n'avait pas trente-cinq ans !

La découverte de Boettgher avait fait grand bruit, comme on le pense bien, et il n'était pas de puissance grande ou petite, de ville ou de bourg un peu florissant qui ne voulût l'exploiter coûte que coûte. Des ouvriers de la manufacture de Meissen étaient à peine installés, qu'ils étaient l'objet des tentatives de corruption les plus éhontées ; mais la divulgation du précieux secret entraînait la peine de mort : il y avait de quoi réfléchir. Malgré cela, l'embauchage réussit beaucoup plus tôt qu'on n'aurait pu s'y attendre. Dès lors la fabrication de la porcelaine se développa rapidement en Europe. Il y eut successivement des manufactures de porcelaine à Brandebourg, dès 1713 ; à Anspach, en 1718 ; à Bayreuth, à Hochst, à Vienne, en 1720 ; à Doccia, près de Florence, en 1735 ; à Nymphenburg, près de Munich, en 1747 ; à Berlin, en 1751. Les premières fabriques de porcelaine établies en Russie datent de 1744. Il s'en établit une en 1750 à Strasbourg, mais elle était transportée à Frankenthal en 1753 ; enfin Naples eut sa manufacture de porcelaine en 1756, Madrid en 1759 ; la Suède en était dotée cette même année 1759, le Danemark seulement en 1772, etc.

La porcelaine en France. — La manufacture de Sèvres.

Cependant, en France, on s'en tenait encore à la porcelaine tendre, et pour cause. Dès le début, on avait fait demander aux missionnaires établis en Chine des renseignements sur les procédés de la fabrication et des spécimens des matières premières employées dans la pâte à porcelaine. La plupart des renseignements, obtenus d'hommes peu versés dans cette science et occupés d'un tout autre objet, étaient fort vagues. Toutefois, en 1712, on recevait d'un jésuite en mission, le P. Dentrecolles, des échantillons de *petun-tsé* (feldspath granuleux des minéralogistes) et de *kaolin*, les deux matières constituantes de la pâte à porcelaine de Chine, avec une description suffisante des procédés de

Vase-vaisseau à mât, en porcelaine de Sèvres (vme siècle).

Jardinière de Sèvres avec pâtes d'application (Exposition de 1874)

fabrication. Mais, ces terres précieuses, elles n'existaient pas en France; du moins n'en connaissait-on aucun gisement. Les renseignements du P. Dentre-

Vase de Sèvres, dit milieu (Collection de M. le marquis d'Hertfort).

Encrier de Marie Leczinska (porcelaine de Sèvres du XVIIIᵉ siècle).

14

colles ne pouvaient donc servir. Quant à la découverte de Bœttgber, elle ne pouvait, par les mêmes causes, rien changer à la situation. On se rabattit donc sur la porcelaine tendre.

En 1740, les frères Dubois, élèves de la manufacture de Saint-Cloud, après avoir fondé un premier laboratoire à Chantilly, en 1735, obtinrent l'autorisation d'établir un atelier de porcelaine au château de Vincennes, dont les produits furent exploités par une société dans laquelle Louis XV entrait pour un tiers, en 1753 A cette date, l'atelier des Dubois reçut le titre de Manufacture royale de France; en 1756, cette Manufacture royale était transportée à Sèvres, et trois ans après elle devenait propriété exclusive du roi. Telle est l'origine de la célèbre manufacture de Sèvres.

En dépit des savants du commencement du XVIIIe siècle et de la fin du XVIIe, le kaolin ne manqua pas en France. En mai 1874, M. Schœssing, directeur de l'Ecole d'application des tabacs, faisait à l'Académie des sciences une communication d'après laquelle il y en aurait partout où il y a de l'argile. On aurait bien dû s'en assurer plus tôt, en vérité. Mais dans ce temps-là, il y avait peu de savants capables d'avouer humblement que quelque chose pût exister qu'ils ignorassent. On leur présentait du kaolin en poudre : « Nous ne connaissons pas cela, auraient-ils pu dire, mais nous chercherons. » Point. Ils répondaient doctoralement : « Cela n'existe pas dans ce pays. » Le hasard se chargea de leur infliger un démenti.

C'était en 1768. Mme Darcet, femme d'un obscur chirurgien de province, aperçut dans les ravins de Saint-Yrieix-la-Perche, près de Limoges, une terre blanche et grasse comme l'argile, dont elle rapporta chez elle un échantillon, la croyant utilisable pour le blanchissage du linge. Elle montra cette terre à son mari. Celui-ci conçut le soupçon que cette argile pourrait bien être l'argile à porcelaine véritable ou tout au moins quelque chose qui pourrait la remplacer. Il en envoya au chimiste Macquer, qui, dès juin 1769, pouvait présenter à l'Académie des sciences des pièces de porcelaine qu'il avait fait fabriquer à Sèvres avec cette argile. — L'industrie de la porcelaine était fondée en France.

La manufacture de Sèvres, qui jouit d'une renommée universelle et exporte ses produits jusqu'en Chine, a été transférée dans le parc de Saint-Cloud, pour cause d'insuffisance et de vétusté des anciens bâtiments. L'inauguration de la nouvelle manufacture eut lieu avec la solennité convenable le 17 novembre 1876. Des critiques assez vives, et dans une certaine mesure justifiées, ayant signalé la voie regrettable dans laquelle se trouvait engagée la manufacture qui déjà avait fait preuve d'infériorité à l'Exposition de 1867, M. Jules Simon, ministre de l'instruction publique et des beaux-arts, décida, en 1871, que le directeur serait désormais un artiste et non un savant. En conséquence, M. Robert, peintre, fut investi de ces fonctions. La manufacture de Sèvres est aujourd'hui dirigée par cet artiste éminent, secondé par une commission de perfectionnement qui, depuis 1874, se compose de treize membres. Cette commission a institué un concours annuel et un prix, dit *Prix de Sèvres*, de la valeur de 2,000 fr., à décerner au vainqueur dont le modèle couronné serait exécuté dans l'année à la manufacture. Le premier de ces concours a eu lieu en 1875.

Annexes de la manufacture de Sèvres. — Le musée céramique.

Une école élémentaire graduée et pratique de dessin et une école de mosaïque ont été en outre créées à Sèvres cette même année 1875. Nous rappellerons enfin le magnifique musée céramique qu'y a fondé Brongniart, son directeur d'alors, en 1824, et dont nous dirons quelques mots avant de faire aux ateliers une visite indispensable.

Le premier fonds du musée céramique de Sèvres se composait des vases antiques de la collection Denon, achetés par Louis XVI en 1785, et des différents types de poteries françaises demandés aux préfets vers 1808. C'était assez maigre. On y pourvut par de nouvelles demandes aux préfets, aux explorateurs, aux officiers de marine, aux directeurs des manufactures et des musées de l'étranger et aux détenteurs particuliers. Brongniart lui-même rapportait de chacun de ses voyages les objets de céramique qu'il avait pu se procurer : briques, poteries anciennes et modernes, plans de fours, matières premières, couleurs, etc.

« Il s'était, dès le principe, dit un recueil spécial, attaché un jeune peintre de fleurs, blessé à l'œil par une pierre lancée de la route au moment où il sortait de la manufacture, et qui, par suite de cet accident, voyait sa carrière brisée. Riocreux, grâce à son intelligence et à un travail persévérant, sut si bien profiter des leçons de son savant directeur, qu'il mérita bientôt d'être nommé conservateur du musée, auquel il n'a cessé de se dévouer jusqu'à l'époque de sa mort, en 1872. En 1844, il eut l'honneur d'associer son nom à celui de Brongniart dans la publication du *Catalogue illustré* du musée, complément de l'admirable *Traité des Arts céramiques*.

« Appliquant à la céramique cette méthode analytique si claire et si logique que les savants du commencement du siècle avaient apportée dans les différentes branches de la science, et que lui-même avait employée pour le classement des collections géologiques du Muséum, Brongniart divisa les poteries en plusieurs classes, parfaitement définies par les caractères distinctifs des terres et des couvertes.

« La première classe, comprenant les poteries mates, commence au berceau de l'humanité, et nous montre les poteries à peine cuites et grossièrement façonnées à la main des peuples primitifs, à côté des vases grecs si fins et si purs dans leur forme et leur ornementation. Deux des vitrines les plus remarquables de cet ordre sont certainement celles qui contiennent les poteries antiques du Pérou et du Mexique, rapportées et données par le capitaine Cosmao-Dumanoir. Il y a là un art véritable, ignoré ou mal connu jusqu'à présent, et les vases que renferment ces vitrines sont au moins aussi intéressants au point de vue de la fabrication et de l'ornementation, que curieux sous le rapport de l'histoire du symbolisme religieux des peuples primitifs de l'Amérique méridionale.

« La classe des poteries vernissées est riche en spécimens des XIVe et XVe siècles, grâce surtout à la libéralité de M. Arthur Forgeais, qui a donné au musée la plus grande partie des objets en terre cuite exhumés du sol parisien ou ramenés par la drague du fond de la Seine, pendant une période de plus de dix années. La collection est riche également en poteries vernissées des fabriques de Beauvais, et renferme quelques spécimens de ces belles terres d'Avignon, si remarquables de fabrication et si éclatantes sous leur vernis imitant l'écaille.

« Quoique n'étant pas aussi riche, à beaucoup près, que le musée du Louvre, la collection de Sèvres contient des échantillons admirables des principales fabriques italiennes des XVe, XVIe et XVIIe siècles. A côté du plat si curieux portant la date de 1485, de la belle coupe d'Urbino, de la vasque de Venise, et de tant d'autres pièces qu'il serait trop long d'énumérer ici, le musée montre avec orgueil la merveilleuse *Vierge à l'enfant* de l'école de Luca della Robbia, acquise tout récemment, et qui restera comme un des monuments les plus remarquables de la sculpture et de la céramique florentines au xve siècle.

« Nous recommanderons aux artistes les faïences orientales hispano et siculo-mauresques, plats persans, aiguières, bouteilles, brûle-parfums, carreaux, et plaques de revêtement....

« Nulle autre part également on ne pourrait trouver une collection aussi importante et surtout aussi complète des produits de la céramique française. Nevers, avec ses décors imités de l'italien, ses beaux bleus persans à arabesques en blanc d'application, ses saladiers à sujets grivois et ses assiettes avec les saints patrons de leurs propriétaires ; Rouen et ses plats à décors de style rayonnant, qui semblent empruntés aux plus belles rosaces de nos cathédrales, son ornementation polychrome à lambrequins et ses cornes d'abondance ; Moustier, avec ses arabesques si fines et ses dessins copiés sur ceux de Bérain ; Saint-Cloud, dont les produits peu communs montrent les différents outils employés par les artisans qui les faisaient fabriquer, ou portent, sous une décoration de style rouennais, les marques des châteaux royaux auxquels ils étaient destinés ; Strasbourg et ses beaux bouquets peints avec des couleurs d'or ; Sceaux, Chantilly, Clermont-Ferrand, Montpellier, Saint-Amand et ses décors à dentelles, et tant d'autres centres de production céramique du siècle dernier, montrent aux collectionneurs et aux érudits leurs plus beaux produits et prouvent, par leur variété même, combien était vivace cet art qui, après avoir procédé dans le principe par imitation, a su si promptement se faire essentiellement français.

« La première pièce des vitrines qui renferment la faïence fine en *terre de pipe* démontre, d'une façon indiscutable, que l'intention de Brongniart, en créant le musée de Sèvres, était surtout d'en faire un musée d'enseignement, et de permettre ainsi d'étudier les différents procédés de fabrication plutôt que de réunir dans un simple but de vaine curiosité les spécimens que nous ont légués les siècles passés : il n'a pas craint de *scier* le pied d'une coupe de ces rares faïences d'Oiron (plus connues sous le nom de faïences de Henri II), afin d'en étudier le mode de fabrication pour l'appliquer à la porcelaine, et l'on peut voir plus loin, dans une autre vitrine, la mise en œuvre de ce même procédé, point de départ des pâtes colorées, si employées aujourd'hui dans un autre genre de fabrication.

« A côté de ces belles porcelaines en pâte tendre fabriquées à Vincennes, à Sèvres, à Saint-Cloud et à Chantilly, dans la dernière moitié du siècle dernier, le musée céramique montre avec orgueil la première pièce de porcelaine tendre fabriquée à Rouen, par Edme Potherat, en 1680, et les essais tentés à Florence au xvie siècle par le duc François de Médicis.

« La porcelaine dure commence ensuite, avec les différentes sortes de porcelaines chinoises et japonaises anciennes et modernes, à décors polychromes, à décors bleus, sans couvertes, réticulées, craquelées, à imitation de gravures européennes, etc., et continue avec les premières pièces faites à Meissen, en Saxe, copiées d'abord sur les porcelaines orientales, jusqu'au moment où, plus maîtres de la fabrication, Bœttgher et ses successeurs purent produire ces délicieuses petites statuettes et ces vases à fleurs en relief si recherchés aujourd'hui sous le nom de *vieux saxe*. Toutes les fabriques européennes sont dignement représentées dans cette collection sans rivale : Vienne et ses lustres métalliques, Berlin et ses lithophanies, Copenhague avec ses reproductions en

Prix du concours de Sèvres (Vase composé par M. Chéret).

biscuit des belles statues de Thorvaldsen, Doccia et ses porcelaines si fines à
décorations d'or en relief, etc., etc.

« Les dernières vitrines de la porcelaine dure sont occupées par les produits de Sèvres ; l'immobilisation au profit de la manufacture d'un grand nombre de pièces importantes, a permis de conserver au musée des spécimens des produits de la manufacture depuis le commencement du siècle. On peut suivre ainsi pas à pas les transformations du goût et les caprices de la mode, depuis les assiettes à bordure de canons, de casques autrichiens ou d'hiéroglyphes du commencement de ce siècle, les services à décoration ogivale et à personnages à *crevés* du faux gothique de la Restauration; les vases si lourds, surchargés d'ornements d'un goût douteux, mais toujours admirablement exécutés, du règne de Louis-Philippe, jusqu'aux décorations de l'époque actuelle, si variées par suite de l'emploi des nouveaux procédés découverts en céramique depuis vingt ans.

« Nous signalerons également la vitrine où sont déposés une partie des modèles en terre cuite des sculpteurs à la mode de la fin du siècle dernier : Clodion, Pajou, Falconnet, Caffieri, etc., et celles qui renferment les faïences et les émaux dont la fabrication a cessé depuis quelques années. La manufacture de Sèvres est avant tout, en effet, une fabrique de porcelaine; et si, à certaines époques, elle doit faire les recherches et les sacrifices nécessaires pour donner une impulsion nouvelle à une branche quelconque des industries qui se rattachent à la céramique, elle n'a plus aucune raison de continuer, alors qu'elle a livré libéralement aux fabricants et aux artistes les résultats et les procédés qu'elle a obtenus. C'est ainsi que la fabrication des vitraux y a cessé, malgré la splendide exécution des vitraux de la chapelle de Dreux, du château d'Eu et de tant d'autres, et qu'elle a été obligée d'interrompre la production des émaux.... »

Enfin, on remarque encore, au musée céramique de Sèvres, la vitrine où se trouvent exposés tous les essais tentés à la manufacture depuis sa fondation, et celles qui contiennent les modèles de fours, moufles, etc., les matières premières employées pour les diverses sortes de poteries, les exemples variés des procédés de fabrication, des accidents qui se produisent à la cuisson et des moyens de les prévenir.

Le musée céramique de la manufacture de Sèvres est unique au monde, et une visite à ses vitrines en apprend plus sur l'histoire de la poterie que la lecture d'un gros volume sur le même sujet.

Fabrication de la porcelaine à la manufacture de Sèvres.

Ce que nous avons dit, au cours de cette étude, de la porcelaine tendre et de la porcelaine dure, suffit sans doute à donner une idée de la différence des pâtes employées à la fabrication de ces deux sortes de poterie. La pâte à porcelaine dure varie elle-même, mais peu, suivant l'objet auquel on la destine, et aussi suivant les pays. A la manufacture de Sèvres, par exemple, trois sortes de pâtes sont employées : la pâte de service, la pâte de sculpture et la pâte chinoise. La base de la pâte à porcelaine dure est toujours le kaolin; quelquefois il s'y trouve à l'état pur; d'autres fois, il y est mélangé de marne, de magnésie, de feldspath ou de craie. La glaçure ou *couverte* est généralement formée de feldspath quartzeux, contenant de la silice, de la chaux, de l'alumine et des traces de magnésie.

On comprend que nous ne puissions nous appesantir sur ces détails. Nous considérerons donc la pâte et la couverte comme préparées, et nous étudierons

LA MANUFACTURE DE SÈVRES. — L'atelier des tourneurs et répareurs et du petit moulage.

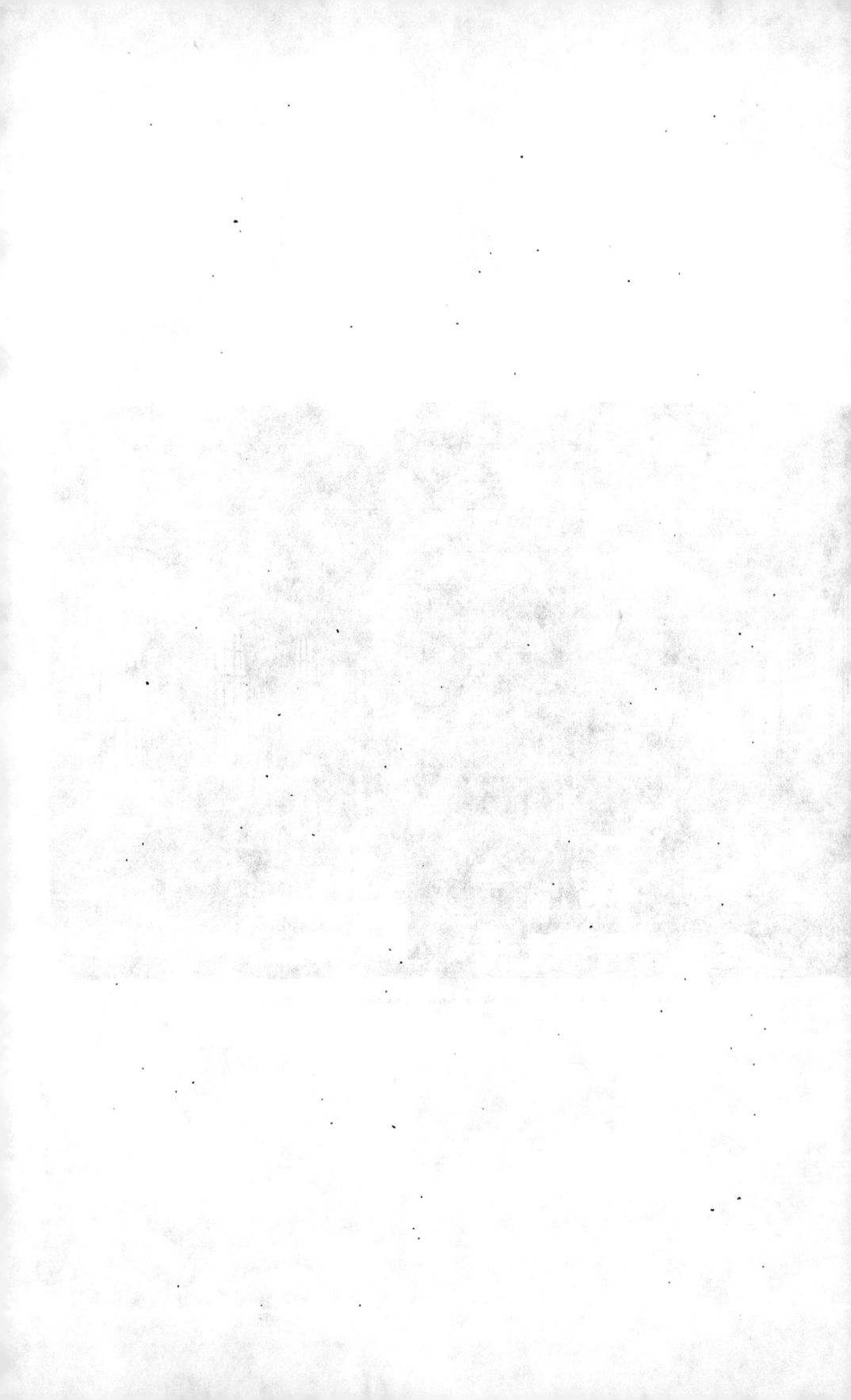

leur mise en œuvre, non pas partout non plus, mais au moins à la manufacture de Sèvres, la première du monde après tout.

Battage, tournage, moulage et rachevage des pièces. — La première opération que subit la pâte à porcelaine est celle du *battage*. Un ouvrier spécial prend une quantité de pâte approximativement suffisante pour l'objet à la confection duquel elle est destinée; il la roule en boule dans ses mains, la jette avec violence sur une table de marbre, la reprend, et renouvelle plusieurs fois ce manége, qui a pour but d'expulser de cette pâte jusqu'à la moindre bulle d'air : c'est ce que nous avons déjà vu faire pour les pâtes à poterie commune. Quand, en la coupant avec un fil de laiton, on constate qu'aucune soufflure ou fissure ne s'y remarque, la pâte est bonne à mettre en œuvre, et elle passe aux mains du tourneur.

Nous avons aussi décrit le tour du potier, cet instrument primitif mais suffisant; il n'y a pas lieu d'y revenir. La pâte, fixée sur la plate-forme supérieure, ou *girelle*, du tour, est façonnée par les mains de l'ouvrier, mouillées de pâte très-claire appelée *barbotine*, pour prévenir l'adhérence des doigts.

Nous avons également fait allusion à l'intérêt du spectacle offert par cette boule grossière prenant, sous les doigts de l'ouvrier, les formes les plus délicates et les plus variées. Ajoutons que c'est à la manufacture de Sèvres qu'il faut aller pour jouir de la plénitude d'un pareil spectacle, car ses tourneurs sont d'une habileté sans égale.

Une fois tournées, les pièces sont exposées à l'air pendant plusieurs jours, pour sécher. Ensuite, elles sont replacées sur le tour, et, à l'aide d'outils affilés de formes diverses, rappelant plus ou moins ceux des tourneurs sur métaux, et désignés en général sous le nom de *tournassins*, le tourneur ébarbe, accentue les arêtes; rabote les moulures, les gorges, les revers de feuille ; corrige les imperfections et fixe les parois à l'épaisseur voulue.

Pour les assiettes et autres pièces circulaires et plates, on étend d'abord la pâte sur une peau de mouton, puis on la retourne sur un moule en plâtre placé sur la girelle du tour ; la surface est égalisée à l'aide d'une éponge imbibée de barbotine, et la pièce est amenée à l'épaisseur convenable au moyen d'un calibre ou *gabarit*.

Les pièces que leur forme ne permet pas de façonner sur le tour sont moulées. Le moule est en plâtre et divisé en deux parties représentant, jointes, la forme en creux de l'objet à mouler. On remplit de pâte ces deux parties et on les joint. La pâte séchée, on rouvre le moule, opération rendue facile par le retrait de la pâte. S'il s'agit d'anses de vases ou d'ornements à rapporter, on les colle avec de la barbotine un peu épaisse, et, le grattoir ayant fait son office, un profane serait bien embarrassé de trouver la trace du raccord. Il va sans dire que si les pièces à mouler n'ont qu'une face, les moules ne sont pas en deux parties.

Une autre méthode, désignée sous le nom de « moulage à la croûte, » est appliquée au façonnage des pièces creuses de grande dimension, telles que cuvettes, soupières, couvercles bombés, etc., de la manière suivante :

La pâte est étendue sur la table de marbre au moyen d'un rouleau en bois semblable à celui des pâtissiers. On tapisse ensuite l'intérieur d'un moule de cette pâte étendue en couche mince, en appuyant contre les parois au moyen d'une éponge légèrement imbibée de barbotine. La pâte séchée, comme dans toute autre opération de moulage, s'enlève aisément.

Une troisième méthode de moulage est beaucoup employée dans les manufactures de porcelaine; c'est le « moulage par coulage. » On l'applique aux
pièces creuses qui doivent avoir très-peu d'épaisseur. comme une tasse aux
parois très-minces, par exemple, ou un tube. Voici dans ce dernier cas la
manière d'opérer : on prend un moule en deux parties, en deux coquilles,
pour employer l'expression technique ; on le place verticalement et l'on bouche
l'extrémité inférieure avec un tampon de peau. Cela fait, on remplit le moule de
barbotine ; elle s'affaisse un peu d'abord, mais on recommence et l'on ne
s'arrête que lorsqu'il n'y a plus apparence d'affaissement. On enlève alors le
tampon ; beaucoup de barbotine s'échappe par l'issue ouverte, mais il en reste
suffisamment, attachée aux parois du moule où elle forme une couche continue. Quand cette couche s'est un peu raffermie, on recommence l'opération
jusqu'à ce que le tube ait l'épaisseur requise.

Pour faire une tasse, l'opération est encore plus simple : on verse dans le
moule, qui n'est qu'une simple cavité ménagée dans un bloc de plâtre, de la
barbotine très-claire ; l'eau de la barbotine traverse les pores du plâtre, et la
terre se colle aux parois du moule : on peut s'en tenir là et rejeter l'excédant
de barbotine, si l'on veut obtenir une de ces gracieuse coquilles d'œuf qu'un
souffle briserait ; dans le cas contraire, on la laisse séjourner aussi longtemps
que l'exige l'épaisseur qu'on désire donner aux parois de la tasse, c'est-à-dire
jusqu'à ce que les parois soient couvertes d'une épaisseur de terre suffisante.

On a également recours au coulage pour de très-grandes pièces, mais ici la
méthode usuelle doit nécessairement subir des modifications importantes, car
il serait difficile de maintenir par le seul effet du coulage une matière aussi
fluide que la barbotine dans les angles, les gorges étroites de l'intérieur du
moule, si l'on n'avait recours à des moyens de persuasion sans réplique. Ces
moyens sont la pression à l'air comprimé et le vide.

Dans le premier cas, quand la barbotine, amenée d'une cuve à l'intérieur du
moule en plâtre hermétiquement fermé, à l'aide d'un tube en caoutchouc, a été
déposée en quantité suffisante sur les parois, on ferme le robinet de ce tube
pour ouvrir le robinet inférieur permettant au surcroît de liquide de s'échapper,
et en même temps on en ouvre un troisième, celui d'un tube qui communique
avec une pompe de compression et qui envoie dans le moule de l'air comprimé
dont l'action sur les parois revêtues d'une pâte très-disposée à s'affaisser se
devine d'elle-même.

Pour le coulage au moyen du vide, voici comment on opère : on laisse
ouverte la partie supérieure du moule, au lieu de la luter avec précaution
comme dans l'expérience précédente, et on le recouvre d'une espèce de caisse
de tôle qui l'enveloppe entièrement, sauf sa partie supérieure qui demeure
ouverte. La barbotine amenée à l'intérieur du moule et l'excès de liquide
écoulé, on fait jouer une machine pneumatique qui fait le vide entre la caisse
de tôle et les parois extérieures du moule. La pression atmosphérique s'exerce
alors librement dans l'intérieur de ce dernier, n'étant point combattue par la
pression extérieure, puisque le vide y a été substitué ; la pâte, en subissant
cette pression, s'applique en conséquence avec force contre les parois dont elle
tendait à se détacher. L'effet est donc le même que dans le premier cas, si la
cause est relativement différente.

Le façonnage ainsi terminé, de manière ou d'autre, et la pâte étant séchée,
on procède au *rachevage*. Nous avons parlé d'un des moyens de rachevage les
plus ordinaires qu'on appelle le *tournassage* ; il y a aussi le *grattage*, le *remplissage* ou bouchage des trous qui ont pu se produire à la suite des manipu-

LA MANUFACTURE DE SÈVRES. — L'atelier pour le grand moulage par le vide et l'air comprimé.

lations précédentes, l'*évidage*, l'*estampage* et le *moletage* (applications d'ornements en creux ou sur fond creux à la molette ou au cachet), le *sculptage*, et
enfin le *garnissage*. Ces termes techniques servent à désigner des *retouchages*
divers qu'il n'est guère besoin d'expliquer plus amplement.

Cuisson. — Il reste à mettre les pièces au four. Ce four est construit en
briques réfractaires maintenues par des cercles en fer, et offre l'aspect d'une
haute tour cylindrique ; il est à deux étages voûtés. A la base et sur les côtés
de cette tour sont quatre foyers ou *alandiers*, placés à intervalles égaux, dont
la flamme, par des canaux latéraux, traverse les étages ou laboratoires, et dont
la fumée se dégage, au moyen d'autres canaux pratiqués dans les voûtes, par
la cheminée supérieure. Au premier étage sont placées les pièces qui doivent
subir la cuisson complète, au second celles qui ne doivent subir que la demi-
cuisson ou *dégourdi*.

LA MANUFACTURE DE SÈVRES. — L'empilage des casettes.

Ces dernières sont des pièces qui n'ont pas encore reçu la *couverte* ; cette
demi-cuisson, qui rend la terre très-poreuse et perméable aux liquides, équi-
vaut pour elles à un complément de dessiccation. Ce n'est qu'après cette
épreuve qu'elles sont en état pour la « mise en couverte, » et elles retournent
alors dans le four pour subir la cuisson complète.

Les pièces de porcelaine, nous l'avons au moins laissé entrevoir, ne sont pas exposées à l'action directe du feu, encore moins de la fumée qui les noircirait. On les enferme dans des étuis en terre réfractaire appelés *casettes*, qu'on empile les uns sur les autres de manière à former des colonnes qui s'élèvent jusqu'à une petite distance de la voûte. Ces colonnes, élevées les unes auprès des autres, sont réunies ensemble par des contre-forts d'argile qui les soutiennent. On ferme la porte du laboratoire une fois remplie, et l'on allume le feu des alandiers qu'on doit entretenir pendant trente-six heures à une égale température, qui, pour le premier étage, atteint seize cents degrés. Il y a d'ailleurs des pyromètres ou des pyroscopes pour prévenir l'ouvrier que la cuisson a atteint le degré nécessaire, et des *visières* pour l'aider à s'en assurer.

Moufle pour cuire les porcelaines peintes.

Un petit nombre de couleurs à porcelaine peuvent supporter une si haute température, on les appelle pour cela « couleurs de grand feu ; » mais le plus grand nombre sont « couleurs de moufle, » ainsi désignées parce qu'il faut employer des moufles pour la cuisson des pièces qu'elles décorent. Ce moufle n'est autre chose qu'une grande casette, divisée en compartiments et en étages par des tablettes sur lesquelles on pose les pièces à cuire. L'intérieur est,

LA MANUFACTURE DE SÈVRES. — Le grand four à porcelaine (élévation et coupe).

comme dans le grand four, hors des atteintes directes de la flamme, et à sa partie supérieure est pratiquée une ouverture permettant l'évacuation des vapeurs exhalées par les couleurs sous l'action du feu. On y surveille la cuisson à l'aide de *visières* ou ouvertures fermées d'un tampon de terre cuite mobile, par lesquelles on examine de temps en temps ce qui se passe dans l'intérieur du moufle.

Outre la manufacture de Sèvres, on fabrique la porcelaine en France à Limoges, à Chantilly, à Bayeux (Calvados), à Vierzon, à Champroux (Allier), à Valentine (Haute-Garonne), à Toulouse et à Villedieu (Indre).

XIV.

LE VERRE.

Histoire.

L'origine de la fabrication du verre se perd, suivant la formule consacrée, dans la nuit des temps. Naturellement la Chine est indiquée dans beaucoup d'ouvrages spéciaux comme ayant fait la découverte des procédés de cette fabrication, avant tout le monde ; mais rien n'est moins prouvé. Comme toutes les grandes découvertes d'ailleurs, celle de la fabrication du verre est vraisemblablement due au hasard, mais à quel hasard ? Aucune tradition historique sérieuse ne l'explique. Voici à ce propos la légende dont Pline s'est fait l'écho :

Quelques marchands de Tyr, jetés par une tempête sur les côtes de Phénicie, s'arrêtèrent près du Belus et allumèrent du feu sur le sable pour faire cuire quelques provisions dont ils étaient porteurs, à l'aide d'herbes sauvages qui croissaient dans le voisinage. De l'action du feu sur le sable et de la combinaison de la silice avec les cendres produites par l'incinération des plantes, résulta, au grand étonnement des marchands repus, un corps à peu près transparent, lisse et dur, c'est-à-dire du verre. Frappé de la beauté de ce produit nouveau et du parti qu'on pourrait tirer de sa fabrication en grand, l'un des voyageurs, de retour dans son pays, se livra à d'actives recherches sur les causes du phénomène, sur les moyens de le reproduire d'une manière constante, et, après beaucoup de tentatives vaines, réussit enfin à fabriquer le verre.

Celle-là n'est déjà pas mauvaise ; il y en a pourtant encore une autre qui ne vaut guère moins : « Aucuns, dit Bernard Palissy, racontent que les enfants d'Israël ayant mis le feu en quelque bois, le feu fut si grand, qu'il eschauffa le nitre avec le sable, jusqu'à le faire couler et distiller le long des montagnes, et que dès lors on chercha à faire artificiellement ce qui avoit esté fait par accident pour faire le verre. »

Entre ces deux légendes le choix est difficile ; elles peuvent être vraies ou fausses toutes les deux. En tous cas, il est hors de doute que Tyr fabriquait le verre à une époque très-reculée, et qu'elle employait à cette fabrication du sable recueilli sur les rives du Belus.

Le verre fut également fabriqué de très-bonne heure en Egypte. Il est très-difficile de savoir lesquels le fabriquèrent les premiers, des Phéniciens ou des Egyptiens. Dès le IIe siècle de notre ère, Alexandrie fournissait Rome d'objets de verre exécutés avec une grande perfection, bien que Rome possédât déjà, à cette époque, des verreries auxquelles était assigné un quartier spécial de la ville ; et dès 272, Aurélien, vainqueur de Firmus, frappait d'une lourde taxe les verreries d'Egypte. Les verriers d'alors s'occupaient particulièrement de la fabrication de flacons et de vases d'ornement, dont il nous est resté des spécimens attestant leur incontestable habileté.

Pline fait remonter l'invention du verre à plusieurs siècles avant Jésus-Christ et en attribue l'honneur aux Sidoniens, qui non-seulement le coulaient, mais avaient découvert le moyen de le souffler. Ce serait donc, suivant Pline, à la Phénicie qu'il faudrait décerner la palme.

Quoiqu'il nous soit difficile aujourd'hui d'imaginer une maison confortable sans fenêtres vitrées, on fabriqua longtemps le verre sans songer le moins du monde à l'employer à cet usage. Les maisons orientales avaient rarement, — comme aujourd'hui, du reste, — des fenêtres à leur façade ; quant à celles des côtés, des jalousie doublées de rideaux l'été, et l'hiver de papier huilé, remplaçaient, quelques-uns disent avantageusement, les vitres de verre actuelles. A Rome et dans les autres villes de l'empire, on employait au même usage des feuilles minces d'une espèce de pierre appelée *lapis specularis*. On y employait aussi le marbre, l'agate, la corne, découpés en plateaux très-minces, ou de la toile et une espèce particulière de papyrus égyptien.

Saint Jérôme, qui vivait au Ve siècle, nous apprend que de son temps on employait déjà le verre aux fenêtres, et assure que cet usage remontait à la fin du IIIe siècle. Grégoire de Tours, qui vivait à la fin du VIe siècle, dit que, dès le IVe siècle, les églises de France étaient pourvues de vitres coloriées

Les premières verreries établies en Europe le furent au XIIIe siècle, à Venise, qui conserva pendant près de quatre cents ans le monopole de ce genre d'industrie. Celles de France remontent au XIVe siècle.

Æneas Sylvius Piccolomini, depuis pape sous le nom de Pie II, cite comme un exemple de la splendeur de Vienne, en 1458, que les fenêtres de la plupart des maisons étaient vitrées.

La première verrerie anglaise date de 1557, et fut érigée à Crutched-Friars (Londres) ; une seconde s'établit peu après dans le Strand ; mais ces deux établissements ne fabriquaient que des vitres et des bouteilles grossières, et l'Angleterre continua à tirer de Venise les articles de verre plus délicats, jusqu'en 1673, époque où le duc de Buckingham fonda une grande manufacture de glaces et de vitres fines et fit venir pour l'exploiter des ouvriers d'Italie.

La France, en ceci, comme nous l'avons vu, avait prévenu l'Angleterre. Dès le XVe siècle, de nombreuses verreries s'y établissaient ; et lorsque Colbert arriva aux affaires, il trouva une industrie florissante, nationale, à laquelle ce grand ministre donna une puissante impulsion. Il appela, à l'imitation de Buckingham, des ouvriers vénitiens auxquels il fit de grands avantages, et éleva, avec leur secours, la verrerie française à la hauteur de ses rivales les plus célèbres.

Nous ne pouvons nous étendre comme nous le désirerions sur l'histoire de la verrerie en France ; les priviléges attachés à la profession par édits royaux disent assez en quel honneur on la tenait. Le vent de la Révolution a dispersé tous ces priviléges et a bien fait, même au point de vue purement industriel, puisque l'industrie en général, et l'industrie du verre en particulier, n'a pas cessé depuis lors de progresser rapidement.

Laissant donc de côté les gentilshommes-verriers et leurs priviléges, nous nous bornerons à rappeler que le coulage des glaces fut inventé par Abraham Thévart, au XVII° siècle, et que M. de la Bastie a découvert, ou peut-être seulement retrouvé, en 1877, un procédé pour rendre le verre incassable. — Nous disons retrouvé, parce qu'il nous souvient de certain architecte en disgrâce auquel Tibère, au témoignage de Pline et autres, fit trancher la tête, parce qu'il lui avait présenté une coupe qu'il n'avait pu casser en la jetant violemment à terre, qu'il n'avait réussi, enfin, qu'à *bossuer*.

Il est vrai que si le verre *trempé* ne se casse pas, il se bossue encore moins ; — ce qui ne saurait être compté pour un progrès.

Quant au coulage des glaces, il n'est pas absolument exact de l'attribuer à Thévart. D'après le magnifique ouvrage de M. Péligot sur le *Verre, son histoire et sa fabrication* (Paris, 1877), c'est sous le règne de Louis XIV et sous le patro-nage de Colbert que fut fondée la première fabrique de glaces en France, et avec des ouvriers vénitiens, enlevés non sans peine à leur pays, car il y avait pour eux danger de mort à « transporter leur art en pays étranger, » confor-mément à l'article 26 des statuts de l'Inquisition d'Etat.

La manufacture fut fondée au faubourg Saint-Antoine ; elle ne fit pas ses affaires, et bientôt elle entra en rapports avec un gentilhomme-verrier de Normandie, Richard Lucas de Néhon. Celui-ci dirigeait à Tourlaville, près Cherbourg, une verrerie prospère ; il avait acheté les secrets de Venise de certains ouvriers de Strasbourg qui les avaient surpris. « Telle, dit M. Péligot, paraît avoir été l'origine de notre première fabrique de glaces soufflées ; quelques années plus tard, en 1673, les glaces françaises étaient plus parfaites que celles de Venise, et, dès l'année précédente, un arrêt du Parlement prohi-bait expressément l'entrée des glaces venant de l'étranger. » Cette prohibition a duré jusqu'au traité de commerce de 1860.

Tourlaville envoya ses glaces à la fameuse galerie des Fêtes de Versailles. On sera surpris des prix que les glaces atteignaient à cette époque. M. Vatout a publié les devis de Versailles ; la glace coûtait 10 livres le pied quand elle avait 14 pouces de haut, 60 livres pour une hauteur double, 230 à 425 livres pour une hauteur de 30 à 40 pouces de haut.

Dans l'inventaire de Colbert (1663), un miroir de Venise, de 46 pouces sur 26, bordé d'argent, est estimé 8,016 livres 10 sols.

Pierre de Bagneux succéda à Lucas de Néhon, et, sur le rapport de Louvois, reçut un nouveau privilége en 1684 ; mais bientôt, laissant à celui-ci la con-cession des petites glaces, Louvois, en 1688, accorda à un bourgeois de Paris, Abraham Thévart, le privilége de fabriquer par des machines que celui-ci avait inventées les grandes glaces au-dessus de 60 pouces sur 40. Thévart n'était qu'un prête-nom ; c'est en réalité Louis Lucas de Néhon, qui avait quitté la compagnie de Bagneux, qui est parvenu par le procédé nouveau de coulage à faire les premières grandes glaces. Cela fit tant de bruit, que Louis XIV voulut recevoir lui-même les quatre premières glaces coulées.

Telle est l'origine de la célèbre manufacture de Saint-Gobain. Cet ancien domaine royal tout en ruines, situé près de la Fère, fut choisi à cause de la proximité des bois et de la rivière d'Oise, descendant à Paris. La Société de Saint-Gobain a eu jusqu'en ces derniers temps un monopole de fait pour le coulage des grandes glaces. Sa supériorité a été due aux efforts de ses directeurs. En 1756, Pierre Deslandes substitua aux soudes brutes d'Alicante les sels de soude purs qu'il en faisait extraire, et ajouta de la chaux à la composition pour remplacer les matières terreuses retirées par le lessivage.

C'est de Byzance, où Constantin avait transféré le siége de l'empire, que les Vénitiens, en rapports continuels de commerce avec cette capitale, tirèrent les ouvriers verriers qui devaient créer chez eux un art dont ils restèrent longtemps

Verre de Murano.

les maîtres et dont l'île de Murano devint le centre actif. C'est à Murano que furent fabriqués ces verres émaillés ou colorés d'une si parfaite élégance, qu'on n'a pas cessé d'admirer ni d'imiter.

Au XVIe siècle, on commença à y fabriquer les filigranes en verre blanc opaque. Enfin, jusqu'au XVIIIe siècle, époque à laquelle la mode se porta du côté des verreries de Bohême, bien plus anciennes que celles de Venise, mais ayant joui jusque-là d'une renommée bien moins considérable, l'Europe entière fut tributaire de Venise pour les produits de cet art délicat et charmant. Les verres de Bohême n'ont d'ailleurs jamais atteint à la perfection des verres de Murano.

A Venise, comme plus tard en France, des titres de noblesse étaient accordés aux verriers.

Fabrication.

A voir les produits de l'art du verrier, si divers et, jusque dans leur expression la plus banale, c'est-à-dire jusque dans le verre à vitres, si incontestablement merveilleux, on a peine à s'imaginer le chiffre restreint et la simplicité élémentaire des outils qui y sont employés.

Outre le vaste fourneau en briques réfractaires, toujours allumé et garni de creusets remplis de *pâte* bouillante, ce sont de longues tiges de fer, percées dans le sens de leur axe, et qu'en terme du métier on appelle *cannes*, à l'aide desquelles l'ouvrier *cueille* (c'est encore une expression technique) le verre en fusion, le souffle, le tourne, le retourne, agitant sa canne de cent manières, la faisant évoluer au-dessus de sa tête, lui imprimant un mouvement de battant de cloche, la faisant rouler sur son axe, la bulle de verre enfouie dans un *bloc* de bois creux où elle commence à prendre forme ; — puis vient le *chevalet*, sur lequel l'extrémité de la canne garnie de verre liquide est d'abord posée et reçoit une première impulsion de rotation rapide ; joignons à cela les *fers* et les battoirs de bois dont l'ouvrier se sert — de ces derniers en les mouillant, — pour achever de donner la forme aux objets à fabriquer ; des ciseaux pour couper les ornements détachés de verre encore chaud, et nous aurons la nomenclature à peu près complète des outils employés par un ouvrier verrier.

Pour les petits objets, cependant, on emploie, il faut le dire, des outils proportionnés à leur taille, ainsi que des lampes à esprit et des chalumeaux de dimensions variées.

Il est vrai que la matière à mettre en œuvre obéit avec une singulière docilité à tous les caprices de fabrication dont l'ouvrier n'est que l'interprète intelligent, qu'il la façonne à l'aide de ses fers ou du bois mouillé, qu'il la souffle à la canne, comme un enfant une bulle de savon à l'aide d'un fétu, lui faisant prendre l'extrême ténuité de cette bulle de savon elle-même, ou qu'il l'étire au point de présenter des fils si ténus, qu'on en peut tisser une étoffe transparente.

A propos du soufflage du verre, le voyageur allemand Kohl rapporte, dans son livre sur la Russie, l'anecdote suivante : l'empereur Nicolas, à l'occasion de je ne sais quelle réjouissance publique, ordonna que la colonne d'Alexandre fût illuminée d'une manière splendide. La dimension des lampes indiquée, les verres furent commandés, et l'on s'y mit aussitôt. Mais tous les ouvriers de la manufacture s'épuisaient en vains efforts à souffler de toute la force et de toute la capacité de leurs poumons sans parvenir à atteindre la dimension exigée. Il fallait pourtant exécuter la commission ; songer à éluder un ordre du czar, c'eût été folie. Mais comment faire ?

Une prime considérable fut offerte à qui résoudrait le problème. Les soufflets humains recommencèrent à s'exercer à qui mieux mieux, stimulés par l'appât de la prime, mais sans résultat.

Le désespoir commençait à envahir tout le monde, lorsqu'un grand gaillard de Russe, à barbe longue et touffue, vint s'offrir à gagner la prime. Il avait, disait-il, de larges et puissants poumons, et, pourvu qu'on lui permît de se rafraîchir d'une gorgée d'eau, il se faisait fort de mener à bien l'entreprise.

La permission lui ayant été accordée aisément, notre individu prit la canne, cueillit la quantité de pâte nécessaire et appliqua ses lèvres à l'autre extrémité. Il souffla tant et si bien, que le ballon de verre, à la grande stupéfaction des

LA FABRICATION DU VERRE. — Soufflage des bouteilles. — Intérieur d'une verrerie. — Opération du planage des glaces.

spectateurs, atteignit rapidement la dimension voulue ; et il l'aurait infailliblement dépassée, si tout le monde ne se fût mis à crier à la fois :

« Halte ! halte ! vous allez trop loin !...

— Mais comment donc avez-vous fait ? lui demanda-t-on ensuite.

— Oh ! fit l'homme sans s'échauffer, c'est bien simple.... Mais, avant tout, et ma prime ? où est-elle ? »

On la lui compta aussitôt, et avec la plus grande joie. Quand il l'eut empochée, le merveilleux souffleur ne fit aucune difficulté de livrer son secret.

C'était bien simple, en effet : Après s'être rincé la bouche avec l'eau qu'il avait demandée, avant de prendre la canne, il avait eu soin d'en garder un peu et l'avait fait passer, tout en soufflant, dans le ballon de verre brûlant ; le dégagement de vapeur qui en était résulté l'avait, on le comprend, aidé considérablement à faire enfler son ballon. C'était donc bien simple. Encore fallait-il le trouver.

Il existe deux méthodes pour la fabrication des verres à vitres. L'une de ces méthodes est exactement la même qu'on emploie pour la coulée des glaces. Elle consiste à faire couler le verre en fusion sur des tables de bronze et à l'aplanir à l'aide d'un cylindre ou rouleau. Ces sortes de tables pour la coulée des glaces ont généralement 7 mètres de longueur sur 4 mètres de largeur et pèsent 35 à 40 tonnes. Elles reposent sur des roues, de manière à pouvoir être aisément mises en mouvement et promenées sur le front des fours à recuire, ou *carcaises*.

La table est chauffée à une température convenable pour recevoir le verre fondu ; des tringles mobiles donnent à la glace son épaisseur et sa largeur ; sur ces tringles, repose le rouleau en fonte, qui pèse 3,500 kilogrammes et qui sert à laminer le verre.

Une cuvette remplie de verre reçoit un mouvement de bascule, et le verre coule le long du rouleau comme une nappe de lave. Le rouleau est mis en mouvement ; il parcourt toute la table en écrasant et en étendant uniformément le verre. Deux mains de cuivre, manœuvrées par deux ouvriers, suivent le mouvement du rouleau et empêchent le verre de se déverser. Une glace qui a des bavures est, en effet, une glace perdue, qui casse infailliblement quand on la recuit dans la carcaise.

Pour la coulée des verres à vitres par cette méthode, il n'est pas nécessaire d'y apporter de grands changements ni, par conséquent, d'indiquer en quoi ils consistent. L'autre méthode, dite « méthode française, » est, toutefois, seule en usage dans nos grandes manufactures de verres à vitres du Nord et des bords de la Loire.

Voici quelle elle est :

L'ouvrier, ayant *cueilli*, à l'extrémité de sa *canne*, une quantité convenable de *pâte*, se met à la souffler en la tournant et retournant dans le *bloc*, la *parant*, suivant l'expression, afin de lui faire prendre une forme à peu près sphérique. Cela fait, si la quantité de verre cueillie est considérable, il l'étire en forme de poire, en imprimant à sa canne le mouvement de balancier dont nous parlions tout à l'heure, lui insuffle de l'air pour augmenter son diamètre, l'élève au-dessus de sa tête, la ramène en bas, recommençant à la balancer de droite à gauche. La poire s'allonge et devient un cylindre de verre d'un diamètre respectable et d'une ténuité suffisante, fermé de chaque bout par une sorte de calotte convexe.

Dans cet état, la pièce pleine d'air est présentée au four, dont la chaleur, en dilatant l'air emprisonné, fait éclater la calotte opposée à celle où est fixée la

canne ; l'ouverture s'agrandit, et par un mouvement de rotation que lui imprime l'ouvrier, s'étend, ne formant plus que le prolongement du cylindre,
maintenant ouvert à l'une de ses extrémités et présentant l'aspect d'une
cloche.

Lorsque cette cloche de verre est en partie refroidie et devenue rigide, on
la place sur le chevalet et on en retire la canne par l'application d'une tige de
fer froid sur l'extrémité où elle est engagée. On enlève alors la calotte à l'aide
d'une goutte de verre liquide que l'on étire et que l'on enroule autour de la
cloche au point précis où l'on veut qu'elle soit coupée ; et en effet, il suffit
d'appliquer un fer froid sur la partie chauffée pour que la calotte se détache
nettement aussitôt, ne laissant plus qu'un cylindre de verre ouvert aux deux
extrémités.

On fend ensuite dans sa longueur cette espèce de manchon, en promenant à
l'intérieur, sur une ligne déterminée, une tige de fer rougie au feu, et en
mouillant ensuite un point de cette ligne ; le verre se fend avec régularité et
netteté, et il ne reste plus qu'à l'aplatir, à l'étendre comme on ferait d'un
rouleau de parchemin.

Pour obtenir ce résultat, notre manchon de verre est mis au *four d'étendage*
chauffé à température convenable (au rouge sombre), pour que le verre se
ramollisse et s'étale sur la sole du four, saupoudrée de plâtre ou de verre
d'antimoine (mélange d'oxyde d'antimoine et de soufre), afin de prévenir
l'adhérence. Un ouvrier, en pressant légèrement la plaque de verre d'un long
bâton qu'il promène de gauche à droite et *vice versâ*, a d'ailleurs beaucoup aidé
à l'accomplissement de cette dernière transformation. Il reste maintenant à
polir la plaque de verre.

Cette plaque est ensuite poussée dans le four à recuire, où elle se refroidit
graduellement et d'où elle sort prête à passer à l'atelier de découpage.

Pour la fabrication des verres à boire, burettes, flacons, carafes, etc., le
procédé diffère peu.

La canne ayant cueilli le verre en fusion, l'ouvrier l'allonge en la balançant
comme dans le cas précédent ; ensuite, tandis qu'un aide souffle dans la canne,
l'ouvrier façonne avec ses fers le flacon ou la burette. On la réchauffe après
cette sorte de dégrossissement, on détache la canne fixée à l'extrémité qui
deviendra le goulot ou le bec, et on en attache une autre au fond, afin de
pouvoir en toute liberté façonner le goulot. S'il s'agit d'une burette ou d'un
vase à anses quelconque, une goutte de verre fondu est apportée, collée au
point convenable du col, où elle s'allonge par son propre poids en un fil épais
que l'ouvrier tranche avec des ciseaux à la longueur requise, avant qu'il ait
atteint une trop grande ténuité. L'extrémité inférieure de ce fil, saisie avec
une pince, est collée par simple pression sur la panse du vase, auquel la dernière forme est donnée.

Après cela, la pièce est mise au four à recuire, où elle refroidit lentement,
comme la plaque dont nous parlions tout à l'heure.

Le verre commun est composé d'environ 15 parties de chaux et autant de
soude pour 70 parties de silice (sable). Mais dans le verre supérieur, dit verre
blanc, qui sert à la fabrication de vitres de première qualité et dont on fait
également des carafes, des flacons de toute forme, des verres à boire, salières,
burettes, etc., la soude est remplacée par la potasse.

Le verre demi-blanc ne diffère du verre blanc que par la pureté moins
grande des matières qui le composent.

On choisit du sable très-blanc et dépourvu autant que possible d'oxyde de fer, lequel communique au verre la teinte verdâtre que nous remarquons dans les verres de qualité inférieure. On combat toutefois l'influence de cet oxyde par ce qu'on appelle le *savon des verriers* (peroxyde de manganèse), expression pittoresque, figurative, mais exacte en somme, puisque le « savon des verriers » décrasse en effet le verre en lui enlevant toute coloration inopportune. On ajoute encore au mélange une certaine quantité d'acide arsénieux, destiné à *brasser* le verre fondu, et des débris de verre cassé auquel on donne le nom de *graisil* ou de *calcin*, ainsi qu'un mélange de coke et de charbon de bois pulvérisé et de sulfate de soude.

Il faut environ dix-huit heures pour faire fondre ce mélange.

Divers oxydes sont employés pour colorer le verre. Le verre rouge et le verre rose doivent leurs vives nuances au chlorure d'or.

Buire orientale du x⁰ siècle, en cristal de roche (musée du Louvre).

Enfin, le cristal, ou *flint glass* des Anglais, est un verre à base de plomb. Bien que l'antiquité ait connu le verre plombeux, il ne paraît pas que les compositions vitreuses en question aient jamais rien eu de commun avec ce que nous appelons aujourd'hui cristal, et dont nous devons la découverte à l'Angleterre.

Le nom de cristal a été donné à ce verre à cause de sa ressemblace avec le cristal de roche, formé de silice pure cristallisée et n'ayant par conséquent avec lui aucun rapport chimique. Lorsqu'on chercha à fabriquer du verre avec de la houille pour combustible, au lieu de bois, on obtint un produit trop coloré par la fumée du charbon, et les verriers anglais cherchèrent alors à isoler la matière en fusion de cette fumée colorante. Ils imaginèrent de fermer le creuset par un couvercle en forme de dôme ; mais, la matière ne fondant plus assez facilement, ils furent amenés à substituer un fondant métallique, l'oxyde rouge de plomb (minium), au fondant alcalin : le cristal ou verre de roche (flint glass) était trouvé.

XV.

MODES ET COSTUMES.

———

Origines et progrès du vêtement.

« Les vêtements semblent une chose si naturelle, dit M. J. Quicherat (*Histoire du Costume*, etc., 1874), que nous en attribuons volontiers l'invention aux premiers hommes qui parurent sur la terre; mais c'est là un préjugé, comme tout ce que nous avons dans l'esprit au sujet de nos origines. Tant de peuplades sauvages qui vont encore toutes nues dans des pays exposés au froid (la Terre de Feu, par exemple) sont la preuve qu'on n'est pas arrivé si vite à la conception des habits. »

Quoiqu'en contradiction avec la *Genèse,* qui donne au vêtement une origine divine, et par conséquent un développement soudain, nous croyons volontiers, avec l'éminent directeur de l'Ecole des Chartes, que la conception des habits n'est pas venue tout de suite à l'homme. Où nous croyons pouvoir nous permettre de différer d'opinion avec lui, par exemple, c'est lorsqu'il affirme que la *fantaisie* de la parure a précédé le *besoin* de s'habiller, si sommairement que ce puisse être. Sans doute on voit, sous les climats relativement rigoureux, des peuplades sauvages se *parer* le corps de peinture, de tatouages élégants, de cicatrices hideuses mais décoratives, de préférence à l'habit noir et au chapeau en tuyau de poêle; mais il est prudent de ne pas trop se fier aux peuplades sauvages, dont les membres ne sont pas toujours aussi nus qu'ils le paraissent, ayant la peau couverte quelquefois d'un épais enduit de terre mélangée de graisse ou de quelque chose d'approchant, mais ne trahissant aucune préoccupation décorative.

On ne voit pas, par exemple, l'Esquimau aller nu, bien qu'il se tatoue les parties découvertes du corps; or, nous avons quelques bonnes raisons de croire que l'homme primitif de nos latitudes ressemblait terriblement à l'habitant actuel des contrées boréales. Et puis cette réflexion vient nécessairement à l'esprit : Comment l'homme serait-il parvenu à l'industrie que suppose le goût de la parure, et surtout les moyens de le satisfaire, avant d'avoir songé à s'abriter tant bien que mal contre les intempéries?

Au début il s'est couvert de feuilles; puis il s'est servi de la peau des animaux qu'il tuait à la chasse. Or, l'homme n'a pas toujours chassé avec un Lefaucheux, pas même avec des flèches ou des lances à pointe de silex éclaté : il s'est d'abord servi de ses poings et des pierres détachées de la roche. Il ne chassait pas seulement pour le plaisir, ni pour se défendre contre les agressions des fauves, mais aussi pour se nourrir de leur chair; et il est à supposer, dans ce dernier cas, qu'il prenait la peine de les dépouiller. Comment aurait-il laissé perdre ces peaux, si propres à lui servir de vêtement? — Remarquons enfin que le secours d'un instrument tranchant, pour dépouiller beaucoup d'animaux, n'est pas absolument indispensable, tandis que pour se tatouer, s'écorcher harmonieusement ou se peindre la peau, il faut des outils dont l'homme n'avait aucune idée lorsque déjà, suivant nous, il avait appris à s'habiller sans faste.

L'homme dut se contenter longtemps du vêtement que lui offraient ces peaux telles quelles, garnies de leur fourrure; si elles lui semblaient trop pesantes ou trop chaudes, il en était quitte pour s'en débarrasser. Lorsqu'il eut fait dans la voie de l'industrie des progrès suffisants, il s'avisa d'enlever à ces peaux le poil qui le gênait, et de leur faire subir, à l'aide d'un grossier rouleau de bois, une espèce de corroyage sommaire pour les assouplir. Un lien quelconque entourant la ceinture suffit longtemps à défendre ce vêtement primitif des impertinences du vent; on tailla ensuite dans la peau même, à laquelle ils restaient attachés par un bout, des espèces de cordons qu'on nouait ensemble; bien d'autres petites améliorations de détail, enfin, se succédèrent lentement, jusqu'au jour mémorable où Enoch — ou tout autre — inventa la couture.

L'art de filer et de tisser les fibres de certains végétaux fut inventé en Chine par l'empereur Fo-Hi, environ 2,950 ans avant l'ère actuelle. — Qui l'inventa chez nous? On n'en sait rien. Mais il ne faut pas oublier que si l'Europe paraît être restée si longtemps après l'Asie en dehors de tout progrès, de toute civilisation, cela tient au défaut de traditions écrites. Il est d'ailleurs hors de doute qu'on y filait des fibres végétales, le lin par exemple, et qu'on le tissait même, à une époque très-reculée. Il n'est pas possible, dans tous les cas, de supposer que cet art nous ait été enseigné par les Chinois. — Mais suivons la tradition.

Au lieu de l'avoir précédé, comme on pourrait le croire, l'art de filer la laine est postérieur à l'art de filer le chanvre, et l'invention en est attribuée à la femme de l'illustre Yao, à la date de 2357.

Trois siècles et demi plus tard, Hoang-Ti inventait la teinture des étoffes, industrie peu brillante au début, comme les couleurs qu'elle employait, et à laquelle les Mégariens donnèrent plus tard une impulsion bien nécessaire, surtout pour les lainages.

Dès que l'art de fabriquer des étoffes, de les teindre, de les assembler à l'aide de coutures, fut au pouvoir de l'homme, les progrès de l'industrie du vêtement furent rapides. On fit plus que de teindre les étoffes, on les peignit, on les orna de broderies, on apprit à les tailler avec grâce. Ce dernier progrès se fit

toutefois un peu attendre. Les premiers vêtements consistèrent tout simplement en une pièce carrée percée au milieu pour y passer la tête, comme est
encore aujourd'hui le *poncho* des Sud-Américains, et fixée à la taille par une
ceinture. Plus tard apparut la tunique, d'abord sans manches, vêtement
commun aux deux sexes chez les Grecs et les Romains, ou la robe, chez les
Perses. La tunique était le vêtement de dessous, à peu près comme notre chemise. Vint ensuite le pallium des Grecs, puis la toge des Romains, importée
d'Etrurie par Tarquin l'Ancien.

Du reste, quoique peu variés dans la forme, les vêtements de dessus, que les
Grecs et les Romains désignaient en général sous le nom d'*amictus*, comme ceux
de dessous, appelés *indictus*, étaient fort nombreux. Les uns et les autres
étaient plus ou moins longs, plus ou moins richement ornés, plus ou moins
amples, et d'un tissu plus ou moins riche.

Les Grecs et les Romains connurent les culottes larges et les culottes
collantes. Cette partie du vêtement était désignée par le nom général de
braccæ; mais chez les Grecs l'une et l'autre sorte avait son nom particulier :
soit pantalons collants (*anaxupides*) et pantalons flottants (*thulakoi*). Quand
nous disons « connurent, » il faut s'entendre : les Grecs n'ont jamais porté de
culottes; mais ils désignaient ainsi celles qu'ils voyaient porter aux peuples
voisins, les Perses, les Amazones, etc. Quant aux Romains, sauf les peuples
du nord et de l'est de l'empire, ils n'en firent usage qu'assez tard et paraissent
en avoir pris l'idée des Gaulois, qui portèrent de très-bonne heure des
braies.

Le gilet est également d'origine gauloise comme la blouse, bien qu'il porte
le nom du pitre Gille, parce que la pièce principale du costume de ce bouffon
était une espèce de veste sans manches, qui a pris depuis le nom de gilet. Les
Gaulois portaient donc sous leur saie un gilet, avec ou sans manches. Les
Francs paraissent avoir porté des espèces de chemises et de caleçons de toile.

Nous ne pouvons insister sur les progrès rapides du luxe en Grèce, en Italie,
puis dans les Gaules, luxe auquel les Francs prirent goût aisément; ni faire
le dénombrement des parures, des cosmétiques, des fards, etc., dont les
femmes et quelquefois les hommes faisaient un usage immodéré.

Mais que faisait l'artisan dans tout cela? L'esclave, il est inutile de s'en
occuper; mais l'homme libre?

« A Athènes et à Rome, dit M. F. Foucou, la plèbe prenait part aux affaires publiques, bien qu'elle fût à moitié nue ou couverte de haillons; mais
dans le nord de l'Europe, à la même époque, la plèbe était réduite à ne pas
sortir de ses tanières. Tandis que la misère n'est point un obstacle à l'épa-
nouissement de la civilisation dans le pays du soleil, on la voit au contraire
opposer aux progrès les plus simples une barrière infranchissable, dans les
régions moins favorisées. Or, la puissance productive permet précisément
d'égaliser les conditions entre toutes les parties de la terre habitées par l'espèce humaine : résultat qu'elle obtient surtout au moyen de l'outillage dont
elle dispose.

« Si le linge manquait aux anciens, comme il manque aujourd'hui encore
à tant de peuples arriérés, ce n'est pas que la laine, le chanvre, le lin, la
soie, leur fissent défaut. Depuis un temps immémorial, ils étaient en possession de troupeaux et de méthodes de culture qui leur fournissaient en abondance la matière première. Ce qui leur manquait, c'était l'art de mettre en
œuvre ces substances avec rapidité. La durée de la confection d'une robe ou
d'un manteau, d'un tapis et même d'un simple voile de femme, devait être

considérable, si nous en jugeons par les récits d'Homère. L'atelier ne s'agrandissait pas, il ne franchissait pas le seuil du foyer domestique, parce qu'on n'avait point encore imaginé ces ingénieuses machines qui permettent aujourd'hui de concentrer la fabrication et de produire en un jour, sous le même toit, plus d'étoffe qu'il n'en eût fallu, par exemple, pour vêtir, pendant un siècle ou deux, tous les habitants de l'île d'Ithaque. »

C'est là, en effet, le résultat des inventions modernes. Lorsqu'un homme de génie a découvert quelque machine propre à accomplir une besogne énorme dans un temps incroyablement court, le premier effet de son invention est de diminuer la main-d'œuvre et de plonger immédiatement dans la misère un plus ou moins grand nombre d'ouvriers, cela est incontestable; mais c'est à ces révolutions, terribles dans le moment, qu'est due la diffusion des objets de première nécessité d'abord, de ceux qui produisent le bien-être ensuite, et enfin des objets de luxe. Le progrès mécanique rapproche les distances sociales, et c'est le plus puissant agent de l'égalité. Voilà ce qu'il ne faut pas perdre de vue.

Le luxe, il faut le dire, précéda de fort loin l'hygiène dans la composition du vêtement. Ainsi, sauf la chemise de lin portée exceptionnellement par le grand-prêtre des juifs, et les espèces de chemises de chanvre portées par les Francs, on a couché réellement sans chemises jusqu'au xive siècle. L'usage régulier du linge ne tarda pas à faire disparaître la lèpre, dont les plus grands seigneurs n'étaient pas toujours exempts. La batiste avait été inventée pourtant dès le xiiie siècle, par Baptiste Chambrai, mais on n'en faisait pas encore des chemises. Le goût du beau linge se répandit bientôt, puis l'habitude d'ouvrir le vêtement pour le faire voir; l'art de la repasseuse suivit de près; l'empois d'amidon fut imaginé pour la première fois en Angleterre en 1593, et c'est à M. Chevreul, l'éminent chimiste, dont les nombreuses découvertes ne sont pas toutes connues de ses contemporains qui en jouissent, qu'on doit l'idée de passer le linge au *bleu* pour le rendre ou le faire paraître plus *blanc*. L'usage des cravates date du xviie siècle.

Le luxe des femmes.... et des hommes.

Le corset est d'origine fort ancienne. Les femmes grecques en portaient de très-ornés et garnis de planchettes de tilleul; les femmes romaines portaient des ceintures ou des écharpes pour maintenir la gorge. Au moyen-âge, la taille des femmes était serrée dans une « cotte hardie » qui moulait exactement la poitrine, et accompagnée extérieurement d'une ceinture richement ornée. « En l'apercevant, disait un prédicateur du xiiie siècle, tonnant du haut de la chaire contre la femme à la mode, ne dirait-on pas un chevalier se rendant à la Table ronde? Elle est si bien équipée de la tête aux pieds! Regardez ses pieds, sa chaussure est si étroite! Regardez sa taille, c'est pis encore : elle serre ses entrailles avec une ceinture de soie, d'or et d'argent, telle que Jésus-Christ ni sa bienheureuse mère, qui était pourtant du sang royal, n'en ont jamais porté!... » A l'époque de la Renaissance, deux robes l'une sur l'autre, ajustées avec art et lacées derrière, faisaient office du corset pour les femmes, et de justaucorps pour les hommes. Enfin, en 1540, Catherine de Médicis importait d'Italie le corset garni de baleines et de lames d'acier comprimant la taille jusqu'à étouffer.

Le luxe de la toilette chez les femmes, bien différent de celui des temps

antiques, commença à se développer sous Charlemagne. Après une courte
accalmie, il reprit de plus belle sous Philippe-Auguste, pour ne plus s'arrêter,
mais pour se transformer et s'accentuer suivant les temps. Les robes à queues

Une noble dame en 1565.

traînantes de nos élégantes actuelles datent du XIIIe siècle; la crinoline et le
vertugade en panier, du temps de François Ier (XVe siècle); les manches à gigot,
qui nous reviendront, du XVIe siècle.

C'est dans ce bienheureux siècle que, pleines de cet agréable sujet, les
dames dissertaient, au témoignage de d'Aubigné, censeur sévère, sur « les
bas de chausses de la cour, sur un bleu turquoys, un orangé feuille-
morte, isabelle, zizolin, couleur du roi, minime, triste amie, ventre de
biche, nacarade, fleur de seigle, espagnol malade, céladon, astrée, face
grattée, couleur de rat, verd naissant, verd gay, verd brun, verd de
mer, verd de pré, verd de gris, couleur de Judas, couleur d'ormes, singe
mourant, bleu de la febve, veufve réjouie, temps perdu, fiammetta,
couleur de la faveur, de pain bis, ris de guenon, trépassé revenu, râcleur
de cheminées, etc. » — En vérité, qu'y a-t-il de changé, outre les
termes?

Au commencement du XIVe siècle, les robes étaient très-serrées à la taille,
mais laissaient toute la partie supérieure de la poitrine découverte. C'est
d'ailleurs le temps par excellence où florissait la mode de la nudité excessive,
à moins d'un franc retour aux premiers âges de l'humanité. Un poëte de
l'époque en témoigne dans les vers suivants :

16

Aucune laisse diffrénée
Sa poitrine, pour qu'on voie
Comment fètement sa chair blanchoie;
Une autre laisse tout de gré
Sa chair apparoir au costé.

Isabeau de Bavière, femme de Charles VI, donnait au reste le ton à la cour, en se décolletant jusqu'à la ceinture. Henri II, ayant tenté de restreindre les excentricités scandaleuses d'une pareille mode, aussi bien que le luxe ruineux qui en était la conséquence pour les deux sexes, échoua misérablement. Les femmes restèrent décolletées, et pour le reste elles empruntèrent les robes à queues au XIIIᵉ siècle; elles exagérèrent l'appendice caudal de leurs robes, au point qu'il ne leur fallait pas moins de six pages ou écuyers pour le soutenir, quand elles voulaient marcher.

Sous Henri III ce fut encore pis. Marguerite, sœur du roi, plus tard femme de Henri IV, se livra dans cette voie aux extravagances les plus royales. Brune, elle voulut s'affubler de perruques blondes, — mais peut-être était-elle déjà un peu chauve à cette époque. — Toutes les femmes dès lors se firent blondes. C'est surtout à cette époque que le masque vénitien, ou *loup*

Masque vénitien (XVIIIᵉ siècle).

de velours ou de satin couvrant le haut du visage, prit faveur et fit décidément partie de la toilette de ville; comme aussi l'usage de suspendre à la ceinture tout un arsenal de toilette : miroirs, éventails, boîtes à parfums, etc., mode qui a tenté à plusieurs reprises, mais en vain, de renaître de ses cendres depuis longtemps refroidies.

Les modes sous Louis XIV prirent, pour les hommes comme pour les femmes, un cachet de grandeur et de faste qui n'exclut pas, pour ces dernières, la nudité habile comme élément de parure. C'est aussi le temps de l'abus charmant des dentelles, maintenu avec persévérance sous les règnes qui suivirent, jusqu'à la Révolution.

Le sexe aimable, nous l'avons déjà dit, n'était pas seul affecté de cette folie du luxe et de la séduction à tout prix, qui causa tant de ruines, que plusieurs souverains crurent devoir rédiger des lois somptuaires aussi sévères qu'inutiles et que profondément partiales d'ailleurs. En empruntant à l'étude célèbre de M. Baudrillart les lignes qui suivent, nous aurons donné, croyons-nous, une idée suffisante de l'état des choses à ce point de vue :

« Les édits somptuaires prennent au XIVe siècle une importance qu'ils n'avaient pas eue encore. Il n'y aurait pas lieu de s'en étonner en présence d'abus qui acquièrent alors une trop réelle gravité ; mais il faut bien en faire la remarque, ce furent ces abus scandaleux que la loi s'efforça le moins de combattre : elle s'attaqua surtout à certains signes extérieurs de la richesse, point ou à peine blâmables le plus souvent. Il semble qu'on se proposât bien plutôt d'arrêter ce qu'on croyait être une usurpation de la part de la bourgeoisie riche, que de combattre le désordre des mœurs. La preuve en est dans la nature même des délits qu'on prétendait réprimer. La bourgeoisie enrichie s'était hâtée de marquer son importance, comme de satisfaire ses goûts, en se couvrant avec profusion d'étoffes de soie et de bijoux. C'était un spectacle qui frappait dans toutes les villes importantes, en France, dans les Flandres, partout où le commerce possédait de grands centres. L'épouse de Philippe le Bel avait été, à Bourges, témoin de ce déploiement. Il y avait plus de blâme que d'admiration dans l'exclamation que lui avait arrachée un pareil spectacle : « Je croyais être seule reine, et j'en vois ici par centaines ! » Ce cri, combien de grandes dames le répétaient avec indignation ! Un tel luxe, étalé par des marchandes bouffies d'orgueil, n'était-il pas un scandale ? Il portait atteinte à la hiérarchie. C'était au roi à mettre bon ordre à un pareil renversement.

« Les célèbres ordonnances somptuaires de Philippe le Bel, violentes et minutieuses à la fois, semblent avoir été l'effet de telles réclamations Bien qu'elles n'épargnent pas le luxe des nobles, et que, dans la pensée des légistes, conseillers du roi de France, elles aient certainement aussi une signification hostile contre le luxe en général, elles poursuivent d'une haine particulière le luxe bourgeois. Elles le frappent sous son nom de toutes les façons. Elles atteignent la table où triomphait la bourgeoisie opulente. Les ordonnances la réduisent au plus médiocre ordinaire : « deux plats, trois plats au plus quand c'est fête, avec le potage au hareng pour les jours de jeûne, et non compris le fromage. » Elles atteignent non moins durement la toilette. On se figure la stupéfaction des dames de la bourgeoisie voyant éclater pour ainsi dire sur elles de tels interdits : « Nulle bourgeoise n'aura char. — Nulle bourgeoise ne portera vair ni gris, ni hermine, et se délivrera de ceux qu'elle a, de Pasques prochaines en un an. Elle ne portera ni pourra porter or, ni pierres précieuses, ni couronnes d'or ni d'argent. Nulle damoiselle, *si elle n'est chastelaine*, n'aura qu'une paire de robes par an. » Prescription cruelle aggravée encore par la fixation du prix, limité à douze sols tournois l'aune de Paris *pour les bourgeoises de condition ordinaire*, et à seize sols pour celles de condition plus relevée. Ni ces ordonnances ni d'autres ne devaient arrêter la marche ascendante du tiers-état : elles n'arrêtèrent pas davantage le cours du luxe. Il n'est pas prouvé même qu'elles n'aient pas contribué à le précipiter, en créant l'appât du fruit défendu.

« En vain aussi la royauté cherche-t-elle à réserver au luxe religieux certains objets précieux. L'orfévrerie s'était mise au service du luxe laïque. Les ordonnances du roi Jean (1355-1356) et des premières années de Charles V (1365) s'efforcèrent de restreindre l'usage des vases précieux aux églises. Il fut interdit de faire vaisselle ou joyaux de plus d'un marc, « si ce n'est pour Dieu servir. » Mais ces défenses furent inutiles. De ce moment date l'essor surprenant de l'orfévrerie et de la joaillerie françaises....

« On n'a pas à rappeler ici les débordements fastueux qui accompagnèrent la corruption chez les jeunes seigneurs, sous les Valois de la seconde moitié du xive siècle. Cette vie de folles fêtes au milieu des guerres et des désastres, cette vénalité soupçonnée, qui faisait imputer la défaite à la trahison, par laquelle ils étaient accusés de solder leur luxe, devait trouver, après la défaite de Poitiers, en 1356, une autre censure que celle de quelques écrivains railleurs. Un cri d'indignation s'éleva contre ce luxe insensé, impie. « Les voilà, disait le peuple, ces beaux fils, qui aiment mieux porter perles et pierreries sur leurs habits, riches orfévreries à leur ceinture et plumes d'autruche à leur chaperon, que glaives et lances au poing. Ils ont bien su despendre (dépenser) en tels bobans et vanités notre argent sous prétexte de guerre; mais pour férir sur les Anglesches, ils ne le savent mie. »

« Le désastre de Crécy, dix ans auparavant, avait été attribué déjà par de pieux censeurs au faste et à l'indécence des modes. Un de ces chroniqueurs n'hésite pas à dire, dans une sanglante critique des habits des hommes : « Les uns avaient des robes si courtes, qu'elles ne leur venaient pas à la ceinture; et ces robes étaient si étroites à vêtir et à dépouiller, qu'il semblait qu'on les écorchât et qu'il leur fallait aide. Les autres avaient leurs robes relevées sur les reins comme femmes. Ils avaient une chausse d'un drap et l'autre d'autre, et leur venaient leurs cornettes et leurs manches près de terre, et ils semblaient mieux être jongleurs que autres gens, *et pour ce que ne fût pas merveille, si Dieu voulût corriger les méfaits des Français.* » La même explication est donnée à cette défaite de Crécy par les grandes Chroniques de Saint-Denis : « Nous devons croire que Dieu a souffert de ceste chose par les désertes de nos péchiés; car l'orgueil estoit moult grant en France; et mesmement ès nobles et en aucuns autres; c'est assavoir en convoitise de richesses et en déshonnesteté de vesteure et de divers habis qui couroient communément par le royaume de France. »

Le bon temps!...

Le xviiie siècle ne fut pas moins ami du luxe, et l'exemple venu de haut ne laissait pas d'être suivi d'aussi près que possible par les classes laborieuses. Sans doute elles en avaient le droit, le droit naturel au moins; mais ce n'était pas un moyen bien sûr d'équilibrer le gain et la dépense, et l'on sait ce qu'est la vie intime de quiconque peut se dire, comme le sage Bias, mais pour des raisons bien différentes, tout en se mirant avec complaisance dans la glace banale du charcutier : *Omnia mecum porto.*

« Il me vient le dimanche, raconte le marquis de Mirabeau dans son *Ami des Hommes* (1756), un homme en habit de droguet de soie noire et en perruque bien poudrée; et tandis que je me confonds en compliments, il s'annonce pour le premier garçon de mon maréchal ou de mon bourrelier. »

Restif de la Bretonne, dans ses mémoires publiés sous le nom de *Monsieur Nicolas*, raconte qu'après avoir travaillé en habit d'ouvrier à l'imprimerie (1770), il endossait un frac de ratine bien ajusté, avec une culotte de droguet noir et des bas de coton blanc, prenait sous son bras un joli chapeau claque à ganse de soie, attachait à son côté une petite épée à poignée d'acier, et, les cheveux frisés et parfumés, marchant sur la pointe du pied, pour ne pas salir sa chaussure de cuir verni à boucles de cuivre, il s'en allait chercher

Mode Louis XV.

Mode du Directoire.

aventure dans les rues boueuses, où on le prenait pour un chevalier ou un marquis.

Restif nous apprend aussi que la moindre grisette, la plus pauvre ouvrière, avait des toilettes élégantes, quoique peu coûteuses, quand elle s'endimanchait, et tenait surtout à faire petits pieds, en portant des souliers étroits en peau de couleur éclatante, à talons hauts et à rosettes de rubans.

Les modes depuis la Révolution.

La Révolution fit table rase de tous ces oripeaux d'un luxe effréné, qui tua la monarchie et faillit perdre la France. La Révolution ne respecta pas même le corset, qui ne reparut que sous l'Empire. Mais si, à son début, aucun luxe n'osa s'étaler à la vue, s'il montra d'abord un bout de l'oreille timide et tant soit peu sinistre, avec ses guillotines brodées en plein gilet et autres fantaisies aussi gaies, il se rattrapa sous le Directoire. Incroyables et merveilleuses riva-lisèrent d'extravagance et d'affectation.

Le costume de l'incroyable se composait d'un claque phénoménal enfoncé jusqu'aux yeux et d'où s'échappaient les boucles éplorées d'une chevelure opulente, vraie ou fausse, constituant la coiffure dite à oreilles de chien. Par le bas, la plus grande partie du reste du visage disparaissait dans les plis d'une cravate énorme en mousseline blanche. C'était ensuite la redingote ou l'habit carré à larges basques et à boutons larges comme des soucoupes, et portée sur un, deux ou trois gilets ; puis la culotte de velours, les chausses ornées d'un paquet de rubans, les bottes à revers ou les escarpins. Ajoutons à cela la fameuse canne en spirale, une boutique de bijoutier au complet sur la poitrine, aux doigts et jusqu'aux oreilles, et nous aurons une silhouette suf-fisamment ressemblante du costume de l'incroyable, qui ne ressemblait à rien qu'à lui-même.

Le costume de la merveilleuse, au contraire, était, surtout au commence-ment, une copie de l'antique, souvent atroce, mais quelquefois assez réussie et toujours curieuse. « Deux opinions, dit un chroniqueur, s'étaient formées dans le clan des *merveilleuses* : les unes cherchaient à Athènes le véritable type du costume antique, et le trouvaient réduit à sa plus simple expression. Dans les cheveux coupés courts, serpentaient deux ou trois galons de laine rouge : cette coiffure avait succédé à la *coiffure à la victime*, que les femmes échappées à l'échafaud rapportaient de leur prison, et qui coupait les che-veux ras derrière la tête, pour les laisser retomber sur le front en signe de deuil. C'est ainsi qu'on allait au *bal des victimes*, un châle rouge sur les épaules et un collier rouge autour du cou.

Pour en revenir aux *merveilleuses*, elles portaient, sur une simple chemise de percale, une robe antique, sans manches, très-largement décolletée, et dans laquelle elles se trouvaient comme emprisonnées, tant était grande son étroitesse : un mince ruban de laine rouge la serrait sur la poitrine. Les jambes étaient nues, et le pied chaussé d'un cothurne, qu'attachait un autre galon de laine rouge. Une chose déparait ce costume de statue antique : le sac appelé *ridicule*, que les dames attachaient à leur côté pour y mettre leur bourse et leur mouchoir : mieux valait ce qui se fit tout d'abord, c'est-à-dire avoir un cavalier servant qui vous suivait partout, portant votre mouchoir de poche.

« Mais l'on protesta bientôt contre cette simplicité du costume grec, et les raffinements du luxe romain devinrent à la mode à leur tour. Les fronts se couvrirent de tresses parfumées et mêlées de diamants ; la robe, devenue plus ample, fut ornée de broderies d'or et d'argent ; des anneaux d'or et des diamants s'introduisirent au milieu des doigts de pieds, enlevant au cothurne son primitif cachet de simplicité. N'oublions pas la perruque blonde, qui était d'obligation : chaque merveilleuse en avait vingt-cinq ou trente, de nuances diverses et coûtant 25 louis chaque. Ce costume était celui de ville aussi bien que celui de soirée ; tout au plus la *merveilleuse* jetait-elle, pour sortir, un chapeau de paille avec un fichu en marmotte sur sa tête. Les fluxions de poitrine, les pleurésies fauchaient sans pitié dans les rangs de ces élégantes, qui restaient aussi impassibles devant les coups de la mort que leurs frères et leurs maris devant le canon ennemi ; les faibles, les maladives succom-

Les Incroyables.

Les Merveilleuses.

GILLOT sc.

Le costume des femmes pendant la Révolution. — Modes de 1791, d'après les estampes du temps.

baient, les autres couraient intrépides à de nouveaux plaisirs et à de nouveaux triomphes. »

Le salon de Mme Roland. (Modes de 1792).

L'Empire n'apporta que peu de changements dans le costume féminin. Il ramena pourtant les corsets. Mais c'est à la Restauration qu'il était réservé de faire de cette partie du vêtement intime de la femme une véritable camisole de force. Ces corsets, qui se laçaient dans le dos, présentaient en outre d'autres inconvénients qui ont disparu, grâce aux systèmes actuels de corsets se boutonnant ou s'agrafant par devant, et par conséquent sans secours étranger.

Les modes insignifiantes de la Restauration et de la monarchie de Juillet ne sauraient être commentées avec succès que par le crayon d'un caricaturiste. C'est une époque de transition entre celles du premier et du second

Empire. Les modes de cette dernière période ont elles-mêmes beaucoup varié : robes longues, robes courtes, robes étoffées garnies d'une crinoline immense, et fourreaux-de parapluie ; casquettes imperceptibles et capotes de cabriolet.

Mode du premier empire.   Mode du second empire.

Les extrêmes s'y poursuivirent sans transition, au gré des hautes inspiratrices du goût qui, aux bals des Tuileries, ne laissaient pas de se déshabiller avec un sans-façon qui eût paru sans doute excessif à Isabeau de Bavière.

Aujourd'hui, le costume de la femme est conçu d'après ce principe : vêtements (et accessoires) intimes ayant pour mission unique de corriger les imperfections possibles et d'y substituer les pures lignes de la statuaire ; vêtement extérieur chargé d'accuser le plus possible, de *souligner* au besoin cette pureté de lignes naturelle ou acquise. On se décollète moins.

Costumes caractéristiques des provinces de France.

Malgré une tendance de plus en plus marquée à l'uniformité de costume, tendance qui se développe en raison directe de la fréquence et de la rapidité des communications, la France et les autres puissances européennes ont encore quelques provinces écartées où le costume caractéristique a été conservé presque dans toute sa pureté, depuis des siècles. Il n'est pas sans intérêt, croyons-nous, de passer une revue rapide des plus curieux de ces costumes, avant que le progrès industriel, qui s'inquiète peu du pittoresque, les ait tous fait disparaître dans le tourbillon de sa course à toute vapeur.

La Bretagne est une de ces provinces fidèles au passé où la *confection* trouve difficilement à écouler ses produits taillés « à la dernière mode. » La dernière mode, au moins pour la population de ses campagnes, date du XVIIe siècle ou approchant. Toutefois, suivant les localités, le costume breton se modifie quelquefois profondément. Celui de l'habitant de Plougastel est ainsi décrit dans la *France pittoresque :* « Un bonnet de forme phrygienne, de couleur brun clair, recouvre sa tête ornée de cheveux touffus et flottants sur ses épaules. Une large capote de laine descendant à mi-cuisse et garnie d'un capuchon, retombe sur son gilet, qu'entoure une ceinture en mouchoir de Rouen. Des pantalons très-larges et à poches latérales forment le complément de ce costume singulier. »

Dans l'arrondissement de Vitré, et même dans une grande partie de celui de Rennes, les habitants des campagnes se revêtent en hiver de sayons de peau de chèvre descendant à mi-cuisse. Ceux de Lesneven portent de grandes culottes ou braies sans bas et des sabots, un gilet très-court, et par-dessus une casaque de toile à capuchon, et ils se coiffent d'un bonnet de laine bleue, rond, qui ne leur couvre que le sommet de la tête. Au bourg de Batz, dans la Loire-Inférieure, le costume se compose de culottes larges plissées, d'une chemise à col rabattu, de trois gilets de couleurs et de longueurs différentes, d'une veste, d'un manteau court à collet et d'un chapeau rond à larges bords, un peu relevés et orné de plumes et de rubans.

Le costume des femmes bretonnes, dans la plupart des localités, se compose d'un corsage découpé et orné de rubans de couleurs diverses sur les coutures, d'un jupon de laine à gros plis, d'un tablier à carreaux et d'un mouchoir de cou aux couleurs vives. Dans la Loire-Inférieure, du moins à Batz, les mariées portent une robe blanche à manches rouges ou violettes, très-larges, sur laquelle elles mettent un corsage de couleur lacé ostensiblement par devant, et un jupon violet ou noir bordé de velours, retenu par une ceinture de soie brodée d'or ou d'argent. Ajoutons à cela une collerette de dentelle empesée, des bas rouges et des pantoufles, et nous aurons le costume complet, qui est fort pittoresque. La coiffure se compose d'une coiffe à fond étroit et plissé, garnie d'une sorte de turban et au sommet de laquelle est fixé un voile flottant sur les épaules ou attaché sous le menton.

La coiffure des femmes bretonnes diffère, au reste, d'une manière assez sensible. Dans certains pays, elles portent des bonnets de dentelles assez semblables à celui des Cauchoises; ailleurs ce sont des coiffes plates ornées de larges bandes d'étoffe retombant plus bas que les oreilles, ou des coiffes rondes à barbes relevées. A Guérande, la coiffure des femmes se compose d'un bonnet à bandelettes plissées couvrant la tête, retombant de chaque côté du visage et se rattachant sous le menton. A Plougastel, ce sont de longues barbes empesées retombant sur le cou, puis se relevant sur le sommet de la tête, par derrière. Enfin, dans d'autres localités, la coiffure, assez ample, est entourée de plusieurs de ces barbes de mousseline qu'on laisse retomber tout autour de la tête, sauf le front naturellement.

Les femmes vendéennes, dont la coiffure diffère peu, précisément, de celle que nous venons de décrire en dernier lieu, portent une robe courte de laine rayée, recouverte d'une mante noire également courte, et se chaussent de sabois noirs. Le costume de l'homme se compose, dans cette province, d'un gilet de laine blanche boutonné sur le côté, d'une veste ronde, noire ou bleue,

Bretagne. — Types et costumes.

d'un pantalon à raies, d'un mouchoir rouge en guise de cravate et d'un chapeau rond à larges bords.

En Normandie, aujourd'hui, il n'y a plus guère de remarquable dans le costume de l'homme que la coiffure, c'est-à-dire le bonnet de coton ; encore cette particularité disparaît-elle graduellement, et serait-il assez difficile d'obtenir d'un jeune *gas* ayant quelque souci de sa dignité qu'il se couvrit le crâne du vénérable et utile casque à mèche, excepté au moment de se mettre au lit. La blouse, la grosse veste de drap, le chapeau en tuyau de poêle, des culottes solides, mais sans caractère, de hautes guêtres de toile ou de drap, voilà de quoi se compose l'accoutrement du Normand. La blouse est son vêtement indispensable : en été, aucun n'est plus léger et plus commode ; en hiver, il sert de pardessus ou de waterproof quand il pleut. Les pêcheurs du Pollet (faubourg de Dieppe) ont conservé jusqu'à ces derniers temps leur pittoresque costume qui date du XIIᵉ siècle, composé d'un large caleçon, d'un gilet croisé et attaché par devant avec des rubans, d'une large et longue veste droite, sans boutons, et d'une haute toque de velours noir décorée d'un plumet ; mais ce costume n'existe plus guère qu'à l'état de souvenir.

La Normande montre un goût prononcé pour les couleurs vives, chatoyantes et changeantes. Une riche fermière en toilette, outre diverses pièces de son ajustement qui méritent l'attention, porte volontiers une magnifique robe de soie *gorge de pigeon*, pas trop longue, mais ample, attestant par tous ses plis qu'on n'y a pas épargné l'étoffe et que sa propriétaire a *de quoi*. Le costume ordinaire se compose généralement d'un casaquin, s'il est possible du plus bel écarlate, et d'une jupe de flanelle à raies blanches et noires, quand une troisième couleur ne s'y mêle pas, ou plus simplement bleue, par-dessus laquelle on passe à l'occasion une robe d'indienne ; un mantelet de camelot noir doublé de blanc, muni d'un capuchon agrafé, complète, pour l'hiver, ce costume, au reste fort simple. Chez la Cauchoise, il est plus recherché et plus pittoresque : un corsage en drap ou en soie, sans manches, lacé par devant ; les bras couverts de manchettes de mousseline partant de l'épaule et s'arrêtant à peu près au coude, un jupon rouge, un tablier de mousseline bordé de dentelle : voilà le costume de fête de la Cauchoise. Mais n'oublions pas la coiffure qui, chez les femmes de la Normandie, constitue la partie capitale de la toilette.

La Cauchoise porte sur ses cheveux relevés au sommet de la tête une toque de drap d'or ou d'argent, à laquelle est attaché un long voile de mousseline dont les barbes, enrichies de dentelle, pendent jusqu'à la ceinture. Dans la haute Normandie, le bonnet s'élève en pyramide, plus ou moins volumineuse, suivant les localités, au-dessus de la tête, et d'immenses barbes abondamment garnies de dentelles en descendent de chaque côté du visage jusque sur les épaules. Les garnitures de dentelles de certains de ces bonnets atteignent quelquefois un prix dont on ne se douterait pas. C'est le luxe préféré de la Normande, et la Beauceronne sa voisine le partage avec elle. Outre les dentelles, ces immenses bonnets sont retenus à la coiffe intérieure et aux cheveux, un peu partout enfin, avec des épingles d'or, les plus grosses possibles. Il y a d'ailleurs bien des variétés de coiffures en Normandie et dans son voisinage immédiat, depuis l'humble *bonnette* à tour ruché de l'Orne et de la Sarthe jusqu'au luxueux et volumineux appareil qui couvre la tête des élégantes du pays de Caux, de l'Eure et de la Beauce. Il y a enfin le bonnet de coton qui coiffe admirablement certaines fillettes aux joues roses, luisantes et dodues, ou quelques bonnes vieilles fidèles aux traditions ou sujettes aux névralgies. — Mais le bonnet de coton s'en va, décidément il s'en va !

Le costume alsacien ne manque pas de caractère. Il se compose, pour

La Normandie. — Modes et coiffures.

l'homme, d'un habit carré, de drap foncé, très-ample, d'un long gilet rouge, de culottes courtes que recouvre un demi-tablier blanc, de gros bas gris ou bleus tricotés, de souliers épais et carrés, et d'un chapeau à cornes dont l'un

L'Alsace-Lorraine. — Costumes alsaciens.

des côtés est rabattu pour garantir le visage du soleil ou de la pluie, ou d'un gros bonnet fourré. Le costume de la femme ressemble à celui des Suissesses et se fait remarquer par la vivacité des couleurs. — L'Alsace ne fait plus partie

de la France, on le sait; mais nous l'avions oublié, ce qui explique que nous
ayons placé la description sommaire du costume alsacien parmi les costumes
des provinces de la France. — Le costume des paysans de la Lorraine, que
nous avons perdue aussi bien que l'Alsace, n'a plus depuis longtemps de
caractère particulier, sauf peut-être quelques parties insignifiantes.

Dans quelques localités de l'Auvergne, dans la Haute-Loire, par exemple,
le costume est assez pittoresque. L'homme porte la veste ronde de gros drap
foncé sur un gilet de couleur voyante, le chapeau à larges bords et les
culottes également larges. Les femmes ont le jupon court à gros plis, le corsage lacé par devant et couvert d'une pièce de poitrine en étoffe de couleur,
et un tablier ; elles sont coiffées d'un bonnet rond à larges barbes tombantes,
et autant que possible chaussées de sabots. Dans d'autres parties de cette
ancienne province, les femmes se coiffent de grands chapeaux à haute forme,
appelés « chapeaux à cabriolet, » ou de petits chapeaux ronds, noirs et sans
fond. Dans le Forez, elles recouvrent le bonnet que nous avons décrit plus
haut d'un large mouchoir plié en triangle, une pointe pendant derrière et les
deux autres nouées sous le menton. Beaucoup de bijoux de cuivre, religieux
et profanes.

Au point où nous en sommes, nous ne rencontrerons guère plus que des
costumes masculins sans grand caractère et manquant de variété ; mais nous
pouvons nous en rapporter à la coquetterie féminine pour nous offrir,
au moment où nous nous y attendons le moins, plus d'une agréable surprise.

La coiffure des femmes du Berry, par exemple, mérite une mention. Les
cheveux, partagés par derrière, forment deux rouleaux, entourés de galon
blanc, qui sont tournés autour de la tête et que recouvrent les cheveux de
devant ; une bande de ruban blanc maintient le tout, et une calotte ornée
devant d'une coiffe de mousseline à plat, est posée sur le sommet de la tête.
Les femmes du Bourbonnais affectionnent particulièrement la robe rouge, à
courte taille et à gros plis, recouverte d'un tablier blanc ; elles portent des
chapeaux immenses dont la forme rappelle celle d'un bateau renversé, et
noué par des rubans sous le menton. En Bourgogne, les femmes s'habillent
d'une jupe et d'un corsage de drap bleu dont les coutures sont couvertes par
des broderies rouges, et se coiffent d'un petit chapeau de feutre incliné sur
l'oreille, le derrière de la tête étant couvert d'une sorte de petit bonnet laissant voir les cheveux. Dans la vallée de la Saône, leurs robes sont vertes et
bordées de galons de soie de couleur ou d'argent ; elles y ajoutent souvent un
tablier de soie rouge et se coiffent, non plus du chapeau de feutre, mais de la
coiffe de dentelle. Il faut ajouter à tout cela une profusion de bijoux de toute
sorte, vrais ou faux.

Dans le département de l'Ain, les femmes de la campagne portent une robe
de drap bleu avec une jupe de dessus plus courte ornée de galons de soie sur
les coutures, un petit tablier de cotonnade, un corset lacé devant, avec des
manches larges et de couleur voyante ; leur coiffure consiste le plus souvent
en un chapeau noir, plat et à jour, garni de rubans et de galons d'or ou d'argent ornés de glands pareils ; un bonnet de dentelle à fond étroit est également en usage dans ce pays.

Parmi les divers costumes de la Provence, le costume des Arlésiennes, élégant dans sa simplicité, est celui qui mérite le plus d'arrêter l'attention : un
jupon court fort simple, une robe blanche ou noire dessinant la taille qu'elle
fait valoir et laissant les bras à peu près nus ; des souliers à boucles pour

chaussures, pour coiffure un coupon de mousseline drapé avec goût ou un chapeau noir sans rubans.

Les Languedociens s'habillent à peu près comme leurs voisins de l'autre côté de la montagne : veste courte, sur un gilet orné de boutons innombrables, culottes noires, ceinture rouge ou bleue, bonnet de laine ou chapeau de feutre noir plus ou moins large. Les femmes se coiffent d'un chapeau du même genre, orné de rubans et de tresses d'or ou d'argent, ou se couvrent d'un grand mantelet à l'espagnole, formant capuchon. Les Basques portent une courte veste sur un gilet blanc, des culottes de velours noir ou d'étoffe blanche, avec une ceinture rouge, des bas blancs, des espadrilles, un foulard de soie au cou et le béret bleu sur la tête.

Dans les Pyrénées-Orientales, le costume de l'homme se compose d'un large pantalon, d'une courte veste, d'une ceinture rouge, d'un long bonnet également rouge et d'espadrilles. Les femmes portent une large et courte jupe à plis nombreux, un corset lacé devant, serrant fortement la taille, des bas de couleur ; un mouchoir, étendu comme un voile sur le derrière de la tête, attaché sous le menton et pendant en pointe sur les épaules, leur sert de coiffure ; en hiver, cette coiffure est remplacée par un capuchon.

Nous nous en tiendrons là pour ce qui concerne les costumes caractéristiques de la France moderne, dont nous avons indiqué, croyons-nous, les plus pittoresques. Nous passerons maintenant une rapide revue des costumes étrangers. La mine est féconde, mais il faudra nous borner.

Costumes caractéristiques étrangers.

Dans la Grande-Bretagne, les anciens costumes nationaux ont moins laissé des vestiges que nulle part ailleurs ; un seul peut-être est resté dans sa pureté originelle, celui des *highlanders* d'Ecosse, qui a même été introduit dans l'armée du Royaume-Uni avec les régiments recrutés dans la haute Ecosse. Il se compose d'un justaucorps, d'une courte jupe (*kilt*), couvrant à peine les cuisses nues, et d'un *plaid*, espèce de vaste manteau drapé en manière de toge et retenu par une broche (*broach*). Les jambes sont couvertes jusqu'aux genoux d'une espèce de guêtres collantes de même étoffe que le reste du vêtement. Cette étoffe est un tissu de laine ou de laine et lin à carreaux de diverses couleurs, dont le vert et le rouge sont le plus ordinairement employés dans toute la variété de leurs nuances. La coiffure elle-même consiste principalement en un bonnet fait de cette même étoffe, appelée tartan.

Enfin, c'est surtout par le tartan que l'Ecossaise des Highlands se distingue de sa compatriote de la plaine. Inutile d'ajouter que, pour le surplus, les modes françaises sont en grande faveur aussi bien en Ecosse qu'en Angleterre.

En Suède et en Norvége, le costume de l'homme n'est remarquable que par sa coupe disgracieuse et des culottes courtes ; jusqu'au chapeau tuyau de poêle, mais d'une mode plusieurs fois oubliée et reprise, toutes ses parties nous sont familières. La femme, dans son ménage, porte une simple jupe avec une chemise de toile blanche plissée autour du cou et retenue par un collier. Aux jours de fête, elle revêt un costume pittoresque, presque riche, qui se compose d'un jupon vert, d'une longue jaquette ou camisole noire et d'une coiffe de mousseline élevée sur le sommet de la tête, laissant échapper d'épaisses tresses blondes, s'il s'agit d'une jeune fille, qui porte ainsi les cheveux nattés jusqu'aux jours de son mariage seulement. Ajoutons à cela des colliers de verroterie, des bagues et autres bijoux en vermeil ornant jusqu'à leur chevelure.

La Hollande possède une certaine variété de costumes assez pittoresques. A Haarlem, le costume national est surtout caractérisé par l'espèce de casque d'or que les femmes se mettent sur la tête ; elles recouvrent cet armet d'un

La Hollande. — Costumes hollandais.

joli bonnet de fine dentelle, et cela constitue une coiffure fort coquette. Malheureusement, elles ont quelquefois la manie de mettre en outre, par-dessus la plaque et le bonnet, des chapeaux à la mode de Paris, — ou bien encore de placer au-dessus de l'oreille deux fils d'or tirebouchonnés, en forme de cônes, qui s'avancent de chaque côté de la figure, comme des cornes.

De l'autre côté du Zuyderzée, dans la Frise, les costumes changent. Les hommes portent le pantalon large, comme nos zouaves ; les femmes ont des tabliers d'étoffes brochées et dorées, qui rappellent les costumes suédois par leur richesse. Elles mettent aussi des morions d'or sur leur tête. Ces ornements, appelés *ooryzer*, valent quelquefois jusqu'à 1,000 florins.

C'est aussi dans le costume féminin que la Suisse se fait remarquer au point de vue particulier qui nous occupe. Ces costumes, qui rivalisent de pittoresque et d'éclat dans certains cantons, varient de l'un à l'autre. A Bade toutefois, sauf le dimanche où tout le monde est en noir, les femmes riches suivent les modes de France ; il en est de même dans le canton de Vaud et dans les environs. La paysanne du canton de Berne porte un corset brodé d'or et garni de chaînes d'argent qui pendent sur les épaules, avec des manches de toile larges, empesées, d'une blancheur éclatante, s'arrêtant au coude ; son jupon ne dépasse pas le genou. Aux environs de Zurich, la femme de la campagne porte, sur son jupon court, un tablier à fleurs ; un collier de forme antique descend sur la poitrine ; un ruban noir noue ses cheveux tressés sur les épaules. Le jupon court est d'ailleurs en usage dans tous les cantons montagneux. En général, les pièces du vêtement des femmes suisses se composent d'un jupon de couleur plus ou moins court, bordé, d'un tablier rayé de couleurs diverses et de bas rouges, avec un ruban de cou en velours noir.

En Autriche, les costumes sont très-variés. Le plus pittoresque est peut-être celui des habitants de la Carniole. Il se compose, pour les hommes, d'une chemise sans col, brodée autour du cou ; d'un habit rouge, qui ne leur sert guère qu'en hiver, orné de boutons de métal ; d'un surtout brun, généralement doublé en rouge et bouclé ; il se complète enfin de caleçons noirs, faits d'une étoffe du pays mi-partie laine et lin, et de bas de laine blanche tricotée. Les femmes ont une chemise à longues manches terminées par des manchettes de dentelle, un corset brodé de divers fils de couleurs brillantes, un tablier bordé d'un large ruban, une jupe sombre, une ceinture de cuir garnie de plaques de métal et fermée au moyen d'agrafes d'argent, des bas rouges. Un manteau noir doublé de rouge et enrubanné complète en hiver ce costume pittoresque.

Un autre costume austro-hongrois qui vaut la peine d'être décrit est spécial à une tribu d'Esclavons voisine de la Carniole et de la Carinthie ; il paraît dériver de celui des anciens Illyriens. Ce costume se décompose ainsi, pour l'homme : une chemise se terminant par un large col de toile plissé entourant le cou, un justaucorps rouge, réuni à des caleçons verts au moyen d'espèces de bretelles de sangle ; par là-dessus, un long vêtement brun, en peau de mouton pour l'hiver ; des bas de laine blanche, laissés visibles par le caleçon qui s'arrête à mi-jambes. Les femmes ont autour du cou un double rang de verroterie imitant le corail, avec une gorgerette de mousseline à petits plis, un corset, le plus souvent rouge, avec de larges manches dépassant à peine les coudes, une jupe et un tablier bleu de ciel, aux bords très-ornés, des bas de laine, soit blanche, soit de couleur, enfin une ceinture de peau noire ornée de petites plaques de cuivre.

Dans l'Italie moderne, le costume tend de plus en plus vers l'uniformité des modes françaises. Dans les campagnes, sans doute, principalement dans la Campagne romaine et les Deux-Siciles, les costumes pittoresques ne manquent pas ; mais ils se résument à peu de chose près à celui des *pifferari*, plus universellement connu en France que le costume traditionnel de n'importe quelle province française où il en existe encore un, et à celui de la paysanne napolitaine où romaine, avec sa jupe rouge, son corset brodé, sa coiffure aplatie ; et l'incroyable quincaillerie de bijoux faux dont elle se couvre la tête, la poitrine et les bras. La description de ces costumes, très-pittoresque assurément, ne nous semble pourtant pas indispensable.

Quelques costumes de l'Espagne méritent de nous arrêter. Dans les contrées montagneuses des deux Castilles et de Léon, les femmes portent un corps de jupe de couleur brune, serré au cou, avec des manches tailladées jusqu'au coude et serrées au poignet, une large ceinture de laine, le bonnet de feutre appelé *montera*, d'où les cheveux tombent en longues tresses dans le dos. Les hommes sont vêtus d'un justaucorps court et étroit, de larges caleçons et de guêtres de drap boutonnées ; ils portent un collier et se coiffent du chapeau pyramidal. Les villageoises ont un corset noir, les épaules nues, et se drapent dans un voile noir attaché avec des rubans. Les muletiers et les matelots portent des vêtements bruns étroits, et un bonnet de laine rouge pardessus le réseau de soie qui retient leurs cheveux. Dans toute la Castille, les vêtements du peuple sont en général de couleur brune. A Salamanque, les couleurs voyantes prennent le dessus ; l'étoffe est bien brune, mais les ornements dont on la couvre n'en ressortent que mieux.

Aux environs de Salamanque, les hommes sont vêtus d'un justaucorps de couleur, garni de broderies et d'une myriade de petits boutons ; on l'ouvre par devant pour montrer, s'il y a lieu, une chemise de toile fine ornée d'un jabot de mousseline et d'une collerette en forme de réseau ; les manches de ce vêtement sont tailladées au coude, et décorées de rubans aux vives couleurs, avec une pièce d'estomac ornée de boutons en filigrane d'argent ; un large manteau sombre avec collet de couleur voyante jeté négligemment sur l'épaule, un chapeau rond à larges bords, posé sur le réseau traditionnel, complètent ce costume, qui ne manque certes pas d'élégance, porté qu'il est par un homme éminemment capable de le faire valoir.

Dans les provinces basques, la Navarre, l'Aragon et la Catalogne, le costume se rapproche étroitement de celui des provinces frontières de France dont nous avons parlé déjà.

En Grèce, le costume national n'a pas partout cédé la place aux modes françaises adoptées par les Athéniens modernes, qui eux-mêmes ont çà et là une exception à faire valoir en leur faveur. Par exemple, chez les femmes du peuple, le principal et presque le seul vêtement est une grosse chemise de laine blanche, couverte d'une sorte de longue tunique ouverte sur le devant. Le dimanche, leur toilette est plus soignée : la chemise est d'une blancheur éclatante ; la jupe et la veste sont de couleurs très-vives, et quelquefois une écharpe de soie à franges d'or enveloppe la tête et le cou. Dans certaines parties de la Grèce, les femmes ont pour coiffure, les jours de fêtes, une espèce de mitre persique, composée de pièces d'or, d'argent ou de cuivre brillant ; ces pièces de monnaie sont percées et réunies de manière à se resserrer comme des écailles et à former des rangs pressés et réguliers depuis le sommet de la tête jusqu'au front. Au dernier rang, les pièces de monnaie, moins serrées, battent le front et s'agitent comme des clochettes.

Les Palicares portent une veste à manches ouvertes et en-dessous un gilet sans manches ; sur la veste ils rabattent le col très-large de leur chemise ; à la taille, une ceinture serre les petits plis de la jupe très-ample, qu'on appelle *fustanelle* ; cette jupe ne descend que jusqu'aux genoux ; des guêtres hautes protègent les jambes et des babouches rouges servent de chaussures. Sur la tête, ils ont le fez rouge à gland bleu. Le luxe consiste dans les broderies de

Type andalou. — Un marchand de poisson de Malaga.

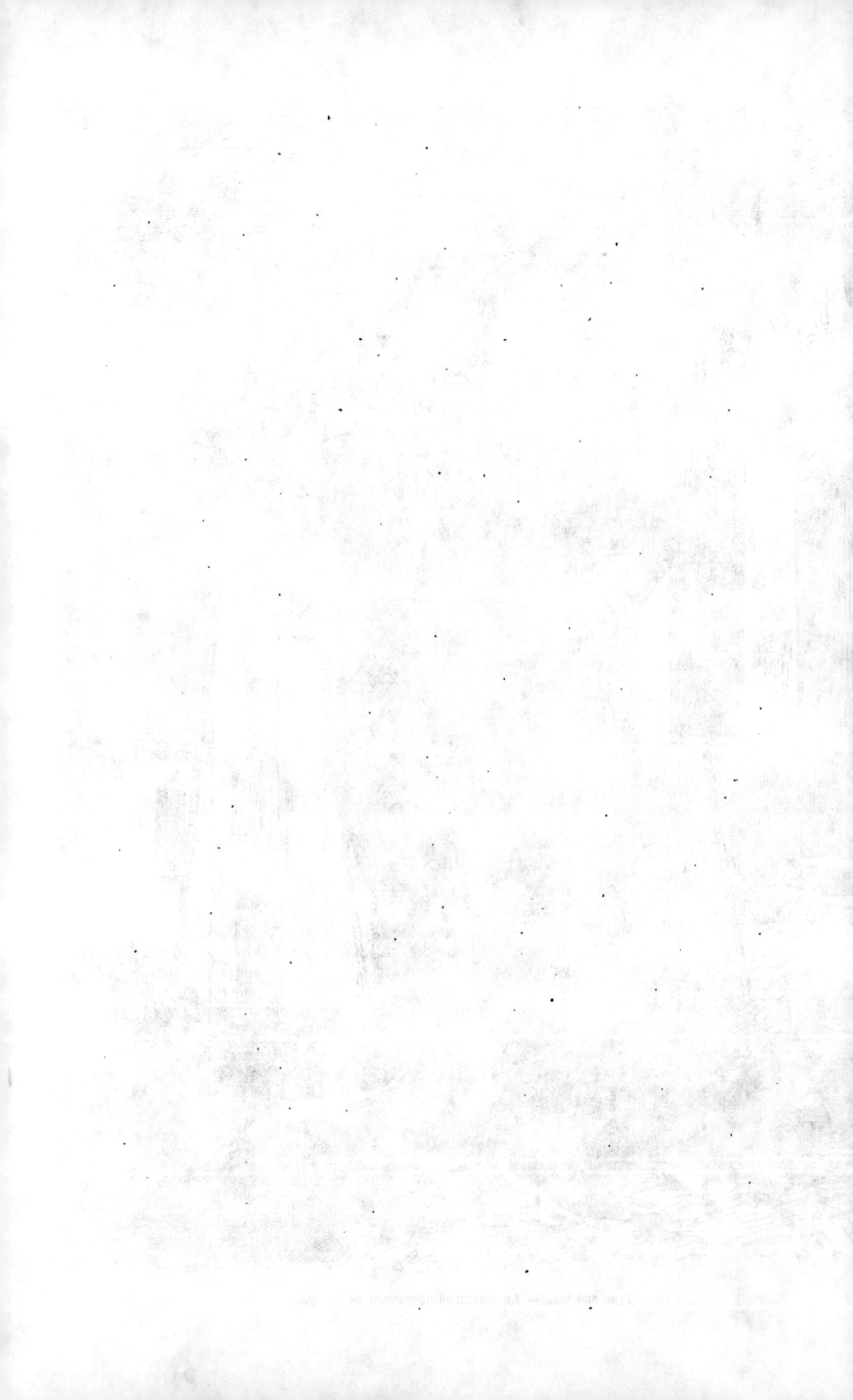

soie, d'or ou d'argent, qui ornent la veste et les guêtres. En hiver, les Palicares ajoutent à ce costume un grand manteau de laine blanche. En été, ils enroulent autour du bonnet rouge une sorte de grand foulard blanc en guise de turban.

Ce costume est à peu près celui de tous les Palicares ; mais la toilette des femmes varie selon la fantaisie de chacune d'elles, et on pourrait dire qu'il y a une mode différente par province, sinon par village. Pour une jeune fille

COSTUMES DE L'ORIENT : Arménienne. — Musulmane. — Juive.

palicare d'Athènes, la jupe est, selon la fortune et la saison, de soie, de laine, de mousseline ou d'indienne ; une veste de velours, agrémentée de broderies de soie ou d'or, s'ouvre sur le devant ; sous les manches, très-larges à partir du coude, le bras est nu, mais le plus souvent chargé de quelque gros bracelet. Les jeunes filles et les jeunes femmes palicares ont la chevelure flottante sur les épaules. Au sommet de la tête, mais un peu incliné sur le côté, elles portent en forme de coiffure, tantôt un simple foulard de soie, tantôt le bonnet rouge, ou fez, comme les hommes; mais le fez des femmes est plus petit, d'étoffe plus légère et enrichi de broderies.

Un éventail de soie et de velours, en forme de crécelle d'enfant, richement brodé d'élégantes arabesques, complète ce ravissant costume.

L'Orient présente, avec une uniformité presque monotone suivant les races, une assez grande variété de l'une à l'autre sous ce rapport.

En Turquie comme ailleurs, au Japon même depuis peu, le costume européen, procédant directement de la mode française, sans même faire exception, au moins au Japon, pour la coiffure en tuyau de poêle, s'acclimate avec une facilité désespérante au gré des amoureux du pittoresque et des enthousiastes de la couleur.

Presque seule maintenant, la Chine oppose à l'invasion sinistre de la redingote une louable et courageuse résistance. Cependant il se passera encore bien des années avant que les femmes de l'Orient puissent se costumer à l'européenne, non qu'elles n'y aient peut-être un certain penchant, mais parce qu'en ceci leurs désirs se heurteront longtemps encore au *veto* du maître.

Le costume des Arméniennes et celui des Juives se sont toujours rapprochés le plus possible du costume européen.

Le costume ottoman, par exemple, est très-gracieux, non-seulement pour la femme, mais pour l homme ; et bien que le Coran interdise l'usage des étoffes de soie, et qu'il dise aussi, je crois, un mot ou deux contre celui des métaux précieux transformés en bijoux, les étoffes de soie unie, à fleurs, rayées, brochées de soie, d'or, d'argent, etc., les boucles d'oreilles, les bagues nombreuses, les bracelets, les colliers, sans parler de boucles, agrafes et autres objets de première nécessité, en or, en argent, ornés de pierres précieuses ou de perles fines, ne manquent pas, Allah en soit loué ! Les colliers des femmes ottomanes descendent souvent plus bas que la ceinture, et se composent de nombreux sequins ou de médailles d'or sur lesquelles des versets du Coran sont gravés. Elles portent d'amples caleçons descendant jusqu'au cou-de-pied, où ils sont serrés par une espèce de jarretière très-ornée, suivant l'état de fortune de celle qui la porte ; le sein n'est couvert en été que par une chemise de gaze à longues manches descendant très-bas, par-dessus laquelle une robe de soie, garnie en hiver des plus riches fourrures. Le châle est aussi en usage en Turquie, mais un châle spécial, d'une étoffe de laine fine, légère et d'un grand prix, que les deux sexes portent en toute saison. Nous ne dirons rien de plus sur la coiffure, les babouches richement brodées, le voile des Ottomanes, toutes choses sur lesquelles il est inutile de discourir longuement.

Sauf des modifications peu importantes suggérées par les mœurs, par la religion surtout, le costume est presque partout le même dans l'empire de Turquie ; c'est dans le costume des femmes que les modifications sont le plus sensibles : d'abord c'est le voile, qui disparaît du visage des chrétiennes. Quant au reste, une tendance plus ou moins accentuée vers les modes européennes est tout ce qu'on y peut démêler.

Parmi les costumes de l'Inde que nous avons omis de mentionner, celui des Singhalais est particulièrement remarquable. Il se compose d'une veste étroite,

COSTUMES DE L'ORIENT : Femme et jeune fille japonaises.

COSTUMES DE L'ORIENT : LES NOTCH-GIRLS (danseuses indiennes).

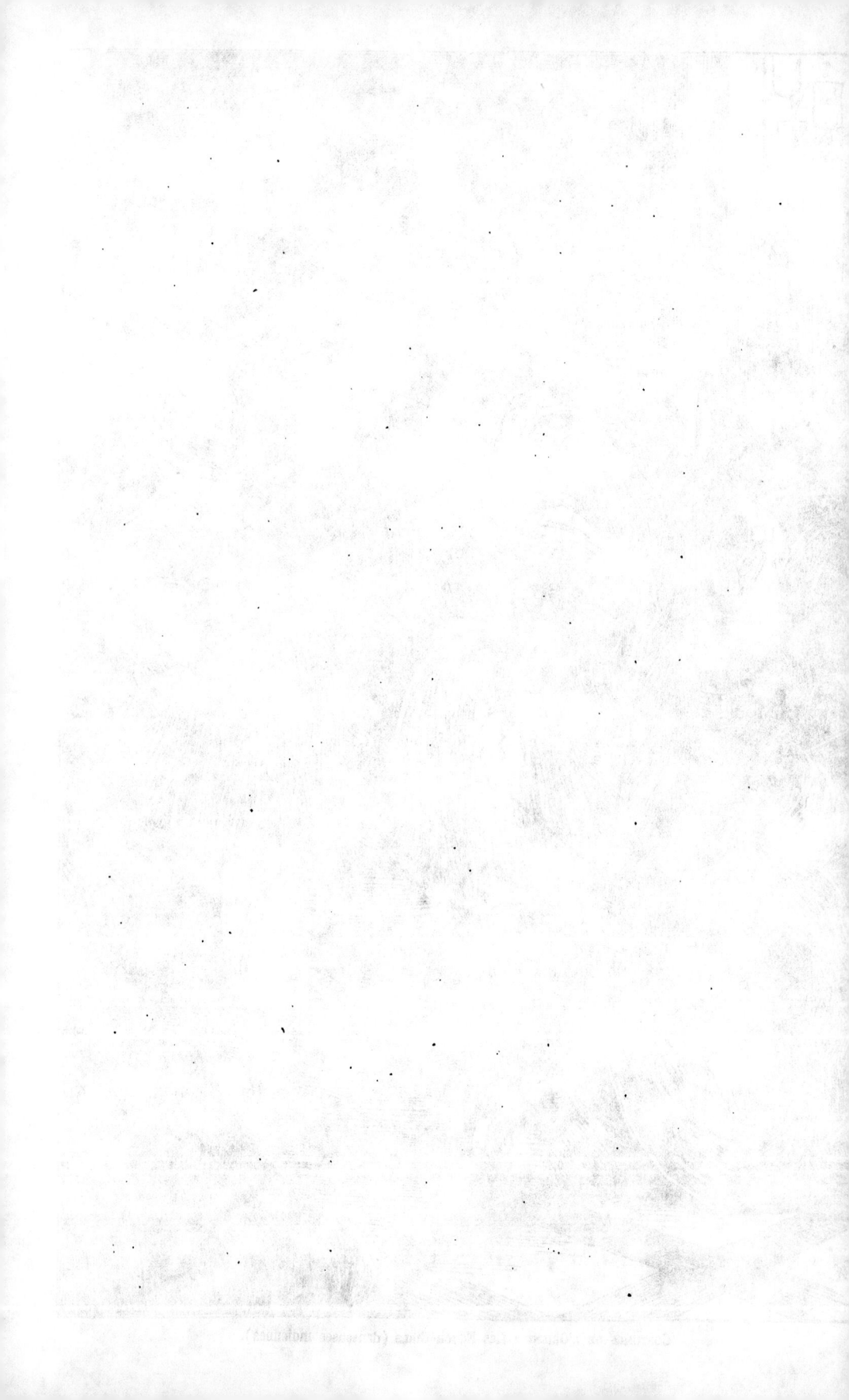

d'un immense jupon, de babouches; leur longue chevelure est relevée sur la tête en forme de chignon et retenue par un grand peigne en demi-lune.

Et puisque nous sommes dans l'Inde, n'oublions pas ces danseuses, chanteuses et courtisanes, les almées de ce pays, que les Anglais appellent les *notch girls* (danseuses de *notche*). La notche est une danse hindoue, consistant en poses lascives, en pas lents, accentuée par une pantomime légèrement monotone, que les danseuses accompagnent en outre de leurs chants en battant la mesure avec leurs bras. Le costume des *notch girls* est riche et gracieux. Elles ont sur la tête une couronne de sequins d'or, de magnifiques anneaux aux oreilles, une perle fine au nez, de longues chaînes d'or passées au cou et qui s'étalent sur la gorge; un corset de satin leur enveloppe le buste; un large pantalon en soie rouge, bleue ou verte, par-dessus lequel une courte jupe brodée atteignant à peine au genou, descend jusqu'à la cheville, ornée, comme le poignet, de nombreux anneaux d'or ou d'argent. Elles ont des cheveux touffus, très-artistement arrangés; elles ombrent leurs paupières, allongent au pinceau la ligne de leurs sourcils et blanchissent à l'aide de fard le teint bistré de leur visage, comme on peut le voir faire sans aller si loin.

Elles sont moins agréables à voir danser, moins gracieuses dans leurs poses que les almées qui remplissent le même rôle qu'elles en Egypte et portent un costume qui a beaucoup de rapport avec celui que nous venons de décrire; — du moins tel est l'avis de ceux qui ont eu l'occasion de comparer les unes et les autres, car nous ne sommes malheureusement pas de ceux-là.

L'Amérique, outre le peu qui reste de sa population autochthone, est peuplée d'Européens, d'Africains, d'Asiatiques et de métis offrant le plus complet méli-mélo de sangs divers et de sangs mêlés qu'on soit jamais capable de rencontrer ailleurs. Le mélange ne s'est pas seulement produit dans le sang, mais aussi dans le langage et surtout dans le costume. On sent cela surtout lorsqu'on a affaire à quelque riche mulâtresse, jeune, belle et partant coquette (p. 273). Son goût pour la toilette se développe en double sens, si nous pouvons dire : elle s'empare avec délice des modes européennes les plus nouvelles, mais à la condition d'y ajouter le condiment de la fantaisie africaine en même matière. Les couleurs les plus vives, les plus tranchées, les dentelles les plus précieuses, les bijoux les plus lourds et les plus chers, voilà ce qu'il lui faut; joignons à ces goûts un peu dépravés la prédilection pour une coiffure sommairement faite d'une riche étoffe ornée de bijoux et de pierres précieuses, comme le reste (originalité qui aura bientôt totalement disparu), et nous pourrons nous faire une idée de la belle et fastueuse mulâtresse qui fait l'ornement de la société dans nos colonies de l'Amérique, où le préjugé du sang n'ose pas trop se montrer.

Partout en Amérique, au nord comme au sud, la mode européenne prédomine. Il faudrait faire de bien minutieuses recherches aujourd'hui pour mettre la main sur un échantillon du brillant costume mexicain si favorable à l'illustration du récit de voyage ou du roman d'aventures. Nous en dirons autant des costumes pittoresques des autres républiques sud-américaines, de ceux de la République Argentine, par exemple, dont nous publions le dessin à titre de souvenir.

« De prime abord, dit un voyageur racontant son arrivée à Buénos-Ayres, vous pourriez vous supposer dans quelque port espagnol ou du midi de la France! Pas le moindre vestige d'indigène tatoué ou emplumé! Pas de caractère! Çà et là quelques jolies senoras aux yeux expressifs et qui pourraient bien avoir fait leurs premières armes aux Champs-Elysées; puis, sur les quais et sur les places, le nez au vent et l'inévitable béret rouge sur la tête, l'émigrant basque qui, les deux mains plongées dans les poches de sa jaquette,

RÉPUBLIQUE ARGENTINE. — Costumes des habitants.

ouvre de grands yeux devant les boutiques d'oiseaux. Partout le costume

Mulâtresse de la Martinique.

européen, la redingote sombre ou la sombre houppelande du travailleur. »

Tout ce qui mérite d'être remarqué aujourd'hui dans la tenue des élégants ou des simples, c'est un reste de prédilection pour les couleurs voyantes et un laisser-aller général qui n'est pas toujours sans grâce et que justifie l'impla-

L'Amérique centrale. — Types et costumes des habitants d'Aspinwall.

cable ardeur d'un soleil éclatant. A Aspinwall, sur l'isthme de Panama, côte de la mer des Antilles, ce laisser-aller dans la tenue paraît encore plus accentué, comme pour contraster avec l'activité commerciale de ce grand passage et entrepôt nécessaire entre l'Atlantique et le Pacifique.

Mais si le costume usuel accuse une uniformité désespérante, il est juste de dire que toutes les occasions d'échapper à cette monotonie sont saisies avec empressement. Au Brésil, l'un des Etats de l'Amérique méridionale les plus avancés sur la grande route de la civilisation, il va sans dire que la redingote et le tuyau de poêle règnent en vrais tyrans. Mais c'est en revanche un des pays où, dans les fêtes religieuses, par exemple, l'imagination est le plus volontiers mise au service de la fantaisie dans l'arrangement du costume.

Pendant la fête de saint Sébastien, patron de Rio-de-Janeiro, dans la célèbre procession des Franciscains, qui a lieu le jour des Cendres, marchent un certain nombre d'enfants revêtus d'un costume particulier, et qui doivent représenter des anges ou *anginhos*; ils portent un très-court jupon crinoliné, auquel sont fixées des ailes de gaze de différentes couleurs et disposées sur des cercles légers de bambou ou de fil d'argent; leurs cheveux sont frisés, poudrés, pommadés avec une réelle profusion; le cou et les bras sont surchargés de perles, de bijoux et de pierreries.

Les familles les plus opulentes tenaient jadis à honneur de contribuer à la magnificence de ces cérémonies.

La coiffure — Les faux cheveux.

A ses débuts sur la terre, l'homme ignorait l'art de la culture, dont il n'avait aucun besoin; et il laissait en friche, aussi bien que le sol, sa barbe et ses cheveux, parce qu'il n'avait aucune notion de l'hygiène, qui ne lui eût peut-être pas été d'une utilité plus grande. Quant aux cheveux, pourtant, il dut s'aviser de bonne heure de les relever de manière ou d'autre, de les tordre, de les nouer, de s'en faire en un mot une *coiffure*, sans doute beaucoup moins compliquée que celle de certains indigènes des îles océaniennes dont nous avons parlé ailleurs. Comme ils ne tenaient pas aisément en place, quand ils étaient très-longs, les cheveux de nos premiers parents ne tardèrent vraisemblablement pas à être maintenus de vive force au moyen de liens et à recevoir une application de quelque pommade dont les dépôts fossiles ne nous ont pas encore révélé la composition, laquelle devait être plus éloignée de notre pommade à la rose et de notre huile de Macassar que la composition de gomme, d'argile et de bouse de vache dont la chevelure des Chillouhs fait ses délices.

Mais l'abondance de la chevelure ne cause pas une gêne de toute la vie, et le plus important n'est pas de savoir écarter ou pallier cette gêne passagère, mais de remplacer la toison disparue, soit qu'on éprouve une gêne plus vive de son absence, soit que la coquetterie enseigne que la calvitie complète ou partielle manque absolument d'attrait. Dans cette voie nouvelle, la femme devait distancer l'homme de plusieurs siècles, en ajoutant des faux cheveux à ce qui lui en restait de véritables, quelquefois même sans besoin impérieux, par coquetterie pure, exactement comme aujourd'hui, tandis que l'homme bornait au début l'emploi de son génie à l'invention de la calotte, qui remonte au delà des temps mosaïques, pour dissimuler sa calvitie.

Avant de raconter comment la perruque fut, non pas inventée, mais ressuscitée au XVe siècle, nous devons rappeler qu'elle est beaucoup plus ancienne, bien qu'abandonnée pendant assez longtemps pour avoir fait supposer qu'elle n'existait pas auparavant.

Parmi les vestiges les plus curieux de la civilisation égyptienne qui sont parvenus jusqu'à nous, figurent en effet les perruques, qui étaient d'un usage presque général. L'Egyptien avait pour habitude de se raser la tête et le menton, et professait une grande horreur pour les Grecs et les Asiatiques, qui laissaient croître leurs cheveux et leur barbe. Cette coutume rendait obligatoire l'usage des perruques, qui leur servaient en même temps de chapeaux. Les pauvres gens confectionnaient les leurs avec de la laine, mais les gens riches employaient à cet usage des cheveux naturels et nattés par derrière en longues bandelettes. Des spécimens curieux de ces coiffures antiques se trouvent au Musée britannique et au Musée de Berlin, et ne seraient pas désavoués par nos modernes artistes capillaires. Il n'y a pas déjà une si grande différence entre elles et les perruques à la Louis XIV ; ce qui leur donne un intérêt de plus.

Quand et comment l'usage de la perruque se perdit-il? Sans doute il se perdit en même temps que l'habitude de se raser la tête, quoiqu'un homme devenu chauve naturellement n'en ait pas moins besoin qu'un homme rasé. Ajoutons que nous ne voyons pas davantage les femmes se servir de perruques, mais seulement de fausses boucles ou autres choses semblables. Nous préciserons tout à l'heure l'époque à laquelle remonte pour la femme l'usage des faux cheveux réduit à l'addition de quelques mèches par-ci par-là, et qui lui attira tant de désagréments au moyen-âge. Revenons pour le moment à la réinvention ou à la résurrection de la perruque dans toute sa splendeur.

L'ordre de la Toison d'or, comme celui de la Jarretière, comme beaucoup d'autres, aurait, dit-on, une origine galante. Il rappellerait la magnifique toison de Marie de Rumbrugge, une des vingt-quatre maîtresses de Philippe le Bon, duc de Bourgogne, Brabant et autres lieux, et pas du tout l'objet précieux de l'expédition des Argonautes. La malignité ou plutôt la jalousie féminine ne pouvait pardonner à la belle Marie la faveur dont elle jouissait auprès du prince, et s'en consolait en ridiculisant sa chevelure d'or. J'ai même dans l'idée qu'on osait prétendre que cette splendide chevelure était tout bonnement d'un rouge fort laid, quoique brillant; mais c'est justement le cas de l'or. — Philippe, en tous cas, se fâcha et... créa l'ordre de la Toison d'or, qui présente en effet, aux yeux des moins prévenus, un objet tout aussi ridicule que le serait une chevelure de même métal.

C'est en 1429, le 10 février, pour préciser, que l'ordre fut créé. Philippe le Bon allait épouser l'infante Isabelle de Portugal. Chauve comme un genou, il était au désespoir d'aborder dans cet état sa belle fiancée, lorsqu'un Figaro dijonnais, nommé Pierre Larchaut, lui apporta une belle perruque blonde qu'il avait fabriquée, la première qu'on eût jamais vue! Transporté de joie, le prince enrichit le barbier et dissimula sa propre calvitie, à laquelle il ne croyait plus lui-même, au moyen de l'heureuse invention de celui-ci.

Pourquoi cette perruque blonde, dont l'invention concorde si exactement avec la fondation de l'ordre de la Toison d'or, ne serait-elle pas, aussi bien que la chevelure d'or de Marie de Rumbrugge, la cause déterminante de cette fondation? Elle y a autant de droits, à ce qu'il semble; et tout le monde sait qu'en fait de cheveux, on dit indifféremment qu'ils sont blonds, roux, d'or, etc., suivant la somme de poésie échevelée ou suivant l'intensité de cette infirmité appelée cécité des couleurs, ou daltonisme, dont on peut être affligé.

Nous avons dit que la femme avait, en tout état de cause, précédé l'homme dans l'usage des faux cheveux. La première coiffure de ce genre sur laquelle nous ayons des renseignements, date, en effet, de 1050 ans avant notre ère ou environ : elle appartenait à Michol, fille de Saül et femme de David. Mais il y a une lacune considérable, quoique l'on ne puisse guère douter que la mode des faux cheveux fût dès lors, ou peu de temps après, assez répandue. Dans les premiers siècles de l'ère actuelle, les soins de toutes sortes que les femmes apportaient à leur chevelure, comme à toute leur toilette d'ailleurs, attiraient déjà sur leur tête les foudres de l'Eglise.

Le concile *in Trullo* tenu à Constantinople en 691 excommunie purement et simplement les femmes qui portent des cheveux frisés et des boucles de cheveux postiches, « attendu que ce sont des ornements de la vanité, aiguillon diabolique, propre à induire dans la tentation les âmes faibles. » Dans un des conciles de Tours qui suivirent, la déclaration d'excommunication pour les mêmes causes est renouvelée. Saint Clément d'Alexandrie déclare que les femmes chrétiennes commettent une grave impiété en portant de faux cheveux. Saint Jérôme se borne à les dénoncer comme ornements de la vanité et œuvres directes de Satan. Saint Paulin dit, en parlant des filles de Sion : « Elles augmentaient le volume de leurs têtes par l'addition de cheveux postiches, mais le Seigneur les punit en les rendant toutes chauves. » Saint Grégoire de Nazyance, faisant l'éloge de sa sœur, sainte Gorgone, rappelle qu'elle ne frisait pas ses cheveux et qu'elle s'était toujours gardée de porter des cheveux postiches qui eussent déshonoré son vénérable front. On voit que, malgré tout cela, les femmes chrétiennes n'en persistèrent pas moins à porter de faux cheveux, puisque les conciles durent s'en mêler ; mais l'excommunication ne produisit guère plus d'effet que les objurgations plus modérées des Pères de l'Eglise. Il fallut renoncer à lutter contre la mode.

Combien de prédicateurs ont tonné du haut de la chaire contre la coquetterie des femmes en général, et en particulier contre l'usage des faux cheveux ! « Elle ne craint pas, lisons-nous dans un sermon de 1273 dirigé contre l'*élégante*, elle ne craint pas de se mettre sur la tête les cheveux d'une personne qui est peut-être dans l'enfer ou dans le purgatoire.... » Non, certes, elle ne le craint pas ; et dix siècles plus tard, elle ne devait pas craindre une possibilité autrement répugnante ; car enfin, si le feu purifie tout, l'enfer.... Marguerite de Navarre, au dire de Tallemant des Réaux, s'était toutefois arrangée pour éviter un pareil risque. Elle avait, dit-il, été chauve de bonne heure ; pour remédier à cela, elle avait de grands valets de pied blonds, que l'on tondait de temps en temps. Elle avait toujours de ces cheveux-là dans sa poche, de peur d'en manquer. »

Aujourd'hui, aucune coquette, même la moins fortunée, n'a plus à craindre de manquer de faux cheveux pour sa consommation ordinaire ; la plus riche n'a plus à se donner le tourment d'élever de grands valets de pied blonds ou bruns, comme on fait des mérinos, pour les tondre dans la saison favorable. Le commerce des cheveux est devenu l'une des branches les plus importantes de l'industrie humaine, et donne lieu à une circulation monétaire énorme. Depuis le colporteur qui se rend dans le fond des campagnes jusqu'à l'*artiste en cheveux*, en passant par le commissionnaire-exportateur, combien cette industrie singulière peut-elle nourrir de personnes ? C'est un calcul à faire.

En tout cas, l'Eglise ne dit plus mot ; il y a longtemps qu'elle a pris son parti de la mode et qu'elle a rentré ses foudres, ayant peur d'excommunier toute la partie féminine du troupeau des fidèles, en croyant ne viser que quelques têtes indûment couvertes. Aussi les vitrines des *coiffeurs*, même dans de simples bourgades tant soit peu opulentes, sont-elles aussi abondamment pourvues de chevelures que le wigwam d'un chef Sioux ou Cheyenne ;

seulement le cuir n'y adhère pas : c'est là d'ailleurs toute la différence qui sépare l'un de l'autre les deux systèmes d'étalage. Le moyen par lequel le Peau-Rouge, d'une part, et le *chineur*, de l'autre, se procurent la chevelure

Coiffure à la Nation (1790).

Coiffure aux Charmes de la Liberté (1790).

de l'ennemi, pourrait être autrement considéré, par un œil impartial, comme ayant une barbarie à peu près égale au fond.

Le commerce des cheveux.

« Le retour de chaque printemps, dit M. Paul Parfait, fait apparaître sur les routes, dans nos provinces de l'Ouest et du Centre, une singulière classe d'individus. A les voir passer, le bâton ferré à la main, portant sur leurs épaules de lourdes balles de marchandises, on les prendrait, au premier abord, pour de simples colporteurs; mais les marchandises ne sont qu'un accessoire de leur bizarre industrie. Mystérieusement armés d'une longue paire de ciseaux, ils vont faire la chasse aux chevelures. Chasse laborieuse! Debout dès l'aube, ils font, pesamment chargés, sans succès quelquefois, leurs dix ou quinze lieues par jour, mangeant peu, couchant mal, n'ayant souvent pour se reposer que le talus de la route. On les nomme *chineurs* en Auvergne, *margoulins* en Bretagne. Chacun d'eux s'évertue par tous les moyens à conquérir des têtes; cependant, on peut noter que les coupeurs d'Auvergne travaillent de préférence dans les foires, tandis que les coupeurs bretons vont plutôt faire leurs offres à domicile.

« Il n'est pas rare, l'été, de voir le coupeur breton traverser les villages,

portant, en guise d'enseigne, un long bâton d'où pendent quelques nattes éplorées, tandis qu'il jette, sur un ton lamentable, le cri consacré : *Piau! piau!* A ce cri bien connu, les ménagères se grattent la tête, et, pour peu qu'à une légère démangeaison du cuir chevelu vienne s'ajouter le moindre désir de colifichets, elles n'hésitent pas à faire signe au pauvre diable, qui accourt et déballe ses marchandises, toutes rouenneries faites pour séduire l'œil par la vivacité des couleurs. Une transaction s'opère. Pendant que la femme tâte l'étoffe, l'homme soupèse les cheveux. Dénoûment probable : la coquette livrera sa tête au coupeur pour un foulard de coton ou pour une jupe d'indienne, auxquels l'influence du progrès oblige de joindre quelque menue monnaie. »

La transaction ne va pas toujours toute seule. Sans parler de débats sans fin, souvent de nature à froisser une oreille délicate, les tondeurs ont à se garder de l'intervention des amoureux, dont les coups de trique protestatoires sont de nature à froisser beaucoup plus ostensiblement leurs épaules, quand ils les trouvent en disposition de consommer leur attentat sur l'opulente chevelure de leurs fiancées, plus avides encore que coquettes. Ce n'est pas le seul danger affronté par « ces chasseurs de chevelures » européens et ultra-civilisés : il leur importe de ne point trop s'écarter de la contrée qu'ils ont choisie, vraisemblablement d'accord avec les autres membres de la corporation. La rencontre de deux coupeurs sur un même territoire serait l'occasion inévitable d'une rixe. Les foires sont, toutefois, en dehors de ces conventions générales : la concurrence y est libre.

« Autrefois la coupe s'y exécutait en plein vent, pour la plus grande joie des assistants. C'était plaisir d'entendre dix ou douze coupeurs rivaux étalant leurs marchandises et s'égosillant à qui mieux mieux :

« — Hé! femmes, qui veut se faire couper les cheveux? Par ici, j'ai de beaux fichus et de belles robes. Hé! par ici!

« L'autorité exige maintenant que la coupe ait lieu hors des regards du public. A cet effet, les uns dressent leurs tentes, les autres louent pour la journée une boutique inoccupée, un rez-de-chaussée, une grange, une écurie, enfin n'importe quel coin abrité où ils s'installent.

« Enseigne parlante : un foulard au bout d'un bâton apprend ce qu'on trouve chez lui; une natte pendue au bout du foulard, ce qu'il faut céder pour l'obtenir. Les paysannes s'arrêtent avec un regard d'envie. Les échantillons multicolores passent dans toutes les mains, et de toutes les mains sur toutes les épaules, ce qui procure à l'habile coupeur l'occasion d'admirer la fière tournure des naïves chalandes. Ces chalandes sont femmes. Comment résisteraient-elles longtemps à une pareille épreuve? Les coiffes sont vite à bas, on se met à genoux, et zing, zing! en deux coups, la chevelure est à bas, tandis que les paysannes, toutes penaudes, s'en vont coiffées à la Titus.

« En deux coups, je devrais dire en trois, l'opérateur fait trois parts des cheveux qu'il va couper : deux pour la partie antérieure de la tête, une pour le chignon. C'est par le chignon qu'il finit. Quelques raffinées ne se font pas couper toute la chevelure; elles ménagent sur le devant l'épaisseur d'un bandeau. On est coquette ou on ne l'est pas! Certains coupeurs ont leurs habituées, leurs clientes; ils ne manquent pas de leur faire cette recommandation : ne jamais se peigner.

« Dans l'Auvergne, où les tondeurs en foire sont les plus nombreux, la

Saint-Jean est l'époque de la grande moisson. Le temps de la coupe ne s'étend pas moins là, comme ailleurs, d'avril à septembre, c'est-à-dire des premiers chauds aux premiers froids.

« Une partie de la coupe, en Auvergne, est faite par des gens professant, d'autre part, un état avouable, tels que boulangers, savetiers, bouchers, serruriers, etc. Pendant la morte-saison, ils retournent à leur industrie pre-

Coupeur de cheveux à l'œuvre dans un village d'Auvergne.

mière, qui à son four, qui à son tire-pied, qui à son étal, qui à son soufflet. Et en voilà pour jusqu'au printemps prochain. Ces gens font de leur poche les avances de marchandises et d'argent comptant nécessaires pour leur trafic d'été ; mais on conçoit que tous leurs pauvres diables de confrères sont loin d'être dans le même cas. Pour ces derniers, la Providence apparaît sous la forme du courtier en cheveux, vulgairement dit *forain*.

« Le forain est le trait-d'union entre le coupeur et le marchand en gros ;
c'est l'utile intermédiaire qui ramasse le produit éparpillé des coupes, pour
les remettre aux mains de grands préparateurs parisiens ; le banquier indispensable, qui rend le commerce possible pour le plus grand nombre des coupeurs, en leur faisant des avances d'étoffe et d'argent. Chaque forain a sous
ses ordres cent cinquante ou deux cents hommes que le crédit lui tient attachés. Au jour fixé d'avance, tous les mois à peu près, courtiers et coupeurs se
retrouvent dans quelque village où l'on fait les comptes. Si la balle du coupeur s'est allégée de cotonnade, elle s'est alourdie d'autre part de 25 ou
30 kilos de cheveux, produit de sa chasse. Tel paye ses dettes en nature, tel
vend ses nattes à beaux deniers comptants, tel autre les échange contre de
nouvelles marchandises. Et le courtier de trier et d'emballer, tandis que ses
émissaires reprennent le cours de leurs pérégrinations. »

Après l'Auvergne et la Bretagne, à laquelle nous joindrons l'Anjou et le
haut Poitou, il faut citer, comme pays de production du commerce des cheveux, la basse Normandie et le Maine d'abord, le Bourbonnais, la Marche, le
Limousin, le Périgord et le haut Languedoc. Ces divers pays fournissent à la
consommation une moyenne annuelle de 32,000 kilog. de cheveux, outre lesquels nous en recevons 14 à 15,000 kilogr. de Belgique, d'Allemagne, de
Hongrie et d'Italie. Environ 2,000 coupeurs, dont 1,500 pour la France et le
reste pour les pays étrangers que nous venons de nommer, sont constamment
occupés à ce singulier trafic. Il faut croire que, dans les contrées où les coupeurs
sont assurés d'avance de la vanité de leurs tentatives, il y a moins de misère,
ou que les femmes, mieux avisées de la vraie parure, préfèrent celle que la
nature leur a octroyée gratis à l'éclat suspect d'un beau mouchoir de cotonnade. On a fait, en outre, cette remarque significative, qu'à mesure que les
lignes ferrées se développent, les chasseurs de chevelure s'enfoncent de plus
en plus dans les petites localités éloignées de la grande artère de la civilisation
portant au loin le sentiment de la dignité humaine.

Ce commerce des cheveux a fourni à la statistique, quelque incomplète
qu'elle soit en ces matières, des données curieuses sur la richesse ou la pauvreté du sang dans les divers pays, par le nombre de têtes qu'il est nécessaire
de tondre pour obtenir un kilogramme de cheveux. Tandis qu'en Italie il suffit
de six têtes pour fournir cette quantité, il en faut huit en Auvergne, dix en
Bretagne ou en Allemagne, et douze en Belgique. Une tête italienne est donc
deux fois plus fournie qu'une tête belge.

Chaque espèce de cheveux se distingue, en outre, par quelque particularité.
Ainsi les plus gros sont ceux d'Auvergne, les plus fins et les plus blonds ceux
de Belgique, les plus noirs et les plus longs ceux d'Italie ; les plus beaux,
mais les plus malpropres, ceux de Bretagne.

Il ne faut pas faire trop de cas de ce qu'on dit du commerce des cheveux
ravis aux têtes des malades ou même des morts ; ces cheveux, malades ou
morts eux-mêmes, ne seraient acceptés qu'à vil prix par les marchands qui n'y
seraient pas trompés, et le jeu n'en vaudrait pas la chandelle. Ces cheveux,
en effet, sont reconnaissables, et leur plus grand défaut, le seul, c'est qu'on
a beaucoup de difficulté à les travailler ; car il ne faut pas croire que c'est la
délicatesse des marchands qui leur fait refuser cette marchandise. En dehors
donc des cheveux fournis par les coupeurs réguliers, il n'y a presque rien
pour le commerce, sauf pourtant les chevelures provenant des couvents ou
des chapelles bretonnes, où se font, à la manière antique, de nombreux dons
de cheveux à la Vierge.

Arrivons maintenant aux cheveux provenant de la *chute*; car la *coupe* n'est pas la seule manière de se procurer des cheveux pour les livrer à l'industrie. .

« Il n'est pas de jour, dit l'écrivain déjà cité, où toute femme, en se démêlant, n'amène quelques cheveux entre les dents de son peigne; ces cheveux, elle les roule sur son doigt et les jette insoucieusement. Or, il y a là quelqu'un pour s'en saisir. Toute une armée de chiffonniers ramasse dans les ruisseaux, au coin des bornes, ces petits tampons poussés au hasard du vent et du balai après l'heure de la toilette. C'est pendant l'été, on le conçoit, que cette glane se fait avec le plus de succès. Lorsque le petit chiffonnier qui s'y adonne a récolté une ou plusieurs livres de cheveux, il va les vendre à quelque maître chiffonnier chez qui les coiffeurs de bas étage viennent s'approvisionner.

« Quelquefois, le maître chiffonnier fait subir lui-même les préparations premières à sa marchandise. On juge que ce n'est pas une petite affaire que de démêler, de nettoyer et d'assortir ces cheveux souillés, où se confondent, dans le plus odieux pêle-mêle, les nuances les plus disparates. De petits spécialistes ne craignent pourtant pas de se livrer à cette incroyable besogne. On se demande comment ils vivent, quand on songe que, malgré la complication de la main-d'œuvre, les lavages réitérés et l'immense déchet (le préparateur n'en sauve pas plus de la cinquième ou de la sixième partie), ces cheveux se vendent encore à un prix bien inférieur à celui des cheveux de coupe.

« On évalue à 14,000 kilog. le total des cheveux qui, grâce au chiffonnier, passent annuellement du ruisseau sur la tête des femmes que le bon marché n'effraye pas. De ces 14,000 kilog., 6,000 seulement sont d'origine parisienne; le reste nous arrive de l'étranger. Un Français, fixé à Naples, a imaginé de transporter de ce pays, où les femmes sont rebelles à la coupe, l'industrie de nos chiffonniers. Des lazzaroni, enrôlés par lui dans l'Italie méridionale, y recueillent les cheveux de chute dont il est en mesure de nous expédier 8,000 kilog. par an. »

Nous dirons maintenant quelques mots des préparations diverses subies par les cheveux coupés ou tombés, avant d'être en état de paraître avec honneur dans la vitrine du perruquier, ou, si vous préférez, du coiffeur, où l'élégante l'ira prendre pour parer sa jolie tête, non pas qu'elle en ait toujours besoin, mais parce que c'est la mode et qu'on n'est plus excommuniée pour cela. Quelques nouveaux emprunts à M. Paul Parfait vont d'ailleurs nous rendre facile cette partie de notre tâche. .

L'art capillaire.

Les forains envoient aux marchands en gros leurs cheveux, en sacs pesant de 50 à 60 kilogr., portant le nom du courtier, la désignation d'origine et la date de la coupe. Ces sacs, pour le dire en passant, exhalent une puanteur capable de faire reculer l'élégante la plus chauve, au moment de se servir des cheveux qu'elle saurait en provenir. Mais n'insistons pas.

« Si l'on ouvre un sac, on y trouve les mèches tassées en tampons; et chacune d'elles, représentant le produit d'une tête, liée au sommet par plusieurs tours de cordelette. Ce serait une grave erreur que d'imaginer ces mèches susceptibles d'être vendues dans leur composition première. Une tête de femme contient en général des cheveux non moins différents de nuances que de longueurs. Il ne s'agit donc pas seulement de les peigner et de les nettoyer, mais encore de les trier, de les séparer, de les classer, en un mot, *de corriger la nature.* De là un travail beaucoup plus compliqué qu'il ne semble au premier abord. C'est à la suite seulement de ce travail que le petit paquet ficelé, baptisé jusque-là du nom vulgaire de *mèche*, peut enfin aspirer à la noble désignation de *natte.* »

La première opération subie par ces mèches est le *rassortissage en gros.* Tirées du sac, les mèches sont classées par nuances en établissant une espèce d'échelle chromatique depuis la plus foncée jusqu'à la plus claire. Par la même occasion, on met de côté les cheveux piquetés ou multicolores, pour les envoyer à la teinture. On procède ensuite à l'*éveinage.*

« L'*éveinage* constitue, dans le choix déjà fait des nuances, un rassortiment plus minutieux. Si pure qu'elle soit, une chevelure non revue et corrigée a toujours une série de mèches ou de veines diversement teintées. L'éveinage a pour but de séparer par tons, en autant de fractions qu'il est nécessaire, chacune des nattes primitives. Avec ces fractions de nattes, le *rassortissage en fin* établit une nouvelle échelle chromatique, analogue à celle qui avait été créée primitivement avec les mèches brutes. Ce travail complète le tri des nuances. Il s'agit maintenant de nettoyer les cheveux. On ne trouvera pas que c'est une besogne superflue, si nous disons qu'en dehors des empâtements naturels formés par les couches de pommade et la malpropreté, le coupeur est le premier à enduire encore les mèches de substances grasses pour augmenter leur poids. On combat généralement la graisse au moyen de la farine. Les cheveux, pris à petites poignées par l'ouvrier et saupoudrés par lui, reçoivent ensuite un vigoureux coup de peigne sur des cardes en fer. Mais la graisse n'est pas la pire saleté dont le cheveu doit être débarrassé. Par le *délentage* on procède encore sur lui à l'extraction des parasites.... On nomme *lente* l'œuf du pou, — ne vous en déplaise. L'opération qui consiste à le détacher du cheveu s'exécute en faisant passer et repasser dextrement chaque mèche sur le *délentoir*, petit instrument aux dents très-serrées, figurant assez bien une superposition de plusieurs peignes fins.

« Avant de passer sur le délentoir toutefois, les cheveux ont encore subi une modification importante : ils ont été triés par longueur. Ce nouveau travail, dit *détirage en pointes*, s'opère sur un plateau de bois muni à son sommet d'une carde qui le traverse dans toute sa largeur. Sur cette carde on étend une quantité de cheveux, qu'on y maintient par la superposition d'une seconde carde. Toutes les pointes qui dépassent la partie inférieure du plateau sont naturellement celles des cheveux les plus longs. L'ouvrier les amène à lui et en fait un bottillon. Il obtient ainsi une première longueur. La carde transversale qui maintient les cheveux est mobile. L'ouvrier l'avance d'un cran. De nouvelles pointes dépassent le bord du plateau; il les amène comme les précédents et obtient ainsi des cheveux d'une taille inférieure. Un nouvel abaissement d'un cran lui en fournit de moindre taille encore, et ainsi de suite jusqu'à épuisement de la *cardée.* Les petits cheveux dits *fonds de carde*, trop courts pour entrer dans la composition des nattes, sont utilisés à confectionner ce qu'on nomme du *crêpé.* »

Ce tri donne des mèches de longueur uniforme, impropres par conséquent à former une natte. Un nouveau tri est donc nécessaire, et l'on y procède en *effilant* les mèches, c'est-à-dire en composant par un assemblage, à proportions égales, des différentes tailles d'une même cardée, une série de nattes toutes de même longueur, mais graduées et se terminant en pointe comme

dans une natte naturelle. « Grâce à cette dernière manipulation, faite encore
sur des cardes, qui achève la fusion des cheveux de toute provenance, chacune

Détirage en pointes.

de nos élégantes peut se flatter de porter dans son chignon la dépouille de
trente ou quarante autres femmes, pour le moins. »

Détirage en têtes.

Ce n'est pourtant pas la dernière. Il reste encore à égaliser les pointes supérieures de la mèche, qui se sont quelque peu dérangées pendant les opérations

précédentes. Pour accomplir cette besogne suprême, l'ouvrier placé la mèche entre plusieurs cardes, les têtes tournées vers lui, et amène les cheveux par petites pincées pour les ranger symétriquement. C'est le procédé contraire du *détirage en pointes*; aussi lui donne-t-on le nom de *détirage en têtes*. La natte est cette fois parachevée.

« Liée soigneusement à son sommet, elle va prendre dans les cartons le rang que sa nuance lui assigne en attendant que le coiffeur la mette en œuvre.

« Les cheveux qu'on veut friser ne sont pourtant pas encore au bout de leur peine. Comme ils deviendraient ternes sous l'influence de la chaleur très-vive à laquelle ils doivent être soumis, si le moindre corps gras restait à leur surface, on commence par les laver dans une eau bouillante saturée de sel de soude. Il est fort piquant de voir un gaillard, pourvu de tout l'attirail d'une

Le lavage.

blanchisseuse, précipiter, sans les lâcher, les nattes une à une dans le bain dépuratif, les y frictionner, les y tremper et retremper, enfin les tordre comme on ferait d'un paquet de linge, et les pendre définitivement, soit au mur, soit sur des cordes, où elles vont distiller leurs larmes lentement.

« Les cheveux, encore humides, sont roulés, mèche par mèche, sur de petits moules cylindriques en bois, puis entourés de papier et ficelés. Pour rouler bien serré, l'ouvrière a devant elle un étau dans lequel elle commence par engager la tête de sa mèche, ce qui lui permet de tendre les cheveux aussi fortement qu'il est nécessaire. Il y a différentes épaisseurs de moules; plus ceux qu'on emploie sont fins, plus la frisure est serrée. Lorsqu'un grand nombre de moules sont préparés, on les réunit en longs chapelets, qu'on pend dans une étuve, où ils restent soumis deux ou trois jours à l'action d'une température très-élevée. Quand les cheveux laissent échapper le moule sous une légère impulsion, c'est qu'ils sont à point. On les tire alors de leur prison de

La frisure.

chanvre et de papier ; puis les mèches, réunies par deux ou par trois, sont artistement façonnées en un rouleau, qui n'attend plus qu'une destination. Afin de n'avoir plus à dérouler inutilement les frisures, le cordon dont on les lie au sommet indique par sa couleur la longueur des mèches.

« Il n'y a pas lieu de s'étonner, après toutes les manipulations dont ils sont l'objet, que les cheveux qui étaient vendus bruts de 50 à 300 fr. le kilog., atteignent, manufacturés, une valeur de 1,000 à 2,000 fr. Le déchet inévitable, déchet qui n'est jamais inférieur à 18 pour 100, peut s'élever, selon la multiplication des lavages, à 30 pour 100 et au delà. »

Confection des crépés

Avec les cheveux trop courts pour être utilisés entièrement, on fait, avons-nous dit, du *crépé*. Voici comment on opère :

« Sur deux fils tendus parallèlement, l'ouvrière natte, très-serrées, les unes au bout des autres, après qu'elles ont été mouillées légèrement, toutes les petites mèches sans emploi, qui se développent en une interminable petite tresse. Le tout est plongé dans l'eau bouillante et va, comme les cheveux frisés, sécher longuement dans l'étuve. En coupant le fil et déliant les petites tresses, on obtient ces masses bouffantes qui matelassent les chignons et les bandeaux de nos dames, et, à l'occasion, figurent suffisamment une barbe sur les mentons glabres de nos comédiens.

« Si les cheveux qui vont à la teinture restaient ficelés en tête comme les autres, la partie supérieure s'imprégnerait très-difficilement; d'autre part, s'ils étaient dénoués, on pense dans quel gâchis ils sortiraient de la cuve. Pour éviter l'un et l'autre inconvénient, on a imaginé de feutrer les cheveux en tête. Le haut d'une mèche, légèrement mouillé d'eau tiède, puis frictionné dans la paume de l'ouvrier, forme, au bout de peu d'instants, une masse très-compacte et très-serrée qui maintient tous les cheveux ensemble, autant du moins qu'il n'y a pas de cheveux retournés parmi eux; car ceux qui se présenteraient en pointe ne se feutreraient pas avec les autres.

« Cette propriété qu'ont les cheveux de s'agglomérer par le feutrage quand ils sont en tête, — et en tête seulement, — est utilisée d'une façon bien ingénieuse pour l'utilisation des déchets. On conçoit que les mèches ne sortent pas de toutes les manipulations qu'elles ont à subir, sans laisser bon nombre de fils, soit aux dents des cardes, soit aux doigts des opérateurs. Ces déchets, provisoirement jetés dans une boîte, sont une trop précieuse marchandise pour que les industriels la laissent perdre. Démêlés, puis passés sur des cardes, non sans perte, ils fournissent une marchandise encore possible, quoique piteuse. Les cheveux sont démêlés, c'est fort bien; mais il leur reste un défaut capital : celui de confondre leurs têtes et leurs pointes. C'est ici que l'ingéniosité de l'industriel se révèle. Feutrant chaque extrémité de ses mèches par le procédé que je viens d'indiquer, il soude ensemble toutes les têtes; puis, tirant en même temps à droite et à gauche horizontalement, il amène dans chaque main une moitié de mèche dont les pointes se trouvent toutes en bas. Un tri qui serait désespérément long à faire en détail, se trouve ainsi exécuté en bloc presque en un tour de main.

« Les déchets des déchets constituent ce qu'on nomme la *bourre*. Cette bourre même n'est pas perdue. De petits ouvriers en chambre l'achètent pour en confectionner des perruques de poupées; d'autres s'en servent pour remplacer le crin dans les matelas. Un inventeur, dont je regrette d'ignorer le nom, a imaginé d'en faire une espèce de drap.... »

Le prix d'une natte préparée comme il est expliqué plus haut, varie suivant la finesse, la longueur et la richesse de nuance des cheveux qui la composent, sans parler de la mode qui exige quelquefois qu'une brune ait des cheveux d'*or*. A mérite égal, les teintes claires l'emportent toutefois sur les teintes foncées, parce qu'elles ne peuvent être nuancées artificiellement sans danger. Le total général de la production s'élève, pour Paris, à environ 60,000 kilos de cheveux manufacturés, dont moitié au moins sont expédiés en Angleterre et en Amérique.

Voici du reste des renseignements curieux sur la variation du prix des cheveux en France depuis un demi-siècle, que nous empruntons à l'*Économiste français*. La source de ces renseignements n'est autre, après tout, que les tableaux officiels de notre commerce extérieur, où les cheveux figurent, avec les crins, plumes, poils, soies, cornes, etc., sous le titre général de *Dépouilles d'animaux :*

« Pendant toute la première moitié du siècle, dit l'*Economiste*, les cheveux non ouvrés n'étaient évalués qu'à 8 fr. le kilogramme. On ne portait alors de postiches que quand on ne pouvait pas faire autrement. La hausse commence avec l'Empire. De 1852 à 1863, on payait déjà le kilogramme 16 fr. et 20 fr. Mais c'est surtout depuis dix ans que, l'épidémie du faux chignon et des nattes artificielles sévissant de plus en plus, franchissant les frontières, envahissant même les campagnes, les prix ont commencé à s'élever d'une manière prodigieuse : 40 fr. en 1866; 70 fr. en 1868; 85 fr. en 1871, pour l'importation ; 50 fr., 70 fr., 105 fr. aux mêmes dates pour l'exportation. Et il ne s'agit là que des cheveux non ouvrés. Les cheveux ouvrés sont évalués, en 1870, à 125 fr. et 160 fr., selon qu'ils viennent de l'étranger ou qu'ils y vont....

« Constatons en terminant que, depuis 1870, les prix tendent à baisser. En 1873, les cheveux bruts exportés ne valent plus que 95 fr., et les cheveux importés 75. Pourquoi? Est-ce que la coquetterie féminine serait elle-même en baisse? Nous avons peine à le croire. N'est-ce pas plutôt que la génération actuelle commence à être largement approvisionnée? Et puis une mode qui date déjà de dix ans ne touche-t-elle pas forcément à son déclin? Enfin le prix des *vrais faux cheveux* doit se ressentir de la concurrence que leur font maintenant le crin, la laine et la soie, car l'industrie n'est rien moins que scrupuleuse, et elle en est arrivée même à contrefaire le faux. »

Nous n'avons pas parlé des cheveux blancs qui, en raison de leur rareté, conservent un prix assez élevé, quoique les personnes âgées les demandent beaucoup moins que jadis, grâce aux teintures qui leur permettent de se tromper elles-mêmes le plus aisément du monde sur l'état réel de leur système capillaire. On les obtient surtout par le *dégrisage* des autres mèches, où ils entrent toujours dans une certaine proportion, qui n'atteint pas 2 pour 100 toutefois. Les cheveux de chute en fournissent aussi beaucoup ; de coupe, il n'en faut guère parler. En dehors des mélanges grisonnants, on les emploie à la confection d'un tulle de cheveux remplaçant avantageusement le tulle de soie dans les postiches et les perruques de théâtre ; toutefois on fabrique plus volontiers encore ce tulle avec du poil de chèvre. Mais on voit au moins que rien n'est perdu de la matière première employée dans l'industrie des cheveux.

Variations de la coiffure.

La coiffure a subi des variations nombreuses : nous ne parlons pas de la manière d'arranger les cheveux, parce qu'alors nous aborderions un sujet qui nous occuperait dix ans sans que nous puissions être bien sûr après cela de l'avoir épuisé, mais des différentes manières de se couvrir la tête ; et c'est encore un sujet que nous n'épuiserons pas, bien certainement. Il n'y aurait d'ailleurs pas un très-grand intérêt à cela.

Nous avons dit que les calottes furent inventées par les Hébreux, ou que du moins ils en faisaient usage dès le temps de Moïse ; nous avons aussi parlé de l'origine des perruques. En sautant par-dessus une longue suite de siècles, nous nous trouverons en France, au temps des Mérovingiens, pour constater que l'art de se couvrir la tête n'a pas fait de grands progrès, puisqu'on en est encore à imaginer le chaperon de drap. Vint ensuite, vers 900, l'aumusse, où

19

chaperon de peau ; puis, sous les Valois, le chaperon de drap en forme d'entonnoir, orné d'une bande d'étoffe ou *cornette* pendant sur les épaules, plus tard jusque dans le dos, et même plus bas au xvᵉ siècle. A ce chaperon succéda le chapeau de feutre, de plumes de paon, etc. Les chapeaux de feutre de ce temps-là se rapprochaient assez des chapeaux modernes et variaient autant de forme. Insisterons-nous plus longuement pour ménager la transition entre ces chapeaux et nos modernes tuyaux de poêle, importés d'Angleterre vers le commencement de la Révolution ? Ce serait, croyons-nous, bien inutile.

Si nous nous attaquions aux coiffures de la plus belle moitié du genre humain, notre tâche ne serait pas moins grande, moins laborieuse et moins futile à la fois. Rappelons seulement le hennin flamand adopté par les Françaises sous Charles VI, bonnet monté s'élevant en arrière jusqu'à 70 centimètres, dont il nous resta une sorte de copie dans certains bonnets normands, et la coiffure en dentelles à la Fontanges (xviiᵉ siècle) ; c'est assez, car les autres sont bien connues. Nous avons d'ailleurs, dans la description des divers costumes caractéristiques de nos provinces, parlé de coiffures qui sont comme un souvenir plus ou moins exact des ornements de tête de nos aïeules, et dit quelques mots des coiffures excentriques du temps de la Révolution.

La barbe.

Ce serait une criante injustice et rien de moins, après nous être longuement étendu sur le sujet de la chevelure, si nous ne disions rien de la barbe ; car, après tout,

Du côté de la barbe est la toute-puissance.

Molière l'a dit, et Molière s'y connaissait ; en outre, et c'est probablement une raison meilleure, elle a subi, comme la chevelure, toutes les vicissitudes de la mode.

On comprend bien que si nos premiers pères laissaient, et pour cause, leurs cheveux croître en liberté, ils n'avaient garde de toucher à leur barbe ; mais pour cela ils avaient des raisons graves.

« Plusieurs savants, dit le très-savant M. Quitard, qui ont écrit de beaux traités sur la barbe, en font remonter l'origine au sixième jour de la création. Ce ne fut point l'homme enfant que Dieu voulut faire. Adam, en sortant de ses mains, eut une grande barbe suspendue au menton, et il lui fut expressément recommandé, ainsi qu'à toute sa descendance masculine, de conserver avec soin ce glorieux attribut de la virilité, par ce précepte transmis de patriarche à patriarche, et consigné depuis dans le *Lévitique : Non raderis barbam.* Il est même à remarquer que c'est le seul des commandements divins que les hommes ne transgressèrent point avant le déluge ; car, dans l'énumération des crimes qui amenèrent ce grand cataclysme, il n'est pas question qu'ils se soient jamais fait raser. Quoi qu'il en soit, Noé et ses fils étaient prodigieusement barbus lorsqu'ils sortirent de l'arche, et les peuples qui sortirent d'eux mirent longtemps leur gloire à leur ressembler.

« Les Assyriens renoncèrent les premiers à cette noble coutume ; mais qu'on ne s'imagine point que ce fut de gaîté de cœur : leur reine Sémiramis les y força. Il entrait dans sa politique, disent quelques historiens, de se déguiser en homme, afin de passer pour un homme aux yeux de ses sujets peu disposés à obéir à une femme ; et comme son déguisement pouvait être aisément trahi par l'absence de la barbe, car on n'en avait point encore inventé de postiche, elle voulut effacer cette marque caractéristique qui empêchait de confondre les mentons des deux sexes, et elle fit tomber, en un jour, sous le fer de la tyrannie, toutes les barbes de ses Etats. »

Comme il lui eût été tout aussi facile de faire tomber les têtes, il faut savoir gré à Sémiramis de s'en être tenue aux barbes.

Mais voyez l'influence de la mode ! Celle-ci s'étendit bientôt jusqu'en Egypte. Les Egyptiens, nous avons déjà eu l'occasion de le dire, prirent l'habitude de se raser exactement la tête et la face, et, poussés bientôt par un zèle excessif, ils en vinrent à faire disparaître avec autant de soin tout le poil de leur corps. Il faut noter toutefois que cette tonte générale et soignée n'était strictement obligatoire que lorsqu'on était en deuil du bœuf Apis ; mais alors il y aurait eu danger véritable à conserver sur la peau le moindre vestige de pelage.

De même que nous avons vu les Egyptiens inventer les perruques pour abriter leur crâne dénudé, il est curieux de constater que ce sont eux aussi, et pour des raisons identiques, qui inventèrent les barbes postiches. La forme de ces barbes postiches (je me demande de quoi elles étaient faites, par exemple !) était imposée par des lois sévères, car elle devait indiquer le rang de celui qui la portait. Les gens de la haute classe la portaient courte et carrée ; les rois, également carrée, mais plus longue ; les dieux seuls, ou les souverains divinisés, étaient ornés d'une barbe frisée en croc. Quant à la plèbe, elle ne se permettait pas un pareil appendice.

Mais avant que cette innovation se produisît, les Israélites, devenus esclaves des Egyptiens, n'en conservaient pas moins leurs barbes de fleuves. C'est chez ce peuple surtout que la vénération pour cet ornement naturel fut poussée jusqu'à l'idolâtrie. Cependant je ne saurais trop dire si elle ne fut pas poussée plus loin encore chez les Grecs.

Les anciens Grecs, pourtant, furent les premiers qui s'avisèrent de tailler leur barbe en pointe ; et nous ajouterons que ce furent les Arabes d'une part, et les Gaulois de l'autre, qui commencèrent à laisser croître, indépendante du reste, la belliqueuse moustache.

Par contre, chez les Romains, qui ne laissèrent bientôt plus rien pousser, le premier qui prit la peine de se raser quotidiennement fut Scipion l'Africain.

Nous n'insisterons pas plus longtemps sur l'antiquité des soins dont la barbe a été l'objet chez les hommes, et nous remplacerons ce qui nous reste à en dire par des emprunts faits à un article sur le même sujet publié, il y a trois ou quatre ans, au *Moniteur de l'Armée*, par un écrivain militaire de beaucoup d'esprit et de talent, M. le baron Frédéric de Reiffenberg. Son étude a pour titre : *Histoire de la moustache*, et s'occupe surtout de la moustache dans l'armée ; mais elle ne néglige pas même les *favoris*.

« L'histoire de la moustache est glorieuse, car elle se rattache aux épopées chevaleresques de notre histoire nationale. La moustache française a ses quartiers de noblesse comme le premier baron chrétien.

« Elle a presque toujours été un signe de ralliement auquel les braves se reconnaissaient.

« Diogène demandait aux porteurs de mentons rasés s'ils étaient mécontents d'être hommes. Dans l'antiquité, la barbe complète était en honneur chez quelques peuples.

« Nos magnifiques sapeurs d'aujourd'hui auraient maigri de jalousie devant les héros d'Homère. Ils donneraient trois jours de solde pour ressembler de profil au brillant Achille ou au vieil Agamemnon.

. « Les Hébreux eurent pour la barbe un culte fanatique que les fondateurs de l'Eglise chrétienne conservèrent.

« Dieu, qui nous a créés à son image, dit saint Clément, accablera de sa haine ceux qui se rasent le menton. »

« Lors de la première invasion de Rome, les sénateurs, majestueusement assis sur leurs chaises curules, comptaient sur l'aspect de leurs longues barbes pour imposer aux Gaulois.

« Les soldats de Mérovée et de Clovis ne portaient qu'une légère moustache.

« Sous Charlemagne, la moustache s'épaissit. Sous Charles le Chauve, elle tomba jusque sur la poitrine. Au IXe siècle, elle disparut entièrement.

« Les Croisés en rapportèrent l'usage d'Orient, et les Templiers furent les premiers à l'adopter.

« Sous le règne de Henri Ier, on commença à porter, sous le menton, une barbe longue et pointue qui est l'origine de la *mouche*.

« Cette mode se perpétua jusqu'au XIIe siècle.

« Après la prise de Vitry, Louis le Jeune sacrifia sa moustache aux exigences du clergé. Il ne pouvait mieux faire pour racheter la vie de trois cents malheureux qu'il avait fait rôtir dans une église.

. « Abandonnée vers la fin du XIVe siècle, la moustache reparut sous François Ier ; l'honneur de cette renaissance devait appartenir au roi-chevalier.

« Depuis Henri III jusqu'à Louis XIV, on porta, sous la lèvre inférieure, une touffe de barbe qui reçut le nom de *royale*.

. « Qui ne connaît la moustache toute militaire de Henri IV ?...

« Louis XIII avait aussi de longues moustaches ; mais celles de Louis XIV étaient si minces, que le grand roi fit un médiocre sacrifice à la veuve de Scarron en les coupant pour elle.

« Louis XV devait être imberbe. Les soldats de la République l'étaient à peu près autant que lui. Sous l'Empire, la moustache était la distinction à laquelle on reconnaissait les régiments d'élite : c'était la récompense du courage, et tous voulaient la mériter.

« Ah ! c'est qu'à cette époque héroïque, la rude moustache du soldat avait eu ses jours de gloire ! Elle n'était ni pommadée, ni cirée ; on la parfumait à l'odeur de la poudre.

« Jusqu'en 1803, le droit de la porter fut exclusivement réservé aux grenadiers et aux hussards. Un règlement de l'an XIII (1805) l'étendit à toute la cavalerie.

. « Dans les autres pays de l'Europe, et principalement en Allemagne, la moustache est, depuis longtemps, d'ordonnance pour la troupe.

. « Les Anglais l'ont proscrite, parce qu'ils la croient antipathique à l'élégance. Les gentlemen n'ont cependant aucune répugnance à laisser pousser, le long des oreilles, ces touffes de poils qui ont pris le nom de *favoris*, on ne sait pourquoi ! Cette végétation pileuse est d'un effet ridicule avec la tenue militaire ; les soldats anglais l'avaient compris lorsqu'ils demandèrent à porter la moustache pendant la campagne de Crimée.

« Au moyen-âge, on empruntait de l'argent sur sa moustache. Le capitaine portugais don Juan de Castro fit, après le siége de Diu, un emprunt de 100,000 écus, aux juifs de Goa, sur sa moustache. »

Dans l'armée, le port de la barbe a été si souvent réglementé par des or-

donnances, notes, circulaires ou décisions ministérielles, souvent puériles et
quelquefois contradictoires, que les détails que nous fournit à ce sujet M. de
Reiffenberg sont trop curieux, à notre avis, pour être laissés de côté. Nous
emprunterons donc encore ce passage à son intéressant article :

« Jusqu'en 1836, le port de la moustache était resté un privilége dans
l'armée, si l'on en juge par les décisions et ordonnances auxquelles il a donné
lieu ; mais est-il possible de considérer comme une faveur un droit qu'on ac-
cordait ou qu'on refusait sans aucun motif sérieux ?

« Pourquoi les officiers d'état-major eussent-ils regretté la moustache, en
1826, lorsqu'il était permis à un gendarme de la porter ? Et quand ce même gendarme fut forcé de se raser, dix ans plus tard, quel regret pouvait-il éprouver ?

« Ces détails de toilette seraient puérils, s'ils n'avaient pour but de maintenir une certaine uniformité.

« Je cite, néanmoins, les différentes circulaires insérées, à ce sujet, au
Journal militaire :

« Décision ministérielle portant que les officiers sont compris dans l'ordre
qui peut être donné aux régiments de cavalerie de porter la moustache
(1er semestre 1821, p. 391).

« Circulaire portant que le droit de porter la moustache appartient aux
seules compagnies d'élite dans l'infanterie de ligne comme dans l'infanterie
légère (1er semestre 1822, p. 505).

« Note ministérielle portant défense à MM. les officiers du corps d'état-
major de porter la moustache (2e semestre 1826, p. 56).

« Décision ministérielle portant que les troupes de toutes armes porteront
désormais la moustache (1er semestre 1832, p. 182. — Voir 4 juin 1832.)

« Note ministérielle relative au port de la moustache (1er semestre 1832,
p. 478).

« Ordonnance du 2 novembre 1833, art. 245 (infanterie) et art. 308 (cavalerie), portant que les moustaches ne doivent être ni cirées ni graissées.

« Décision ministérielle qui règle le port de la moustache dans les différents
corps de l'armée (1er semestre 1836, p. 416).

« Décision ministérielle relative au port de la moustache et de la *royale*
(2e semestre 1836, p. 112).

« La décision qui suit est la seule à laquelle on puisse se rattacher, mais
l'usage a prévalu contre elle, et nous en donnons le texte, car le texte seul
est resté :

                              « Paris, le 22 août 1836.

« Le ministre de la guerre vient de décider qu'à partir du 1er septembre
« prochain, MM. les généraux employés, les officiers supérieurs et adjudants-
« majors de toutes les armes, les capitaines, lieutenants et sous-lieutenants,
« ainsi que les sous-officiers et soldats des compagnies de grenadiers, ou de
« carabiniers et de voltigeurs, porteront, avec la moustache, cette partie de
« barbe qui croît sous la lèvre inférieure seulement, et qui est appelée
« *mouche* ou *royale*.

« Le ministre a décidé aussi que la moustache continuera à être portée par
« tous les militaires, à l'exception des *officiers, sous-officiers* et *soldats de la*
« *gendarmerie*, des *officiers de l'intendance militaire*, des officiers et employés
« des diverses administrations militaires. »

« On le voit, la décision du 22 août 1836 a si bien vieilli, qu'on l'a oubliée.
Les officiers d'infanterie des compagnies du centre, avant la suppression des

compagnies d'élite, avaient seuls gardé le respect de ces paroles ministérielles. Aujourd'hui, chacun porte à peu près la barbe à sa guise et fait bien. Personne ne s'inquiète si sa moustache est uniformément coupée au niveau de la lèvre supérieure, si elle s'étend sans discontinuité sur la longueur de la lèvre et s'arrête toutefois au coin de la bouche.

« La décision du 3 juin n'est guère plus respectée que celle du 22 août : il n'y a vraiment pas grand mal à cela.... »

M. de Reiffenberg se trompe pourtant en ceci, qu'il semble croire qu'un soldat porte la barbe comme il l'entend ; il la porte comme le veut son chef de corps. Il y a même tels colonels qui ont sur ce point, comme sur d'autres tout aussi importants, des idées très-arrêtées, et exercent sur leurs officiers une véritable tyrannie en ce qui concerne ce petit côté de la question de discipline, quittes à se montrer bons princes sur de plus grands. C'est donc en fait l'arbitraire qui règne.

La barbe a toujours eu ses fanatiques et aussi ses adversaires passionnés. Les anecdotes abondent sur les gens à barbe et les actions étonnantes que leur a fait accomplir cet appendice.

On rapporte que Thomas Morus, ayant posé sa tête sur le billot pour être décapité, s'aperçut que sa barbe se trouvait engagée sous son menton et s'empressa de la retirer, disant au bourreau : « Ma barbe n'a pas commis de trahison, il n'est donc pas juste qu'elle soit coupée. »

De moins grands personnages ne tiennent pas moins résolûment à ce que leur barbe ne soit coupée, même s'il y a des risques à courir. En mai 1874, le tribunal de la marine de Saint-Pétersbourg jugeait un procès qui, justement, avait pour origine le respect trop exclusif porté à sa barbe par l'accusé.

Un matelot nouvellement incorporé, nommé Kartachef, était accusé de refus d'obéissance à ses chefs hiérarchiques. Ce refus se rapportait à une résistance obstinée qu'avait opposée Kartachef, quand, après son incorporation dans la marine, on voulut, selon le règlement, lui raser la barbe qu'il portait entière. L'accusé était un dissident de la secte des *pomortsy*, dont les prescriptions religieuses défendent à ses adeptes de se raser la barbe.

Quand il fallut se conformer au règlement et raser Kartachef de force, il déclara qu'il se couperait plutôt la gorge et qu'il tuerait celui qui oserait toucher à sa barbe. Pour toute autre chose Kartachef déclarait être prêt à servir avec zèle, pourvu qu'on lui laissât sa barbe.

Tous les renseignements recueillis sur la personnalité de l'accusé étaient on ne peut plus favorables.

La cour, après avoir entendu le réquisitoire de M. le procureur militaire et la défense présentée par l'avocat, Mᵉ Olkhine, reconnut Kartachef coupable du crime de lèse-discipline à lui imputé, et le condamna à la déportation en Sibérie.

En Sibérie pour une barbe portée en dépit des ordonnances ! Comme c'est.... russe !

Les Russes ont, il faut le dire, de bien belles barbes en général. Le paysan russe dont la barbe ne dépasse pas la ceinture est une exception. Il y a quelques années, un de ces maîtres barbus se faisait voir publiquement à Saint-Pétersbourg, mais c'est que cette barbe atteignait 2 m. 30 de longueur, et l'on comprendra que c'était une fameuse barbe. Il y a eu mieux cependant, et la barbe du conseiller autrichien Rauber est une de celles qui, à bon droit, ont passé d'emblée à la postérité.

Voici ce qu'on raconte de cette barbe et de son propriétaire :

Rauber était de la Carniole, baron et conseiller de l'empereur Maximilien II. Il était d'une force extraordinaire et d'une très-haute stature ; mais sa barbe était plus extraordinaire encore ; elle lui descendait jusqu'aux pieds ; il la remontait de là jusqu'à la ceinture et entortillait ce qui en restait autour d'un bâton. Quand il allait à la cour, il ne montait jamais en carrosse, mais marchait à pied, laissant flotter cette barbe comme un drapeau.

Nous avons dit que la barbe de Rauber accompagnait chez lui une très-grande force musculaire. L'archiduc Charles mit un jour cette force à l'épreuve. Il avait à sa cour un Juif baptisé, fort barbu aussi, et qui passait pour un Hercule. L'archiduc obligea ces deux hommes à s'essayer l'un contre l'autre. On tira au sort à qui porterait le premier coup. Ce fut le Juif qui fut favorisé. Il donna à Rauber un tel coup de poing, que le malheureux dut garder huit jours le lit et plusieurs semaines la chambre. Mais c'était son tour. Quand il se retrouva en présence du Juif, il le prit par sa barbe, qu'il enroula deux fois autour de sa main gauche, puis, de la main droite, il frappa dessus si bien, que non-seulement la barbe, mais la mâchoire inférieure du Juif lui restèrent dans la main. Son adversaire ne se releva pas de ce coup terrible.

Il y a eu aussi en Hollande un personnage pourvu d'une barbe du même genre : c'est Pieter Dirksz. Dans son très-curieux ouvrage intitulé : *Voyage pittoresque aux villes mortes du Zuyderzée*, M. Henri Havard nous apprend que ce Dirksz « aurait balayé les rues de la ville avec les poils de son menton, s'il n'eût pris soin de les retrousser comme les femmes font de leurs jupes. »

Il y aurait bien encore à citer la barbe du peintre viennois Jean Mayer, mais elle ne dépassait pas les chevilles, ce n'est donc pas la peine.

Bien des désagréments sont nés, moins terribles pourtant que ceux que nous venons de rappeler, de la possession d'une barbe abondante. Sans sa barbe splendide, le patriarche de Constantinople Bessarion, que ses vertus et ses talents désignaient pour le trône pontifical romain, aurait certainement succédé au pape Eugène IV, au lieu de Thomas de Sarzane, ensuite Nicolas V (1447). Mais le doyen du Sacré-Collège, le Breton Alain, ne put supporter cette idée d'avoir une pareille « barbe de bouc » pour chef suprême.

L'horreur était si grande chez lui, qu'il en vint jusqu'à déchirer ses vêtements, en donnant les signes du plus violent désespoir. Comment résister à cela ? Bessarion et sa barbe, l'un portant l'autre, s'en retournèrent donc dans leur patriarcat, et Thomas de Sarzane fut élu, parce qu'il était rasé.

Bessarion devait bien s'attendre à cela, car il y avait un précédent qu'il était trop instruit pour ignorer : c'est à la barbe de Photius, en effet, qu'est dû le schisme grec, lequel a subsisté depuis (860). La fameuse querelle entre Photius, patriarche de Constantinople, et Nicolas Ier, pape de Rome, se termina en effet par l'excommunication du premier par le second. Or, un des grands arguments, l'argument décisif invoqué par le pontife grec contre le pontife romain, était que celui-ci se faisait raser.

Aux yeux des papes grecs, c'était un signe d'hérésie et d'apostasie, parce que les anciens patriarches, depuis Moïse, Aaron et leurs successeurs, y compris les apôtres, avaient tous porté la barbe, et que les peintres les avaient toujours représentés ainsi majestueusement barbus.

L'anathème de Nicolas ne fit pas tomber la barbe de Photius, mais il donna naissance à l'Eglise grecque.

Ce trait de l'histoire de l'Eglise donne une idée assez grande de l'influence de la barbe pour terminer heureusement ce chapitre spécial.

Considérations philosophiques sur les particularités du costume.

Nous ne saurions mieux terminer cette étude que par cet extrait des *Considérations sur le vêtement des femmes*, de M. Charles Blanc, qui en est comme le résumé philosophique présenté par un maître dans toutes les choses d'art comme dans l'art de bien dire, qui n'est pas le plus aisé :

« Le voyageur qui arrive dans un pays, et qui n'a pas eu le temps de connaître les mœurs et les pensées du peuple qu'il visite, dit l'éminent académicien, peut déjà en savoir ou en deviner quelque chose d'après l'architecture et le costume de ce peuple. Lorsqu'il voit, par exemple, sous le ciel brûlant de l'Egypte, les femmes arabes se couvrir le visage, cacher avec soin toute leur chevelure et se rendre, pour ainsi dire, invisibles, il comprend tout de suite que la prédominance du sexe masculin et la défiance des maris ont condamné les femmes à la vie intérieure, et que la volonté qui leur a commandé le voile est la même qui les a emprisonnées dans des maisons sans fenêtres au dehors, ou dont les ouvertures sont obstruées par un réseau impénétrable au regard.

« Sans doute, le climat, la configuration du sol et les matériaux fournis par la nature, au constructeur pour ses édifices, à l'industrie pour ses tissus, sont des causes de variété dont l'observateur doit tenir compte. Il n'en est pas moins vrai que le courant des idées, les opinions religieuses, le sentiment dans ce qu'il a de plus intime, se révèlent par l'extérieur des habits comme par le caractère des constructions. En italien, *costuma* signifie la coutume, les usages, et en français même, dans la langue des arts, observer le costume, c'est retracer fidèlement les mœurs, les habitudes, les meubles et les édifices, aussi bien que les habillements d'une nation.

« En France, où l'on crée la mode que suivent tant d'autres peuples, le vêtement, dans ses variations continuelles, indique moins l'esprit général des Français et leur caractère national que l'esprit d'une certaine époque et même d'un certain moment. Au temps de la Révolution, nos modes avaient une allure fière et agitée. Les grands fichus croisés sur la poitrine se nouaient sans façon par derrière. Le chapeau était à larges bords, accidenté de rubans, ou bridé par une fanchon, ou paré de flottants panaches. Les corsages étaient à revers comme le gilet des conventionnels, comme les bottes des muscadins. Le drap, le nankin, les soies, les satins, les mousselines, étaient variés de rayures ou quadrillés ; les balantines battaient sur les genoux des merveilleuses ; les oreilles de chien battaient sur les joues des incroyables ; et sur leur culotte battaient les breloques de leurs deux montres.

« Plus tard, sous le premier Empire, le costume devient plus gêné, déplaisant et froid ; il affecte une fausse majesté. La coiffure est une gauche imitation de l'antique ; les collerettes se hérissent ; la robe à haute taille ressemble à un fourreau. Des formes empesées, des lignes roides, des manières guindées, résultant de la coupe du vêtement, sont l'image fidèle de l'immobilité morale qu'engendre le despotisme.

« Vient ensuite un régime de réaction contre la philosophie voltairienne et contre la Révolution française. La toilette des femmes indique alors un retour à la chevalerie et à la dévotion, vraie ou fausse. Le chapeau se dessine en cœur sur le front, en souvenir de Marie Stuart, ou bien, roulé en turban, il rappelle les croisades ; ou bien encore il imite la capote d'une voiture ouverte pour cacher aux yeux des passants les grâces du visage et empêcher les coups d'œil à la dérobée.

« Mais bientôt le triomphe de la bourgeoisie modifie le costume féminin. Le vêtement et la coiffure se développent en largeur. On porte sur les tempes des coques flottantes ou des tire-bouchons courts; les épaules sont élargies par des manches à gigot, et, comme la robe étriquée du temps de la Restauration eût été ridicule avec un tel développement des épaules et de la coiffure, on ne tarda pas à remettre en faveur les anciens paniers et à se faire des jupons bouffants. Ainsi accoutrées, les femmes paraissaient destinées à la vie sédentaire, à la vie de famille, parce que leur manière de s'habiller n'avait rien qui donnât l'idée du mouvement ou qui parût le favoriser.

« Ce fut tout le contraire à l'avénement du second Empire; les liens de famille se relâchèrent; un luxe toujours croissant corrompit les mœurs, au point qu'il devint difficile de distinguer, au seul caractère du vêtement, une femme honnête d'une courtisane. Alors la toilette féminine se transforma des pieds à la tête; les coques et les anglaises disparurent; les chastes bandeaux, les bandeaux unis dont Raphaël a encadré le front de ses vierges, commencèrent à onduler en se redressant à la manière des chevelures antiques. Ensuite, ils se relevèrent à racines droites, et l'on ne conserva d'autres boucles et d'autres frisures que celles qui tombaient sur le front ou sur la nuque. Les paniers furent rejetés en arrière et se réunirent en croupe accentuée. On développa tout ce qui pouvait empêcher les femmes de rester assises; on écarta tout ce qui aurait pu gêner leur marche. Elles se coiffèrent et s'habillèrent comme pour être vues de profil. Or, le profil, c'est la silhouette d'une personne qui ne nous regarde pas, qui passe, qui va nous fuir. La toilette devint une image du mouvement rapide qui emporte le monde et qui allait entraîner jusqu'aux gardiennes du foyer domestique. On les voit encore aujourd'hui, tantôt vêtues et boutonnées comme des garçons, tantôt ornées de soutaches comme les militaires, marcher sur de hauts talons qui les poussent encore en avant, hâter leur pas, fendre l'air, et accélérer la vie en dévorant l'espace qui les dévore. »

XVI.

LES TEXTILES ET LEUR MISE EN ŒUVRE.

Nous ne parlerons ici que du lin, de la laine et de la soie. Le coton, le textile le plus employé, a été décrit dans un autre ouvrage de la même collection, ayant pour titre : *Les Phénomènes de la Nature*.

Après quelques lignes sur leur mode de culture et de récolte, nous dirons l'histoire de leur découverte, autant que cela est possible, et de leur application à l'industrie pour la confection des vêtements, des tentures, tapisseries, dentelles, etc.

Le lin.

Le lin est une plante qui ne paye pas de mine ; mais si l'on songe qu'elle est à la fois plante textile et des plus précieuses, plante oléagineuse et plante médicinale, on conviendra qu'il y en a bien peu de capables de rendre à l'homme des services plus importants et plus variés.

Cette plante est originaire de l'Asie, à ce qu'on croit généralement, mais sans preuves. Au contraire, d'Omalius d'Halloy disait avec beaucoup de raison que certains dépôts préhistoriques portent à croire que des végétaux et des animaux prétendus originaires d'Asie existaient en Europe bien avant l'époque où l'on pourrait placer la conquête des Aryas. En ce qui concerne le lin, par exemple, le fait est qu'on en a trouvé de tressé ou même de tissé dans des fouilles pratiquées sur les bords du lac de Constance, à Wangen, à côté de haches en serpentine et en diorite, il y a de cela une quinzaine d'années. Pour nous donc, comme pour tous ceux qui ne se forment une opinion immuable que sur des preuves évidentes, le lin croissait simultanément en Europe et en Asie bien avant l'époque historique, exactement comme il fait aujourd'hui.

C'est un végétal annuel de 60 centimètres à 1 mètre de hauteur, creux, grêle, séparé au sommet en plusieurs rameaux. Sa tige est formée d'une série de tubes réunis les uns aux autres par une matière de nature gommeuse et résineuse, et elle est enveloppée par une écorce extérieure qui durcit au fur et à mesure de la croissance de la plante. Les filaments solides, nerveux, doux au toucher, que l'industrie transforme en tissus propres aux usages les plus divers, sont à la surface de la tige.

Ces filaments sont soumis aux opérations préparatoires de rouissage, de macquage ou broyage et de chauffage. Roui, broyé et teillé, le lin se présente sous la forme d'une filasse à longs brins de couleur blanche ou gris-argenté. Il est divisé commercialement en *lin tétard*, servant au tissage des étoffes grossières, en *moyen lin* et en *lin de fin*. Les lins blancs sont préférés aux lins gris ou jaunes.

Les lins les plus beaux sont ceux de Belgique; aussi sont-ils réservés pour les étoffes les plus fines et pour les fils qui servent à fabriquer les dentelles. La France vient immédiatement après, pour ses lins de Saint-Quentin, fins, blancs et souples, et pour ceux des environs de Bernay, en Normandie, qui rivalisent pour la force avec les lins gris de la Hollande, les plus nerveux que l'on connaisse. La Flandre française, la Picardie, la Normandie, la Bretagne, et en général tous les pays situés au nord de la Loire, fournissent les lins de qualité variable avec lesquels on fabrique les fins tissus de Cambrai, les toiles et les coutils de Flandre, de Bretagne et de Normandie, les batistes de Paris, les mouchoirs de Chollet, les dentelles d'Alençon et de Chantilly. En perdant l'Alsace, nous avons perdu Guebwiller, dans l'arrondissement de Colmar, centre important de production et de fabrication du lin et des toiles de lin.

Au commencement de ce siècle, le lin se filait encore à la main. Pressentant l'importance qu'aurait pour la France le développement du tissage du lin, opposé à celui du coton, dont les Anglais, maîtres de la mer, avaient alors le monopole, Napoléon Ier fonda, en 1810, un prix de 1 million de francs pour l'inventeur d'une machine à tisser automatiquement le lin. Philippe de Girard résolut le problème, et fonda à Paris, en 1813, la première filature de lin. Sa machine ne laissait rien à reprendre; elle donnait les fils les plus fins qu'on eût jamais vus dans le commerce. Cependant le jury du concours exigeait des conditions de finesse impossibles, et Girard ne reçut point la récompense promise. L'Angleterre s'empara, dès 1816, de la découverte de ce dernier, et dut à ce procédé, pendant de longues années, le monopole des filés à la mécanique.

Après avoir usurpé les procédés de Girard et employé ses métiers sans son assentiment, on en arriva à lui contester même sa découverte. Le pauvre inventeur, méconnu dans sa patrie, fut appelé à Varsovie par l'empereur Alexandre Ier, afin de créer une filature spéciale pour le lin. Cette filature prit une telle importance, qu'il se forma autour de l'usine une petite ville qui reçut le nom de Girard-Loff. Girard revint dans sa patrie en 1844. Ses droits à l'invention de la célèbre mécanique à tisser le lin avaient été reconnus par la Société d'encouragement. Il allait recevoir la récompense due à ses travaux lorsqu'il mourut. Louis-Napoléon, devenu président de la République, présenta à l'Assemblée, qui la vota sans discussion, une loi assurant au moins une récompense nationale aux héritiers de l'illustre et malheureux inventeur.

C'est à Leeds que les Anglais établirent leurs premières filatures de lin, grâce aux métiers de Philippe de Girard, et c'est dans cette ville que des industriels français durent aller étudier l'œuvre de leur compatriote, lorsqu'on se fut enfin décidé à en essayer l'application, ce qui arriva en 1833.

Les engins destinés à la filature des fibres du lin sont de véritables chefs-d'œuvre de mécanique ; car ils transforment un kilogramme de filasse de lin en un fil continu, d'épaisseur invariable, de vingt-quatre mille mètres de long pour les tissus de force ordinaire; de quarante-deux mille mètres pour le tissage des étoffes moyennes; et ils arrivent à produire des fils longs de soixante à deux cent quarante mille mètres au kilogramme pour la fabrication de certains tissus extrêmement fins.

Seuls, les fils de lin destinés aux fines batistes et aux dentelles se fabriquent encore à la main, principalement aux environs de Cambrai.

Bien que l'industrie linière soit très-active en France, elle n'arrive cependant qu'au quart de la production anglaise, à peine au double de la production belge; et si plusieurs de nos produits nationaux sont recherchés du monde entier pour leur beauté, leur finesse et leur solidité, le bon goût des ornements brochés, les toiles de Leeds en Angleterre, de Belfast en Irlande, d'Aberdeen en Écosse, celles de Gand et de Liége, en Belgique, les célèbres services damassés de Saxe, nous font une concurrence très-sérieuse sur tous les marchés et jusque sur le nôtre.

La laine.

La laine est ce poil doux, épais et frisé, qui constitue la toison du mouton et de quelques autres animaux. Mais nous nous occuperons d'abord de la laine du mouton, dont l'industrie sait tirer un si grand parti, quitte à revenir aux autres après. Disons d'abord qu'outre les moutons de diverses races, spéciale-ment voués aux ciseaux du tondeur, nous possédons depuis peu de temps la race mérinos, qui paraît avoir été introduite en Espagne par les Maures, bien que quelques écrivains la supposent originaire de ce pays. D'Espagne, cette belle race fut introduite en Angleterre en 1483 et en France seulement en 1752.

La meilleure laine est celle qui réunit à la finesse la souplesse, la force, l'élasticité et la douceur. La longueur des poils et leur blancheur contribuent encore à sa perfection. La qualité de la laine varie suivant les espèces, suivant la partie du corps, suivant le régime alimentaire des animaux qui la four-nissent.

Les *laines mérinos* sont les plus estimées : leur finesse varie depuis 45 mil-lièmes jusqu'à 20 millièmes de millimètre. Viennent ensuite les *laines métis*, dont la qualité varie selon que, par suite du croisement, elles se rapprochent plus ou moins du type primitif; et, enfin, les *laines communes*, qu'on dis-tingue encore en laines crépues et en laines lisses : ces dernières sont les plus grossières.

Dans une même *toison*, on distingue trois sortes de laines : la *mère laine*, qui se trouve autour du cou, sur le dos jusqu'à la croupe, sur le haut des épaules, du flanc et des cuisses; la *laine moyenne*, qui se trouve sur la croupe, le bas des flancs et sous le ventre; et la *laine inférieure*, qui se recueille sur le bas des épaules ou des cuisses, sur les fesses et sur la queue.

La tonte se fait généralement vers la fin de juin, sous le climat de la France centrale; au 15 juin, dans les départements du Midi; et seulement au 15 juillet, dans le Nord. Quelques cultivateurs font deux tontes par an; mais, outre les frais qui sont naturellement doubles, il faut considérer la difficulté qu'il y a à trouver dans le cours d'une année deux époques favorables au point que l'une ou l'autre tonte ne puisse compromettre la santé de l'animal; de sorte que

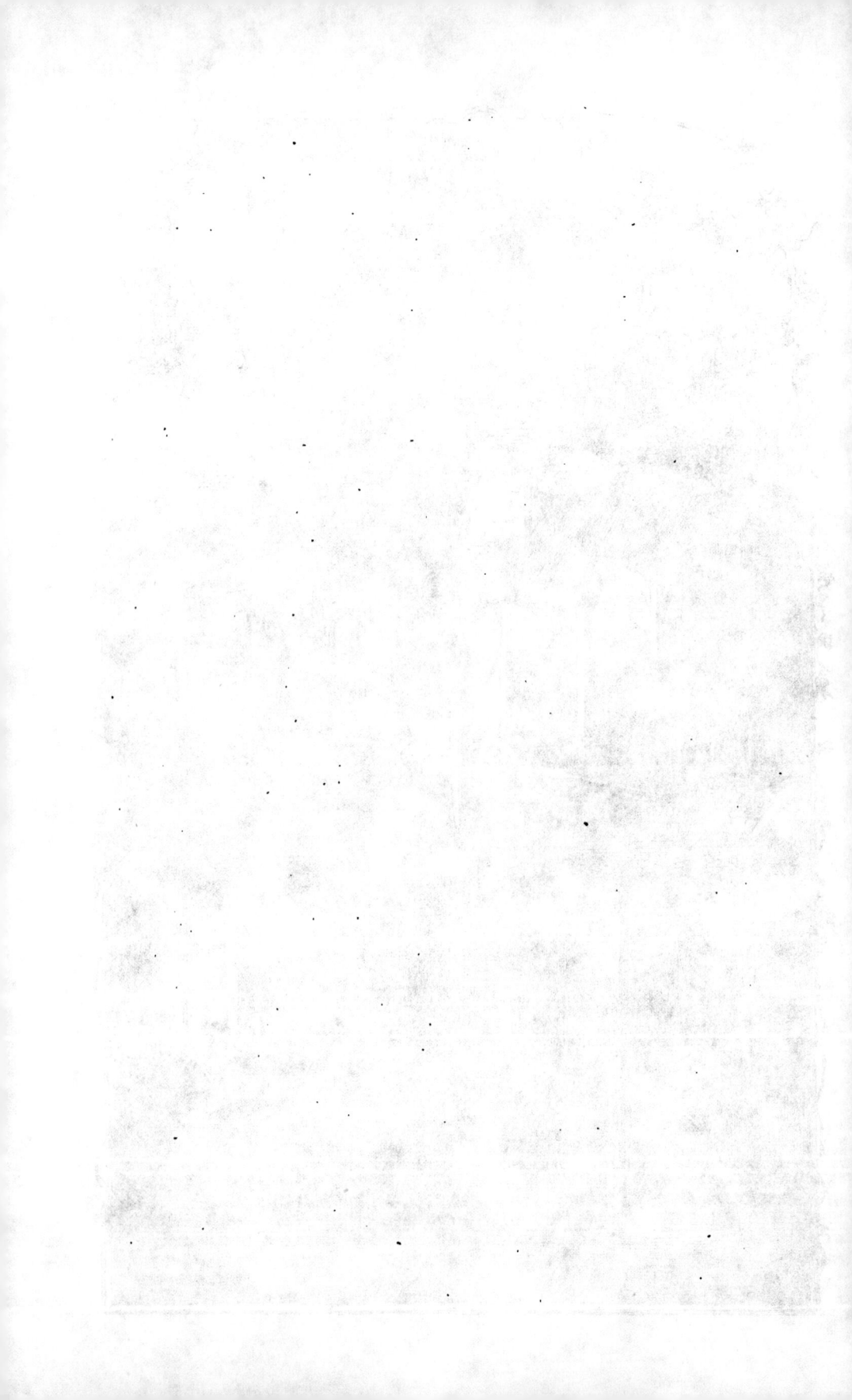

sous nos latitudes on s'en tient plus généralement à une seule tonte annuelle. D'autre part, un mouton doit être tondu au moins tous les deux ans, pour donner une laine fine; autrement sa laine serait plus longue, il est vrai, mais rude et grossière.

Voici maintenant comment on procède à cette opération délicate : le tondeur, après avoir attaché les pieds de devant et ceux de derrière de l'animal, le tond en le tenant à terre entre ses jambes : pour agir ainsi, il est obligé de se courber; mais il est beaucoup plus libre de tous ses mouvements, et bientôt il est habitué à cette position. Il coupe la laine le plus près possible de la peau, sans la blesser et sans y laisser de raies ou sillons ; si, malgré ses soins, il fait quelque blessure, un peu de poudre de charbon appliquée sur la plaie est le meilleur remède à employer. Toute la toison étant coupée, on plie la récolte, en ayant soin de placer au milieu la laine de dernière qualité, c'est-à-dire celle de la tête, du ventre, des cuisses et des pattes, puis on l'attache avec de la paille, du jonc ou de la ficelle.

Le brin de la laine des moutons est toujours enduit d'une substance grasse nommée *suint*, que le lavage à dos entraîne en partie avec les corps étrangers attachés à la laine; mais ce lavage n'est pratiqué que sur les animaux qui donnent de la laine commune. Les toisons des mérinos et autres moutons à laine fine et tassée sont vendues sans avoir subi aucun lavage, et désignées sous le nom de *laines en suint*. Ces toisons étant généralement fort sales, on les lave quelquefois avant la vente. On choisit de préférence, pour cette opération, le moment des plus fortes chaleurs de l'été, époque à laquelle le suint se détache plus facilement de la laine et se dissout mieux dans l'eau. Les toisons sont d'abord battues légèrement avec des baguettes, de manière à faire tomber la terre et la poussière, puis ouvertes à la main, c'est-à-dire que les mèches sont écartées, afin de rendre le lavage plus efficace. La laine est mise alors dans des paniers d'osier qu'on plonge dans l'eau : en agitant la laine dans l'eau avec des bâtons, on la rend aussi propre qu'elle doit l'être pour la vente. Il y reste encore une partie du suint, qui ne peut être enlevée que par le *dessuintage* au savon, opération qui est du ressort du fabricant de tissus de laine. Du reste , le dessuintage n'est jamais complet et ne doit pas l'être. C'est en effet à une très-minime portion de suint restée adhérente à la laine convertie en tissus que ces tissus doivent leur souplesse.

La laine du mouton n'est pas la seule qu'on utilise pour le tissage des étoffes : ce sont des chèvres et des daims qui fournissent la *pashmina* dont on tisse les magnifiques étoffes de Cachemire. La pashmina est une espèce de duvet très-fin et très-soyeux qui pousse entre les poils de la plupart de ces animaux. Ce qui en entre dans la fabrication des châles est pris sur les chèvres apprivoisées du Thibet, lesquelles sont dépouillées de ce duvet à certaines époques de l'année. Cette matière, qui ressemble à l'édredon, fait les tissus les plus doux et les plus beaux du monde. Ces étoffes, travaillées à la main, sont primitivement découpées en petits carrés, que l'ouvrier ajuste ensuite les uns aux autres. La soudure est si bien faite, que le vêtement terminé semble tout d'une pièce et que l'œil le plus exercé ne distinguerait pas les points de suture.

Un Français installé à Sirinagor, capitale du pays et résidence du maharadjah, est le seul agent européen en rapport avec les indigènes qui s'occupent de la fabrication des châles de l'Inde. Il leur fournit les dessins et fait faire ses châles sur commande. Il leur indique aussi les couleurs et leur en livre quelques-unes, telles que le mauve et le magenta, toutes préparées. Les indigènes donneraient beaucoup pour savoir faire ces couleurs ; mais le Français en garde le secret.

Il est presque impossible à un voyageur de se procurer un bon châle dans le Cachemire.

Comme ces tissus sont très-chers et que tout le travail de l'ouvrier se fait à la main, les châles de Cachemire sont d'un prix très-élevé ; et bien qu'ils coûtent dans le pays de 80 à 200 livres sterling pièce (2,000 à 5,000 fr.), les ouvriers ne reçoivent pas assurément un bien haut salaire. Un châle qui se vend 140 livres sterling en Angleterre, revient environ à 80 livres sterling au Cachemire, après le prélèvement des droits imposés par le maharadjah. Très-peu de châles se vendent aujourd'hui en Angleterre ; la majorité s'écoule en France et en Russie. Le maharadjah de Cachemire possède une magnifique tente de gala, faite tout entière de ces châles.

Le premier châle de Cachemire vu en France a été rapporté d'Egypte par Bonaparte, qui en fit présent à la future impératrice Joséphine.

Dans notre colonie algérienne on exploite également, et avec grand succès, ce textile animal : le poil de chèvre, et aussi le poil de chameau.

La population caprine de l'Algérie, qui s'élève à près de 3 millions et demi de têtes, donne une certaine importance à la production du poil qui sert aux indigènes à fabriquer des tissus pour tentes et sacs. La toison de chèvre vaut communément, dans les tribus, de 25 cent. à 1 fr.

L'intérieur du pays, dans sa partie montagneuse, possède un climat assez extrême, comparable à celui de l'Asie occidentale, et qui semble donc favorable à l'acclimatation des races remarquables de cette région, telles que celles d'Angora, d'Erzeroum, du nord de la Perse, de Bokkara, la race Morguy, du Kurdistan, celle du Thibet, etc., qui donnent différentes sortes de duvets de qualité supérieure, dont on fait des tapis ou des tissus brillants appelés camelots. On n'a tenté encore en Algérie que l'introduction des chèvres d'Angora, au poil si soyeux. Leur toison ne semble pas y avoir dégénéré, comme cela est arrivé en France ; mais cette race trouve d'ailleurs en Algérie un climat favorable pour son tempérament nerveux et lymphatique.

Le poil (el oubeur, en arabe) de chameau sert aux indigènes à confectionner des étoffes de tentes, des sacs nommés gherara, des couvertures pour les chevaux. On en fait la corde qui sert à fixer le haïk autour de la tête. Il y a plusieurs années, deux de nos grands industriels, MM. Davin et Montagnac (de Sedan), ont réussi à préparer avec le poil de chameau des tissus de premier ordre, tels que des draps de velours fort chauds, pouvant suppléer, dans les pays froids, à l'usage des fourrures ; des étoffes pour robes et des châles légers.

La finesse de la toison du dromadaire est variable suivant les parties du corps ; le poil le plus beau et le plus fin se trouve aux aisselles et sur la bosse. Dans le jeune âge, ces poils sont fins et lisses, et ils deviennent crépus et frisés en vieillissant. On tond le chameau tous les ans, au printemps, à partir de la deuxième année. Le produit varie entre trois et quatre kilogrammes, suivant l'âge et la taille, et dont le prix est de 1 fr. à 1 fr. 50 le kilog. La population cameline de l'Algérie est d'environ 180,000 têtes.

Pour en revenir aux étoffes plus particulièrement tissées avec la laine du mouton, elles sont aujourd'hui très-variées, mais la principale est toujours le drap. On ignore l'époque et le lieu de l'invention du drap ; on sait seulement que l'industrie du drap — mais quel drap? là est la question — était connue des Romains. Pline même n'hésite pas à faire remonter le foulage aussi bien que le tissage à la plus haute antiquité, et nous ne voyons rien qui puisse nous permettre de contredire cette assertion.

Au temps de Charlemagne, les Francs tiraient de la Frise le drap de leurs manteaux. Des fabriques de draps existaient sûrement à Rouen vers le milieu du XIIe siècle, et un peu plus tard en Belgique, à Bruxelles, Liége, Bruges et Tournai. Ce furent des Flamands réfugiés en Angleterre qui établirent dans ce pays, sous Edouard III, les premières fabriques de draps (1327). Colbert donna aux manufactures françaises de draps, comme à beaucoup d'autres, un grand développement, que vint bientôt ralentir la révocation de l'édit de Nantes. Elles ne tardèrent toutefois pas à reprendre un nouvel essor, que le perfectionnement des machines importées d'Angleterre en 1802 accentua davantage encore. Nos principales manufactures de draps sont, depuis plus d'un demi-siècle, Elbeuf, Louviers, Sedan et Castres.

L'alpaga est un animal de la même famille que le chameau, qui habite les contrées montagneuses de l'Amérique méridionale. Son poil doux, fin et brillant, seul, mais plus souvent mêlé à la laine, à la soie ou au coton, sert à la fabrication de tissus brochés, de damas pour meubles, de cette étoffe bien connue à laquelle on a donné son nom ou celui d'*orléans*. Mais on donne aussi le nom d'*alpaga* à une étoffe dans laquelle il n'entre pas un poil de ce précieux animal. Lorsque l'inventeur de cet « alpaga, ». Titus Salt, mourut, le 1er janvier 1877, les journaux anglais racontèrent compendieusement l'histoire de cette invention qui fit de Titus Salt un des manufacturiers les plus riches du Royaume-Uni, car il laissa à ses héritiers une fortune évaluée à 60 millions de francs. Voici d'ailleurs cette histoire :

Il y a une cinquantaine d'années, paraît-il, des ballots contenant une sorte de laine rugueuse et sale avaient été laissés dans les docks de Liverpool. Personne ne voulait de cette marchandise. Un jeune négociant de Bradford, Titus Salt, aperçut ces ballots, les examina et les acheta à vil prix. Quelques jours après, en les faisant filer, il inventait ces magnifiques laines dont le brillant le dispute à la soie, et qui sont maintenant connues dans le monde entier. Ce fut une véritable révolution dans les manufactures d'Angleterre.

En 1848, Titus Salt était élu maire de Bradford ; il fondait près de cette ville, sous le nom de Saltaire, une cité ouvrière qui compte actuellement près de quatre mille habitants. C'est une ville modèle, ayant plusieurs écoles, des hôpitaux, des établissements de bains, des squares, un parc et même des clubs. Dans l'été de 1876, sir Titus Salt avait fait construire à ses frais une nouvelle école du dimanche, qui lui coûta environ 300,000 fr.

Ajoutons que, membre du Parlement pour Bradford, de 1859 à 1861, pour le parti libéral avancé, il était créé baronnet en octobre 1869. Enfin, en 1874, les habitants de Bradford lui élevaient, au centre de leur ville, une magnifique statue de marbre, qui fut inaugurée le 1er août, sous la présidence du duc de Devonshire. L'illustre manufacturier philanthrope, dont nous ne pourrions ici énumérer tous les actes de bienfaisance, n'a pas survécu longtemps à cette imposante manifestation de la reconnaissance de ses concitoyens.

La soie.

On donne le nom de soie aux fils déliés et brillants sécrétés par diverses chenilles ou *vers à soie*, surtout le ver à soie du mûrier (*bombyx mori*). De ces fils, dont le ver se forme un cocon qui l'enveloppe, et où il accomplira sa métamorphose de larve en chrysalide, il en faut quatre ou cinq réunis pour faire un fil de soie très-mince propre au tissage ; on peut juger par là de ce qu'il en faut pour faire une robe.

L'élève des vers à soie est pratiqué en grand dans le midi de la France, où les mûriers abondent, et les établissements où on les soigne sont appelés magnaneries. L'œuf, communément appelé graine, d'où l'insecte sortira, est d'un diamètre à peine aussi grand que celui de la tige d'une épingle moyenne ; après avoir passé l'hiver sur une carte où le papillon l'a déposé, on le soumet, la saison venue où les feuilles du mûrier se développent, à une chaleur de 24° centigrades, et il donne alors le jour à un ver presque imperceptible, ayant à peine un millimètre et demi de longueur, mais qui en quelques jours a pris un développement relativement énorme, grâce à cette incroyable voracité des larves qui leur permet de dévorer six fois plus de nourriture qu'elles ne sont grosses. Cinquante jours après sa naissance, celle-ci a atteint un volume 72,000 fois plus considérable que celui sous lequel elle s'est montrée à la sortie de l'œuf ; mais elle est au terme de sa croissance et de sa vie.

Pendant un mois environ, le ver à soie ne fait que manger avec cette voracité déréglée, sans autre trêve que celle que lui imposent les quatre mues qu'il subit dans ce court espace, et pendant lesquelles il attend, inactif, que sa peau trop étroite se dessèche, se fende dans sa longueur pour lui permettre d'en sortir revêtu d'une enveloppe neuve et commode. Ces mues durent d'un jour à deux. Enfin, il s'arrête ; il devient lourd, flasque, et erre avec l'inquiétude d'un voyageur harassé cherchant une auberge.

Le magnanier sait de quoi il retourne alors ; il prépare un berceau de bruyères où l'animal grimpe aussitôt pour se suspendre aux feuilles et filer son cocon au milieu duquel il ne tarde pas à disparaître. Il lui faut soixante-douze heures de travail incessant pour que sa besogne soit achevée. Alors commence le travail autrement merveilleux de la métamorphose, quoiqu'au point de vue purement industriel il n'ait qu'un intérêt relatif. Quand l'animal sort de sa prison de soie, ce n'est plus un ver, une larve pour mieux dire, c'est une chrysalide ; quelques jours plus tard, la chrysalide est devenue papillon, ou mieux phalène. Mais il ne sort pas toujours du cocon. Si beaucoup sont appelés par la nature à passer par les deux dernières transformations, peu sont élus par l'éleveur. En perçant le cocon pour s'échapper, la chrysalide a le tort de consommer la perte de ce précieux résultat de son inconsciente industrie ; de sorte que, pour prévenir ce gaspillage, l'éleveur, après avoir fait son choix d'un petit nombre d'étalons, si nous pouvons dire, étouffe au moyen de la vapeur la grosse majorité des larves en travail de métamorphose.

Celles qui sont épargnées n'ont, au reste, qu'une courte et précaire existence. Il semble que la nature ait voulu résumer la synthèse de ses lois, tendant toutes à la reproduction de l'espèce, et à rien de plus, dans l'exemple que nous offre le papillon : chenille vorace d'abord, chrysalide inerte et insensible ensuite, papillon enfin, petit être souvent charmant, parfait en tout cas, mais qui ne vit qu'un jour, dont le rôle est terminé lorsqu'il a assuré la reproduction de son espèce, et qui meurt ce devoir rempli.

Le ver à soie ne donne qu'un papillon lourd, gauche et peu gracieux, comme pour indiquer d'autre part que l'utile n'est pas toujours brillant ; il obéit nonobstant à la loi commune, et la femelle meurt après avoir déposé en lieu convenable ses cinq cents œufs : le mâle est déjà mort, sa besogne étant plus tôt terminée.

Des maladies terribles désolent les magnaneries, comme on ne le sait que trop. L'Académie des sciences ouvrit des enquêtes, décerna des prix, et son illustre sein fut le théâtre de luttes très-âpres entre membres d'avis différents, dont les magnaniers n'ont pas tiré le profit qu'ils en attendaient. On cherche, de guerre lasse, à acclimater d'autres vers à soie que le bombyx du mûrier, sans pourtant négliger celui-ci, dont la soie sera toujours préférable à celle des autres.

Nous citerons parmi les espèces nouvelles de vers à soie dont l'élève a donné de bons résultats : celui de l'ailante, plus communément désigné sous le nom de *vernis du Japon*, dont les Chinois tirent une soie inférieure employée au tissage d'une étoffe appelée par eux *siao-kien;* celui du ricin, fournissant une soie de bon usage, mais peu brillante; le ver à soie du chêne et le *ya-ma-maï*, vivant également sur le chêne, et dont le nom, en langue japonaise, signifie « ver des montagnes. »

Le *Ya-ma-maï*, ver à soie du Japon (grandeur naturelle).

Un premier envoi d'œufs du *ya-ma-maï*, fait en 1861 par M. Duchesne de Bellecourt, et transmis à la Société d'acclimatation par M. Flury-Hérard, avait donné lieu à une éducation peu satisfaisante, mais déjà assez avancée pour faire naître le plus vif désir de posséder ce précieux insecte. De nouveaux envois, faits plus récemment par M. Van Meer der Woort, ont donné de meilleurs résultats. Quelques graines confiées à la magnanerie du Jardin d'acclimatation donnèrent en effet de beaux vers qui atteignirent tout leur développement dans de bonnes conditions de santé; l'éclosion dura vingt jours, et, parvenus à leur maturité, ces vers mesuraient environ dix centimètres de longueur. Ils avaient été nourris de feuilles de chêne blanc, pris dans le jardin.

Ces larves sont d'un beau vert clair; une ligne longitudinale s'étend de chaque côté de leur corps, et présente, sur les premiers anneaux, un ou plusieurs points d'un brillant métallique qui simule l'or et le nacre. Les pattes, fortes et larges, sont plus foncées que le reste du corps.

Les cocons, d'un jaune verdâtre, de la forme de ceux des vers du mûrier, mais beaucoup plus gros, sont susceptibles d'être dévidés en belle soie grége. Cette soie sert à la fabrication des plus beaux crêpes du Japon.

Nous ignorons toutefois dans quelle mesure la soie du ya-ma-maï est entrée jusqu'ici dans l'industrie, si ce n'est aux Indes, où elle est employée couramment, comme l'ont prouvé les filés et les tissus exposés au Champ de Mars en 1878.

L'industrie de la soie était florissante en Chine vers 1120 avant notre ère, mais elle n'y remonterait pas beaucoup plus haut, du moins suivant You-Chin, qui assure qu'avant l'époque de la dynastie des Tchéou, il n'y avait pas de caractères chinois pour désigner cette substance. Aristote, qui vivait au IVe siècle, avait étudié les métamorphoses du ver à soie et les a décrites; il ajoute que le tissage de la soie est dû à Pamphile, de Cos. Savait-on recueillir et employer le cocon du ver à soie, le filer et le tisser ensuite? Cela paraît plus probable que d'admettre que les tisseurs de Cos fissent venir de l'intérieur de l'Asie de la soie écrue, quoique Cos fût une ville maritime et marchande assez importante. C'est de cette ville, en tout cas, que furent importées en Europe les premières soieries. Les Romains tirèrent d'abord leurs soieries de Cos, puis, après leurs conquêtes sur les Parthes, ils les firent venir de l'Asie centrale. Elles étaient tantôt unies, tantôt chargées de broderies de fils de soie, d'or ou d'argent. Mais nous nous occuperons plus loin de la broderie. Ces étoffes étaient de soie pure ou mélangée de laine ou de lin.

Au IVe siècle de l'ère actuelle, on commença à fabriquer des tissus de soie à Byzance. Vers 555, deux moines nestoriens introduisirent les vers à soie dans la Morée (de *morus*, mûrier), qui portait, avant cette époque, le nom de Péloponèse. Ces deux moines avaient apporté de la Chine, dans une canne creuse, car ils risquaient leur tête à cette entreprise, une certaine quantité d'œufs de vers à soie, qu'ils firent éclore dans le fumier. Au fait des procédés employés en Chine pour les élever, les nourrir et tirer partie de leur soie, ils réussirent facilement à développer cette nouvelle industrie dans tout l'empire grec, en commençant par le Péloponèse.

Enfin, l'élève des vers à soie fut introduit à Palerme par Roger de Sicile, en 1130, et se répandit bientôt en Italie. Guy Pape l'introduisit en France, à Montélimart, en 1494. Ce ne fut toutefois que vers la fin du XVIe siècle, grâce surtout à Olivier de Serres, que la sériciculture prit un grand développement dans notre pays; cela devint presque une manie. On plantait des mûriers partout, on élevait des vers à soie jusqu'aux Tuileries. Colbert, voulant protéger l'industrie naissante, avait établi une prime de 20 sols par mûrier planté. Les Cévennes principalement se livraient à l'élève du ver à soie avec un succès qui devait faire la fortune de ces contrées, quand la révocation de l'édit de Nantes (1685) vint chasser de leur pays des milliers de familles protestantes et donner à la nouvelle industrie un coup dont elle faillit ne se relever jamais. Toutefois, depuis le commencement de ce siècle, elle avait repris une importance considérable, quand, vers 1853, se déclara cette terrible maladie qui ruina nos magnaniers, et dont toutes les ressources de la science n'ont pu avoir jusqu'ici complétement raison.

On fabriquait des soieries en France bien avant l'introduction des vers à soie. Les premiers métiers, établis dans le Comtat Venaissin, datent du xiiie siècle. Il s'en établit ensuite à Lyon en 1450, et à Tours en 1470. Les premiers ouvriers qui travaillèrent la soie chez nous étaient principalement des Italiens venus de Gênes, de Florence ou de Venise. Les étoffes d'abord fabriquées étaient des doucettes, des marcelines, des gros de Tours; mais le progrès ne tarda pas à permettre d'y fabriquer les étoffes résistantes, les satins, les brocarts, le velours, etc. Le satin est originaire de la Chine ; le brocart, probablement de l'Egypte; on ignore où et à quelle époque le velours fut inventé. On le fabriquait très-anciennement dans l'Inde, et c'est de l'Inde, en effet, que les premiers velours de soie furent importés en Europe, après la guerre des Parthes. Mais le beau velours de soie que nous connaissons ne paraît pas avoir de grands rapports avec ceux que connurent les anciens. Celui-là est d'origine génoise : il date du commencement du xvie siècle, et deux Génois, Turchetti et Narris, en introduisirent la fabrication à Lyon dès 1536. Ajoutons enfin que l'art de lustrer la soie a été découvert à Lyon, par Octave Ney, en 1709.

L'industrie de la soie s'était développée en France avec une rapidité extraordinaire, et Lyon lui devait sa prospérité. Vers 1650, il y avait à Lyon 12,000 métiers en activité. Mais survinrent les convertisseurs bottés, les dragonnades, et enfin la révocation de l'édit de Nantes brochant sur le tout (octobre 1685). Ces gentillesses, que Colbert avait tout fait pour empêcher, dépeuplèrent les villes et les campagnes, et la moitié de ce que Lyon employait de métiers avant qu'elles se produisissent présenta bientôt un chiffre encore trop considérable. On sait que les malheureux tisseurs, forcés de s'expatrier, allèrent porter leur industrie, qui faisait la fortune du pays qui les rejetait de son sein, en Allemagne, dans les Pays-Bas, en Angleterre. Jacques II accueillit les émigrés avec une sympathie particulière. Ils affluaient à Londres, et dans la seule année 1687, il en arriva 13,500. C'est dans le quartier de Spitalfields que s'établirent les tisserands français, quartier heureusement transformé aujourd'hui ; et l'on y compte plus de 70,000 descendants de ces victimes de la stupidité sénile du grand roi.

Un demi-siècle suffit à peine à relever l'industrie lyonnaise de ce coup. De 1780 à 1789, le chiffre des métiers s'éleva à 18,000. Il y en avait 20,000 lorsque l'invention de Jacquard vint apporter dans l'industrie du tissage une révolution dont l'ouvrier devait d'abord être victime, comme toujours. Sans doute, il devait en tirer avantage plus tard ; mais *plus tard*, c'est trop tard pour l'ouvrier qui vit péniblement d'un salaire presque toujours insuffisant. Comme tous les grands inventeurs, Jacquard vit donc sa vie menacée, et son métier fut brisé en place publique. Il ne se découragea pas et finit par triompher de tous les obstacles. Dès 1812, un grand nombre de ses métiers étaient en pleine activité à Lyon. Il y en a quelque chose comme 70,000 aujourd'hui.

L'industrie de la soie a traversé des péripéties terribles, soit par le prix exorbitant de la matière première, les fluctuations de la mode, sans parler de l'influence néfaste des troubles politiques et des guerres, qui est générale. Nous ne pouvons nous étendre sur cette partie lamentable de l'histoire industrielle.

On n'attend pas de nous que nous suivions dans ses plus petits détails la transformation des fils brillants et ténus dont la chrysalide du ver à soie

s'enveloppe comme d'une épaisse douillette, en une étoffe chatoyante, brodée, brochée, lustrée, rehaussée des couleurs les plus riches et les plus
variées; mais nous suppléerons peut-être à ce que nous pourrions dire à ce
propos, dans un ouvrage qui embrasse trop de choses pour que la place ne
soit pas un peu parcimonieusement mesurée à chacune, en décrivant le *bureau
de pesage*, cette « âme de la fabrique, » ou plutôt en empruntant cette description à un romancier. Le choix peut paraître étrange, mais le romancier
est Allemand : c'est Friedrich von Hacklaender, mort en juillet 1877, et le
roman a pour titre : *les Affaires et la Vie* (Handel und Wandel), ce qui justifie
ce choix autant qu'il peut l'être. En outre, toute allemande qu'elle est, nous
aurions bien de la peine à trouver sur un pareil sujet une page plus vivante et
plus exacte, fût-ce de notre propre fonds. Il importe d'ajouter toutefois que
les faits qu'elle signale doivent être considérés comme s'étant produits dans
les conditions indiquées il y a environ trente ans.

« Le bureau de pesage est pour la fabrication ce que le comptoir est pour
la vente : c'est l'âme de la maison, le centre où viennent converger tous les
ressorts de cette grande machine. Pour prendre les choses à leur commencement, la soie grége achetée par l'entremise d'un courtier aux gros marchands
de soie est apportée au magasin; mais au bureau de pesage sont les livres où
se trouvent les échantillons de toutes les soies gréges qui sont emmagasinées.
C'est du bureau de pesage que le teinturier reçoit la matière première, avec le
modèle des nuances; c'est là qu'il la rapporte quand elle est teinte. Le coupeur de chaîne, c'est-à-dire l'homme qui prépare la chaîne de l'étoffe, reçoit
la quantité de soie qui lui est nécessaire, et la chaîne confectionnée qu'il a à
livrer ensuite doit donner un poids égal, défalcation faite de la perte causée
par la manipulation de la matière. La soie de trame est également pesée
avant d'être donnée à bobiner, et on la pèse de nouveau à son retour de chez
l'ouvrier.

« Ce bureau de pesage a un aspect des plus flatteurs pour l'œil. Tout le
long des murs sont disposés de grands rayons dans lesquels la soie bobinée
est étalée sur des milliers d'élégants petits rouleaux. Là brillent toutes les
couleurs imaginables, et cet ensemble de couleurs produit une échelle harmo-
nique des nuances les plus délicates jusqu'aux teintes les plus sombres. Je ne
crois pas que la palette d'un peintre puisse jamais présenter une variété aussi
riche. Ainsi, par exemple, il n'y a généralement qu'une seule expression
pour désigner la couleur noire, et il y a peut-être dans le bureau de pesage
du fabricant de soieries plusieurs douzaines de noirs différents : le noir-bleu,
le noir-rouge, et tant d'autres encore. Il en est de même pour le blanc, et,
selon la différence des destinations d'une étoffe, on trouve chez le fabricant le
blanc pur, le blanc tirant sur le jaune, sur le bleu, sur le rouge, etc.

« Là aussi se trouvent les chaînes coupées, enroulées sur de coquets petits
rouleaux de bois rangés côte à côte, et parées d'étiquettes proprement
écrites, sur lesquelles on peut lire le nom de celui qui a vendu la soie,
l'estimation de la perte qu'elle a subie en magasin, le nom du teinturier et
celui du tondeur. Ajoutez à cela une quantité infinie de soies gréges disposées
d'après leurs espèces différentes; car il y a soie grége et soie grége; il y en a
de bien des familles, si je puis me servir de cette expression, depuis la soie
grossière dont on fait les filets jusqu'au plus fin organsin de Turin. Non-seulement chaque pays, chaque ville fournit une soie différente, mais dans un
même cocon il y a des degrés infinis entre la rude enveloppe extérieure et le
tissu le plus intime qui recouvre le ver comme d'une fine chemise de batiste.

« Le bureau de pesage a aussi son comptoir et ses grands livres, cela va sans dire ; on y trouve d'énormes in-folio dans lesquels les échantillons sont rangés par milliers. Au milieu est une longue table pourvue d'une magnifique balance en cuivre, d'une grande précision, car elle doit indiquer les poids les plus minimes avec la dernière exactitude. Cette balance, soigneusement fourbie, brille comme un miroir.

« Tout fabricant, pour peu qu'il tienne à l'ordre et à la propreté, met son orgueil à donner au bureau de pesage l'aspect le plus clair et le plus agréable, et le plus souvent c'est le chef même de la fabrique qui y siége, ou, à son défaut, dans les grandes fabriques, un employé de confiance. On y rassemble les yeux les plus clairvoyants, et les étoffes livrées par le tisseur y sont soumises à l'examen des commis les plus méticuleux, je devrais dire les plus inexorables.

« En fait, une grande rigueur est nécessaire, car, en matière de tissage, la plus petite négligence suffit à perdre une pièce d'étoffe. Cette rigueur fut, à vrai dire, excessive autrefois chez plusieurs fabricants qui, se regardant eux-mêmes comme seuls infaillibles, ne passaient pas au pauvre ouvrier la moindre faute, le moindre accident. Aussi ce bureau de pesage devint-il plus d'une fois, même pour le tisseur le plus habile et le plus soigneux, un lieu de torture et de désespoir. Un défaut dans la chaîne, si léger qu'il fût, un faux point de la grosseur d'une tête d'épingle, une erreur insignifiante dans le dessin, un déchet d'une demi-once de soie étaient autant de fautes qu'on faisait expier au malheureux tisseur par d'énormes décomptes.

« Alors aussi, surtout dans les petites villes de province, régnait un usage odieux et honteux tout ensemble, qui consistait à obliger le pauvre tisseur de recevoir, au lieu d'argent, pour une partie de son salaire si péniblement gagné, certaines denrées, telles que café, sucre, savon, huile, etc. Et à cet effet, le bureau de pesage avait presque toujours pour annexe une petite boutique d'épicier.

« Peut-être cet usage fut-il introduit, à l'origine, dans une vue louable ; le fabricant qui veillait comme un père aux intérêts de ses ouvriers, pouvait avoir voulu par là leur procurer des provisions de bonne qualité et à bon compte ; mais ce qu'il y a de certain, c'est que les choses ne tardèrent pas à dégénérer. Fort heureusement, aujourd'hui cet usage est presque entièrement tombé en désuétude, et il n'y a plus un fabricant honnête qui se livre à ce méprisable trafic.... »

La fabrication des bas et de la bonneterie.

Nous venons de rappeler l'origine de la fabrication des principaux tissus de soie ; il nous paraît que c'est bien ici le lieu de parler des bas qui, dans le principe, ont été faits de soie.

En France, les premiers bas qui parurent sont ceux que portait Henri II au mariage de sa sœur Marguerite avec le duc de Savoie, en 1569. Mais ils sont bien plus anciens que cela, sans remonter au déluge, et c'est en Espagne que l'industrie de la fabrication des bas et de la bonneterie paraît avoir pris naissance, sans qu'on puisse dire à quelle époque précise, bien entendu avant la découverte des procédés mécaniques.

Voici au reste ce qu'on en sait :

On est tombé d'accord en Angleterre pour faire remonter l'origine de la fabrication des bas et de la bonneterie au règne de Henri IV, c'est-à-dire au commencement du xvᵉ siècle, et encore elle n'est mentionnée dans aucun acte du parlement antérieur au règne du premier roi de la maison de Tudor, Henri VII. On rapporte dans presque toutes les histoires d'Angleterre que son fils Henri VIII portait des bas de soie de fabrique espagnole, et les chroniqueurs contemporains nous apprennent qu'Elisabeth, à Greenwich, Richmond ou Hamptoncourt, portait de charmants bas du même genre, mais de fabrication anglaise.

C'est sous le règne d'Elisabeth que le premier métier à tisser des bas fut inventé par un clergyman, le révérend William Lee, qui, par l'intermédiaire du favori de la reine, lord Hunsdon, persuada à celle-ci de lui faire une visite à Banhill-Row pour examiner son invention. Sa Majesté, dit-on, donna gracieusement son approbation au métier; mais elle fut un peu désappointée quand elle en vit les produits, car elle trouva que la machine ne confectionnait que de grossiers tricots de laine, tandis qu'elle s'attendait à trouver des tissus de soie qu'elle pût employer à son usage.

Pressée par lord Hunsdon d'accorder à cet ingénieux clergyman une patente qui lui assurât le monopole de la fabrication des bas au métier, la reine refusa absolument d'accorder ce monopole, par la raison, disait-elle, « que le privilége exclusif de faire des bas pour tous ses sujets était trop important pour être accordé à une seule personne sans préjudice pour le public. » Cependant lord Hunsdon, déterminé à ne pas échouer sans avoir tout fait pour réussir, mit son fils en apprentissage chez M. Lee, pour l'initier au mystère du tissage des bas au métier, afin de lui assurer une part dans les bénéfices que produirait l'entreprise.

Lee fit à son métier des perfectionnements tels qu'il tissa pour la reine des bas de soie qui étaient des merveilles. Cependant, ne réussissant pas à obtenir par ce patronage et celui de la cour des avantages sérieux, il résolut de quitter son ingrate patrie et de s'établir en France. Il se fixa donc à Rouen avec huit ouvriers et autant de métiers. Mais l'espérance qu'il avait de se faire un nom et de réaliser une fortune fut encore une fois déçue, et, après un quart de siècle de vaines tentatives, il mourut en Normandie.

Quoique Lee eût tout fait pour emporter avec lui son secret à l'étranger, son genre de fabrication fut repris en Angleterre par ses ouvriers, que sa mort avait laissés livrés à eux-mêmes et qui retournèrent dans ce pays. C'est ainsi que, dès la première année du xviiᵉ siècle, la compagnie des tisseurs au métier se forma dans le but de régulariser les salaires et de s'opposer à ce qu'on employât d'autres ouvriers que ceux qui avaient fait leur apprentissage.

En 1640, il y avait à Nottingham deux maîtres bonnetiers qui achetaient les articles faits dans le pays. Cette fabrication se répandit bientôt dans les comtés de Derby et de Leicester; on y employait la laine, le coton et le fil. Le premier métier fut introduit à Leicester en 1671 et, malgré les préjugés qui avaient cours contre la bonneterie faite au métier, en 1700 cette industrie y avait déjà pris de grands développements, et en 1750 on y comptait 1,800 métiers.

Cependant, poussé par Colbert, un mécanicien français, nommé Jean Hindret, partit pour l'Angleterre, réussit à surprendre le secret perdu de la fabrication des bas et de la bonneterie au métier, et revint en 1666 fonder au château de Madrid, dans le bois de Boulogne, une manufacture qui est l'origine de notre fabrication mécanique de tissus à mailles.

Les perfectionnements apportés depuis à cette fabrication sont pour la plupart d'origine anglaise et ont été ensuite importés chez nous. On sait à quel point cette industrie s'est développée partout ; cependant il y a encore certains peuples, influencés sans doute par le climat, qui méprisent les bas, et il y en a d'autres qui exigent, comme marque de politesse, qu'on ôte ses bas dans les lieux et dans les circonstances où le code de la civilité européenne indique d'ôter simplement son chapeau.

Au commencement de 1873, la cour de cassation était saisie d'une affaire bien curieuse relative à cette sorte de manifestation extérieure de respect telle que les mœurs hindoues l'ont établie depuis un temps immémorial.

Considérant que, dans l'Inde et presque dans tout l'Orient, la coutume de se déchausser est non-seulement admise, mais imposée, il avait été reconnu comme d'usage que les avocats hindous retirassent leurs chaussures lorsqu'ils entraient dans la salle d'audience des tribunaux de nos colonies. Or, quelques mois auparavant, Mᵉ Ponnoutamby, riche avocat indigène, avait eu la hardiesse de se présenter devant le tribunal de Pondichéry, non-seulement avec ses souliers, mais avec ses bas. Le président lui en fit la remarque. L'avocat répondit qu'il était libre de porter tel costume qu'il lui plaisait. Le tribunal le condamna alors à la peine de l'interdiction pour avoir commis « un acte irrévérencieux » envers la justice.

Mᵉ Ponnoutamby demanda alors à la cour de cassation de juger la question suivante : Un Indien, chaussé à l'européenne, commet-il un acte irrévérencieux en ne se déchaussant pas devant les personnes à qui il doit le respect ?

Cette question, en même temps qu'elle était portée devant la cour suprême, avait été soumise au ministère de la marine, qui l'a tranchée en ces termes, par une lettre datée de Versailles, 3 juin 1873, adressée au gouverneur de notre colonie :

« Monsieur le gouverneur,

« J'ai pris connaissance des documents joints à votre dépêche du 20 avril dernier, relative au costume que doivent porter les conseils agréés indiens aux audiences du tribunal et de la cour.

« Il résulte de l'esprit général de la civilisation applicable aux natifs, aussi bien que de l'examen des documents produits dans l'espèce, que la pensée du gouvernement français a toujours été de respecter les usages et les croyances des Indiens, mais non de leur imposer ce respect, s'il leur plaît de s'en écarter. Par conséquent, il ne doit penser à intervenir par voie d'autorité que dans les cas où des empiètements, commis par une caste sur les prérogatives d'une autre caste, donnent lieu à des réclamations de la part de celle-ci. En dehors de ces cas, le rôle naturel du gouvernement est l'abstention. Le gouvernement, en effet, ne protège pas, ne soutient pas et n'impose pas les usages indiens ; il les tolère, et il ne peut, en tous cas, raisonnablement s'opposer à des changements qui ne témoignent après tout que du désir de se rapprocher de nos usages et auxquels le comité de jurisprudence indienne ne reconnaît aucun empêchement....

« J'estime, en outre, qu'en présence de l'avis exprimé par le comité consultatif de jurisprudence indienne et par des magistrats qui ont fait une étude spéciale des mœurs, des coutumes et de la législation hindoues, l'autorité locale ne peut contester aux conseils agréés le droit de se présenter à l'audience de la cour et du tribunal avec des bas et des chaussures européennes.... »

La cour de cassation a jugé comme le ministre de la marine et a cassé le jugement du tribunal de Pondichéry.

Mais avouez que voilà bien des histoires pour une paire de bas.... et de souliers.

La rouennerie.

Une des branches les plus importantes de notre industrie textile, malgré
son humilité, est certainement la fabrication des *rouenneries*. Après ce que
nous avons dit des procédés du tissage du coton, nous ne croyons pas qu'il
soit utile d'y revenir à propos de la rouennerie ; mais nous dirons quelques
mots du développement donné à cette industrie, dont le nom dit assez qu'elle
a pris naissance dans la capitale de notre ancienne province de Normandie, et
qui marque l'origine de l'industrie cotonnière dans notre pays.

Ce fut en 1700 qu'un sieur Jacques-Etienne Delarue fit venir des colonies à
Rouen plusieurs chargements de coton, et y introduisit le filage de cette matière première, qui donna de l'extension à la fabrication des toiles appelées
rouenneries.

Cette fabrication fut l'objet de divers règlements, depuis 1731 jusque vers
1820.

D'après l'auteur de l'*Histoire sommaire et chronologique de la ville de Rouen*,
après avoir périclité pendant la fin du XVIIIe siècle, elle prit un nouvel essor
en 1817, et son activité ne fit que s'accroître jusqu'en 1829, où la production
fut telle, qu'elle dépassa les besoins de la consommation.

Le filage du coton donna naissance à la filature au rouet, qui occupa, dans
ces contrées, des milliers de bras durant environ un siècle. L'invention des
mécaniques commença son développement à la fin du XVIIIe siècle et au commencement du XIXe.

Cependant, en 1830, on ne comptait dans la Seine-Inférieure que dix
établissements principaux de filature de coton, dont sept fonctionnant par
chute d'eau, deux par manège et un par la force des bras.

L'importation des machines à filer le coton, par un négociant rouennais,
Louis-Ezéchiel Pouchet, né en 1748 à Gruchet-le-Valasse, près de Bolbec,
mort à Rouen le 30 mai 1809, et le perfectionnement apporté à ces machines
par notre compatriote, permirent de donner à l'industrie cotonnière un développement que favorisa plus tard l'application de la vapeur à la force motrice.

Suivant M. Nicétas Périaux, l'auteur de l'ouvrage précité, ce fut en 1817
qu'on établit le premier appareil à vapeur dans une filature de la route
de Caen. Cet appareil, de la force de dix chevaux, avait été confectionné en
Angleterre.

Néanmoins, d'après M. Fouquet, l'une des premières pompes à feu qu'on
ait vues à Rouen avait fonctionné dans un atelier de filature établi, vers la fin
du XVIIIe siècle, dans l'ancienne chapelle des Dames du Saint-Sacrement, rue
Morand. Mais cette légère dissidence entre deux historiens locaux également
animés de l'esprit de recherche et également consciencieux, n'ôte rien à la
valeur des renseignements généraux qu'ils nous fournissent.

La broderie.

Il faut avant tout distinguer la broderie blanche, la broderie de couleur, et la
tapisserie ou broderie sur canevas.

La broderie sur canevas sert à fabriquer trop de pantoufles et de paires de bretelles pour avoir besoin d'une longue description ; la broderie de couleur se divise en broderie d'application, en couchure, au lancé, en soutache, au passé, en guipure, etc. ; la broderie blanche, en broderie de dentelle, en feston, en reprise et au plumetis. Il y a d'autres termes encore en usage pour désigner les différentes sortes de broderie, suivant qu'on y emploie la soie, la laine, le fil ou le coton, l'argent, l'or, la semence de perles ou les pierres précieuses, et qu'elles sont exécutées à l'aiguille, au crochet, au tambour ou au métier.

On connaît le tambour, d'origine chinoise, ainsi que le métier, grand ou petit, posé à terre ou sur les genoux de l'ouvrière ; dans les familles, celui-ci a bien un peu été détrôné par le piano, hélas ! mais il en reste encore assez pour que tout le monde le connaisse. Quant à la *brodeuse mécanique*, son invention est de date toute récente. C'est en 1821 qu'un mécanicien français, dont nous avons vainement cherché le nom, construisit le premier métier à broder mécanique : l'étoffe tendue verticalement, on y exécutait toute une rangée de fleurs, puis on recommençait une autre rangée près de la première, et ainsi de suite. Barthélemy Thimonnier, en 1825, construisit une machine donnant les mêmes résultats, en même temps qu'elle pouvait servir à la couture mécanique. Enfin, en 1829, Josué Heilmann prenait un brevet pour la première brodeuse mécanique qui ait pu recevoir de sérieuses applications industrielles. En 1844, la machine Heilmann était installée dans toutes les grandes manufactures de tissus brodés de France, d'Angleterre et d'Allemagne. Elle a subi depuis d'importantes améliorations qui en ont fait en quelque sorte une machine toute nouvelle. Nous citerons MM. Barbe Schmitz, de Nancy, et M. Ch. Bourry, de Saint-Denis (Seine), parmi les inventeurs des meilleurs systèmes de brodeuse mécanique.

La broderie d'argent, d'or, de perles, etc., consacrée principalement aux ornements sacerdotaux, a conservé une grande importance dans tous les pays où le culte catholique est célébré. L'Orient en fait aussi une grande consommation pour des objets profanes : cette broderie est exécutée à la main. Mais l'industrie du brodeur est surtout alimentée en Europe par la broderie blanche. Les principaux centres de production sont : Paris, Saint-Denis, Lyon, Tarare, Nancy, Saint-Quentin, Cambrai et Lille. L'Ecosse, l'Irlande et la Suisse produisent également beaucoup de broderie blanche.

La broderie doit son nom à ce que, dans l'origine, elle ornait exclusivement le *bord* des étoffes ; de sorte que c'est *borderie* qu'il faudrait dire, s'il n'y avait si longtemps que la transposition de l'*r* est acceptée et que la broderie s'est étendue des bords jusqu'au centre de l'étoffe. L'origine de cet art remonte à une antiquité fort lointaine. L'invention en serait due aux Phrygiens, suivant Pline, et, suivant Ovide, aux Lydiens. Mais il est évident qu'on brodait bien longtemps avant l'époque dont parlent ces écrivains, et que la broderie, première tentative de l'homme pour orner ses vêtements disgracieux, suivit de près la couture.

Quoi qu'il en soit, on peut trouver dans l'Ancien Testament de nombreuses descriptions de broderies consacrées au culte et aussi à des usages profanes. C'est ainsi que l'*Exode* décrit « des rideaux de fine toile, chargés de dessins à l'aiguille, de couleur bleue, pourpre et écarlate, avec des chérubins d'un travail exquis. » Isaïe parle de réseaux brodés qui tenaient captive la chevelure des femmes. Chez les Grecs, Minerve présidait aux travaux d'aiguille, et les poëtes de l'antiquité parlent souvent de « vêtements en broderie. » En Egypte, les robes d'apparat étaient ornées à leurs bords de broderies d'argent et de différentes couleurs. Les tissus brodés étaient aussi en usage à Rome. Parmi les antiquités de Portici se trouve une élégante statue de Diane, en marbre, dont la robe est bordée d'une dentelle tout à fait dans le goût moderne et peinte en pourpre.

Les nations les plus barbares connaissaient les ressources que la broderie peut apporter à la toilette, et dans une sépulture scandinave, découverte récemment dans le comté de Dorset, en Angleterre, on a retrouvé parmi des ossements enveloppés de peau de daim, des fragments de broderie d'or dessinée en losange.

Les Anglo-Saxonnes ont toujours excellé dans les travaux d'aiguille. Que de magnifiques descriptions l'on a de tuniques écarlates brochées d'or et de chemises violettes, œuvres des nonnes, qui consacraient à ces travaux délicats tout le temps qui n'appartenait pas à la prière ! Aussi les rois d'Angleterre en pèlerinage à Rome ne manquaient-ils point d'offrir au souverain pontife des vêtements où l'or et les pierres précieuses étaient brodés à profusion.

Les miniatures des manuscrits, les dessins, tableaux, sculptures, du XIIIᵉ au XVIᵉ siècle, témoignent d'ailleurs de la richesse et de la profusion des broderies employées à l'ornement du costume laïque pendant cette longue période. Les châtelaines, aussi bien que les nonnes, exécutaient dans leurs retraites féodales des merveilles de broderie dont les artistes les plus distingués leur dessinaient les modèles. C'était alors la coutume des nobles chevaliers d'envoyer leurs filles chez leurs suzerains pour y apprendre à filer, à tapisser et à broder, sous les yeux des châtelaines, coutume qui, dans les provinces les plus éloignées, s'est conservée jusqu'à la Révolution française. Les grandes dames tiraient vanité du nombre de leurs écolières ; elles passaient les matinées à l'ouvrage, égayant leurs travaux par des *chansons à toile*, comme on appelait ce genre de ballades: — Que n'ont-elles conservé ces heureuses coutumes !...

Cette habileté acquise fut plus d'une fois d'un grand secours aux nobles châtelaines. On raconte, par exemple, que, pendant la guerre des Deux-Roses, alors qu'un prince du sang, propre à rien, mendiait dans les rues des riches cités flamandes, les dames de qualité anglaises, la comtesse d'Oxford entre autres, s'estimèrent heureuses de devoir, comme le durent plus tard les émigrées de la Révolution, le pain quotidien à l'adresse de leurs doigts.

Les souveraines, depuis *Berte aux grands piés*, ne mettaient pas moins d'ardeur aux travaux de broderie et même de simple couture. Dès son arrivée en Angleterre, Catherine d'Aragon, femme de Henri VIII, s'applique à des travaux de toilette et surtout d'ornements d'église. Sa mère, Isabelle la Catholique, l'avait formée dans cet art, et dans son enfance elle avait sans doute assisté à ces concours à l'aiguille institués par cette princesse entre les plus habiles Espagnoles. On raconte que, lorsque le cardinal Wolsey, en compagnie du légat Campeggio, alla la voir à Bridewel pour traiter l'affaire du divorce, il la trouva à l'ouvrage avec ses filles d'honneur, et qu'elle vint à leur rencontre avec un écheveau de soie rouge autour du cou.

Marie Tudor partagea les goûts de sa mère. Pour la fière Elisabeth, on se la représente difficilement une aiguille à la main ; pourtant, fidèle à l'usage qui voulait que toute femme eût fait au moins une chemise dans sa vie, cette princesse offrit à son frère Edouard, au sixième anniversaire de sa naissance, une chemise de batiste brodée de ses mains.

Les travaux de Marie Stuart étaient des merveilles. Elle avait eu pour maî-

tresse Catherine de Médicis, cette incomparable ouvrière, qui, réunissant
autour d'elle Claude, Elisabeth et Marguerite, ses filles, ainsi que leurs cou-
sines de Guise, « passoit son temps, les après-disnées, dit Brantôme, à besoi-
gner après ses ouvrages de soye, où elle estoit tant parfaicte qu'il estoit possible. »

Ces broderies toutefois étaient presque exclusivement exécutées sur drap ou
sur soie, avec des fils de soie, de laine, d'or ou d'argent ; la broderie blanche
sur mousseline fut pendant longtemps un monopole de la Saxe, d'où elle
s'étendit en France vers le milieu du XVIIIe siècle, et de là, à peu d'années d'intervalle, à l'Ecosse, à l'Irlande, à la Suisse, etc.

La dentelle.

La dentelle est évidemment née de la broderie. Beaucoup d'écrivains « fantaisistes » confondent l'une et l'autre. Il n'y a pourtant pas d'équivoque possible pour ceux qui ont des yeux pour voir : la broderie est un ornement
ajouté à un tissu quelconque ; la dentelle est elle-même un tissu, un tissu à
mailles larges, ouvragées à l'excès, avec un art particulier ; une sorte de filet
poussé au dernier point de perfection.

Cependant, où la confusion est possible, c'est dans l'historique de ces deux
arts manuels de la dentelle et de la broderie. Bien que les plus autorisés attribuent au peintre vénitien Carpaccio ou au peintre flamand Quentin Metzys,
qui vivaient à la même époque à dix ans près, l'invention de la dentelle,
nous n'hésitons pas à lui donner une origine plus ancienne de beaucoup et à
croire que ce que nous venons de dire au sujet des châtelaines et des nonnes,
et que nous aurions dû étendre aux moines, doit aussi bien s'appliquer à la
dentelle, que peut-être elles inventèrent, qu'à la broderie. Metzys, Carpaccio
et bien d'autres, au XVe siècle et plus tard, leur fournissaient vraisemblablement
les dessins les plus riches ; à cela dut se borner leur intervention dans l'affaire.

Un autre point sur lequel la confusion peut se produire, c'est l'étymologie
même du mot dentelle, qui paraît venir de ce fait que la première *dentelle* fut
imitée de la broderie au feston, c'est-à-dire à *dents ;* mais dans ce cas, le *feston*
était isolé, au lieu d'être pratiqué sur les bords de l'étoffe. Si donc la reine
Berthe faisait de la dentelle en même temps que de la broderie, ce ne pouvait
être que de cette dentelle rudimentaire : encore le doute est-il plus raisonnable. Il est encore permis de croire que la broderie en feston fut, dès le début,
désignée sous le nom de dentelle ; mais la différence entre ces deux produits
de l'industrie d'art n'en est pas moins très-distincte.

Il faut reconnaître aussi qu'avant le XVIe siècle, si la dentelle entrait déjà
pour une large part dans les ornements du culte, elle n'était que peu employée
encore dans la toilette. C'est dans ce siècle que le goût des dentelles, là où
l'on pouvait aisément s'en procurer, atteignit les proportions de la frénésie.
On prétend qu'à sa mort, arrivée en 1603, la reine Elisabeth d'Angleterre
laissait trois mille robes garnies de dentelles. Charles Ier n'en faisait pas une
consommation moindre ; on trouve dans ses comptes une note de 910 mètres
de dentelles pour la garniture de douze cols et de vingt-quatre paires de man-
chette, ce qui n'est vraiment pas mal.

En France, sous les Valois, la dentelle prit une faveur immense. Henri III,
pour cacher son cou endommagé, provoqua l'invention de l'énorme fraise, un
des ridicules de la toilette. Le règne de Louis XIII y substitua heureusement

les larges cols de dentelle rabattus, auxquels on ajouta des cravates, des manchettes et des jarretières également en dentelle. Ces jarretières, qui garnissaient l'ouverture de la botte largement évasée, portaient le nom de *canons*. Cinq-Mars laissa en mourant trois cents de ces garnitures complètes en dentelle. Il y en avait de la valeur de 13,000 écus, à peu près 80,000 fr. d'aujourd'hui. Les seigneurs de la cour de Louis XIV n'hésitaient pas à payer ce prix-là pour un rabat, des manchettes et des jarretières.

La passion des dentelles n'était pas encore près de s'éteindre ; elle ne faisait, au contraire, que croître et embellir. Les coiffures à la Fontanges, les cravates à la Steinkerque succédèrent aux canons ; quant à l'Église, c'est elle qui commença la vogue de la dentelle.

C'est d'ailleurs dans les couvents espagnols que la fabrication de la dentelle parait avoir pris d'abord la plus grande extension. La garde-robe de plus d'une *imagen de Nostra Senora* avait une telle importance, que force était d'y attacher une « maîtresse de la garde-robe. » Les madones ne furent pas longtemps, comme on pense, les seules, en Espagne, à porter des dentelles ; les dames élégantes, quoique mortelles, ne tardèrent pas à s'en couvrir elles-mêmes, et la comtesse d'Aulnoy nous a laissé, sur la toilette des senoras du XVIIe siècle, des détails qui ne manquent pas d'intérêt quant à ce point spécial. « Sous un vertugadin de taffetas noir, dit-elle, elles portent une douzaine de jupons des plus riches étoffes, garnis de dentelles d'or ou d'argent jusqu'à la taille. En tout temps, elles portent également un vêtement blanc, appelé *sabenqua*, qui est fait de la plus fine dentelle d'Angleterre, et a quatre aunes de tour. J'en ai vu quelques-uns valant 500 ou 600 écus. Elles ont tant de vanité, qu'elles aimeraient mieux n'avoir qu'une seule de ces *sabenqua* de dentelles qu'une douzaine de communes, et elles resteront au lit jusqu'à ce qu'elle soit lavée, ou bien s'habilleront sans en mettre du tout ; ce qu'elles font souvent. »

Remarquons qu'à cette époque comme aujourd'hui, il y avait dentelle et dentelle. Ainsi Lille et Valenciennes, qui sont des villes bien rapprochées l'une de l'autre et qui ne l'étaient pas moins dans ce temps-là, étaient au contraire fort éloignées quant à la production des dentelles. C'est-à-dire que, pendant que les dentellières de Lille pouvaient faire deux ou trois mètres cinquante de dentelles par jour, les ouvrières de Valenciennes ne pouvaient en faire que trois à quatre centimètres dans le même espace de temps. Il y avait certaines espèces de valenciennes dont on ne pouvait faire que trente-six centimètres par an. Une paire de manchettes d'homme demandait dix mois de travail à quinze heures par jour, et coûtait de 4 à 5,000 livres, ce qui fait de 15 à 20,000 fr. d'aujourd'hui ; et il fallait payer quelque chose comme 24 à 25,000 livres la valenciennes nécessaire à la coiffure de nos gracieuses aïeules !

Quant aux richesses dentellières portées par les prélats dans les grandes cérémonies, elles laissent loin derrière elles, à ce qu'il semble, tout ce que peut imaginer le faste laïque. En 1874, l'Union centrale des arts appliqués à l'industrie, dans sa section de l'Histoire du costume, exposait notamment l'aube de Fénelon, qui est d'une grande richesse. On citait récemment l'aube du cardinal Wisemann, estimée 10,000 écus. Enfin, Mgr de la Tour-d'Auvergne, archevêque de Bourges, possédait, dit-on, une aube et une garniture d'autel en point de Venise, d'une beauté incomparable, mais dont le prix n'est pas estimé. Peu de prélats après tout ont pu ou peuvent surpasser en faste, dans ce genre comme dans tout autre, le célèbre cardinal de Rohan.

« Lorsqu'aux grandes fêtes le cardinal de Rohan officie à Versailles, dit la baronne d'Oberkirch, il porte une aube d'ancienne dentelle en point à l'aiguille d'une telle beauté, que les assistants osent à peine y toucher. Ses armes avec la devise y sont représentées dans un médaillon au-dessus de grandes guirlandes de fleurs. »

Cette aube était estimée 100,000 livres, 3 ou 400,000 fr. de notre monnaie. La seule pièce qui puisse lui être comparée, dans l'industrie moderne, c'est la robe sortie de la fabrique d'Alençon en 1859, et que l'empereur acheta 200,000 fr,; l'impératrice la fit tailler en rochet et l'envoya à Pie IX.

La dentelle la plus ancienne appliquée dès le moyen-âge au service du culte, est le *lacis*, le genre le plus simple, sinon le plus facile. « Le lacis, dit M. Edouard Didron, paraît être la dentelle primitive et pourrait bien avoir été confondu, dans les temps reculés, avec la broderie proprement dite. Cette dentelle consiste dans un réseau à mailles carrées, dans lequel on formait le dessin en faisant, à l'aide d'une fine aiguille, des reprises à points comptés comme dans la tapisserie. Parfois, pour obtenir une exécution plus rapide, on se contentait de découper de la toile et de l'appliquer sur le filet à mailles carrées; mais le résultat était nécessairement moins beau et le travail plus grossier. Un exemple intéressant de lacis bordé en reprises sur réseau ou *réseuil* est le bonnet de Charles-Quint conservé au musée de Cluny. Le travail de dentelle y est accompagné de broderie en relief. Mêlé au point coupé, le lacis servait à faire des garnitures de lit et des nappes d'autel. »

Au XVIIᵉ siècle, Venise inventa, outre ses nombreux genres de dentelles, tous admirables, le gros point, auquel on peut appliquer surtout la dénomination vague et contestée de *guipure*. C'est la grande dentelle décorative, si fort en

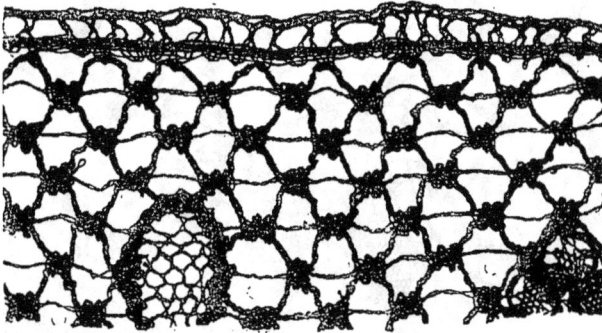

Dentelle de guipure.

honneur au siècle de Louis XIV, et que les hommes et les femmes portaient au col et sur la poitrine. Le style de cette dentelle est superbe : on n'a jamais rien fait de plus beau. Le musée de Cluny possède une collerette d'apparat qui donne un exemple remarquable de ce *point*, où tous les contours sont en relief et les fleurs ornées de picots chargés parfois d'autres picots.

« Avant Louis XIV, dit l'écrivain déjà cité, Valenciennes, Aurillac et les environs de Paris produisaient des types de dentelles assez intéressants dès la Renaissance. Mais la Flandre, Gênes et Venise avaient le monopole des dentelles précieuses; aussi, comme le disent les chroniqueurs, le meilleur argent du pays s'en allait de ce chef à l'étranger pour satisfaire le goût général. Colbert se décida enfin à attirer en France des ouvrières de Venise pour essayer d'enlever à la reine de l'Adriatique sa suprématie incontestée. De ce fait im-

portaut, on le sait, date le point d'Alençon ou point de France. Le fameux
point de Venise et celui de Gênes étaient d'un prix extrêmement élevé ; ce qui
n'empêchait pas les seigneurs et les dames de la cour de Louis XIV d'en porter
à profusion. Tallemant des Réaux et Saint-Simon racontent que Mme de Pui-

Dentelle dite guipure.

sieux avait une passion si grande pour ces dentelles, qu'elle se ruina à en
porter, et, le croirait-on ?... à en manger. Cette dame avait la singulière manie
de ronger les dentelles dont elle ornait sa tête et ses bras, et elle aurait ainsi
dépensé 100,000 écus en une année. D'ailleurs, elle n'épargnait pas davantage,
paraît-il, les dentelles de son prochain ; car, au sermon, elle mangea tout le
derrière du collet d'un homme qui était assis devant elle.

« Il est vrai que les seigneurs d'autrefois abusaient de ce genre de parure.
On se rappelle les représentations peintes ou gravées des costumes de la fin du

XVIᵉ siècle, où les courtisans des deux sexes figurent avec des fraises « gaudron-
« nées en tuyaux d'orgue, fraisées en choux crépus et grandes comme des
« meules de moulin, » qui empêchaient ceux qui les portaient de tourner la
tête. « Ainsi attifé, à peine pouvait-on manger. On rapporte que la reine
« Margot, un jour, à dîner, fut obligée d'envoyer chercher une cuiller ayant
« un manche long de deux pieds pour manger sa soupe. » Henri III aimait à
tuyauter lui-même sa fraise, ce qui lui valut le sobriquet de « gaudronneur des
« collets de sa femme. » Un jour qu'il parut à la foire de Saint-Germain, il se
trouva en présence d'une bande d'écoliers parés de fraises de papier et criant,
en se moquant du roi et de la cour : « A la fraise on connaît le veau ! » Au
XVIIᵉ siècle, ce fut bien pis encore, et les hommes emplirent le vaste entonnoir
de leurs bottes des dentelles les plus précieuses, sans compter que les immenses
collerettes des premières années de ce siècle faisaient ressembler les têtes en-
fouies dans la dentelle à la tête coupée de saint Jean-Baptiste déposée sur un
plat.

« Jusqu'au XVIIᵉ siècle la dentelle employée habituellement dans la parure
des deux sexes était les divers genres de passements exécutés au fuseau et spécialement le *point coupé*. D'après Mᵐᵉ Palliser (*Histoire de la Dentelle*), cette
dentelle se faisait en formant sur un métier un réseau de fils entrelacés d'après
une combinaison choisie. Sous ce réseau, l'on fixait une toile très-fine appelée
quintain, parce qu'on la fabriquait à Quintin, en Bretagne; puis l'on cousait
cette toile, aux fils croisés, dans tous les contours du dessin, et l'on découpait
ce qui était superflu, de là le nom de *point coupé*. D'autres fois le modèle était
reproduit sans le secours de la toile : des fils partant à égales distances du
même centre servaient de supports à d'autres fils, et l'on recouvrait les
contours des figures géométriques ainsi obtenues d'un travail à l'aiguille, dit
point de boutonnière ou *point noué*, ce qui produisait une broderie lourde,
épaisse et trouée de jours çà et là. Ce genre a dû donner naissance à la vieille
dentelle monastique d'Italie, connue sous le nom de point de Grèce, et spécialement au fameux point de Venise, qui se subdivisait en genres assez nombreux
et tous fort ingénieux.... »

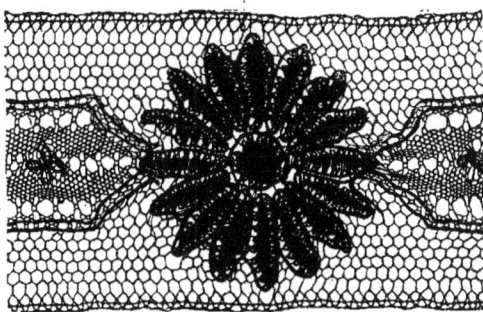

Dentelle de Chantilly.

Ce ne fut, somme toute, qu'au commencement du XVIIᵉ siècle que la dentelle
fit son apparition en Belgique. Colbert, dès qu'il lui fut possible d'apprécier
l'étoffe nouvelle, résolut d'en acclimater la fabrication en France. Elle était
encore fort grossière, fabriquée qu'elle était avec des fils dont la finesse laissait

largement à désirer. Malgré cela, Colbert fit venir des dentellières de Belgique (d'autres disent de Venise), et fonda la première manufacture française de dentelles, à Alençon, en 1666.

L'industrie de la dentelle prit un développement rapide en France. On parle beaucoup de la décadence, non sans quelques bonnes raisons au point de vue purement artistique; néanmoins la dentelle belge et française donne encore lieu aujourd'hui à un immense trafic; elle est exportée dans toutes les parties du monde; et en France seulement, elle donne de l'occupation à plus de trois cent mille ouvrières, tant en Auvergne que dans le Nord, les Vosges et la Normandie.

Les plus belles dentelles viennent de Bruxelles. Après, les plus estimées sont le point de Malines, le point de Valenciennes, le point d'Alençon, le point d'Angleterre et de Venise, les blondes de Chantilly.

En France, une vingtaine de départements travaillent la dentelle : Caen, Arras, Clermont, Gisors, Tours, Vienne, Avesnes, etc. On en fait également en Suisse et en Hollande, mais elle est moins recherchée.

La dentelle se fait avec du fil de lin, de la soie, des fils d'or et d'argent. La vraie dentelle est celle fabriquée avec le fil de lin. C'est la plus belle et la plus chère. Sa valeur augmente avec la finesse et la perfection du fil, qui coûte jusqu'à 6,000 fr. le kilogramme. Le fil de dernière qualité revient à 200 fr. le kilogramme. On juge, par le prix de revient de la matière, combien il faut que les ouvrières qui en font usage soient habiles.

Fabriquée avec la soie, la dentelle prend le nom de *blonde*. La première manufacture de blonde fut créée au Puy-en-Velay, berceau de l'industrie dentellière, en 1745. La blonde est d'autant plus recherchée qu'elle est régulière et d'une entière blancheur, car il est impossible de la soumettre au blanchissage sans la détériorer.

La dentelle faite avec des fils d'or ou d'argent ne sert que pour les ornements d'église et les décorations.

Nous avons dit que la vraie dentelle est la dentelle de fil de lin; mais il faut faire attention qu'on vend journellement à des prix élevés des dentelles de fil de coton très-fin d'une qualité particulière, ou de laine, d'une teinte jaunâtre obtenue artificiellement, pour les faire ressembler aux *dentelles crème*, ainsi désignées de ce que, faites de fil écru, comme la *blonde* était dans le principe faite de soie écrue, elles conservent cette teinte soi-disant crème que le lavage fait bientôt disparaître aux dentelles de coton.

La tapisserie.

L'histoire de la tapisserie se trouve, à l'origine, intimement liée à celle de la broderie, et cela n'étonne point, puisque « la broderie en tapisserie » est si proche parente de la tapisserie proprement dite. Comme les broderies et les dentelles, comme les plus élégants travaux d'aiguille, pour tout dire, on faisait des tapisseries, au moyen-âge, dans les monastères et les châteaux, et la reine Berthe, cette fileuse assidue, en confectionna beaucoup pour sa part. C'était aussi à la parure des églises qu'en ce temps les tapisseries étaient presque exclusivement destinées. Dans plusieurs églises on a conservé de ces antiques ouvrages de tapisserie, étoffes brochées de soie et ornées de figures, dont les prêtres se paraient dans les grandes cérémonies. « De ces tissus, dit l'ingénieur A. Lacordaire, aux tapis historiés ou tableaux de laine, la transition a pu s'effectuer silencieusement pendant une longue période, à l'ombre des cloîtres et des cathédrales auxquels ce genre de décoration intérieure est si parfaitement approprié. »

La tapisserie était toutefois connue en Orient bien avant cette époque. Le poëte Firdousi en attribue l'invention, comme de juste, aux Perses; mais Firdousi vivait au Xe siècle de notre ère, et son témoignage est, au moins aussi suspect que celui des poëtes grecs qui en font honneur à Pamphile de Cos, cette « Berte aux grans piés » de l'antiquité grecque, ou celui des Hébreux qui l'attribue à Noéma, fille de Noé. Quoi qu'il en soit, l'*Exode* fait une descrip-tion des tentures décorant le temple de Jérusalem, qui suffit à prouver que l'art de la tapisserie était dès lors poussé à une grande perfection relative.

Les temples des dieux et les palais des rois, à Babylone, étaient également décorés de riches tentures historiées, et les femmes babyloniennes excellaient dans la fabrication *à la main* des somptueuses étoffes dont ces tentures étaient faites. Dans le palais des souverains d'Assyrie, suivant Philostrate, on voyait des tapisseries tissues d'or et d'argent retraçant les fables d'Andromède, d'Orphée et autres.

« On fit pour Alcysthène, de Sybaris, raconte Aristote, une pièce d'étoffe d'une telle magnificence, qu'on la jugea digne d'être exposée dans la fête de Junon Lucinienne, où se rend toute l'Italie, et qu'elle y fut admirée plus que tous les autres objets. Cette pièce d'étoffe passa, dans la suite, dans les mains de Denys l'Ancien, qui la vendit aux Carthaginois pour 120 talents (660,000 fr. de notre monnaie). Elle était de couleur pourpre, formait un carré de quinze coudées de côté (environ 8 mètres) et était ornée en haut et en bas de figures *ouvrées dans le tissu*. Le haut représentait les animaux sacrés des Susiens, le bas ceux des Perses; au milieu étaient Jupiter, Junon, Thémis, Minerve, Apollon et Vénus; aux extrémités, Alcysthène, de Sybaris, était deux fois reproduit. »

Jusqu'ici il ne s'agit que de tapisserie à la main; mais la tapisserie au métier est elle-même beaucoup plus ancienne qu'on ne croit : l'invention du métier serait due à l'Egypte. Les procédés de fabrication différaient même fort peu de ceux d'aujourd'hui. D'Egypte ils passèrent en Grèce et en Italie; et, dès les premiers temps de l'occupation romaine, on fabriquait de très-belles tapisseries dans les Gaules, d'après des modèles apportés de l'Orient par des Juifs.

Un document portant la date de 1025 témoigne qu'à cette date Poitiers avait une manufacture de tapisseries jouissant d'une grande renommée. Celles d'Arras, de Beauvais, de Reims, d'Aubusson, de Felletin, de Troyes, partagèrent bientôt cette renommée, qui s'étendit aux manufactures de Belgique et d'An-gleterre. Au XIe siècle également la confection de la tapisserie dans les châteaux prit une extension considérable : ces tapisseries n'étaient autre chose, bien entendu, que des broderies de laine, de soie, etc., sur canevas. Telle est la célèbre tapisserie dite de Bayeux, attribuée à la reine Mathilde, femme de Guillaume le Conquérant, avec beaucoup de probabilité, quoique des anti-quaires aient cru pouvoir, dans le but de rajeunir cette pièce magnifique, l'attribuer à la petite-fille de cette princesse, la reine Mathilde, fille de Henri Ier d'Angleterre. Elle est conservée à l'Hôtel-de-Ville de Bayeux, où elle reçoit de fréquentes visites d'artistes, d'historiens et d'antiquaires, surtout de l'autre côté de la Manche. Cette tapisserie est une des plus précieuses reliques histo-riques que nous possédions, nous fournissant sur la conquête de l'Angleterre par les Normands des renseignements authentiques, à n'en pas douter, et uniques; ce qui ajoute encore à sa valeur.

La première mention qu'on connaisse de cette tapisserie se trouve dans un inventaire des ornements de la cathédrale de Bayeux, daté de 1476. Parmi les articles qui composent cet inventaire, on trouve ceux-ci : « Ung mantel duquel, comme on dit, le duc Guillaume estoit vestu, quand il espousa la duchesse, tout d'or tirey. » Et puis plus loin : « Une tente très-longue et étroite de toile à broderie de ymages et escripteaulx faisant représentation du conquest d'Angleterre. » En 1563, la tapisserie est mentionnée de nouveau comme une « toile à broderie. »

C'est, en effet, une bande de canevas d'environ 70 mètres de longueur sur un peu plus de 50 centimètres de largeur, sur laquelle, à l'aide de fils de laine de huit couleurs, l'histoire de la conquête normande est retracée, depuis le départ de Harold pour la cour de Guillaume de Normandie, en passant par la mort d'Edouard le Confesseur, le couronnement de Harold, le débarquement de Guillaume, jusqu'à la bataille de Hastings, où Harold fut tué. Il y a soixante-douze scènes, ayant chacune son compartiment spécial, et dans lesquelles figurent 623 personnes, 202 chevaux et mulets, 55 chiens, 505 animaux différents, 37 bâtiments, 41 vaisseaux et barques, et 49 arbres. Ce qui donne un total de 1,512 objets. La partie historique de la tapisserie est en grande partie comprise dans une longueur de 13 pieds et quelques pouces, au-dessus et au-dessous de laquelle se trouvent deux bordures contenant des lions, des oiseaux, des chameaux, des minotaures, des dragons, des sphinx, quelques-unes des fables d'Esope et de Phèdre, des scènes de ménage, de chasse, etc. Parfois la bordure entre dans la trame de l'histoire et contient fréquemment des allusions, sous forme d'allégories, aux scènes qui y sont reproduites.

Pendant sept siècles, la fameuse tapisserie a été menacée de destruction. Pendant la guerre de 1870-71, pour la soustraire aux dangers qui la menaçaient de nouveau, on l'empaqueta avec soin pour la cacher.

Nous avons dit que les antiquaires n'étaient pas absolument d'accord sur la provenance et la date de ce bel ouvrage, dont la laine paraît avoir conservé intactes ses couleurs primitives, si le canevas a bruni. Quant à la date, presque tous s'accordent pourtant à la considérer comme une œuvre du XIe siècle, et des détails tels que l'absence de chaperons des faucons, auxquels on ne commença à en mettre que vers 1200, les deux V au lieu du W, la ressemblance des lettres avec celles que l'on voit sur les monnaies du XIe siècle, la fidélité des costumes, des armes, de l'accoutrement, etc., tout corrobore cette opinion. Elle aurait été exécutée vers 1066.

Outre les deux hypothèses que nous avons mentionnées, et qui attribuent à deux reines Mathilde différentes la tapisserie de Bayeux, il en est une troisième d'après laquelle cette tapisserie qui, depuis les temps les plus reculés, appartenait à la cathédrale de Bayeux, aurait été fabriquée par les ordres de l'évêque Odon. Cet évêque était le frère de Guillaume le Conquérant, et on trouve fréquemment son portrait dans la tapisserie. De plus, il était évêque de Bayeux depuis plus de cinquante ans, et pendant son épiscopat il n'a rien négligé pour orner sa cathédrale.

La prise de Constantinople par les croisés, en 1204, et, par suite, l'élévation au trône impérial de Baudouin établirent des relations suivies entre les Flamands et l'Orient. Byzance fut la véritable initiatrice de l'art oriental dans les Flandres. Lors des guerres que les Flandres soutinrent contre la France de Philippe le Bel, les tapissiers jouèrent un grand rôle. Le grand patriote Artewelde était issu d'une famille notable de la corporation; et ce fut un tapissier, nommé Pierre Le Roy, qui donna, en 1402, le signal de la révolte de Bruges et du massacre des Français.

Les produits des manufactures d'Arras, de Tournai et du Brabant portèrent au début le nom de *Sarrazinois*, soit parce que c'étaient des imitations des tapis d'Orient, soit par la raison qu'invoque Pierre du Pont, « tapissier ordinaire du roi ès dits ouvrages, » lequel s'exprime comme il suit dans sa *Stromartourgie* (1632) : « Il est à présumer qu'après l'entière ruine des Sarrazins par Charles-Martel, en l'an 726, quelques-uns d'iceux, qui sçavoient faire de ces tapis, fugitifs ou vagabonds au possible, réchappés de la défaite, s'habituèrent en France pour gaigner leur vie et commencèrent à faire et établir une manufacture de tapis sarrazinois. De sçavoir de quelle fabrique ni de quelle méthode estoient faits lesdits tapis, on n'en peut juger, sinon que l'on voit, par une sentence de 1302, que ces tapissiers sarrazinois sont institués beaucoup devant les tapissiers de haute lisse, et estoient en possession dès longtemps, mais sur leur déclin, et que lesdits tapissiers de haute lisse commençoient à naître pour ensevelir et mettre hors lesdits sarrazinois, comme ils ont fait. »

Après avoir copié les modèles orientaux, puis les enluminures des manuscrits, les tapissiers européens s'inspirèrent des peintures de Weyden, de Thierry Bouts, et enfin, au commencement du XVIe siècle, des compositions des grands maîtres : Léonard de Vinci, Jean d'Udine, Jules Romain, Raphaël, et leurs élèves. Van Orley, Thommaso Vincidore, Michel Coxius, Pierre de Campana, etc., fournirent des modèles aux tapissiers. Il reste peu de tapisseries de cette brillante époque, mais il reste des modèles, et notamment les merveilleux cartons de Raphaël que possède le musée de South-Kensington. Ils sont au nombre de sept; mais il y en avait onze, que Raphaël avait exécutés sur la demande du pape Léon X. On ignore ce que sont devenus les quatre autres.

« C'est dans ces cartons, dit M. Charles Clément (*Etudes sur Raphaël*), que se montrent dans tout leur éclat les plus éminentes qualités de Raphaël. Force et originalité de l'invention, beauté des types, explication simple et dramatique du sujet, agencement clair et savant des groupes, distribution habile et large de la lumière, grand caractère des draperies, tout s'y trouve réuni; rien de dramatique et de plus émouvant que saint Paul déchirant son vêtement, dans le *Sacrifice de Lystra*. »

C'est à Arras que ces modèles furent exécutés en laine, d'où le nom d'*Arazzi* donné à ces tapisseries, et Léon X les reçut en 1518. Giorgio Vasari, peintre éminent, auteur des *Vies des plus excellents peintres, sculpteurs et architectes*, publiées à Florence en 1550, y parle de ces tapisseries dans les termes suivants:

« Rien n'est plus merveilleux, et l'on conçoit avec peine comment il a été possible d'arriver à rendre avec de simples fils tous les détails des cheveux et de la barbe et toute la souplesse des chairs, ces eaux, ces bâtiments, ces animaux, que l'œil prend pour l'ouvrage d'un habile pinceau. Ce travail enfin semble l'effet d'un art surnaturel plutôt que de l'industrie humaine. »

Ces tapisseries coûtèrent alors 700 écus. Elles furent volées par les Allemands qui pillèrent Rome, en 1527; plus tard, elles furent transportées à Lyon : le pape Clément VII en offrit 100 ducats, mais le marché ne se conclut pas. Le connétable Anne de Montmorency les acheta, les fit réparer et les vendit au pape Jules III, en 1555. De nouveau volées en 1789, des Juifs, entre les mains de qui elles tombèrent, après en avoir brûlé une pour en tirer l'or qu'elle contenait, vendirent les autres à des marchands de Gênes. En 1808, le pape Pie VII les racheta. Chacune de ces tapisseries a coûté 2,000 ducats d'or. Elles occupent au musée du Vatican une galerie particulière, appelée *galerie des Arazzi*.

Le musée du Louvre, pour sa part, possède quelques cartons exécutés par Jules Romain pour la tapisserie.

On voit par ces détails que, dans la première moitié du XVIᵉ siècle, l'Italie était encore tributaire de la Flandre pour les tapisseries. Il en était de même de la France (Arras n'a été réuni à la France qu'en 1659). L'Italie la première se délivra de ce tribut en appelant chez elle des ouvriers flamands. Cosme Iᵉʳ de Médicis fonda la première fabrique de tapis à Florence, sous la direction de Giovanni Rosso et de Nicollo. Le musée des Offices a conservé une magnifique collection d'ouvrages de cette époque. A son tour, François Iᵉʳ, mû par le même souci, réunit à Fontainebleau quelques ouvriers tapissiers venus des Flandres, et les plaça, par lettres-patentes du 22 janvier 1535, sous la direction de Philibert Babou, sieur de la Bourdaisière, surintendant des bâtiments royaux, auquel fut plus tard adjoint Nicolas de Neufville, sieur de Villeroi, et, en 1541, Sébastien Sorlio, son peintre et *architecteur* ordinaire.

Sous Henri II, la manufacture de Fontainebleau eut pour directeur Philibert Delorme. Le roi fonda en outre une seconde fabrique de tapisseries à l'hôpital de la Trinité, où étaient entretenus trente-six orphelins dits *enfants bleus*, à cause de la couleur de leurs vêtements d'uniforme. Ce fut un de ces « enfants bleus, » Dubourg, qui exécuta les célèbres tapisseries de Saint-Merry, que l'incurie laissa tomber en lambeaux, l'y aidant même un peu. Une tête de saint Pierre, recueillie de ces guenilles, est au musée de Cluny ; les dessins, qui sont de Lerambert, sont à la Bibliothèque nationale.

Henri IV, ayant vu les belles tapisseries de Saint-Merry, et désirant « oster l'oysiveté de parmi ses peuples, pour embellir et enrichir son royaume, » continua l'œuvre de François Iᵉʳ et organisa, pour la première fois d'une façon durable, la manufacture royale de tapisseries. Il fit venir d'Italie d'habiles ouvriers en or et en soie, et les installa, avec des tapissiers, dans l'ancienne maison professe des Jésuites, située au faubourg Saint-Antoine.

Outre la manufacture de la maison des Jésuites, le roi organisa une nouvelle fabrique de tapisseries, *façon de Flandres*, dont le personnel, recruté parmi les meilleurs ouvriers de ce pays, fut placé sous la direction de deux fabricants renommés : Marc de Coomans, et François de la Planche, qu'il anoblit, outre que, par lettres-patentes en date de janvier 1607, il leur conférait privilége pour toute ville de France qu'il leur plairait de choisir pour leur établissement. Enfin, en 1604, le roi décrétait la fondation d'un atelier de tapis « façon de Perse et du Levant, » origine de la célèbre manufacture de la Savonnerie, dont le premier directeur fut Pierre du Pont, déjà cité. On sait que cet établissement fut réuni aux Gobelins, dont nous parlerons plus loin, en 1728.

Louis XIV, ou plutôt Colbert, donna un grand développement aux manufactures de tapis. C'est sous le règne du roi-soleil, en effet, que la manufacture de Beauvais fut fondée en 1664, ainsi que celle des Gobelins en 1667, et que furent réorganisées celles de Felletin et d'Aubusson, qui sont les plus anciennes manufactures de tapisseries de France. Quant à la manufacture de Beauvais, elle a été réunie, en 1860, à celle des Gobelins, comme l'avait été précédemment la manufacture de la Savonnerie.

Nous venons de dire que les manufactures de Felletin et d'Aubusson sont les plus anciennes de France. Elles passent même pour avoir été fondées, au commencement du VIIIᵉ siècle, par les Sarrasins. Voici du reste comment s'exprime sur leur compte M. de Chateaufavier, inspecteur de ces manufactures :

« L'origine des manufactures d'Aubusson et de Felletin, dit-il, est si reculée, qu'elle se perd dans la nuit des temps. Il est vraisemblable que leur ancienneté est à peu près la même ; mais on ne peut, à défaut de titres justificatifs, entrer dans des détails historiques à cet égard. On se permettra pourtant de dire, d'après un ancien mémoire, et suivant l'opinion commune, que ces manufactures doivent leur naissance aux Sarrasins, qui, répandus vers l'an 730 dans la Marche, donnèrent à ses habitants naturels les premiers éléments de l'art de fabriquer les tapisseries, et que, après l'expulsion des Sarrasins des Gaules, un vicomte de la Marche, jaloux sans doute d'illustrer le chef-lieu de sa seigneurie, fit venir à ses frais les meilleurs tapissiers de Flandre, et les établit à

Tapisserie de la manufacture des Gobelins.

Aubusson, pour cultiver et perfectionner la fabrication des tapisseries, qui était pour lors à son berceau. Voilà ce qui est écrit et transmis par la tradition sur cet objet. On croit de la prudence de n'en point garantir l'authenticité. »

La tapisserie, comme les autres industries ayant le tissage pour principe, reçut un coup terrible de la révocation de l'édit de Nantes. Elle se releva cependant dès le commencement du règne de Louis XV, pour retomber encore vers la fin de ce règne néfaste. Dans les premières années de la Révolution, la vogue des papiers de tenture fit le plus grand tort à cette industrie d'art, d'autant plus grand que la mode des meubles recouverts de tapisserie tombait vers le même temps. Ce ne fut que sous le premier Empire qu'on reprit goût aux grandes tentures et aux meubles en tapisserie, et ce goût est resté depuis, très-heureusement.

La manufacture des Gobelins a été créée en 1667, dans un hôtel dit des Gobelins, élevé sur l'emplacement où, en 1450, Jehan Gobelin, teinturier rémois, avait fondé son propre établissement pour la teinture des laines en *escarlate*, qui lui fit une renommée universelle, sans parler de la fortune. L'édit de fondation, en plaçant la nouvelle manufacture sous la dépendance directe de Colbert, en nommait directeur le premier peintre du roi, Charles Lebrun, qui donna à l'établissement l'impulsion première et décisive.

Lebrun fit reproduire en laine plusieurs de ses tableaux, ainsi que des cartons exécutés spécialement pour servir de modèles aux tapissiers, soit par lui-même, soit par Van der Meulen, Yvart, Boels, Baptiste, etc. On lui doit en outre, du moins l'assure-t-on, l'introduction aux Gobelins du métier à haute lisse, le seul en usage dans l'établissement depuis 1825. Dans le métier à basse lisse, l'ouvrier tissait la chaîne à l'envers, à tâtons pour ainsi dire. Malgré l'ingénieux perfectionnement apporté à ce métier par Vaucanson, il est certain que le métier à haute lisse, avec lequel, au prix d'un léger déplacement, l'ouvrier peut juger du progrès de son travail, est de beaucoup préférable.

Les procédés de fabrication de la tapisserie n'ont pas reçu d'autre perfectionnement que ceux que nous venons d'indiquer, et le métier, à cela près, est le même que celui dont se servaient les Égyptiens il y a trois mille ans. Dans ses belles études sur les *Arts décoratifs*, M. Charles Blanc donne sur la fabrication de la tapisserie les détails suivants :

« Comme tous les tissus, la tapisserie présente une chaîne et une trame. Mais, tandis que dans la toile ordinaire la chaîne n'est couverte que de deux en deux fils, dans la tapisserie la chaîne est couverte entièrement par l'exacte superposition des fils de la trame, de sorte que, le travail fini, la trame seule paraît à l'endroit et à l'envers. Si la chaîne est tendue verticalement, le métier est dit de haute lisse ; si elle est tendue horizontalement, le métier est de basse lisse. Dans le métier à haute lisse, les fils de la chaîne, formant deux nappes parallèles, sont séparés par un tube de verre dit bâton de croisure, qui en maintient l'écartement, de façon que, à l'égard du tapissier assis entre la chaîne et le modèle, une moitié des fils est en avant, l'autre moitié en arrière. Les fils en avant sont les fils pairs ; les fils en arrière sont les fils impairs. Ces fils sont embarrés, c'est-à-dire qu'ils sont tous pris dans des cordelettes en forme de boucles, appelées lisses. Les lisses se réunissent sur une perche horizontale placée en dehors de la chaîne, au-dessus de la tête du tapissier. Le fil de la trame est enroulé sur des espèces de fuseaux appelés broches. Lorsqu'on veut faire le tissu, on passe la broche de droite à gauche, entre les fils d'arrière et les fils d'avant ; la trame ainsi passée couvre les fils d'arrière. Si maintenant le tapissier tire ces fils en avant au moyen des lisses et qu'il passe la broche entre les deux nappes, il couvrira les fils de devant. Cette allée et venue de la broche, de droite à gauche et de gauche à droite, forme une passée, en terme du métier un *duite*.

« A chaque duite on abat le fil avec le bout pointu de la broche ; et lorsqu'on a passé plusieurs fils, on peut les serrer l'un contre l'autre au moyen d'un

L'Automne. — Tapisserie exécutée aux Gobelins, sous Louis XIV, sur le carton de C. Lebrun (Gravure de S. Leclerc).

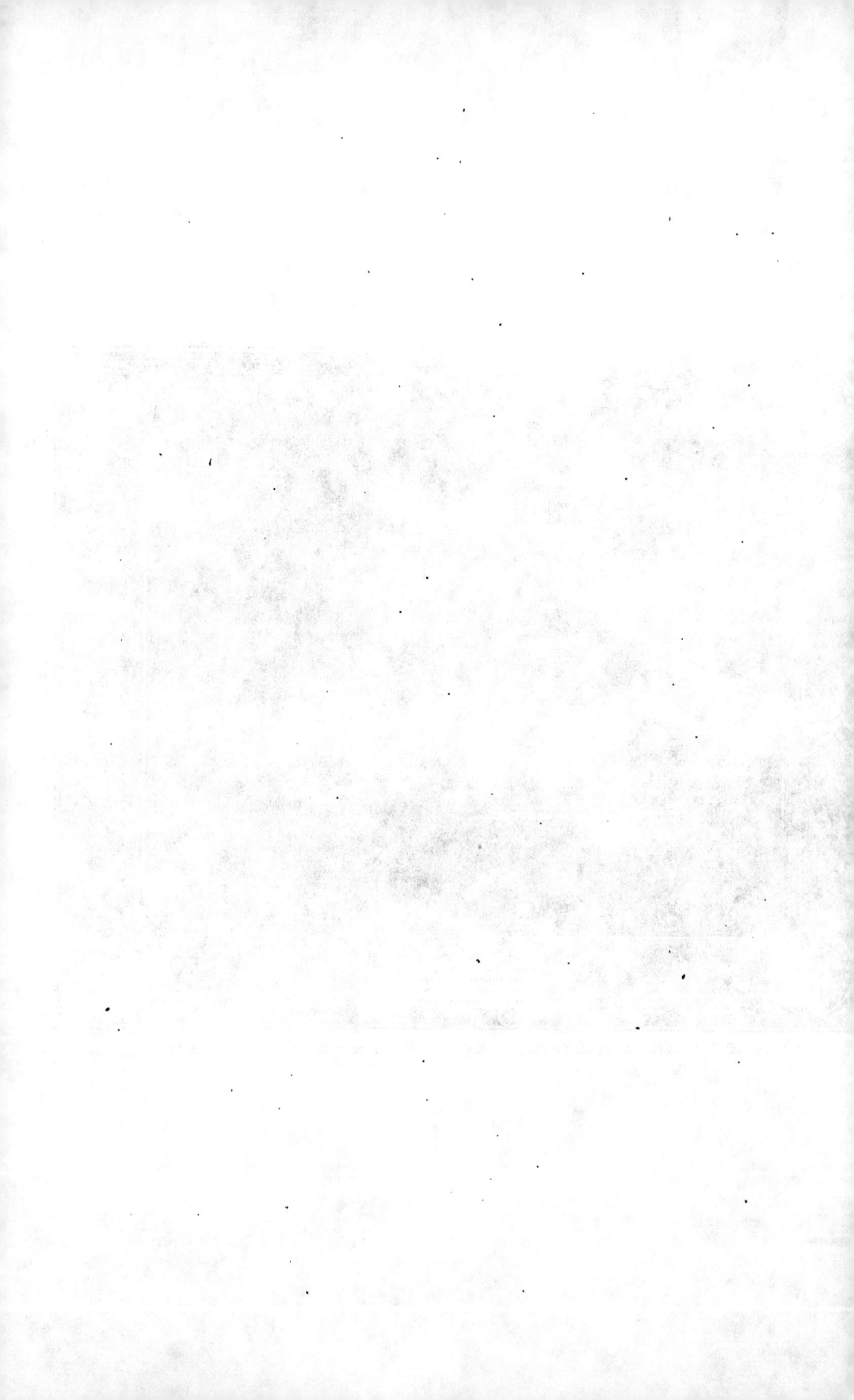

peigne de buis ou d'ivoire dont les dents, introduites dans les intervalles qui séparent les fils de la chaîne, tassent les duites et ne laissent aucun vide entre elles.

« Mais avant de commencer le travail du tissage, le tapissier a fait un calque de son modèle sur un papier transparent. Ce calque, au crayon noir, est appliqué sur la chaîne pour y être décalqué fil par fil, de sorte que le contour n'est qu'une suite de points noirs marqués sur autant de fils séparés. Ces points, à vrai dire, ne sont que des repères, et le calque ainsi reporté sur des fils qui, bien que tendus, sont mobiles, n'est qu'un insuffisant à peu près. Il doit être rectifié sans cesse par l'intelligence de l'artiste, qui peut voir ses contours lui échapper à tout instant, pour peu que le tissage, raide dans un endroit, relâché dans un autre, déplace les fils verticaux de la chaîne et les fasse ondoyer. Il faut donc que le tapissier soit rompu aux finesses du dessin ; mais il faut surtout qu'il ait une connaissance approfondie des lois de la couleur, dont les applications les plus variées et les plus heureuses trouvent justement leur place dans l'art de la tapisserie.

« La surface d'une tapisserie n'est pas unie et polie comme celle d'une mosaïque ou d'une étoffe de soie. Elle a partout un grain, et ce grain est partout le même. Les fils de la chaîne, sous la laine qui les couvre, forment autant de demi-cylindres, coupés encore par les stries de la trame. Il s'ensuit que chaque fil de chaîne produit une petite ombre grise dans la mince cannelure qui le sépare du fil voisin, et cette ombre, toute petite qu'elle est, multipliée par le nombre des fils de la chaîne, rend légèrement grise la surface entière de la tapisserie. C'est au point que, si la tenture était, par exemple, en laine blanche ou même en soie blanche, elle paraîtrait d'un blanc écru, à côté d'une pièce de satin dont la superficie lisse réfléchirait la lumière sur toute son étendue.

« L'artiste doit donc monter résolûment les tons de la tapisserie, parce qu'en les tenant haut, il rachète l'affaiblissement de couleur qui résultera de la cannelure. Le tissu retrouvera ainsi, par un redoublement de lumière dans les parties saillantes, ce qu'il doit perdre d'éclat par la somme des ombres logées dans les parties creuses. »

XVII.

APPLICATIONS DE L'INDUSTRIE
A L'ALIMENTATION.

Dans ce chapitre, nous ne saurions étendre notre sollicitude à *toutes* les applications industrielles dont l'alimentation de l'homme souffre ou profite, sans que notre travail prenne aussitôt de trop grandes proportions. Nous nous bornerons donc, en fait d'aliments solides, à traiter de l'aliment fondamental de tous les peuples, du pain, de son origine, de son histoire et de sa fabrication.

Pour ce qui est des liquides, c'est aussi aux liquides par excellence que nous nous en prendrons : au vin, à la bière, au cidre, boissons fermentées ; au chocolat, au café, au thé, simples infusions ou décoctions, — sans oublier le sucre pour les édulcorer.

De la sorte, notre programme est complet, quoique restreint au strict nécessaire, et touche même légèrement au superflu.

Le pain.

L'homme paraît s'être nourri d'assez bonne heure de graines diverses, surtout de celles désignées sous le nom général de *blé.* L'épeautre (*far*) constituait, suivant Pline, le principal aliment des habitants du Latium. On mangea d'abord ces grains verts, puis grillés ; on les réduisit ensuite en farine grossière à l'aide d'un mortier et d'un pilon, puis de cette farine on fit une bouillie épaisse ; enfin, mais assez tard, cette bouillie devint pâte, et cette pâte, confectionnée avant la cuisson, servit à faire du pain.

Ce n'est pas d'hier qu'on fait du pain, même avec le secours du levain, qui fut connu des Hébreux. Au temps de Joseph, c'est-à-dire vers l'an 1690 avant

notre ère, il y avait des boulangers. Cependant, les Romains n'en eurent que
100 ou 150 ans avant le règne d'Auguste ; mais, au temps d'Auguste, Rome
comptait 329 boulangeries. Ses successeurs encouragèrent cette profession, et
de grands priviléges furent accordés aux boulangers formés en corporation.

Le pilon avait dès lors fait place à la meule, et de grands perfectionnements avaient été apportés au pétrissage et à la cuisson du pain. Ajoutons
que le boulanger broyait lui-même son grain, d'où son nom de *pistor*, plus
justement applicable au meunier. On découvrit à Pompéi, il y a une soixan-
taine d'années, une boulangerie et un four banal, et, dans les deux établissements, des amphores remplies de farine et de blé, ainsi que des moulins de
grandeur variée. Dans une pièce de la maison où se trouvait le four banal de
Pompéi, on a également trouvé le squelette d'un âne. Sur la muraille, on
avait dessiné un âne tournant la meule, avec cette inscription, gravée probablement par un esclave devenu libre : *Labora, aselle, quomodo laboravi, et
proderit tibi*, c'est-à-dire : « Travaille, pauvre petit âne, comme j'ai travaillé,
cela te servira. » C'étaient ordinairement des esclaves qui étaient condamnés à
tourner la meule, et c'était le châtiment qu'ils redoutaient le plus.

Les Romains eurent bientôt différentes sortes de pains affectés à tel ou tel
comestible : des pains faits de fleur de farine, des pains au lait, au beurre,
aux œufs. Le pain le plus recherché et le plus en réputation était pétri avec du
jus de raisin sec. On le mangeait trempé dans du lait.

En France, l'exercice public de la profession de boulanger est de peu antérieur au règne de Charlemagne. Jusqu'alors, la transformation du grain en
farine était, comme anciennement à Rome, considérée comme une opération
domestique que chacun accomplissait chez soi. Peu à peu la profession de
boulanger prit faveur, et beaucoup de particuliers, habitant des villes, trouvèrent plus économique d'acheter du pain tout fait que de le confectionner
eux-mêmes.

Quelques détails curieux sur les progrès de la boulangerie à Paris trouvent
d'ailleurs tout naturellement leur place ici.

A l'époque où la ville se trouvait confinée dans l'île de la Cité, un marché à
blé, approvisionné presque exclusivement par la récolte de la Beauce, suffisait aux Parisiens, qui se contentaient également d'un four unique, appartenant à l'évêque, et établi sur la rive droite du fleuve, pour cuire tout le pain
dont ils avaient besoin. Dans les provinces, ce four public appartenait aux
seigneurs. Il va sans dire que les boulangers étaient rigoureusement tenus d'y
faire cuire leur pain. Ce ne fut que sous Philippe-Auguste que, réunis en corporation, ils furent, en outre, autorisés à cuire chez eux.

Philippe-Auguste élargit considérablement l'enceinte de Paris, comme on
sait. Il en serait naturellement résulté que le four banal, propriété de
l'évêque, fût devenu insuffisant ; mais de nouveaux marchés à blé s'établirent,
et aussi de nouveaux fours, dans le voisinage. Enfin, arriva l'émancipation
complète des boulangers, qui purent construire des fours chez eux et y cuire
leur pain.

Le commerce des grains se développa alors rapidement. Le prévôt des marchands gardait, au nom du roi, les étalons et les mesures ; et les mesureurs
jurés, nommés par le corps des marchands, étaient institués pour la garantie
des ventes. Les moulins destinés à moudre les grains étaient amarrés sous le
Pont-au-Change ; mais, jusqu'au XIII° siècle, il n'y eut aucune prescription sur
la qualité et le poids du pain.

Jusqu'alors, il était difficile aux amateurs de pâtisserie de satisfaire leur goût. L'art de la pâtisserie ne fut guère connu que sous Louis IX ou Philippe le Hardi, et quelle pâtisserie ! Des gaufres, des nieules et des oublies, que l'on criait dans les rues, comme de nos jours on crie *les plaisirs*. Mais la pâtisserie se perfectionna. Au XIVᵉ siècle, les gâteaux au beurre et au sucre apparurent sur les bonnes tables. On faisait queue à la porte des pâtissiers du quartier des Arcis, et le pain mollet était enlevé comme on enlève de nos jours la galette des boulevards Saint-Denis et Bonne-Nouvelle, et la brioche de la rue de la Lune.

Il y avait naguère encore, dans le quartier des Arcis, près de la rue Saint-Martin, une rue dite *Jean-Pain-Mollet*, parce qu'un pâtissier du nom de Jean fabriquait un pain au lait, *mollet*, qui faisait courir tout Paris. Cette rue a disparu avec l'agrandissement de la place de l'Hôtel-de-Ville et la création des rues voisines du square Saint-Jacques et de la rue Saint-Martin.

Il y avait à cette époque et avant, comme aujourd'hui, plusieurs sortes de pain, outre les trois catégories de pain blanc, bis-blanc et bis. Nous croyons sans intérêt d'y insister. Mais il est intéressant de rappeler que, contrairement aux errements actuels, ce n'était pas le prix du pain, mais son poids qui variait avec le prix du blé. De nombreux abus ne tardèrent pas à se commettre, auxquels une ordonnance de 1662 essaya de mettre un terme, en prescrivant aux boulangers d'indiquer sur le pain son poids exact, sous peine de prison et de 32 livres d'amende. De cette ordonnance date l'invariabilité (relative) du poids du pain.

Avant le décret du 22 juin 1863, proclamant la liberté de la profession, la boulangerie, en tout temps réglementée avec excès, était soumise à toute sorte d'entraves. D'abord, le nombre des boulangers était rigoureusement limité à un chiffre déterminé, dans la proportion de 1 par 1,800 habitants. Ils étaient divisés en cinq classes, suivant le nombre de sacs de farine qu'ils cuisaient journellement ; et il n'était permis à aucun d'eux de cuire moins que le chiffre que sa classe dénonçait. De plus, chacun, en raison de sa classe aussi, était tenu d'avoir au grenier d'abondance une réserve de farine, pouvant suffire à sa consommation pour près de trois mois. En outre, il était interdit aux boulangers de faire de la pâtisserie. Le décret de 1863 a aboli tout cela, et personne ne s'en trouvé plus mal. Nous ne parlerons pas du système de compensation pratiqué par la Caisse de la boulangerie, et qui permettait de vendre le pain à meilleur marché que le prix de revient, quitte à le faire payer plus cher aux époques de bon marché : c'était un leurre inutile, comme la pratique de la liberté, un moment indécise, a fini par le prouver.

Fabrication du pain.

Le bon pain est fait ordinairement d'un mélange des farines de la Beauce, de la Brie et de la Picardie. Ce mélange, préférable à la meilleure farine isolée, et la préparation des levains, se font de jour dans les boulangeries Le reste se fait la nuit, en dépit de quelques protestations, de grèves d'ouvriers, mais sans ensemble suffisant pour faire cesser cette coutume malheureuse du travail de nuit, imposée par l'amour du pain tout chaud à dévorer le matin. Le pain est préparé par des brigades plus ou moins nombreuses, suivant les établissements, de trois ouvriers, le *brigadier* et deux aides. Généralement, une seule brigade suffit. Le brigadier s'occupe du four, les aides suent d'ahan au pétrin.

Le premier aide a sous sa direction la préparation des levains. La veille, il détachait de sa pâte un morceau convenable, ou *chef.* De bon matin, avant de quitter son travail, il prend cette pâte, et, la pétrissant avec une égale quantité de farine et d'eau, forme ce qu'on appelle le *levain de première*. A deux heures de l'après-midi, un nouveau malaxage double la masse de la pâte

Fournil de boulanger.

et constitue ce qu'on appelle le *levain de seconde*; enfin, une dernière tritura- tion, analogue aux précédentes, faite sur les six heures, transforme le levain de seconde en *levain à tous points*. Il ne s'agit plus que de mêler dans de sages proportions ce levain à la pâte nouvelle, pour fabriquer en quelques heures toute espèce de pains.

Pour les pains de petite dimension, pains de luxe, pains viennois, etc., ce n'est pas le levain dont nous venons d'indiquer la préparation qu'on emploie, mais la levûre de bière.

Lorsque la quantité de farine nécessaire a été amenée dans le pétrin et y a bu instantanément un nombre plus ou moins considérable de seaux d'eau, l'aide y ajoute une certaine quantité de levain, quelques poignées de sel, une par seau d'eau à peu près, brasse le tout, en forme une pâte plus ou moins consistante, selon l'espèce du pain à fabriquer ; puis il commence ce travail laborieux du pétrissage qui le tient de quinze à vingt minutes courbé et haletant. Dans cette opération, qui a pour but de faire pénétrer l'air également dans la masse, la pâte ne doit pas être déchirée, mais seulement soulevée, allongée et déplacée. Plongeant sous la pâte ses poings, qui tendent à se joindre, l'aide soulève jusqu'à sa poitrine, en raidissant les muscles, cette masse, qui paralyserait tout autre, et la laisse retomber lourdement. Il tend le dos, embrasse, se redresse, se courbe à nouveau pour saisir et relâcher encore, s'aidant d'une sorte de gémissement rhythmé bien connu de quiconque a, par fortune, habité le voisinage immédiat d'une boulangerie.

La pâte, bien pétrie, est ensuite pesée et divisée en pâtons, qu'il s'agit alors de façonner ou de *tourner*, pour employer le terme technique. Chaque pain exige une manipulation spéciale. Ainsi, le pain fendu se pétrit en dernier lieu, avec une pincée de farine de seigle, qui a pour but de le porter davantage à se fendre. L'ouvrier marque la séparation future par une forte pression du coude et de l'avant-bras sur le milieu du pâton. Les pains à café, flûtes à café et flûtes à soupe, doivent leur nature spongieuse à un excès de levûre. On passe un peu d'eau à la surface pour leur donner les pâles couleurs traditionnelles. Ces petits pains ne se laissant pas à l'air, on les enferme, en attendant le four, dans des casiers clos en bois ou en fer.

Jusqu'à ce qu'elle soit à point, c'est-à-dire dans l'état de fermentation désirée, la pâte tournée est mise en *bannetons*, s'il s'agit de pains de taille ; sur *couches*, s'il s'agit de petits pains. Les bannetons sont d'étroits paniers garnis de toile à l'intérieur. Il y en a de toutes les dimensions. Quant aux petits pains, on les pose sur des bandes de grosse toile, séparés par un pli de cette toile, ou *couche*, en terme du métier.

La fermentation arrivée au point convenable (et c'est tout un art que de savoir saisir le bon moment), le brigadier procède à l'enfournement. Lorsque le boulanger change son brigadier, le client s'en aperçoit aussitôt. C'est que le meilleur brigadier ne saurait faire de bon pain tant qu'il ne connait pas son four, ses qualités, ses défauts, et qu'il n'y a que la pratique qui puisse le lui faire connaître. Nous ne nous appesantirons pas sur les détails de la conduite d'un four, le plus ou moins de chauffage qu'exigent ses parties les plus éloignées ou les plus proches de la bouche, celle où l'enfournement a commencé, celle où il finit : cela se comprend de soi. Les braises ardentes, ramenées vers l'entrée, sont jetées dans l'étouffoir bien connu des ménagères ; un écouvillon balaye avec soin la *sole* du four : c'est le moment d'enfourner.

Légèrement saupoudré de farine, pour qu'il ne s'attache pas à la pelle, chaque pain est alors renversé du banneton sur cette pelle. Il reçoit alors les incisions décoratives du couteau du brigadier, s'il y a lieu, et passe de la pelle dans le four, dont la porte se ferme dès qu'il est rempli.

Ici, il est bon de dire que, si le pain ordinaire perd environ 50 grammes à la cuisson, les pains de fantaisie perdent en proportion de leur ténuité et de l'étendue de leur surface. Cette perte, qui peut dépasser 200 grammes, explique pourquoi le client ne peut exiger le poids à peu près exact d'un pain de fantaisie : une telle exigence forcerait nécessairement le boulanger à s'abstenir de confectionner tout autre que le gros pain.

En dehors de la fabrication ordinaire, dont nous venons de parler, il y a

celle des pains de luxe, appelée « fabrication viennoise, » qui a une grande
importance dans la boulangerie parisienne, et qui comprend tous les pains à

La porteuse de pain.

croûte vernie, pains de gruau, pains au beurre et au lait, dont les formes et
les dimensions varient presque à l'infini. Ils sont faits de farine de gruau

La vente de la braise.

mêlée de lait, avec addition éventuelle de beurre, et préparés avec de la
levûre. Des ouvriers spéciaux sont chargés de cette besogne, et ils ont leur

laboratoire et leur four particulier dans les boulangeries. Ces pains sont
préparés et cuits avec le plus grand soin ; à la sortie du four, où ils sont
demeurés peu de temps, ils reçoivent, à l'aide d'une brosse, une couche
légère d'eau de fécule, qui leur donne ce vernis brillant si appétissant à
l'œil.

Le pain est cuit ; il faut le distribuer à la clientèle. Dès cinq heures du
matin, les pains, bien brossés, sont placés dans des voitures à bras soigneusement fermées, dans les brancards desquelles de pauvres femmes, jeunes ou
vieilles, s'attellent et sillonnent, par tous les temps, toutes courbées sous leur
fardeau, les rues de Paris qui s'éveille. C'est la clientèle bourgeoise, peu
exigeante sur le poids, qui est ainsi servie à domicile ; l'autre, celle des ménagères économes et actives, se rend à la boutique du boulanger, où elle fait
peser son pain et mesurer la farine ou la braise nécessaire à la consommation
du ménage.

Le cidre.

L'eau fut naturellement le premier breuvage dont l'homme se servit pour
apaiser sa soif. Le lait fut employé au même usage par les peuples pasteurs,
mais sans doute pas d'une manière habituelle. On a prétendu, enfin, que les
peuples chasseurs s'abreuvèrent de sang, mais c'est pour le coup qu'il convient de faire des réserves. Quant à nous, nous serions fort étonné que
l'homme, à quelque époque de sa vie que ce puisse être, ait jamais plus
hésité que l'être le plus immonde entre une gorgée de sang et une gorgée
d'eau.

Quant aux boissons fermentées, dont l'invention appartient évidemment
aux peuples agriculteurs, il serait bien difficile d'établir quelle fut la première inventée, du vin, de la bière ou du cidre. Le cidre, il est vrai, passe
pour le plus jeune des trois breuvages, comme il est incontestablement le moins
recherché. « Je ne feray icy, dit Jean Liébault dans sa *Maison rustique*, traduction du *Prædium rusticum* de son beau-père Charles Estienne (1564), recherche de l'inventeur premier de ce breuvage ; je diray seulement que, comme
Noé, transporté du plaisant goût du suc qu'il exprima du raisin de la vigne
sauvage plantée par luy-même, fut le premier inventeur de faire et boire le
vin, ainsi quelque Normand, affriandé de la saveur délicate du jus de la
pomme et des poires, inventa la façon du cidre et poiré. Je dis quelque Normand ; car c'est en basse Normandie, appelée pays de Neux, où ce breuvage a
pris commencement, »

Liébault, ou plutôt Estienne, tranche ici assez lestement une question fort
obscure, deux même, à savoir, la date toute moderne de l'invention du
cidre, et le lieu de cette invention. Cependant, nous ne sommes rien moins
que sûr de l'origine normande du cidre, et saint Augustin, sauf erreur, dit
que cette boisson était connue des Hébreux, des Grecs et des Scythes. Sans
doute, elle n'était pas ce qu'elle est aujourd'hui, pas plus que le vin, pas
plus que la bière, dans la composition de laquelle le houblon n'entre que
depuis 350 ans environ ; mais si elle était faite du jus de certains fruits, et en
particulier du jus de la pomme ou de celui de la poire, cela nous suffit
amplement.

Il est en tous cas hors de doute que le cidre se fabriquait habituellement
dans tout le nord de l'empire, au temps de Charlemagne, et il ne paraît pas

exact le moins du monde que les Normands en aient fait usage avant le XIIe siècle. Aujourd'hui, si le meilleur cidre est fabriqué en Normandie, il ne faut pas oublier qu'on en fait d'excellent en Bretagne, et que les poirés de Picardie sont aussi très-estimés, soit sous leur nom véritable, soit sous celui de vin de Champagne, que certaines manipulations complémentaires leur permettent de prendre.

Nous ne dirons rien de plus sur l'origine et la nationalité du cidre ; mais nous parlerons un peu de sa fabrication, en nous aidant des conseils de M. J. Bordin, directeur de la ferme-école d'Ille-et-Vilaine, sur cette matière délicate.

On s'assure d'abord que les pommes sont bien mûres, ce qu'il est facile de reconnaître à la bonne odeur du fruit, et surtout à la couleur noire des pepins ; alors on les fait tomber en montant dans les arbres et en secouant les branches ; on abat ensuite, au moyen d'une gaule, les pommes qui ne tombent pas d'abord ; mais il faut être avare de ce moyen, car les coups de gaule mutilent les arbres et meurtrissent les fruits. Or, ces meurtrissures font pourrir les fruits atteints bien plus rapidement que les autres. On dépose ensuite les pommes, soit sur des planches, soit sur un terrain plan couvert d'une légère couche de paille, pour les faire sécher. Il est nécessaire aussi de séparer les pommes qui ne mûrissent pas dans la même saison, parce qu'en les pilant avec les autres, on ne saurait obtenir que de mauvais cidre. De même, les pommes pourries sont mises de côté, pour faire, avec les pommes tombées prématurément qu'on a recueillies d'abord, du cidre de qualité inférieure.

« Les pommes acides, dit M. J. Bordin, donnent un cidre qui *se fait* plus vite que celui des pommes douces, mais il n'est jamais aussi bon. On compte que, pour une barrique (230 litres), il faut de 300 à 350 kilogrammes de pommes.

« On emploie différents instruments pour écraser les fruits à cidre. Le plus simple de tous est le pilon et l'auge en bois ; mais c'est le moins expéditif. Le tour circulaire est meilleur ; mais la construction en est souvent trop dispendieuse pour les petits propriétaires. Les moulins à cylindre occupent peu de place, sont peu dispendieux et expédient promptement la besogne.

« Lorsque les pommes sont broyées, par quelque procédé que ce soit, elles doivent être mises dans de petites cuves de dimension à contenir, en outre, la quantité d'eau nécessaire pour compléter une barrique de cidre. On les laisse macérer ainsi vingt-quatre heures, afin de permettre aux fruits de céder au liquide tous les principes sucrés et aromatiques qu'ils contiennent. Alors seulement, on les soumet au pressoir. La forme de nos vieux pressoirs laisse beaucoup à désirer sous plusieurs rapports : ils sont très-coûteux ; les énormes pièces de bois qui les composent deviennent de plus en plus rares ; ils sont difficiles à manœuvrer ; ils exigent beaucoup de force, et, enfin, leur action n'est pas aussi énergique que celle des pressoirs perfectionnés.

« Lorsqu'on a extrait le jus des fruits, on l'entonne dans les fûts, qui doivent avoir été nettoyés auparavant. La lessive et l'eau de chaux conviennent bien pour enlever le goût acide ou la mauvaise odeur qu'auraient pu contracter les futailles. En sortant du pressoir, le cidre doit passer à travers un panier ou un tamis, afin que les morceaux de pommes qui se détachent du marc ne tombent pas avec le liquide. Le cidre qui sort le premier, lorsqu'on n'a pas mis d'eau en broyant les pommes, est le meilleur et se conserve le plus longtemps. Il doit être mis dans des cuves pour laisser déposer une partie de la lie. Au bout de quelques jours, on l'entonne dans les fûts, où il achève sa fermentation.

« Le cidre ainsi fabriqué est très-délicat. On ajoute ensuite une certaine quantité d'eau au marc, et l'on obtient encore un second cidre d'assez bonne qualité. Lors même qu'on a mis de l'eau pour le premier cidre, on peut en obtenir un second assez agréable, en remettant le marc déjà pressé à macérer de nouveau dans des cuves avec une certaine quantité d'eau. Ce second cidre sera très-léger et ne se conservera pas longtemps.

« Les futailles doivent toujours être tenues pleines, de manière que, pendant la première fermentation, les matières étrangères puissent être rejetées par la bonde, et aussi afin que la surface du liquide se trouve en contact avec l'air sur une moindre étendue. Ce soin est indispensable pour les cidres en fermentation, comme pour ceux dont la fermentation est achevée.

« Lorsque la première fermentation a cessé et que la grosse lie est tombée, on soutire le cidre, on remplit bien les futailles, et l'on bonde. Quand on veut conserver au cidre un goût agréable, on peut le soutirer encore une ou deux fois.

« Les petits cidres et ceux dans lesquels on a mis beaucoup d'eau se clarifient plus facilement que les gros cidres, et n'ont besoin d'être soutirés qu'une fois. Du reste, le terroir influe sur la qualité du cidre comme sur celle des vins.

« A l'époque de la fermentation, on augmente beaucoup la qualité du cidre si l'on y ajoute par barrique 4 à 5 kilogrammes de cassonade ou de toute autre matière sucrée. »

La bière.

L'invention de la bière est attribuée à Osiris par les Egyptiens, à Cérès ou à Bacchus par les Grecs : c'est assez dire son antiquité. Au temps de Moïse, les Egyptiens en faisaient une consommation étendue, et le centre de la fabrication se trouvait à Peluse, port très-fréquenté, sur le Delta du Nil. Cette bière avait vraisemblablement plus de rapport avec celle que consomment avec excès les peuplades de l'Afrique centrale qu'avec les bières fabriquées dans les régions de l'Europe où la vigne ne peut croître. Ce n'en était pas moins de la bière.

La fabrication de la bière est aujourd'hui répandue surtout en Belgique, en Hollande, en Angleterre, en Allemagne, et dans la France septentrionale et orientale ; on en fabrique également à Paris et à Lyon. Naguère encore la meilleure bière française était la bière de Strasbourg, maintenant allemande, par malheur ; la bière du Nord est portée depuis au premier rang, bien que la bière de Lyon jouisse d'une estime méritée.

L'Angleterre est probablement le pays où se fabrique la plus grande variété de bière, ce qui n'empêche pas les consommateurs de varier encore ce breuvage par d'habiles mélanges. Les principales bières anglaises sont l'*ale* et le *porter* ; la première d'une belle couleur jaune paille, d'une saveur douce et d'une digestion facile ; la seconde très-brune, amère, très-alcoolisée et très-lourde, mais ayant la propriété de se mieux conserver que l'ale. Ces deux sortes de bière n'exigent pas, comme on l'a prétendu, deux méthodes différentes de fabrication : la plupart des grandes brasseries de Londres brassent en même temps l'ale et le porter, se bornant, pour obtenir ce dernier, à ajouter du malt grillé en proportion déterminée. Cependant, on y fait quatre fois plus de porter que d'ale.

La bière, on le sait, est une boisson alcoolique obtenue par la fermentation de l'orge et aromatisée soit avec du houblon seul, soit avec du houblon additionné d'épices diverses, ce qui est l'exception. Sa fabrication exige des opérations nombreuses et délicates, qui sont principalement : la germination de l'orge ou *maltage*, le *brassage*, la cuisson du *moût*, la fermentation.

Mais avant de nous occuper de ces diverses opérations, il convient de dire quelques mots de la récolte, non de l'orge, que tout le monde connaît, mais du houblon, peu connu au moins dans la plus grande partie d'un pays de vignobles comme la France,

On se fait difficilement l'idée de ce que peut être une houblonnière, quand on n'en a jamais vu. De loin on croirait avoir affaire à une pépinière de jeunes arbres minces et singulièrement élancés, entourés de soins extraordinaires. Ce n'est que tout près qu'on reconnaît que ce sont des plantes grimpantes, s'enroulant autour de longues perches de dix à douze pieds, comme des haricots après des échalas, et espacées de deux mètres au moins les unes des autres.

A cet emperchement fort coûteux (il y a telles de ces perches à houblon qui coûtent jusqu'à 150 fr. le cent, et il n'en faut pas moins de 2,000 par hectare), tendent à se substituer divers systèmes, dans lesquels des fils métalliques, tombant de traverses de fer, comme dans le système de M. le baron de Vaulchier, ou d'un cercle également métallique fixé par son centre à la pointe supérieure d'un poteau unique, comme dans celui de M. Schatenmann, dont il nous souvient d'avoir vu des exemplaires à l'Exposition de Billancourt, en 1867. Mais l'abaissement du prix du fer et du zinc pourrait seul donner à cette transformation tout le développement qu'elle comporte.

En France, la cueillette des *cônes* ou *clochettes* du houblon se fait d'une façon toute simple et prosaïque ; mais il n'en est pas de même en Angleterre, où elle est le prétexte de fêtes villageoises du pittoresque le plus achevé, dont M. Alphonse Esquiros s'est fait l'historiographe ému et complaisant.

Toutes les céréales, et même la plupart des légumineux, peuvent subir, on le sait, la fermentation alcoolique ; mais il faut pour cela que la farine féculente qu'elles renferment soit convertie en *malt* ou *drèche* ; c'est donc pour la préparer à subir cette fermentation que l'on convertit l'orge en *malt*, c'est-à-dire qu'on la fait germer. L'analyse des transformations chimiques par lesquelles l'orge passe pour en arriver à ce point, et des raisons de ces transformations successives, serait trop longue pour l'espace dont nous disposons et n'offrirait qu'un médiocre intérêt. Occupons-nous donc seulement des opérations pratiques qu'elles nécessitent.

Pour provoquer la germination de l'orge, on la met tremper dans d'énormes cuves, dont on fait couler l'eau à mesure pour la remplacer par de la nouvelle, jusqu'à ce qu'elle soit suffisamment trempée. Alors on la transporte dans des greniers spéciaux appelés *germoirs*, où on l'étale sur le plancher, et on vient chaque jour la retourner, jusqu'à l'apparition de petites radicelles blanches, qui sont les *germes*. Ensuite, on la fait sécher au feu ; les radicelles tombent et le *malt* reste seul.

Le brassage a pour objet de séparer du malt ses principes sucrés. On place donc ce malt dans une vaste cuve où l'on fait couler de l'eau chaude ; armés d'une espèce de pelle, les hommes remuent, *brassent*, en un mot, ce mélange jusqu'à complète dissolution du sucre. L'infusion obtenue par ce moyen est ce qu'on appelle *moût*. On le transporte alors dans une chaudière pour procéder à sa cuisson.

C'est quand le moût est en train de bouillir qu'on ajoute les fleurs de houblon. On couvre ensuite la chaudière, pour que l'arome ne puisse s'évaporer.

On met ensuite le moût dans des réservoirs peu profonds pour le faire refroidir, puis on le verse dans la cuve à fermentation et on y ajoute la quantité nécessaire de levûre. La fermentation s'opérant, le sucre se décompose en acide carbonique qui se dégage, et en alcool qui reste ; une écume épaisse se

Intérieur d'une brasserie.

forme, qui s'échappe par des conduits disposés à cet effet, et est recueillie avec soin, car c'est cette écume qui constitue la levûre de bière.

C'est certainement en Angleterre, à Londres, qu'existent les brasseries les plus considérables, et la plus importante de ces brasseries est, sans contredit, celle de Barclay, Perkins et Cᵉ, dont les proportions colossales surpassent l'imagination.

Là, tout se fait mécaniquement. Il semble qu'il n'y ait qu'un ouvrier sérieux, affairé, nécessaire, dont les mille bras, sans cesse en mouvement, charrient, nettoient, transportent, brassent méthodiquement, presque silencieusement, mais avec une activité prodigieuse. Cet ouvrier, c'est la vapeur !

La vapeur y fait tout, en effet : elle décharge la drèche des chariots dans les greniers, qui en contiennent parfois jusqu'à 150,000 sacs, au moyen d'espèces de boîtes fixées à une chaîne sans fin, comme les seaux de nos bateaux-dragueurs ; elle la transporte d'un grenier à l'autre, à l'aide d'une vis d'Archimède opérant dans un cylindre. Elle fait tout, disons-nous, jusqu'à nettoyer les barriques sales, qu'un mécanisme fort simple remue dans tous les sens, faisant agir

en même temps à l'intérieur une chaîne de fer; jusqu'à porter le charbon pour
entretenir les feux, nécessaires eux-mêmes à la production de la force motrice.

Lorsque l'opération du maltage est terminée, l'orge monte donc seule — ou
plutôt par le secours de la vapeur — aux germoirs; seule elle redescend dans
la cuve où elle doit être brassée, dans une mer d'eau chaude qui vient d'elle-
même la submerger, par d'immenses bras de fer qui l'agitent fantastiquement.
Seul encore, le moût s'élève et se déverse dans la chaudière où il doit subir la
cuisson; et lorsqu'il est arrivé à l'état désiré, c'est-à-dire à l'ébullition, une
pluie de fleurs de houblon vient s'y mêler, de son propre mouvement, semble-t-il.

Une fois cuite, la bière s'élève jusqu'aux refroidissoirs, toujours seule. Des
refroidissoirs, elle se précipite dans quatre énormes cuves à fermentation, contenant 50,000 gallons (227,000 litres), rangées côte à côte. Une galerie de fer
règne le long des parois extérieures de ces cuves, permettant aux ouvriers
d'arriver aux espèces de vasistas pratiqués dans leurs flancs, pour surveiller le
travail de la fermentation.

La fermentation s'accomplit dans l'espace d'un jour et deux nuits, et dégage
un véritable volcan de gaz carbonique, que sa pesanteur retient à peu de distance au-dessus du liquide en travail, et dont les ouvriers constatent le degré
d'élévation par la sensation de chaleur qu'il produit sur la main.

De la cuve à fermentation le liquide est transvasé dans une série de tonnes
d'environ dix mètres de hauteur, rangées symétriquement, où il repose. Après
quoi, il reste à le mettre en barriques, lesquelles sont contenues dans d'immenses celliers; et alors la bière est prête à être livrée à la consommation.

Il faut compter toutefois, chez Barclay, Perkins et Cᵉ, outre la vapeur qui
fait le plus gros, comme on a vu, environ quatre cents ouvriers ou employés
divers, espèce de géants, dont une partie est occupée à la conduite de deux
cents chevaux, de la taille des chevaux du Carrousel pour le moins, lesquels
transportent, à travers la cité, les faubourgs et la banlieue, cette bière qui
s'est faite toute seule, et dont il disparaît des torrents chaque jour, — avec un
peu d'aide.

Bien que ce soit en Angleterre que se voient les brasseries les plus considérables, ce n'est pas en Angleterre que l'on consomme le plus de bière; du moins
nous croyons pouvoir ajouter foi aux chiffres d'une statistique récente, qui
fixe la consommation de la bière, par tête et par an, dans les principaux pays
de l'Europe, aux chiffres que voici :

En Bavière, 120 litres; en Angleterre, 111; en Belgique, 76; en Wurtem-
berg, 60; en Autriche, 24; en France, 20; en Suisse, 18; en Prusse, 15.

Ce dernier chiffre, authentique, ne s'explique que par la pauvreté de la
population.

Les droits sur cette boisson produisent : en Angleterre, 133,000,000 de francs;
en Autriche, 40,000,000; en Bavière, 18,000,000; en France, 16,000,000, et en
Prusse, 6,500,000.

Ajoutons que ce n'est que depuis une dizaine d'années que la bière est
accueillie par les consommateurs français avec la faveur dont elle jouit aujour-
d'hui et qui ne fait que grandir.

Le vin.

C'est à Noé que les Hébreux attribuent la découverte du vin, et il y a toute
une histoire, bien connue de tout le monde, sur la première imprudence com-

mise par cet homme sage avec le « jus divin » qui venait de lui être révélé. Cela se passait longtemps après le déluge, vers l'an 2320 avant notre ère. Mais il paraîtrait que, six ou sept siècles auparavant, Chin-Noung avait déjà fabriqué du vin en Chine. Tout cela prouve au moins l'antiquité extrême de la culture de la vigne et de la fabrication du vin.

Les vignes de la Palestine étaient magnifiques, et l'*Exode* n'exagère pas autant qu'on pourrait le croire en disant qu'il fallait deux hommes pour porter une seule grappe des vignes de Chanaan ; aujourd'hui encore la Syrie produit des grappes énormes dont les grains sont gros comme des prunes. Des bords de la mer Noire, la culture de la vigne fut introduite par les Phéniciens sur les bords et dans les îles de la Méditerranée, jusqu'en Italie et dans notre Provence. De Provence elle s'étendit bientôt, et avec elle l'art de fabriquer le vin, aux autres contrées où nous la voyons aujourd'hui, et même plus loin vers le nord, quoique l'expérience dût faire renoncer à cette culture au delà d'une certaine limite. Toutefois il faut remarquer que nos vignobles du Midi sont les plus abondants, mais non pas les meilleurs.

Dès le temps de Childebert, la vigne avait gagné les bords de la Loire. Aujourd'hui elle couvre en France plus de 2 millions d'hectares de terrain, divisé en six régions et produisant une moyenne annuelle de 56,388,000 hectolitres de vin (moyenne 1867-1877). Nous n'avons pas besoin de rappeler que la France possède les crus les plus estimés du monde entier. L'Exposition universelle de 1878 a de nouveau proclamé son absolue prépondérance en ceci. Nous n'y insisterons pas autrement, non plus que sur une foule de détails trop connus pour n'être pas oiseux, répétés à des lecteurs français. Mais nous dirons un mot de la vendange et de la vinification.

Les vendanges ont ordinairement lieu, en France, du 8 au 20 septembre dans les vignobles méridionaux, et du 20 septembre au 15 octobre dans ceux du centre. Toutefois, dans beaucoup de localités, la coutume du *ban* a été conservée comme une relique du bon vieux temps. Au bon vieux temps, en effet, on proclamait à son de trompe ou de tout autre instrument bruyant le jour et l'heure de l'ouverture des vendanges ; il y avait une raison à cela : la perception de la dîme et des droits seigneuriaux. Cette raison a disparu, et, bien que personne ne la regrette sans doute, la coutume du ban des vendanges n'en est pas moins restée, comme nous avons dit, dans beaucoup de nos régions vignobles.

On sait comment, à l'heure dite, que le vigneron en ait tout seul reconnu l'opportunité ou qu'elle ait été annoncée au son du tambour, s'effectue cette joyeuse besogne des vendanges. Hommes, femmes et enfants, vieillards impropres à la plupart des autres travaux des champs, détachent les grappes des ceps, avec les doigts, avec le couteau, la serpe, les ciseaux, le sécateur. Recueillies dans des paniers, qui ne sont pas toujours doublés intérieurement de toile imperméable, comme cela devrait être, ces grappes sont ensuite placées dans des hottes en bois à l'aide desquelles elles sont transportées dans la cuve.

Le raisin est égrappé ou non, c'est-à-dire que les grains sont détachés de la *rafle* ou laissés après, suivant la qualité du raisin et aussi les habitudes locales ; puis il est foulé ou pressuré. Le foulage avec les pieds nus a l'avantage de ne pas écraser les pepins, qui donneraient autrement un goût amer au vin ; voilà pourquoi on le préfère généralement au pressurage. Mais il existe un autre système, réunissant les avantages des deux précédents sans avoir aucun de leurs inconvénients ; il consiste en deux cylindres de fil de fer entre lesquels le grain est écrasé sans que les pepins en souffrent. C'est le système aujourd'hui adopté par la plupart des grands producteurs.

Le jus qui s'échappe du raisin écrasé de manière ou d'autre, le *moût*, en un mot, est alors transporté dans d'immenses cuves de chêne ou de maçonnerie, où il subit le travail de la fermentation. Dès le lendemain de la mise en cuve, commence la fermentation dite tumultueuse, qui soulève les matières solides contenues dans le liquide, par le dégagement de l'acide carbonique, et les porte à la surface, où elles s'agglomèrent et forment une sorte de croûte appelée *chapeau*. L'œuvre de fermentation calmée, on enfonce, pour l'activer, le chapeau dans le moût. On procède ensuite au décuvage, mais à quelle époque? C'est là une question subordonnée à la qualité du vin, à la différence des crus, à la température, etc.

De blanc qu'il était, le moût est devenu rouge; et de doux il a pris une saveur forte, produit de la transformation en alcool du sucre qu'il contenait. C'est dès lors du vin. On le soutire, soit à même la cuve, soit, ce qui vaut mieux, à l'aide de tuyaux qui le versent directement dans les tonneaux où il doit continuer de fermenter doucement. Cette fermentation dégage le vin de ses dernières impuretés, qui s'en vont avec l'écume par la bonde laissée ouverte. Il faut seulement avoir soin de remplir tous les jours les tonneaux, tant que dure ce travail.

Le résidu des cuves est passé sous la presse plusieurs fois. On considère le vin du premier pressurage comme d'une qualité suffisante pour être mêlé au produit du soutirage.

Quant au vin blanc, il provient indifféremment de raisins noirs ou de raisins blancs. C'est seulement le résultat d'une modification légère dans la fabrication. Le vin rouge devant sa nuance à la matière colorante contenue dans la peau du raisin et que l'alcool dissout pendant la fermentation, l'art de conserver sa blancheur au vin fait de ce raisin consiste à séparer les peaux d'avec le moût, avant cette fermentation. Pour faire du vin blanc, on met donc le résidu du foulage sous presse aussitôt après le foulage, et le liquide incolore va directement subir dans les tonneaux la fermentation qui, de moût, doit le transformer en vin.

Les vins de Champagne sont fabriqués en grande partie avec des raisins noirs, mais aussi avec des raisins blancs des crus renommés de Cramant, d'Avize, d'Orges, du Mesnil et des Vertus. Ces derniers sont plus légers, plus fins, plus transparents, plus mousseux; les autres sont plus généreux, ont plus de séve et sont préférés comme vins crémants. Nous n'entrerons pas dans les détails compliqués de la fabrication du vin de Champagne; cela nous conduirait beaucoup trop loin.

Le coupage des vins.

Quelques indications sur le coupage des vins, procédé de compensation, dont on abuse quelquefois, entre les qualités et les défauts des vins de terroirs différents, ne paraîtront certainement pas déplacées ici. Quant aux buts divers qu'on se propose lorsqu'on recourt au coupage avec sincérité, les voici:

On mélange des vins forts en couleur avec des vins peu colorés; des vins légers et de peu de garde avec des vins corsés et vigoureux; des vins alcooliques avec des vins plats et fades, etc. Ces mélanges, lorsqu'ils sont bien assortis et faits dans des proportions justes, produisent toujours des vins meilleurs que chacun de ceux qui ont servi à les composer. Ces vins sont aussi salubres que ceux dits naturels, de même classe, et souvent ils sont beaucoup plus agréables.

Ainsi, quand un vin possède un goût de terroir, une verdeur qui attaque le palais ou bien une couleur trop foncée, si l'on y ajoute un vin blanc d'un cru inférieur, mais franc de goût et bien fondu, on aura une boisson excellente. Si l'on a un vin d'une mauvaise année, en le mêlant avec celui d'une bonne année, on produira un vin mixte dans d'excellentes conditions. Quand on a des vins blancs dont la couleur se tache ou tourne au jaune, en les passant sur des vins rouges très-colorés, on fait un mélange très-agréable à boire et paraissant vieux. On mélange aussi des vins très-estimés et de bon goût, lorsqu'ils manquent de spiritueux ou d'autres qualités, pour se conserver longtemps ou se transporter par mer.

Ainsi entendu et exécuté, le coupage des vins est un bienfait plutôt qu'un acte répréhensible devant le tribunal sévère, quoique impuissant, de la morale publique. Il nous souvient d'avoir reçu en Crimée, à l'état d'huile nauséabonde, des vins qui, grâce à un coupage intelligent, nous eussent rendu de bien grands services, et qu'il fallut jeter.

On excelle à Bercy dans cet art du coupage, et voici les principaux mélanges qu'on y opère, avec l'étiquette dont on couvre ensuite le résultat :

1º Vins de l'Aunis, des îles d'Oléron et autres du littoral, qui sont faibles et âcres. . . . . 400 litres.
Saintonge ou Cher. . . . . 200 —
Narbonne ou vins du Midi. . . . . 200 —

On vend ces mélanges comme vins ordinaires ou de consommation courante supérieure.

2º Vins de Bordeaux verts, durs, peu colorés. . . . . 400 litres.
Vins de Cahors . . . . 200 —
— Mâcon ordinaire. . . . . 228 —
— Tavel ou Narbonne. . . . . 228 —
Vin blanc du Bugey. . . . . 228 —
Vin sec et doux. . . . . 228 —

On passe généralement ce mélange sous le nom de *bordeaux ordinaire.*

3º Vins du Midi (Roussillon ou Narbonne). . . . . 228 litres.
Vins de Tavel . . . . 228 —
— Cher . . . . 228 —
— Loiret. . . . . 228 —

On vend généralement ce mélange sous le nom de *bourgogne* ou *mâcon.*

Les vins du Midi préférés pour le coupage dans le but de donner du corps et de la couleur aux autres plus faibles, sont les vins de Roquemaure, de Bagnols (Gard), de Saint-Georges, d'Orques, de Vérargues, de Saint-Christol, de Saint-Drezery, de Saint-Geniés, de Castries (Hérault), de Cunac, de Cassaignet, de Saint-Juery, de Saint-Amarans, de Gaillac (Tarn), de Narbonne (Aude), de Rivesaltes, de Baixas, de Cornellia, de la Ribera, de Saint-Jean-Lasseille, de Banyuls-des-Aspres, d'Argelès et de Sorrèdes (Pyrénées-Orientales), et enfin des vins d'Espagne. Les vins de Chateldon et de Riom (Puy-de-Dôme), ceux de Luppé, de Chuynes, de Saint-Michel, de Saint-Pierre-le-Bœuf et de Boen (Loire), sont aussi employés dans le sens des vins du Midi.

Les vins dits du Nord que l'on mélange avec les précédents, et qui ont un goût généralement âpre et rude, dur, vert, sont peu alcooliques et sans bouquet; ils servent de base aux mélanges. Les départements qui les produisent sont : la Marne, l'Aube, l'Yonne, le Bas-Rhin, Seine-et-Marne et Seine-et-Oise.

On ajouté encore à tous ces mélanges dont nous venons de parler une certaine quantité d'un liquide que l'on nomme le *vin muet*, et qui sert à exciter
la fermentation dans les coupages, qui conserveraient, sans cela, la saveur
particulière à chaque vin mélangé, de telle sorte que le dégustateur distinguerait toutes les saveurs l'une après l'autre. Pour que le coupage ne forme
plus qu'un seul vin, il faut qu'il y ait combinaison, et il ne peut y avoir combinaison sans fermentation ou sans un repos prolongé de plusieurs mois. Le
vin muet dispense d'attendre aussi longtemps pour la vente des coupages,
puisqu'il produit en huit jours ce que le repos ne ferait qu'en quatre ou cinq
mois. De plus, il vieillit le vin, fond ensemble les coupages et leur donne un
certain bouquet et du moelleux.

Pour préparer le vin muet, on presse et foule la vendange qu'on a soin de
choisir belle et bien mûre, et on colle tout de suite le vin pour l'empêcher de
fermenter; on jette le moût dans des tonneaux qu'on remplit au quart, on
brûle plusieurs mèches dessus, on bouche et on agite bien fortement la futaille
jusqu'à ce qu'il ne s'échappe plus de gaz par la bonde lorsqu'on l'ouvre. On
augmente alors la quantité du moût, puis on brûle de nouvelles mèches
dessus, on bouche et on agite comme la première fois. On continue ainsi
jusqu'à ce que le fût soit rempli. Ce moût ne fermente jamais; il a une saveur
douceâtre et une forte odeur de soufre. En y mêlant de l'alcool, on obtient un
vin très-liquoreux que l'on désigne sous le nom de *Calabre* et qui sert à donner
de la force et de la douceur aux vins qui en manquent. En général, on mêle
huit à dix litres de ce vin muet dans les formules que nous avons données
comme exemple de coupages effectués à Bercy.

Quand on n'a pas de vin muet, on peut le remplacer jusqu'à un certain
point par du sucre que l'on fait dissoudre dans moitié de son poids d'eau bouillante; on y ajoute une certaine quantité de vin du Nouf nouveau avec la lie
de ces vins, et on laisse fermenter.

Falsification des vins.

Parmi les nombreux moyens de reconnaître si le vin que l'on consomme est
pur ou falsifié, on nous saura gré de donner celui-ci, trouvé par un chimiste,
M. Jacquemin, qui cherchait, non un réactif de ce genre, mais un nouveau
procédé de teinture pour la laine.

La laine teinte à l'acide chromique est d'un beau jaune; certaines teintures
sont ensuite absorbées par l'acide chromique et donnent à la laine des tons
variables. Avec la garance, l'écheveau passe au grenat-cachou; avec le bois
du Brésil, à la teinte lie de vin; avec le campêche, au brun, etc.

Plongez un peu de laine teinte à l'acide chromique dans du vin naturel.
Quelle que soit la provenance du vin, la laine, après une ébullition prolongée,
passe à la teinte caractéristique *brun clair*. La coloration est la même, que
votre vin vienne de Bourgogne, de l'Hérault ou du Médoc. Mais si à votre vin
naturel on a ajouté de l'eau colorée par des drogues, la teinte caractéristique
est changée et trahit la fraude. Si l'on a renforcé la teinte du vin avec des
dérivés de l'aniline, et cela arrive assez souvent, la laine vous le révèle. S'est-
on servi de cochenille, et on s'en sert, car pour un kilogramme, qui coûte
12 fr., on colore un nombre raisonnable d'hectolitres, votre laine change de
couleur également.

Un peu de laine teinte à l'acide chromique suffit donc à dévoiler la fraude; ce n'est pas bien compliqué, comme on voit.

Le café.

L'origine de la découverte du café est très-obscure, grâce aux nombreuses légendes dont elle a été l'objet. Dans le principe, les consommateurs de café, en Europe et en Amérique, le tiraient d'Arabie; mais c'est de l'Abyssinie que le caféier paraît originaire, et il ne fut introduit en Arabie qu'en 1454. Quant à la découverte des propriétés excitantes de la délicieuse fève, impossible de savoir à qui raisonnablement l'attribuer.

« Une modeste hypothèse, disait M. Drouyn de Lhuys, dans un discours plein d'intérêt prononcé à la Société d'acclimatation, en 1874, l'attribue à un berger arabe, qui aurait observé qu'après avoir mangé des graines de caféier, ses chèvres se livraient à de plus pétulants ébats. D'un autre côté, peu satisfaits de cette simple origine, certains commentateurs de la Bible ont voulu trouver dans le café le breuvage fortifiant qu'Abigaïl fit servir à David; et un voyageur italien de l'époque de la Renaissance, Pietro della Valle, a soutenu que c'était le népenthès célébré par Homère; mais ce ne sont pas là des articles de foi. On peut se contenter de croire que cette boisson a été d'usage immémorial chez les populations à demi barbare d'Abyssinie, et que, vers le commencement du xve siècle, un mufti d'Aden, nommé Djemal-el-Din, la fit connaître à ses concitoyens. Le goût du café ne tarda pas à se propager parmi les habitants de la Mecque et de Médine. De là, d'innombrables pèlerins le répandirent dans tout le monde musulman, malgré l'anathème des rigides sectateurs de Mahomet, qui pensaient devoir proscrire le café parce qu'il n'était pas mentionné dans le Coran. Ses partisans finirent par l'emporter, si bien que le docte orientaliste Galland, traducteur des *Mille et une Nuits*, nous assure, dans une lettre publiée en 1869 sur l'origine et les progrès du café, que toute femme turque à qui son mari refusait cette boisson avait le droit de demander le divorce.

« Du Levant, l'usage du café passa en Europe, où il suscita de non moins vives controverses. Parmi ses adversaires, je citerai Mme de Sévigné, qui le frappait de la même sentence que les tragédies de Racine, et le grand Frédéric, qui ne comprenait pas qu'on pût lui sacrifier la soupe à la bière. »

C'est bien tout ce qu'il nous importe de savoir concernant l'introduction du café, qui est tellement entré dans nos habitudes, en dépit de Mme de Sévigné et de Frédéric II, qu'on en consomme annuellement, en France, près de 50 millions de kilogrammes. Ajoutons à ces renseignements que le café au lait fut imaginé par Nieuhof, voyageur allemand au service de la Compagnie des Indes néerlandaises, à l'imitation du thé au lait qu'il avait pris en Chine, vers 1670, tout en regrettant que Nieuhof ne se soit pas tenu tranquille.

Le caféier appartient à la même famille que la garance, le quinquina et l'ipécacuanha, la famille des rubiacés. Outre beaucoup d'espèces secondaires croissant à l'état sauvage ou à peine cultivées au Bengale, à la Réunion, sur la côte occidentale d'Afrique, aux Antilles et à la Guyane, le caféier d'Arabie dépasse encore aujourd'hui tous les autres en qualité et en importance. C'est donc de celui-là, comme souche de toutes les plantations exploitées depuis avec fruit, que nous devons nous occuper.

« Le premier savant européen qui ait donné une description du caféier d'Arabie, dit encore M. Drouyn de Lhuys, est le médecin botaniste de Padoue, Prosper Alpini, auteur d'un traité latin sur les plantes d'Egypte, imprimé à Venise en 1591. Les Hollandais eurent l'heureuse idée de naturaliser cette plante dans leurs possessions d'Asie, et partagèrent plus tard avec les autres peuples d'Europe cette précieuse conquête.

« Dans son catalogue des végétaux du jardin de l'Académie de Leyde, publié en 1732, l'illustre Boerhaave nous apprend que, vers l'année 1690, Nicolas Witsen, gouverneur des Indes néerlandaises, pressa vivement Van Hoorn, directeur de la Compagnie des Indes, résidant à Batavia, de faire venir d'Arabie des semences de caféier et de les planter à Java. Van Hoorn suivit ce conseil. La culture du caféier, qui s'est propagée ultérieurement dans les autres îles voisines, est devenue une source de prospérité pour la métropole.

« Parmi les colonies françaises, Bourbon est la première qui se livra à cette culture. Imbert, agent de notre Compagnie des Indes, obtint de l'amitié d'un cheik arabe soixante plants de l'Yémen, qu'il fit venir à Bourbon et qui fructifièrent au point que la Compagnie put en distribuer des graines aux colons en 1710. D'après un rapport du lieutenant du roi Desforges-Boucher, la production était déjà considérable en 1720 ; et, en 1792, elle versait dans le commerce 90,000 balles d'un café qui a toujours gardé le premier rang, après celui de Moka. De Bourbon, le caféier a été introduit à l'île de France, où sa culture a beaucoup prospéré.

« Un caféier, envoyé de Java à Witsen, et confié par lui au jardin d'Amsterdam, avait donné des graines qui produisirent des pieds nouveaux. M. de Resson, lieutenant général d'artillerie, amateur de botanique, en obtint un spécimen qu'il céda au Jardin des Plantes en 1713. Cet arbuste, le premier de son espèce qu'on eût vu en France, fut le sujet d'un excellent mémoire d'Antoine de Jussieu, inséré la même année dans le recueil de l'Académie des sciences. Le caféier de M. de Resson mourut en 1714, mais cette perte fut presque immédiatement réparée. Pancras, bourgmestre d'Amsterdam et intendant du Jardin botanique de cette ville, fit hommage d'un second arbuste en plein rapport à Louis XIV, avec qui la Hollande était réconciliée depuis la paix d'Utrecht. La nouvelle plante, haute de cinq pieds, et dont la tige mesurait un pouce de diamètre, était couverte de feuilles, de fleurs et de fruits, les uns verts, les autres rouges. On l'avait amenée par eau, emballée avec grand soin, et protégée par une cage de verre contre les intempéries. Escortée par plusieurs membres de l'Académie, elle eut les honneurs d'une présentation à Marly, et Louis XIV la fit placer au Jardin des Plantes, où elle fructifia et devint la souche de toutes nos plantations des Antilles. »

Mais ce ne fut pas tout de suite que le caféier fut introduit dans nos colonies américaines. Ce ne fut qu'en 1721, qu'après deux tentatives infructueuses, un jeune officier d'infanterie, de Clieu d'Echigny, rappelé par son service à la Martinique, emporta du Jardin des Plantes la jeune plante qui devait y faire souche.

« La traversée fut longue ; l'eau vint à manquer, et de Clieu dut partager sa faible ration avec sa plante chérie, qui, dit-il, n'était pas plus grosse qu'une marcotte d'œillet. Arrivé à la Martinique, il la mit en terre dans une situation favorable ; et, comme ses voisins voulaient la lui dérober, il lui fallut la faire garder à vue par ses fidèles esclaves jusqu'à parfaite maturité des graines, qu'il répartit entre les plus capables. Quel fut le prix de sa persévérance ? Vingt ans après, les deux livres de café qu'il avait récoltées en avaient produit dix millions. J'emprunte ces détails à une lettre que de Clieu écrivit au bota-

niste Aublet, le 22 février 1774, plus d'un demi-siècle après cet acte de dévouement qui honore à jamais sa mémoire.

« De la Martinique, le caféier passa à la Guadeloupe et à Saint-Domingue.
En 1738, les jésuites établis dans cette colonie reçurent de leurs confrères de
la Martinique les premiers plants d'où devaient sortir un jour ces magnifiques
récoltes qui, en 1789, fournissaient 70 millions de livres de café au commerce
de la mère-patrie. La révolte des esclaves et l'émancipation anéantirent pendant plusieurs années cette immense production. Mais depuis elle a repris peu
à peu son activité. Dès 1825, l'exportation d'Haïti était de 30 millions de livres,
et, en 1866, elle atteignit le chiffre de 85 millions.

« Je ne dois pas oublier Cayenne. En 1718, les Hollandais avaient introduit
le café à Surinam; mais, afin de s'assurer le monopole de cette culture, ils
avaient interdit, sous les peines les plus rigoureuses, la sortie des semences
vivantes. En 1722, M. de Lamothe-Aigron, lieutenant du roi à Cayenne, ayant
été envoyé dans la colonie voisine pour négocier un traité d'extradition, persuada à un colon français réfugié à Surinam de revenir parmi ses compatriotes, en apportant avec lui une livre de café frais. Cet individu, nommé
Mourgues, réussit dans sa périlleuse entreprise, et mit le gouvernement en
possession d'un millier de graines, qui donnèrent naissance aux plantations
établies dans l'île de Cayenne et sur le continent voisin, dans la Guyane française.

« La dernière introduction du caféier dans nos provinces d'outre-mer a eu
lieu à la Nouvelle-Calédonie, où cette culture avait pris une certaine extension
dès 1866. »

Il serait puéril, croyons-nous, d'entrer dans les détails de la préparation du
café. Les propriétés bienfaisantes du café, pris modérément, sont bien connues
aussi. Quant aux moyens d'éviter la falsification, il n'y en a vraiment qu'un,
qui consiste à l'acheter vert et à le brûler soi-même, fût-ce dans une poêle
vulgaire, comme font les Turcs : en dehors de cela il n'y a rien.

Le thé.

Le thé n'ayant jamais obtenu, en France, qu'un succès d'estime, nous n'en
dirons que peu de chose. Avant tout, il est bon de savoir que l'arbre à thé,
d'après une légende chinoise, est né des paupières d'un jeune prince indien,
nommé Darma. Voici dans quelles circonstances : Darma passait les nuits à
méditer dans un jardin. Gagné une belle nuit par un sommeil qu'il ne pouvait
combattre, il s'arracha les paupières. Comme c'était un moyen peu raisonnable, quoique violent, de s'empêcher de dormir, le jeune prince aurait passé
éternellement pour un vulgaire imbécile, si ses paupières n'eussent pris racine
et donné ainsi naissance à l'arbuste précieux qui nous occupe.

L'usage de prendre en infusion les feuilles de cet arbuste fut importé de la
Chine ou du Japon en Hollande, en 1610; il passa ensuite en France en 1636,
et en Angleterre, où il devait avoir une vogue si grande, en 1666; mais l'arbuste lui-même ne fut introduit en Europe qu'en 1763, par Linné. Il n'y a
point prospéré, de manière du moins à rendre inutile l'importation des thés
de la Chine et du Japon, pas même en Italie, ni en Algérie, où des essais
récents ont eu lieu.

« On sème les graines, dit le docteur H. Napias, au bord des champs, en
quinconces réguliers, au penchant des coteaux; et ce n'est qu'après trois ou

quatre ans qu'on peut commencer à faire la récolte. Après sept, huit ans, dix ans au plus, cette récolte doit cesser, et les pieds sont recépés par la base pour obtenir des sujets nouveaux.

« Entre la troisième et la huitième année un arbre à thé peut donner deux ou trois récoltes par an. La première cueillette des feuilles se fait vers le mois d'avril, et quelquefois plus tôt; elle donne le meilleur thé, celui dont le goût est le plus délicat et l'arome le plus suave. La deuxième récolte donne des feuilles plus grandes et moins estimées; enfin la troisième récolte, et la quatrième qui se fait aussi quelquefois, donnent des produits de qualité inférieure.

« La récolte faite, les feuilles doivent subir une série de préparations minutieuses avant que d'être livrées au commerce. Entassées dans des paniers de bambou et apportées sous des hangars, elles sont séchées dans de petites bassines de tôle encastrées dans un long fourneau, ou plus simplement sur des plaques de cuivre ou de fer portées à une température assez élevée. Après quelques minutes, on voit, sous l'influence de la chaleur, ces feuilles se crisper. On les étend alors sur de grandes nattes, puis des ouvriers les pétrissent et les roulent avec la paume de la main, opération qui réduit considérablement leur volume; on les vanne ensuite et on les refroidit à l'aide d'un courant d'air qu'on détermine en agitant de grands éventails. Il paraît que le grillage est répété deux ou trois fois de suite; il a pour but évident d'enlever à la feuille son âcreté vireuse et son odeur herbacée, sans nuire ni à l'arome ni à la saveur du produit.

« Quand le thé est convenablement grillé, bien roulé, bien sec, il ne reste plus qu'à l'enfermer dans des boîtes à l'abri de l'air et de la lumière. Il résulterait des observations faites par certains voyageurs qu'on y mêle préalablement certaines plantes aromatiques indigènes. »

Quant à la variété des thés rencontrés dans le commerce, elle serait due à la nature du sol, au choix des feuilles, aux époques des récoltes et surtout au mode de dessiccation des feuilles; les thés verts, suivant certains écrivains, auraient été séchés sur des plaques de cuivre et devraient leur belle couleur au vert-de-gris emprunté à ces plaques. Mais le fait n'est pas prouvé. D'autres écrivains assurent, au contraire, que c'est la couleur véritable des feuilles chauffées et enroulées sans avoir subi aucune fermentation.

Le chocolat.

Ce n'est que vers 1510 que les Espagnols introduisirent en Europe le chocolat, dont ils avaient emprunté aux Mexicains les procédés de fabrication. La base du chocolat est — ou du moins devrait être — la fève ou graine du cacaoyer, que Linné, dans son enthousiasme, a surnommé *théobrome*, c'est-à-dire nourriture des dieux, et que nous nommons prosaïquement cacao.

Le nom de théobroma-cacao toutefois est donné à l'espèce cultivée avec soin au Mexique et dans le reste de l'Amérique tropicale; mais on ne laisse pas que de recueillir les graines du cacaoyer sauvage des vallées de l'Orénoque et de l'Amazone, et de partout où il se trouve. Transplanté avec succès sur divers points de l'Afrique et de l'Asie, le cacao le plus estimé n'en est pas moins toujours le cacao américain. La Martinique et la Guadeloupe donnent aussi de très-

23

bons produits, à grosses fèves en majorité. La production du cacao est également abondante et de bonne qualité au Nicaragua, sur les plantations de M. Menier : ce sont des cacaos grosses fèves ; de même qu'au Guatémala, au Salvador et au Venezuela, comme on a pu s'en assurer à l'Exposition universelle de 1878. Les produits de cette dernière république sont de beaucoup les plus recherchés, par exemple.

L'Equateur en livre plus encore au commerce, quoique l'espèce la plus estimée du pays, l'Esmeraldas, ne parvienne pas jusqu'à nous. En revanche, l'espèce Guayaquil est la plus répandue dans le commerce d'Europe et celle qu'emploient le plus les fabriques de chocolat de nos contrées. Ce produit est inférieur à celui du Venezuela, mais infiniment meilleur marché.

Triage ; torréfaction et vannage du cacao.

En Afrique, la culture du cacao est surtout répandue dans les colonies françaises et portugaises des îles du cap Vert et de l'île Saint-Thomas, sur la côte occidentale. A l'île de la Réunion, où le cacaoyer a été introduit au commencement du siècle, le produit annuel est évalué à 400 ou 500,000 kilog.

En Asie, les îles Philippines sont dotées du cacaoyer depuis la seconde moitié du XVIIe siècle. Il s'est depuis lors répandu progressivement dans tout l'archipel. Son fruit est excellent, et l'espèce Albay vaut, dit-on, celle de Caracas (Venezuela).

Il y a aussi de bons produits en cacaos de Java, presque exclusivement employés dans les fabriques hollandaises; les Célèbes, Amboine, Bornéo cultivent également le cacaoyer avec succès.

Le fruit de cet arbuste, qui atteint la grosseur de l'oranger et donne deux récoltes par an, ressemble assez au concombre, mais est d'une chair rougeâtre comme celle de la pastèque, et contient une trentaine de grains rouge-brique foncé, qui sont les fèves dont nous faisons le chocolat en les mélangeant avec du sucre. Les fruits parvenus à l'état de maturité, on les cueille, on en extrait les graines, et on soumet celles-ci à un commencement de fermentation, en les plaçant dans des fosses qu'on recouvre de planches chargées de pierres. Les fèves se gonflent alors, leur couleur devient plus foncée, et l'amertume de

Cylindres broyeurs, mélangeuse.

leur saveur première disparaît. Séchées ensuite au soleil, elles sont expédiées en Europe dans des sacs de cuir ou de grosse toile. Nous avons déjà dit que le meilleur cacao venait de Venezuela; il prend dans le commerce le nom de *cacao-caraque*, en considération du nom de la capitale de cette république, qui est Caracas.

Le cacao destiné à la fabrication du chocolat est d'abord trié et épluché avec soin, vanné et enfin torréfié comme le café. Les cosses étant devenues friables, grâce à la torréfaction, un rouleau en bois promené légèrement sur le cacao suffit à les en détacher, lorsqu'il est encore un peu chaud ; toutefois c'est un moulin concasseur spécial qui est employé à cette décortication dans les fabriques importantes. Un second vannage débarrasse le cacao des fragments de cosses, et il est porté alors aux machines à broyer et à mélanger, dont les passants contemplent avec satisfaction les évolutions à travers la devanture du chocolatier des grandes villes, au courant des faiblesses innocentes de l'esprit humain.

Une *mélangeuse* se compose ordinairement de plusieurs meules coniques de granit ou de porphyre. Chacune d'elles tourne autour d'un axe horizontal, en même temps que cet axe tourne lui-même autour d'un axe vertical, mis en mouvement par une machine à vapeur ou tout autre moteur. Les meules roulent sur une plate-forme horizontale, qui reçoit aussi, dans les machines les plus parfaites, un mouvement de rotation autour d'un axe vertical. Cette plate-forme doit être maintenue constamment à une température de 60° environ, de manière que le cacao se maintienne à l'état pâteux.

Pour le chocolat de bonne qualité, on mélange le cacao avec son poids de sucre raffiné. On y ajoute aussi une quantité variable de cannelle ou de vanille ; le broyage de cette dernière substance est fort difficile. La vanille, employée seule, serait presque impossible à pulvériser ; mais quand elle est mêlée avec le sucre et le cacao, elle finit par se diviser et se répandre uniformément dans toute la masse.

La pâte sortant de la mélangeuse ne serait pas suffisamment compacte et homogène ; on la fait passer entre des cylindres de fonte ou de granit, nommés cylindres broyeurs, qui la soumettent à une pression énergique et lui donnent en même temps un grain parfaitement uniforme. Ayant subi cette double préparation, la pâte doit encore passer dans une dernière machine, la *remêleuse*. Entassée dans une grande trémie, elle passe entre deux nouveaux cylindres, puis elle est chassée dans un conduit latéral, d'où elle sort sous la forme d'une espèce de boudin continu.

Un ouvrier détache à l'extrémité de ce boudin un morceau de pâte d'une grosseur suffisante pour faire une tablette de 250 grammes ; il la pèse sur une balance placée devant lui. Un autre ouvrier prend les morceaux pesés, les place dans des moules de fer-blanc et les étale avec une spatule. Les moules remplis sont alors portés sur une table à secousses, que l'on nomme *claquette* ; les mouvements saccadés communiqués à cette table par une machine à vapeur ont pour effet d'étaler parfaitement la pâte et de la faire pénétrer dans les moindres cavités du moule. Enfin les moules sont portés au refroidisseur ; c'est un local ordinairement séparé de l'atelier, une cave, par exemple, où la pâte moulée se solidifie par le refroidissement, en se contractant un peu, de sorte qu'on peut faire sortir les tablettes des moules sans difficulté.

Toute la partie du travail que nous venons de décrire peut être exécutée par des machines d'une manière tout à fait automatique. Les moules, remplis et soumis à l'action de la claquette, sont descendus au refroidisseur à l'aide d'une chaîne sans fin ; des moules vides viennent constamment prendre la place qu'occupaient les moules pleins sur le contour d'une plate-forme tournante.

On sait comment les tablettes de chocolat, une fois refroidies, sont enveloppées de feuilles d'étain très-minces d'abord, puis de papier luxueusement historié, aux *armes* du fabricant, et orné de quelque avertissement philanthropique à l'adresse du consommateur : « Le meilleur chocolat est.... » toujours celui que vous achetez. — « Se méfier des contrefaçons. »

La remèleuse, la mise au moule, la claquette, le refroidisseur.

On sait aussi comment le préparer, à l'eau ou au lait, quand on ne veut pas le consommer tel quel.

Le sucre.

La canne croît spontanément dans beaucoup de contrées, et probablement ses propriétés ont été connues dès une époque lointaine partout où elle croit ainsi. Mais, d'après les traditions parvenues jusqu'à nous, ce serait dans l'Inde et en Chine qu'on l'aurait d'abord exploitée méthodiquement. D'après Li-Schi-Tschin, on exprima d'abord par les moyens les plus élémentaires (cela se comprend assez) le suc de la canne; puis on songea à cuire le suc et à en faire un sirop qu'à la fin on trouva le moyen de solidifier. Quoique les Grecs et les Romains se servissent exclusivement de miel, ils connaissaient aussi bien le suc de la canne, qu'ils désignaient sous le nom de *miel de roseau* ou sous celui de *sel indien*.

Dès la première croisade, les Français qui y prirent part firent connaissance avec le sucre fabriqué en Syrie sous la forme de cassonade jaunâtre; ils en firent usage sur place, et ce fut tout. Ce n'est que vers 1230 qu'il fut réellement connu en Europe. Bien avant cette époque, les Maures avaient toutefois importé en Espagne la culture de la canne; peu après, cette culture s'étendait à la Sicile et à l'Italie méridionale; mais cette plante n'était guère considérée que comme curiosité. Le sucre, cependant, était employé depuis longtemps par les Arabes, non pour sucrer leur café (on sait qu'ils ne l'ont jamais employé à cet usage et que le café n'est pas si vieux), mais comme médicament, et il figure à ce titre dans leurs plus anciennes pharmacopées.

Nous n'examinerons pas si c'est par suite de transplantations successives que la canne a été cultivée en Amérique, parce qu'il y a doute, en somme, sur la question de savoir si elle est indigène ou si elle y fut importée des îles du cap Vert ou des environs, attendu que divers voyageurs en font mention avant la date à laquelle cette importation aurait eu lieu. D'après l'historien anglais Bryan Edwards, planteur de la Jamaïque, les Espagnols possédaient déjà trente sucreries dans leurs possessions américaines en 1535; les Portugais

Transport des cannes à sucre au moulin.

créaient en 1580 leurs sucreries du Brésil; les Français et les Anglais abordaient à leur tour la nouvelle industrie, à Saint-Christophe et à la Guadeloupe, vers 1643. La culture de la canne et la fabrication du sucre se développèrent dès lors simultanément et finirent par prendre une extension énorme. Aujourd'hui, c'est aux Antilles, dans la Louisiane, au Brésil, dans l'Inde anglaise, aux îles Maurice et de la Réunion, que cette extension est surtout accusée.

La coupe des cannes à sucre.

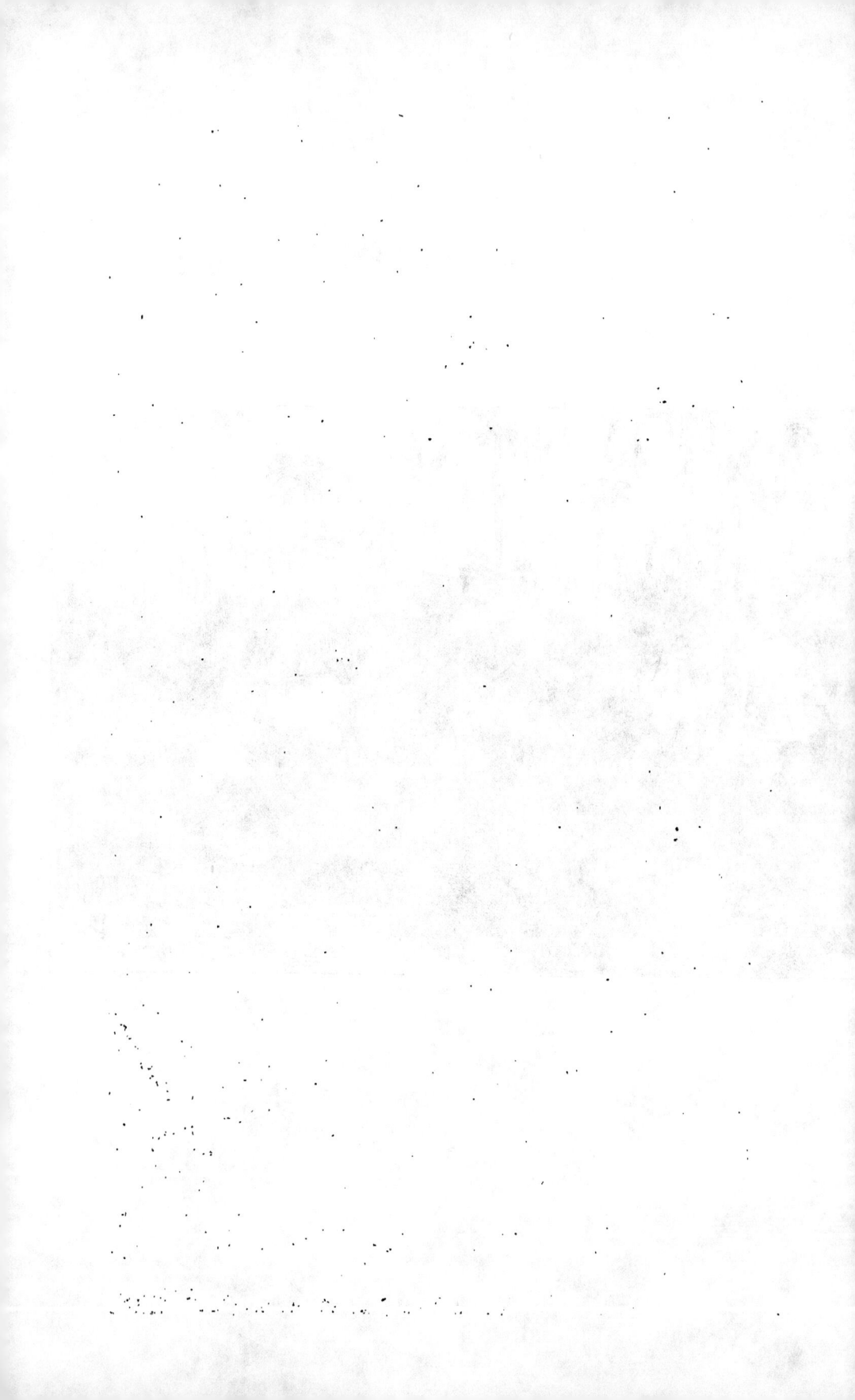

La culture de la canne à-sucre demande des soins constants, certainement; mais c'est surtout la récolte qui exige un grand nombre de bras, qu'on demandait naguère encore à l'esclavage.

Plante forte et succulente, la canne exige un sol profond et substantiel où les racines pénètrent aisément; on choisit un terrain légèrement humide, généralement. Le seul engrais dont on nourrisse la terre vouée à cette culture, est emprunté aux feuilles mêmes de la plante, soit transformées en fumier, soit incinérées. La canne se propage par boutures; des nœuds du roseau ainsi plantés, des racines se forment et se développent rapidement. Ces boutures sont plantées de janvier à mars et de juillet à septembre, et la récolte a lieu de mai à juillet de l'année suivante. Il n'est toutefois pas besoin de piquer de nouvelles boutures pour obtenir des récoltes nouvelles; les cannes coupées, les racines poussent des rejetons qui donneront une autre récolte; dans les bons terrains on peut faire ainsi jusqu'à sept coupes sur le même pied.

Les cannes coupées, les feuilles arrachées et laissées sur le terrain, on les réunit en paquets, que l'on charge sur des chariots *ad hoc*, et on les transporte au moulin, pour en extraire le suc précieux.

Les opérations subies par la canne pour la fabrication du sucre, sont : l'*écrasage*, la *défécation*, l'*évaporation*, la *cuite* et le *clairçage*. Nous allons

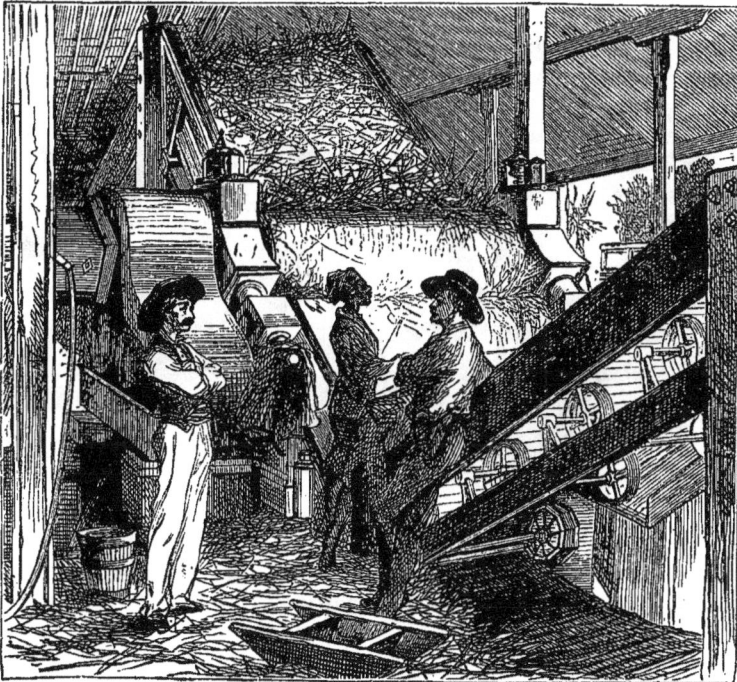

Le moulin à sucre.

passer en revue cette série d'opérations, afin de donner une idée assez nette des travaux nécessités par la transformation du jus de la canne en sucre.

L'écrasage des cannes est effectué par des moulins à cylindres horizontaux.

Cette opération a pour objet de forcer à sortir le jus ou *vesou*, pour nous servir
du terme usité, lequel est recueilli dans une sorte de bassine plate, d'où il se
déverse, par des tuyaux, dans les chaudières où il doit subir la défécation.
Cette opération consiste à enlever au vesou, à l'aide de la chaux, une grande
partie des matières étrangères qu'il contient. Pour cela, on le fait chauffer; et,
quand sa température atteint 75°, on jette dedans la chaux, qu'on a hydratée
en versant dessus dix fois son poids d'eau bouillante; on mélange le tout vivement et on laisse arriver à l'ébullition; mais au premier signe de bouillonne-
ment, on arrête le chauffage, afin que le liquide ne reste pas trouble. Cette
opération est très-délicate, car d'elle dépend la qualité du sucre; et plus elle
a été faite avec soin, moins on a de peine à le purifier et moins la mélasse est
abondante.

L'opération du bouillage.

Lorsqu'on a enlevé toutes les écumes, le jus est conduit dans les chaudières
d'évaporation, grandes bassines hémisphériques, en fonte, de dimensions
différentes, et que l'on désigne ainsi : la *propre*, celle qui reçoit le jus déféqué;
le *flambeau*, celle où l'on juge à la couleur et à la limpidité du liquide si la
défécation est complète; le *sirop*, celle où le jus continue à se concentrer; et
enfin la *batterie*, ainsi nommée du bruit que fait le sirop en ébullition en approchant du degré de cuite, terme de l'évaporation.

Ce système commence toutefois à être abandonné. On le remplace par un
équipage de bassines connu sous le nom de *batterie Gimart*, série de chaudières
rectangulaires en tôle ou en cuivre, disposées au-dessus d'un long fourneau

dont le foyer est alimenté avec de la *bagasse* provenant des cannes écrasées au moulin.

Après l'évaporation vient la cuite, qui se faisait autrefois à feu nu. Aujourd'hui on emploie des appareils chauffés par la vapeur; ce qui permet non-seulement de régler l'émission calorique, mais encore d'éviter le dépôt nommé *cal* qui se produisait avec les chaudières à feu nu, qu'il fallait quelquefois faire chauffer à sec pour détacher du fond, avec un ciseau, l'incrustation qui s'y était formée. Au sortir de la chaudière de cuite, les sirops sont versés bouillants dans de grands bacs plats, où on les laisse se refroidir et se cristalliser pendant quelque temps.

Cette cristallisation donne des plaques de sucre non épuré, plus ou moins épaisses, qu'on enlève au fur et à mesure qu'elles se forment, pour leur faire subir le clairçage, c'est-à-dire débarrasser le sucre de la mélasse interposée dans les cristaux.

Avant l'application des turbines centrifuges, il fallait un emplacement considérable pour opérer l'égouttage et le clairçage ; car on ne pouvait déposer les cristaux les uns sur les autres, et cette double opération était aussi longue que dispendieuse. Maintenant on va très-vite, et le rendement est incomparablement meilleur. Il suffit de casser et de diviser les plaques de sucre à la sortie des bacs refroidisseurs et de les jeter dans la turbine dont le tambour tourne avec assez de rapidité pour les égoutter et les clairçer vivement.

Ces appareils, qu'on trouve aujourd'hui dans toutes les fabriques, permettent de donner au produit plusieurs clairçages successifs, en jetant dans le tambour en mouvement de la clairce graduellement plus pure.

Après cette opération, le sucre, purgé de toute matière étrangère, est fini. Il ne reste plus qu'à le retirer de la turbine et à le transporter au magasin, où il est pris et mis en sacs, prêt à être expédié.

La fabrication du sucre de betterave ne diffère pas tellement de celle du sucre de canne, qu'à moins d'avoir la prétention de faire des fabricants de sucre, nous ne puissions nous dispenser de la décrire à part. Notre but est plus modeste, comme on sait; mais il ne nous dispense pas de rappeler l'origine et les causes de l'invention du sucre de betterave.

Par des expériences de laboratoire, on avait reconnu dans diverses racines, et surtout dans la betterave, la présence du sucre, qu'on a signalée dans ces derniers temps jusque dans le caoutchouc. C'est à un chimiste allemand, Margraff, qu'est due cette découverte. Margraff insérait, en effet, dans les *Mémoires de l'Académie de Berlin pour* 1745, un mémoire dont le titre : *Expériences chimiques ayant pour résultat de tirer un véritable sucre de diverses plantes qui croissent dans nos contrées*, dit assez la substance. Ces expériences parurent alors pleines d'intérêt; mais, grâce au préjugé qui veut que la science se déshonore en venant au secours de l'industrie, préjugé à peu près détruit aujourd'hui, par bonheur, elles demeurèrent dans le domaine stérile de la théorie.

Cinquante ans plus tard, en 1796, un autre chimiste allemand, d'origine française, par exemple, comme son nom l'indique assez, Achard, résolut d'en faire l'application à la racine la plus riche en sucre, c'est-à-dire à la betterave, et, le roi de Prusse lui ayant fait don du domaine de Kussern, en Silésie, il y établit la première sucrerie de betterave. Le résultat fut excellent. D'autres fabriques se créèrent en conséquence, dont deux près de Paris. Mais le prix de revient du sucre de betterave était trop élevé, et les usines nouvelles durent renoncer à lutter sur les marchés européens avec les produits coloniaux.

Le blocus continental fit bientôt reprendre les essais abandonnés; en 1810, on fabriqua avec des betteraves récoltées aux environs de Paris, un sucre peu engageant, d'un prix élevé, mais qui n'avait pas de concurrence à soutenir. L'année suivante, le gouvernement consacra un million et 100,000 arpents de terre, avec exemption de droits quelconques sur le sucre indigène pendant quatre ans, au développement de la nouvelle industrie. Le développement fut considérable; mais en dépit de tout, le blocus levé, le sucre des colonies reprit le dessus, et la plupart des fabricants de sucre indigène abandonnèrent la partie.

Nous disons la plupart, parce que plusieurs persistèrent, convaincus que le succès était à ce prix. En effet, des inventions successives ont permis de faire du sucre de betterave aussi bon, aussi beau surtout que le sucre de canne, ce qui était le grand *desideratum*, et pouvant, à un prix rémunérateur, lutter avantageusement avec ce dernier. Une nouvelle industrie était enfin créée; on sait quelle est devenue sa prospérité. — Et quand on songe aux malheurs qui provoquèrent ou du moins assurèrent sa création, on ne peut s'empêcher de reconnaître qu'à quelque chose malheur est bon.

On nous saura gré, au reste, de donner sur la récente et riche industrie sucrière indigène des renseignements économiques qui, après avoir caractérisé ses commencements laborieux, donneront une idée exacte de sa situation prospère actuelle. Ces renseignements, nous les empruntons aux articles si intéressants publiés par M. A. de Foville, dans l'*Economiste français*, sur les variations des prix en France depuis un demi-siècle.

« On sait, dit M. de Foville, qu'avant 1812 on ne connaissait que le sucre de canne. La fabrication du sucre de betterave, dont la découverte date du blocus continental, n'a commencé à se développer que vers 1820. En 1828, on comptait en France 100 fabriques environ; 350, en 1858. Pendant la campagne 1871-1872, 487 fabriques, d'une valeur de 250 à 300,000,000 de francs, ont fonctionné; elles ont employé 6,000,000 de tonnes de betteraves représentant, à 20 fr. la tonne, en moyenne, une valeur de 120,000,000 de francs, et elles ont produit : 1° 320,000 tonnes de sucre brut; 2° 155,000 tonnes de mélasse; 3° 13 à 1,400,000 tonnes de pulpe propre à la nourriture des bestiaux; 4° 640,000 mètres cubes de résidus constituant un engrais précieux.

« Aujourd'hui, le nombre de nos fabriques est de 514. Pour une industrie née d'hier, voilà de magnifiques résultats. Ajoutons qu'il existait en Europe, à la fin de 1870, plus de 1,500 fabriques de sucre de betterave. La France ne comptait encore que pour 423. La Russie en avait 325; le Zollverein, 318; l'Autriche, 228; la Belgique, 135, etc. La production totale de l'Europe, qui, en 1857, atteignait à peine 400,000 tonnes, sera bientôt de 1,000,000 (942,493 en 1870-1871). Aussi consommons-nous déjà plus de sucre de betterave que de sucre de canne.

« La consommation moyenne, qui, en 1812-1816, ne dépassait pas une livre par tête, atteint aujourd'hui 7 kilogrammes, et il y a lieu de croire qu'elle augmentera encore d'ici à la fin du siècle. En Angleterre, elle est de 17 kilog.; aux Etats-Unis, de 12 kilog.

« Les progrès déjà réalisés à cet égard n'auraient pas été possibles si les prix étaient restés ce qu'ils étaient autrefois. En 1804, à Paris, le kilogramme de sucre coûtait plus de 4 fr.; il en coûtait 6 en 1808, 9 ou 10 en 1812. De 1820 à 1825 il ne valait déjà plus que 2 fr. 50; de 1835 à 1840, 1 fr. 70; de 1845 à 1850, 1 fr. 55.

« Aujourd'hui, à Paris, les 100 kilog. de sucre ne coûtent pas plus de 140 fr.

« La législation fiscale, en matière de sucres, a été si souvent modifiée, que nous ne pourrions, sans sortir du cadre restreint qui nous est tracé, en analyser ici toutes les variations. Sous la Restauration, les sucres de canne étaient seuls imposés, et ils l'étaient lourdement (tarif de 1816). Le privilége dont jouissait le sucre de betterave stimula la fabrication indigène, qui prit bientôt un essor menaçant pour la prospérité des cultures coloniales. Ce ne fut qu'en 1837 qu'on se décida à taxer les sucres français. Le droit fut d'abord de 10 fr. par quintal, puis de 15 (1839), puis de 25 (1840). C'était encore 20 fr. de moins que pour les sucres des Antilles, qui payaient 45 fr. en entrant en France, et les colons continuèrent à protester. Ce ne fut qu'en 1847 qu'un droit uniforme fut établi (45 fr. par quintal, 49 fr. 50 avec le décime).

« Le système actuel, qui date de 1865, tend à proportionner l'impôt à la richesse saccharine des produits; mais cette richesse n'est pas facile à apprécier, et les moyens d'évaluation actuellement adoptés paraissent insuffisants. Sans modifier le principe admis en 1865, principe auquel nos conventions avec l'Angleterre et la Belgique ont assuré au moins dix ans d'existence, trois lois récentes (lois des 8 juillet 1871, 22 janvier 1872, 29 décembre 1873) ont augmenté de 50 pour 100 les taxes antérieures, et le tarif actuel se résume comme il suit : candis, 82 fr. 10 par quintal; raffinés en pains et poudres blanches, 76 fr. 80; n^{cs} 19 et au-dessus, 73 fr. 75; n°s 15 à 18, 72 fr. 20; n°s 11 à 14, 67 fr. 60; n°s 7 à 10, 61 fr. 45; n°s 6 et au-dessous, 51 fr. 50.

« Notre industrie sucrière ne se borne pas à pourvoir, concurremment avec les colonies, aux besoins de notre consommation intérieure. Le sucre brut ou raffiné est un des éléments importants de notre commerce spécial d'exportation. De 1865 à 1869, la France exportait annuellement de 25 à 30,000 tonnes de sucre brut indigène. En 1870, elle en a exporté 70,000; en 1871, 110,000; en 1872, 96,500. Nos exportations de sucre raffiné représentent une valeur encore plus grande; voici quelles ont été depuis trente ans les quantités expédiées à l'étranger :

Années	Sucres raffinés exportés.
1842-1846	7,920 tonnes.
1847-1851	11,330 »
1852-1856	25,250 »
1857-1861	48,770 »
1862-1866	94,380 »
1867-1871	88,610 »

« Le chiffre de 1872 est de 138,700 tonnes. L'Angleterre absorbe actuellement le tiers de cette exportation, et la suppression de tout droit d'entrée sur les sucres, votée le 23 avril 1874, par la Chambre des Communes, ne peut que développer encore cette branche de notre commerce extérieur. Après le Royaume-Uni, les principaux clients de nos raffineurs sont l'Italie, la Turquie, la Suisse, etc. On a attribué la prospérité extraordinaire de cette industrie aux profits que la législation fiscale actuelle lui permettait de réaliser aux dépens des fabricants et du Trésor, par d'ingénieuses combinaisons d'admissions temporaires et de drawbacks. Pour faire cesser tout abus, l'Assemblée nationale, à la date du 12 mars 1874, a soumis en principe les raffineries à l'exercice, c'est-à-dire au contrôle direct et constant de l'administration des contributions indirectes. »

La loi de mars 1874 a-t-elle bien réellement mis un terme à tout abus? C'est là une question dont nous n'avons pas à nous occuper ici. La prospérité d'une industrie est souvent indépendante des bénéfices légitimes ou non qu'on peut y faire, et c'est cette prospérité que nous voulions démontrer. Nous croyons avoir atteint notre but. Quant aux abus qui en seraient résultés, et qui auraient, soi-disant, cessé, des plumes plus autorisées que la nôtre, simple plume de chroniqueur, se sont usées à les combattre, et nous croyons que la lutte en usera bien d'autres sans plus de succès.

Mais nous n'en mettrons pas un morceau de sucre de moins dans notre café, ce qui indique que nous serons toujours prêts pour la tonte.

XVIII.

LES JOUETS D'ENFANT.

_____

Les jouets dans l'antiquité.

Les jouets d'enfant méritent certainement une monographie spéciale. Ne sont-ils pas les agents de la première éducation? Sans doute, la première préoccupation dans le choix du jouet doit toujours être l'exercice que l'enfant devra prendre en l'utilisant, pour développer ses jeunes muscles, activer le fonctionnement des poumons et des viscères, entretenir ainsi la santé dans ce corps frêle et délicat, lui donner la force et l'adresse; et le meilleur jouet qui réunisse ces conditions, c'est naturellement le plus bruyant, le plus encombrant, le plus insupportable dans l'appartement; mais j'en suis bien fâché, et je maintiens que c'est le premier à donner à un enfant.

A côté de cet objet d'horreur pour le voisinage et même pour les habitants de maison parvenus à leur pleine maturité, il y en a d'autres qu'il ne faut pas négliger davantage : ceux qui développent graduellement l'esprit et l'intelligence par la nécessité de se livrer à quelques combinaisons imprévues ou qui portent à la réflexion et mettent en jeu les ressorts cachés et encore empâtés d'une jeune imagination.

Parlez-moi de ces bons joujoux vieux comme le monde : la balle, le ballon, le cerceau, les billes, la toupie, le sabot; et pour les petites filles : l'impérissable poupée et le petit ménage. Voilà des jouets qui développent la force, l'adresse et l'esprit. Sachez qu'un petit joueur de billes, accroupi les genoux dans la boue, tout à son jeu, l'esprit tendu, combinant un maître coup, peut n'être pas seulement habile, mais profond, et sera sans doute dans l'avenir un ingénieur ou un tacticien consommé. Il n'y a rien qui dispose à l'étude des lois de l'équilibre comme l'exercice du cerceau et de la toupie. Que dirais-je de la balle et du ballon, et du cerf-volant, que Franklin sut employer d'une manière si ingénieuse?

Les jouets que nous citions tout à-l'heure au hasard, nous les disions aussi vieux que le monde; ce n'est pas seulement une vieille formule, c'est la vérité. Les musées européens d'archéologie abondent aujourd'hui en joujoux dont l'usage remonte évidemment à la plus haute antiquité; et l'on a des monuments où les jeux de l'enfance sont retracés, ce qui permet de juger de l'ancienneté de certains objets destinés au jeu encore aujourd'hui en usage, avec des modifications à peine dignes d'être notées.

On a une pierre gravée sur laquelle un génie est représenté jouant au cerceau de bronze orné de grelots que les Romains appelaient *trochus*, tandis que d'autres se livrent à diverses occupations. On cite encore un sarcophage de marbre exposé au musée de Chiaramonti, où sont représentés huit petits garçons et cinq petites filles jouant au jeu des noix; ce monument a été trouvé dans les fouilles de la voie Appienne. Mais il y a plus : c'est dans les tombeaux mêmes que l'on a fait d'amples moissons de ces objets témoins et agents des divertissements d'un autre âge et qui furent les instruments préférés des jeux de ses enfants, tels que des hochets, des poupées, de petites épées de bois, etc., assez semblables à ceux d'aujourd'hui.

On a trouvé notamment, dans un tombeau d'enfant découvert près de Rome, une poupée articulée en ivoire antique, dont Anthony Rich donne le dessin dans son *Dictionnaire des Antiquités romaines et grecques*, traduit en français par M. Chéruel; et une autre, en terre cuite, d'un dessin très-élégant, publié par le prince de Biscari dans son très-intéressant ouvrage sur les ornements et les jouets des enfants (*Degli antichi Ornamenti e Trastulli de' Bambini*), a été trouvée également dans un tombeau en Sicile.

Les fouilles opérées à Pompéi ont également fait découvrir dans les maisons — car la catastrophe qui détruisit cette ville et ses voisines surprit tellement ses habitants, qu'elle les contraignit, comme en témoigne l'état des appartements dans lesquels on a pénétré, à abandonner subitement des occupations commencées — une quantité de joujoux de toutes sortes dont nous reparlerons.

Mais nous avons mentionné tout à l'heure le *jeu des noix*. Comme ce jeu ne s'est pas conservé jusqu'à nous, du moins sans de profondes modifications, nous croyons qu'il n'est pas sans utilité de décrire ce jeu antique. On disposait à terre, à une certaine distance les unes des autres, des noix, en avant d'une planche maintenue inclinée au moyen d'une grosse pierre placée sous l'une de ses extrémités. On posait alors, au haut de cette planche inclinée, une noix qu'on laissait glisser le long de ce plan incliné; elle descendait rapidement, roulait à terre en vertu de la force acquise, et toutes celles qu'elle heurtait en passant appartenaient au joueur. On voit que c'est la *tapette* modifiée. Les noix n'étaient pas exclusivement employées à cette sorte de jeu, mais aussi, du moins à ce qu'il semble, des billes beaucoup plus grosses que les billes ordinaires, à peu près comme des billes de billard.

Parmi les jouets égyptiens que possèdent, comme nous l'avons dit, plusieurs musées d'Europe, figure la balle bourrée de matières élastiques, enveloppée de peau, absolument semblable aux balles élastiques à l'usage des collégiens; puis des poupées plus ou moins grossièrement articulées; des pantins dont on fait mouvoir les bras et les jambes au moyen de fils qu'on tend et qu'on détend; des animaux ayant la tête mobile au moyen d'un contre-poids, et, entre autres, des crocodiles en bois dont la gueule s'ouvre et se ferme mécaniquement.

Un voyageur français, M. Cailliaud, a rapporté d'Egypte de petites poupées à ressort qui ne le cèdent en rien à celles de Nuremberg. Les Egyptiens et les Perses avaient coutume d'inhumer avec leurs enfants, comme les Grecs, les Romains et les premiers chrétiens, à quelque nation qu'ils appartinssent, après eux, les jouets dont ils s'étaient servis vivants.

On a trouvé dans les tombeaux des premiers chrétiens un certain nombre de jouets, tels que cerceaux, toupies, poupées, hochets, et, chose remarquable, de petits ustensiles représentant ceux qui composent les ménages d'enfant.

Chez les Romains, il y avait les marionnettes articulées qui attiraient la foule au Forum, et, parmi ces jouets des grands enfants, figurait un croque-mitaine nommé Manducus, dont l'immense bouche s'ouvrait et se fermait, avalant de petits bonshommes et fonctionnant à la manière de ces croquemitaines en carton dont les articulations des mâchoires sont mises en mouvement par une chute de sable.

Les jouets usités à la fin de la Renaissance étaient la crécelle, le cheval de bois, le tambour, le cercle, les billes, les quilles, etc.

La toupie d'Allemagne, grossièrement façonnée, a été à peu près abandonnée pour un autre genre d'invention parisienne, plus petite, faite en feuille métallique et produisant un ronflement plus aigu et plus long.

Un autre jouet fort suivi depuis la fin du dernier siècle, et qui a servi d'amusement à tous nos grands hommes modernes, est *le diable*. Ce diable est une toupie double que l'on fait tourner horizontalement sur une ficelle adaptée à deux baguettes, et qui ronfle avec beaucoup de bruit. Il est en bois de buis ou en métal. Cet objet, qui semble mis de côté aujourd'hui, était le jouet des collégiens et exigeait la force et l'adresse. C'était un amusement qui provoquait entre les jeunes gens une véritable rivalité. Plusieurs exécutaient avec le diable des tours ingénieux ; ils le promenaient de baguette en baguette, le lançaient en l'air et le recevaient sur la ficelle sans que le diable cessât de tourner et de ronfler.

La poupée.

Nous avons vu que la poupée est un type d'amusement fort ancien pour les petites filles. Le musée Campana, au Louvre, possède des poupées gréco-romaines en terre cuite dans le genre de celle que nous avons citée plus haut. Plusieurs sont articulées, et les articulations réunies par des fils de fer. A Rome, les jeunes filles ne s'en séparaient, suivant Perse, Varron, Hiéron, Nonnius, etc., qu'au moment de se marier. Elles allaient alors suspendre, comme un *ex-voto* significatif, leurs poupées au plus prochain autel de Vénus.

Veneri donatæ a virgine pupæ (Perse).

Quelques auteurs croient que la poupée fut inventée pour distraire la seconde femme de Néron, Poppée, qui fut la plus belle femme de son temps et la plus *maquillée* aussi, et qui mourut d'un coup de pied dans le ventre, administré par son aimable époux. Mais nous venons de citer Varron qui parle des poupées comme d'une chose très-commune et déjà ancienne de son temps ; or, Varron, comme le fait justement remarquer Charles Nodier, parlait poupée cent ans avant le temps où vécut Poppée.

« La poupée, dit Mme Michelet, est évidemment contemporaine du premier berceau où a vagi une petite fille.

24

« La poupée ne se comprend pas sans la petite fille ; mais la petite fille ne se comprend pas sans la poupée.

« C'est un instinct naturel chez la femme de prévoir, dès l'âge le plus tendre, l'âge où elle sera mère ; elle devine l'enfant et elle invente la poupée... »

« La poupée, dit Victor Hugo, est un des plus impérieux et en même temps un des plus charmants instincts de l'enfance féminine. Soigner, vêtir, parer, déshabiller, rhabiller, renseigner, un peu gronder, bercer, dorloter, endormir, se figurer que quelque chose est quelqu'un, tout l'avenir de la femme est là. Tout en rêvant et tout en jasant, tout en faisant de petits trousseaux et de petites layettes, tout en cousant de petites robes, de petits corsages et de petites brassières, l'enfant devient jeune fille, la jeune fille devient grande, la grande fille devient femme. Le premier enfant continue la dernière poupée.

« Une petite fille sans poupée est à peu près aussi malheureuse et tout à fait aussi impossible qu'une femme sans enfants. »

Hélas ! cela était encore vrai à l'époque où Victor Hugo écrivait ce passage charmand des *Misérables* ; mais comme cela l'est moins aujourd'hui !

M. Adolphe Michel, après une promenade à la *classe* 42 de l'Exposition universelle de 1878, rapportait au *Siècle* les impressions qu'il en avait reçues : « Beaucoup de salons de poupées, disait-il, salons riches, avec lustres, tapis, tableaux, glaces de Venise, etc. Les belles dames artistement groupées, les unes assises, les autres debout, ont des toilettes éblouissantes : robes de soie, dentelles, des nattes qui doivent coûter cher, des bracelets, des pendants d'oreilles, etc. Ces dames ont l'air évaporé ; la frivolité est leur grande affaire, on devine qu'elles passent une bonne partie de leur existence à se regarder dans leur miroir, à courir de chez la modiste chez la couturière. Où sont leurs maris ? Cherchez dans le salon : invisibles ! Les malheureux travaillent sans doute à gagner l'argent que dépensent leurs femmes. Où sont les enfants ? A la campagne, en nourrice à Nogent-le-Rotrou ; c'est bien gênant, les enfants ; on les éloigne. Et encore, ces dames en ont-elles ? Cela n'est pas sûr : la maternité est si fatale à l'élégance de la taille !

« Les poupées modestes et peu vêtues sont rares. On les néglige, ces pauvresses, qui n'ont pour toute parure qu'une chemise de batiste. Les fillettes courent vers ce qui brille ; il y a de l'alouette dans l'enfant. Une mère intelligente n'est pas cependant sans se douter de l'influence qu'une poupée, oui, une simple poupée, peut exercer sur la vie d'une enfant. Donnez à une petite fille une de ces poupées peu vêtues dont nous parlons. L'enfant va s'industrier pour l'habiller ; il faut lui tricoter des bas, lui tailler une robe, lui faire une jupe et un tablier, un col, des manchettes, lui confectionner un chapeau. Quelle forme donnerons-nous à ce chapeau ? Le garnirons-nous avec des fleurs ou avec des rubans ? Quelles sont les fleurs, quel est le ruban qui s'harmonise le mieux avec la couleur des cheveux de la poupée ? Voilà une petite intelligence en travail, voilà de petits doigts qui piquent l'aiguille avec ardeur. Cette fillette, devenue grande, saura faire des robes et des chapeaux. Cela ne l'empêchera pas d'aller chez la couturière à la mode, si la fortune le lui permet ; mais si elle est dans une position modeste, elle saura se suffire ; si elle a des enfants, on pourra compter sur elle.

« Ajoutez qu'une poupée qu'on habille soi-même est une amie qu'on traite sans façon ; on peut aller au jardin avec elle. La pluie vient-elle à faner son chapeau, une goutte de boue à salir sa robe, c'est un grand malheur ; mais comme on a prévu la catastrophe, on a soigneusement enfermé dans un tiroir une robe et un chapeau de rechange. Si nous avons manqué de prévoyance,

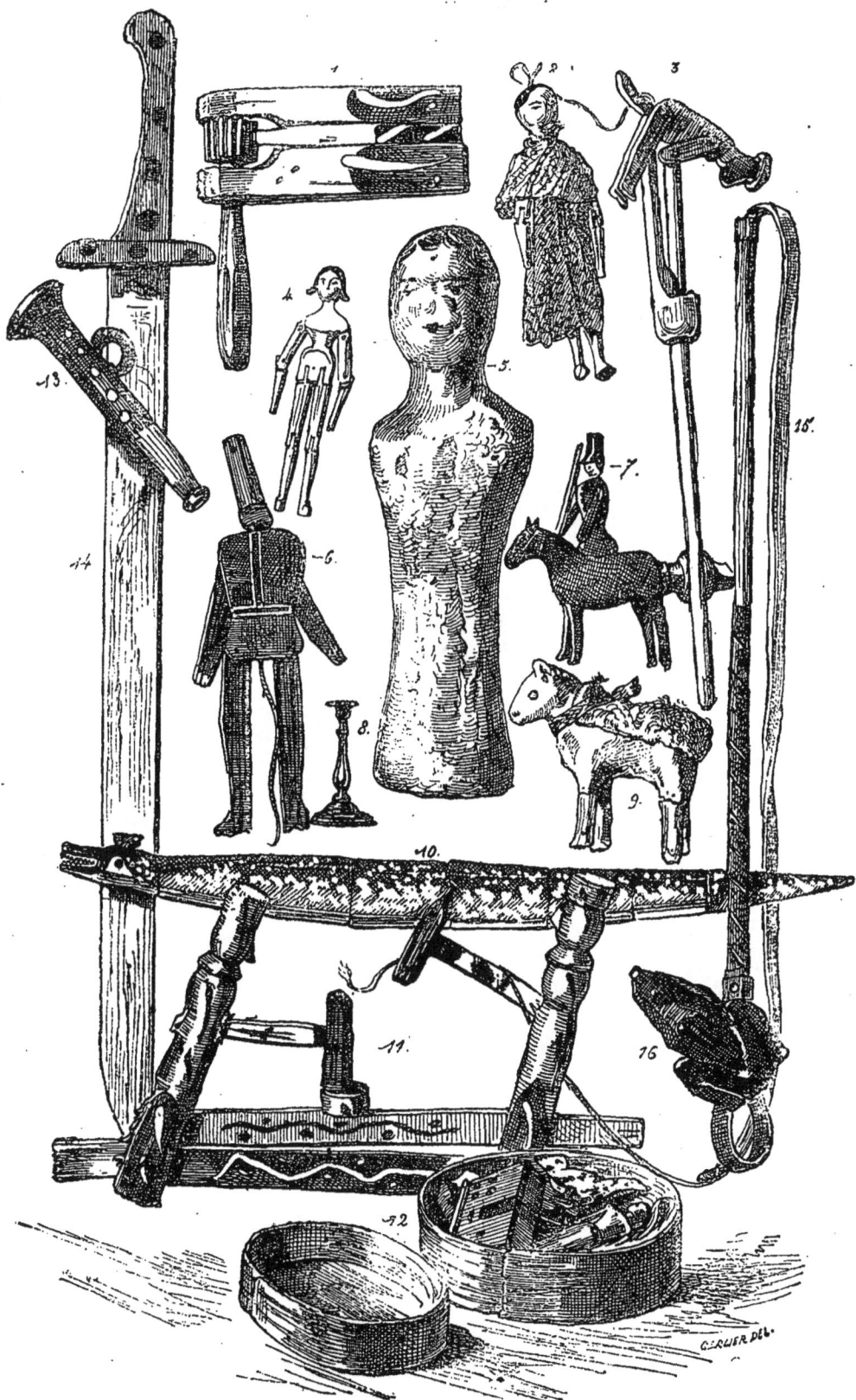

La boutique à un sou.

nous mettrons mademoiselle au lit jusqu'à ce que le savon et le soleil aient réparé l'accident.

« Mais, franchement, que voulez-vous que nous fassions de cette grande dame couverte de soie, de dentelles, de bijoux, et gantée jusqu'au coude ? On n'ose pas la traiter familièrement, celle-là ; on ose à peine l'approcher. Grand Dieu ! si on allait ternir la pureté de ses gants, déranger ses faux cheveux, mettre le bout du pied sur sa traîne de deux mètres ! On a envie de lui dire : « Madame, mettez-vous donc à votre aise. Vous êtes chez vous. » On n'ira pas au jardin avec elle. Vous ne voyez pas ce nuage, là-bas ? Si cette grande dame allait être mouillée ! La petite fille n'aura jamais l'idée de coudre une robe pour une personne qui se sert chez la meilleure faiseuse. Une robe mal faite, avec un si beau chapeau et ces brillants aux oreilles ? Ce serait affreux. Avec cette étrangère, plus de camaraderie, plus de petits soins maternels, comment voulez-vous qu'on soit à son aise avec une dame si attifée ? Le cœur de l'enfant ne s'ouvrira pas devant elle. »

Tout cela est absolument vrai ; ces réflexions humoristiques, au fond plus sérieuses qu'elles n'en veulent avoir l'air, sont on ne peut plus justes.

L'ambition de ravir à Nuremberg la gloire jusque-là incontestée que la poupée de luxe, après les montres, faisait rejaillir sur son nom prononcé avec reconnaissance par des millions de petites bouches roses, est cause de tout le mal. Cette révolution date de 1862. Elle a donné naissance à une industrie nouvelle qui a pris une très-grande importance, et à une foule d'industries secondaires ; il ne faut donc pas en dire trop de mal, et sincèrement nous serions plus disposés à en dire beaucoup de bien. — N'est-ce pas aux parents, après tout, à choisir avec tact les jouets de leurs enfants ? Si le producteur fait trop aisément la loi au consommateur, n'est-ce pas parce que celui-ci répond aux exigences de celui-là par la plus misérable complaisance ?

La boutique à un sou.

Et puis la boutique à un sou n'est pas fermée, et il y a là, en vérité, un très-bon choix de joujoux moraux, sinon scientifiques, et qui, à cet avantage, joignent l'avantage non moins précieux du bon marché.

« En vérité, dit M. Paul Parfait dans une spirituelle monographie de la chose, devant la boutique à un sou, je me demande qui peut rester indifférent. En est-il une plus originale, une plus riche même dans sa simplicité ? C'est la boutique encyclopédique ; il n'est rien, remarquez-le, qui ne s'y trouve. L'agréable y est jeté pêle-mêle avec l'utile. Ici un alphabet ou une croix de plomb pour le studieux, là une bourse pour l'économe, un sifflet pour le tapageur, des cartes pour le joueur, une cigarette de camphre pour le malade, un étui pour l'ouvrière et un miroir pour la coquette.

« Quant aux jouets, vous les connaissez ; tous sont classiques. Les générations se sont transmis de l'une à l'autre, avec un singulier respect, leurs formes immuables. Tels ils ont été dans vos mains comme ils ont été dans les miennes, tels ils furent dans les mains de nos pères ; et c'est une des raisons qui font que je les aime, car je retrouve en eux comme un parfum d'autrefois, et je me souviens des joies sans mélange qu'ils ont causées à si bon compte à mon enfance.

« Voici la ferblanterie et la poterie en miniature, parmi lesquelles je retrouve le vase à rebords et à anses, qui a fait de tous temps les délices de la jeunesse gauloise. Voici le singe articulé, toujours prêt à faire la culbute au bout de son bâton ; voici l'ingénieux serpent de bois qui ondule avec tant de souplesse, et la grenouille à ressort qui saute si bien. Voici la crécelle bruyante et les maréchaux-ferrants, dont les marteaux alternent si brillamment sur l'enclume, et le cavalier sans jambes, dont le cheval porte un sifflet si malhonnêtement placé.

« Ces derniers joujoux sortent tous trois des fabriques de Liesse, la Liesse du pèlerinage, qui a encore la spécialité des moulins rouges et celle des baguettes de tambour à 5 fr. le cent. Liesse, en vieux français, signifie joie : un nom prédestiné ! Je ne sais rien de plus flambant que les couleurs liessoises. Où les artistes du pays vont-ils chercher les tons furieux dont ils illuminent leurs produits ? Leur jaune rayonne, leur rouge flamboie, leur bleu éclate. On se persuade difficilement que le feu ne prenne pas de temps en temps à leurs pinceaux.

« Comprenez-vous ce bon pays qui passe son existence entière à exécuter des crécelles, des cavaliers de bois, des maréchaux-ferrants, des moulins et des baguettes de tambour ! Il n'y a pas bien longtemps que les pauvres diables livrés à cette industrie étaient encore à la merci d'entrepreneurs qui les payaient en nature. Ils avaient un compte perpétuellement ouvert chez le patron ; celui-ci leur fournissait, au taux qu'il lui plaisait, les matières premières : bois et couleurs, et jusqu'aux objets de consommation : pain, sucre, café, savon, etc. Au jour de l'an, un menu cadeau tenait lieu de règlement de compte. Ce régime du bon plaisir est heureusement changé. Maintenant les ouvriers de Liesse travaillent pour des maisons parisiennes qui les payent en argent, et se contentent de leur fournir le bois de tilleul qu'elles achètent par coupes de deux ou trois mille arbres.

« Le petit poupard de carton à un sou, sans bras ni jambes, avec la tête peinte, la bouche en cœur, trois cailloux dans le ventre, et les yeux bleus, est un produit des environs de Villers-Cotterets. Cette pauvre petite industrie, acclimatée depuis vingt-cinq ans dans le pays, y a porté dans les classes nécessiteuses un certain bien-être. Les braves poupards ! cela ne vous les fait-il pas aimer un peu ? Villers-Cotterets ne nous les envoie pourtant que façonnés de colle et de papier gris ; c'est à Paris qu'ils reçoivent leur séduisant coloris. Quel prix ce joujou peut-il être payé à ceux qui le fabriquent ? Ce que je sais, c'est que le marchand en gros les revend à raison de six sous la douzaine aux petits détaillants. Jugez par là de ce que l'ouvrier *créateur* doit recevoir.

« La petite montre d'étain s'ouvrant, avec un verre bombé et les aiguilles mobiles, et qui passe trente-deux fois dans la main de l'horloger pour rire, se vend des mêmes aux mêmes huit sous la douzaine. La montre de cuivre estampé, avec sa chaine de coton jaune mêlée de fils d'or, se donne encore à un sou meilleur marché. Les flambeaux de plomb ne valent pas plus de quatre sous la douzaine, et le sifflet pas plus de deux sous. Il se fabrique des mirlitons depuis trois sous la douzaine, toujours chez les marchands en gros, les devises comprises, qui s'achètent par feuilles chez les papetiers de la rue Saint-Jacques. Trois sous la douzaine, c'est encore le prix des « foi, espérance et charité, » en acier, avec l'anneau qui les réunit, soit un liard pour les quatre objets ensemble.

« Toutes ces petites merveilles du bon marché se font à Paris ; et il y a beaucoup de gens qui en vivent. On l'assure au moins. Il y en a beaucoup qui en meurent. La plupart n'ont pour gîte que des taudis infects ; vers les hauteurs de Romainville, il est de ces fabricants de plaisir qui remisent dans des huttes construites avec de la boue. De modestes employés cherchent encore dans la confection des joujoux à bas prix un petit supplément à leur maigre salaire. La tête dans les mains, ils poursuivent ardemment la recherche du joujou nouveau, le joujou d'actualité dont ils iront céder le droit d'exploitation à quelque marchand en renom ; et tous les soirs, en s'endormant, ils rêvent qu'un jouet qu'ils ont découvert leur apporte la fortune.

« Nos bimbelotiers fabriquent, toujours pour la boutique à un sou, de petits porte-monnaie en papier, à élastique, fort élégants, ma foi ; des bracelets de perles, avec une médaille, de petits chandeliers ou bougeoirs en verre filé, des jeux de patience, découpés par bottes à la scie circulaire, des cartes, des cerfs-volants, des cigares ou des pipes à musique, que sais-je encore ? Rien n'arrête ces intrépides travailleurs. Ils se font ferblantiers pour tailler des pelles, des pincettes, des écumoirs, des plats, des boîtes à lait, des cafetières ; fondeurs pour couler des médailles ou des timbales ; tisseurs pour faire au métier ces bourses longues en coton de couleur, qui sont ornées de deux glands et de deux coulants d'acier. Du plus fin acier ? Je constate et ne garantis rien. Ils se font verriers et confiseurs en même temps, pour fabriquer à la lampe, avec des tubes de verre, de petites bouteilles remplies d'anis, roses et blancs, qui ne sont souvent que du millet passé dans le sucre. Mais il y aurait mauvaise grâce à les chicaner là-dessus. Tout cela vaut huit sous la douzaine chez le marchand en gros, songez-y bien !

« Je n'aurai garde d'oublier la boîte à dînette. Une boîte en carton, dont le couvercle est garni d'un verre ; autour du verre, du papier doré ; au fond de la boîte, un lit de ouate, et sur cette ouate, quelques ustensiles de table en fer-blanc avec deux serviettes en papier dans leur rond. Huit sous la douzaine ? Toujours !

« Les fouets d'enfants, à manche entouré d'une spirale de papier doré, sont exclusivement fabriqués à Paris par des Israélites. Pourquoi ? Ah ! voilà, je n'en sais rien.

« C'est un bien pénible travail que la confection de l'animal en papier mâché. Mâché est ici une façon de parler. Le fait est que l'ouvrier prend de vieilles rognures de papier et les pétrit dans l'eau jusqu'à en faire une espèce de pâte, qu'il tamponne avec le pouce dans un moule informe en plâtre, dont il garnit la paroi. Le moule est en deux morceaux, un pour chaque face de la tête. Quand les deux faces sont faites, l'ouvrier les soude ; puis il trempe le tout dans un pot de peinture blanche à la colle, et, quand cette couche préalable est sèche, il tatoue l'animal à sa fantaisie ; on lui recouvre le dos d'un tout petit carré de peau de mouton avec un cordonnet rouge au cou. Qu'en penses-tu, Florian ? C'est d'un grotesque achevé. Moi, quand je les vois, ces pauvres petits moutons blancs, il me prend de terribles envies de rire — et de pleurer !

« Huit sous la douzaine de seconde main ? Parbleu !

« Au fait, n'est-ce pas le prix auquel nos marchands en gros livrent les menus joujoux allemands qui, eux encore, nécessitent des frais de transport ? Les joujoux allemands de la boutique à un sou sont les pantins de bois peints, les mobiliers de bois, remarquables par leur ton rouge violacé, des lits, des commodes à portes mobiles et à tiroir, des chaises rembourrées couvertes d'étoffes à fleurs, et puis encore des soldats à cheval, ou des quilles, ou une modeste bergerie, ou un ménage, dans leur petite boîte ovale. En Allemagne, ces boîtes se vendent, non, se donnent, au prix fabuleux de 3 fr. ou 3 fr. 50 cent. la grosse, soit 25 à 30 cent. la douzaine.

« Dans le Tyrol, qui fournit les joujoux de bois blanc, c'est mieux encore, ou pis que cela, si vous voulez. La poupée articulée à la tête peinte, la petite poupée classique de deux à quatre pouces, s'y livre à raison de 1 fr. 45 cent. la grosse, juste 1 cent. la pièce. C'est à ne pas croire. A un tel taux, on comprend que les coups de couteau sont comptés : aussi suffit-il du plus petit détail, le nez plus saillant, par exemple, pour augmenter la valeur de l'objet.

« Vous voyez que ceux qui font ces joujoux si gais n'ont pas lieu d'avoir le cœur bien joyeux ; mais ces joujoux doivent du moins à leur excessif bon marché d'être à la portée des plus maigres bourses. »

Jouets mécaniques. — Jouets d'actualité.

L'ingéniosité de nos fabricants de jouets n'est jamais à court, par la raison qu'ils poursuivent l'actualité avec une persévérance qui n'a d'égale que celle du vaudevilliste.

Il y a la série innombrable de jouets mécaniques.

La locomotive et son tender marchant pendant une heure, avec une lampe à esprit-de-vin pour chaudière.

Un bateau à vapeur avec le pont chargé de passagers (même système que la locomotive). Un éléphant qui marche et remue sa trompe ; un chien qui jappe en marchant ; une poupée et son cavalier marchant ; un bœuf qui beugle quand on lui pose la main sur la tête ; un violon d'enfant qui joue tout seul ; une Jeanne d'Arc qui agite le drapeau tricolore, dès qu'on presse un petit bouton placé sous le talon de sa bottine ; un pantin jongleur. Un joujou allégorique et mécanique bien amusant, parut aussi en 1873 : c'était un soldat prussien essayant vainement d'enlever le drapeau français du clocher de la cathédrale de Strasbourg. Il ne tarda pas à disparaître de la circulation.

Il y a eu depuis bien des joujoux mécaniques : le *Cri-cri*, petit instrument extrêmement bruyant construit d'après l'appareil producteur du son, récemment découvert chez le grillon ; le papillon qui vole tout seul ; les oiseaux qui chantent et voltigent de branche en branche ; la poule qui pond d'après un système qui n'est pas nouveau tout à fait ; la poupée nageuse, et bien d'autres de même sorte. L'exposition de 1878 était abondamment fournie de jouets mécaniques dont plusieurs, la poupée nageuse par exemple, eurent un très-vif succès.

Les petits aérostats.

Nous nous apercevons que, dans notre nomenclature, d'ailleurs fort incomplète, des joujoux d'invention récente, nous avons oublié ces ballons confectionnés d'une mince membrane de caoutchouc gonflée de gaz, qui, après avoir joui auprès des enfants d'un succès d'enthousiasme assez prolongé pour faire la fortune de l'inventeur, ont été adoptés dans les grands magasins de nouveautés de Paris, pour être donnés en prime à leurs clientes, mamans ou supposées telles. Ce fut un moyen de réclame très-fructueux sans doute pour le premier qui en eut l'idée, mais tous s'en emparèrent bientôt après celui-là, et il est probable qu'il ne rapporte plus guère. Quoi qu'il en soit, quelques détails sur ce joujou et sur sa fabrication seront ici bien placés.

L'invention de ces aérostats en baudruche remonte à 1859. Un fabricant de

Saint-Denis, sur le point de sombrer, les créa à tout hasard, et, en huit mois, gagna un demi-million. Les premiers se vendirent 5 et 6 fr. Cet engouement dura peu ; les ballons tombèrent vite à 50 et même à 20 centimes pièce ; et encore on n'en vendait qu'une petite quantité, les jours de fêtes publiques.

Au printemps de 1872, un grand magasin de nouveautés eut l'idée de faire confectionner des ballons-réclame pour les distribuer en guise de prospectus ; plusieurs autres maisons l'imitèrent aussitôt, et aujourd'hui la fabrication des ballons est plus florissante que jamais.

Il n'y a pas moins de six fabriques, dont les plus importantes sont à Saint-Ouen et à Romainville. Cette dernière a fourni pendant trois mois, à une même maison, 1,200 ballons par jour. Un seul magasin en a consommé 2,600 par jour, pendant cinq mois !

On n'emploie que les femmes à cette fabrication ; elles gagnent de 2 fr. 50 à 3 fr. par jour. Le ballon, avant d'être livré, passe dans plusieurs mains. Le caoutchouc, qui vient d'Angleterre en feuille, est coupé en quatre quartiers. Le *soudeur* commence par réunir les quartiers, puis ils sont *vulcanisés*, et de là ils passent à la teinture ; cela fait, il faut les *souffler au vent*, les imprimer, et enfin les gonfler au gaz. C'est la dernière opération, après laquelle il faut se hâter de livrer la marchandise, car les ballons se dégonflent rapidement, et leur durée n'est guère que de deux jours. C'est de la pure *camelotte*.

Les ballons se vendent au cent, et chaque cent est payé 34 fr. Pour l'exportation, on compte par grosses, dont le prix varie de 4 à 10 fr., selon la grosseur des ballons ; ils sont expédiés par caisses et dégonflés, cela va sans dire. On y joint un appareil à gonfler, qui coûte 25 fr. Ces envois se font principalement en Allemagne et en Italie, où l'on fait une énorme consommation de ballons.

Les joujoux dans l'extrême Orient.

En Chine et au Japon, le jouet le plus en vogue est, je crois, le cerf-volant. Ce ne sont pas seulement les enfants, mais bien aussi les grandes personnes qui se livrent avec passion à cet exercice récréatif. Et ce n'est pas avec moins de passion qu'en Chine surtout, tout le monde s'adonne à la confection de ce jouet, s'ingéniant à lui donner les formes les plus étranges et les plus variées, et à le peindre des couleurs les plus éclatantes. La forme privilégiée du cerf-volant, c'est le dragon ailé, bien entendu ; mais il affecte également celle d'un génie s'élevant au ciel par le moyen d'un nuage, d'un papillon, d'un oiseau de proie quelconque, etc.

On joue aussi beaucoup au volant en Chine, mais non à la manière élémentaire en usage chez nous. Les joueurs, des adolescents en général, ne se servent ni de raquettes ni même de la main pour se renvoyer le volant ou le recevoir. Rangés en cercle, ils le frappent et se le renvoient avec la tête, les coudes et les pieds, mais non avec les mains. Leur agilité et leur adresse à ce jeu est incroyable, et il est bien rare que le volant ainsi frappé ne prenne pas la direction que désire le joueur.

Les enfants ont beaucoup des jeux qui font les délices des enfants européens : la toupie, le sabot fouetté à coups de lanières, dont nous avons constaté l'antiquité, le palet, la balançoire, etc.

Parmi les jouets scientifiques, qui ne font pas plus défaut dans ce pays qu'ailleurs, il va sans dire que la première place appartient aux *ombres chinoises*, dont tous les peuples de l'Orient font d'ailleurs leurs délices.

Les ombres chinoises.

Les Japonais ne sont pas moins passionnés pour les joujoux enfantins que les Chinois. A l'Exposition de 1878, ils avaient apporté une collection vraiment fort intéressante de jouets de toutes sortes, notamment des animaux mécaniques, oiseaux, poissons, quadrupèdes, peints des plus brillantes couleurs, des poupées, des pantins, etc.

Nous avons parlé de la prédilection qu'ils ont vouée, en commun avec leurs voisins les Chinois, au cerf-volant. Ils pratiquent en outre un jeu fort gracieux, le jeu de l'éventail, qui mérite une courte description : on pose sur la natte une petite boîte en bois léger, et sur cette boîte une figurine de jonc recouverte de soie, représentant un papillon. Les joueurs, accroupis à une certaine distance, visent et lancent à tour de rôle leur éventail, dont le manche doit enlever la figurine sans rénverser la boîte ; et il faut vraiment être d'une grande habileté pour y réussir. On sait d'ailleurs que les Japonais sont très-habiles à toutes espèces de jeux de ce genre et singulièrement dans le maniement de l'éventail. Beaucoup d'autres « jeux de l'éventail » sont également en faveur dans les familles ; mais ce sont surtout les grandes personnes qui s'y livrent.

Le jeu de l'éventail.

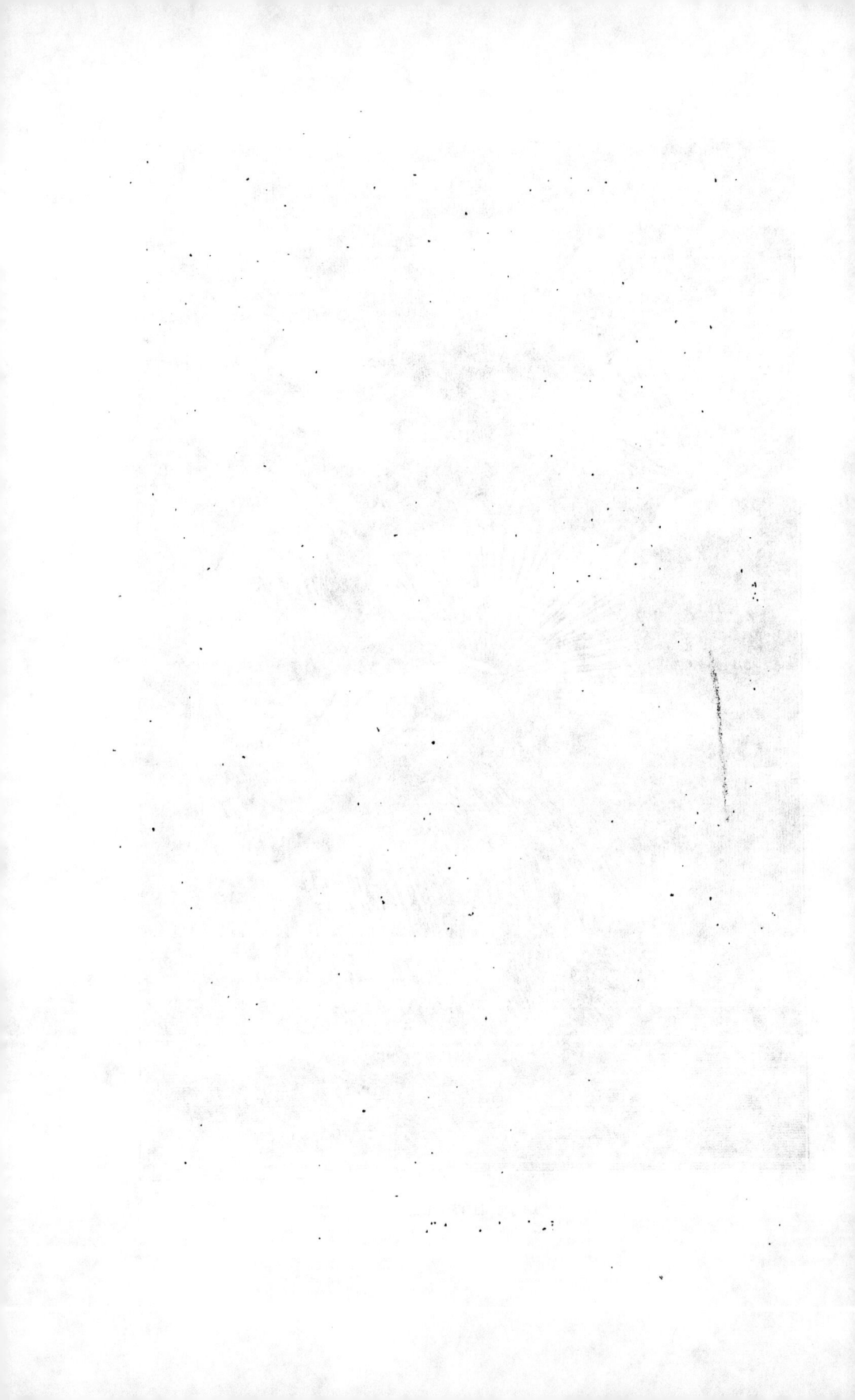

Les jouets à l'Exposition de 1878.

Il nous semble que nous ne saurions terminer mieux cette étude que par l'extrait suivant du journal l'*Exposition de Paris*, en 1878, sur les jouets :

« A l'extrémité sud de la galerie du vêtement de la section française, près de la galerie du travail, par conséquent, est installée « la joie des enfants, la tranquillité des parents ; » la Californie des joujoux, en un mot, prosaïque-ment étiquetée *Bimbeloterie*.

« L'Exposition est incroyablement riche en jouets scientifiques, surtout mécaniques des plus ingénieux, en jouets de grand luxe et coûteux en propor-tion ; cela est extrêmement brillant et est bien fait pour augmenter encore la réputation de nos fabricants.

« Voici des oiseaux aux riches plumages qui chantent mieux que dans la nature, en sautant de branche en branche comme des personnes naturelles ; des chiens qui aboient et des chats qui miaulent ; des taureaux qui beuglent et des moutons qui bêlent ; une poule qui marche, picore, glousse et pond des œufs durs, — je pense qu'ils sont durs, car ils sont colorés des nuances les plus vives ; — des acrobates exécutant des tours impossibles ; des pantins sau-tillant, attirés par la force magnétique ; une poupée qui nage par principes !

« Ajoutons à cela des locomotives avec leurs tenders, marchant à la vapeur, bien entendu, des navires de tout bord et jusqu'à des bâtiments cuirassés et pourvus d'éperons formidables ; des fourgons du train, des attelages d'artil-lerie traînant des canons sur leurs affûts ; des voitures d'ambulance, et toute la variété des instruments homicides en usage chez les peuples civilisés, avec leurs plus récents perfectionnements.

« Parmi les jouets mécaniques, il ne faut pas que j'oublie de mentionner une très-curieuse réduction du Jardin d'acclimatation avec ses dépendances et ses pensionnaires ; l'autruche qui se baisse complaisamment pour qu'on la chevauche, les paons qui font la roue, les singes qui gambadent, l'éléphant qui batifole en agitant sa trompe, etc. C'est merveilleux....

« C'est merveilleux en vérité ; mais on ne nous fera pas accroire que de tels jouets aient jamais été conçus et exécutés pour des enfants. Ceux qui les ont fabriqués ont pu s'en amuser, et je vois des parents sourire d'un air approba-teur en les passant en revue ; quant aux enfants, le sentiment qu'exprime sur-tout leur petit visage naïf, c'est l'étonnement, non le plaisir. On peut être sûr qu'ils se sentent attirés d'abord par la nouveauté de l'objet, vers le jardin d'acclimatation ou la poupée nageuse ; l'instant d'après ils se sentiront saisis d'une espèce de crainte d'être mordus ou égratignés ; puis, familiarisés enfin, ils voudront chercher la *petite bête* qui fait mouvoir cet être inoffensif dont ils ont eu peur, et briseront infailliblement le petit chef-d'œuvre.

« Il ne faut pas perdre de vue d'ailleurs que le jouet prétendu scientifique qui s'adresse aux enfants, est le produit d'une très-grosse erreur de calcul. En dépit de Fræbel et des partisans de son système, le jouet est amusant, est jouet, pour tout dire, à la condition de n'être pas scientifique ; du moment où l'on veut combiner ces deux éléments, il faut s'attendre à ce que l'un se déve-loppera en raison directe de l'effacement de l'autre.

« Toute la question est de savoir si l'on travaille pour des enfants ou pour des vieillards tombés en enfance.

« Venons-en aux jouets destinés aux petites filles. Ce sont des poupées

principalement. Eh bien! en fait de poupées, sauf la poupée nageuse, qui est
modestement et sommairement vêtu d'un costume de bain, comme il convient, ce sont toutes des grandes dames ou des cocottes à cheveux jaunes,
mises avec une élégance extrême inspirée par les gravures de modes les plus
récentes. Elles sont fréquemment présentées trônant dans leur salon, entou-
rées d'amies et activement engagées dans une conversation mondaine, avec
des attitudes charmantes, au besoin roulant leurs grands yeux bleus ou bruns,
agitant une main gantée étroitement ; leur salon est meublé avec un luxe
inouï ; aucun détail n'y est omis.

« Parfois une aimable poupée est occupée à sa toilette, entourée de tous les
accessoires qui lui servent à rehausser sa beauté naturelle, et c'est dans ce
cas-là surtout que l'*artiste* s'est signalé par le souci des détails !...

« Ah çà ! voyons, où en sommes-nous venus ? Je ne veux pas parler des en-
seignements qu'on est bien obligé de tirer, si jeune, de ces petites écoles de
frivolité et de démoralisation, et je suis bien bon en vérité de m'ôter ce plaisir. Mais sont-ce là des jouets ?

« Ce ne sont pas plus des jouets que les tableaux à musique ; encore, dans
ces derniers, l'ouïe est-elle occupée en même temps que la vue ; ici ce ne sont
que des tableaux muets, et partant condamnés à perdre leur unique attrait
très-rapidement.

« Ce n'est pas la peine de faire tant d'étalage. »

FIN.

TABLE.

PREMIÈRE PARTIE.

LA VAPEUR ET SES APPLICATIONS.

DEUXIÈME PARTIE.

SCIENCES, ARTS, INDUSTRIE.

FIN DE LA TABLE.

Rouen. — Imp. MÉGARD et Cᵒ, rue Saint-Hilaire, 136.

www.ingramcontent.com/pod-product-compliance
Lightning Source LLC
Chambersburg PA
CBHW061117220326
41599CB00024B/4065